华信咨询设计研究院专家团队

5G网络优化与实践进阶

张军民　金　超　蒋伯章◎编著

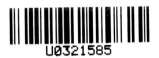

人　民　邮　电　出　版　社
北　京

图书在版编目（CIP）数据

5G网络优化与实践进阶 / 张军民，金超，蒋伯章编著. -- 北京 : 人民邮电出版社，2021.1(2024.7重印)
ISBN 978-7-115-54943-3

Ⅰ. ①5… Ⅱ. ①张… ②金… ③蒋… Ⅲ. ①无线电通信—移动网 Ⅳ. ①TN929.5

中国版本图书馆CIP数据核字(2020)第185054号

内容提要

本书介绍了 5G 原理与关键技术、5G 无线侧相关技术的基本原理和关键技术，并与 4G 进行了原理对比；在 5G 规划与部署方面，从无线传播理论、天线、组网规划、规划流程等角度阐述了 5G 网络规划各个阶段的主要事项及关键点；以 5G 实际商用网络优化案例为基础，详细分析了 5G 网络优化相关问题、测试过程、测试数据，同时总结了相关流程和经验。为了帮助读者更好地了解行业和技术趋势，本书还介绍了 5G 技术最新的行业应用。

本书适合具有一定 4G 网络规划和网络优化的专业人员，以及从事 5G 移动通信网络规划、设计、优化和维护的工程技术人员和管理人员参考使用，也可作为高等院校移动通信相关专业师生的参考教材。

◆ 编　　著　张军民　金　超　蒋伯章
责任编辑　赵　娟　王建军
责任印制　彭志环

◆ 人民邮电出版社出版发行　　北京市丰台区成寿寺路 11 号
邮编　100164　　电子邮件　315@ptpress.com.cn
网址　https://www.ptpress.com.cn
固安县铭成印刷有限公司印刷

◆ 开本：787×1092　1/16
印张：20.25　　　　2021 年 1 月第 1 版
字数：379 千字　　　　2024 年 7 月河北第 4 次印刷

定价：148.00 元

读者服务热线：(010)53913866　印装质量热线：(010)81055316
反盗版热线：(010)81055315
广告经营许可证：京东市监广登字 20170147 号

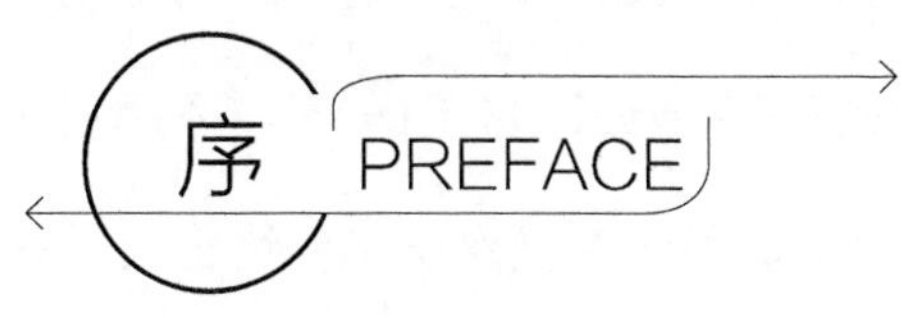

当前，第五代移动通信（5G）技术已日臻成熟，国内外各大主流运营商均在积极准备5G网络的演进升级。促进5G产业发展已经成为国家战略，我国政府连续出台相关文件，加快推进5G技术商用，加速5G网络发展建设进程。2019年6月初，工业和信息化部发放5G商用牌照，标志着中国正式进入5G时代。4G改变生活，5G改变社会。新的网络技术带动了多场景服务的优化和互联网技术的演进，也将引发网络技术的大变革。5G不仅是移动通信技术的升级换代，还是未来数字世界的驱动平台和物联网发展的基础设施，将对国民经济的方方面面带来广泛而深远的影响。5G和人工智能、大数据、物联网及云计算等的协同融合点燃了信息化新时代的引擎，为消费互联网向纵深发展注入后劲，为工业互联网的兴起提供新动能。

作为信息社会通用基础设施，当前国内5G产业建设及发展如火如荼。在5G产业上虽然中国有些企业已经走到了世界前列，但并不意味着在所有方面都处于领先地位，还应该加强自主创新能力。我国5G牌照虽已发放，但是5G技术仍在不断的发展中。在网络建设方面，5G带来的新变化、新问题也需要不断探索和实践，尽快找出解决办法。在此背景下，在工程技术应用领域，亟须加强针对5G网络技术、网络规划和设计等方面的研究，为已经来临的5G大规模建设做好技术支持。“九层之台，起于累土”，规划建设是网络发展之本。为了抓住机遇，迎接挑战，做好5G建设准备工作，作者编写了相关图书，为5G网络规划建设提供参考和借鉴。

本书作者工作于华信咨询设计研究院有限公司，长期跟踪移动通信技术的发展和演进，一直从事移动通信网络规划设计工作。作者已经出版过有关3G、4G网络规划、设计和优化的图书，也见证了5G移动通信标准诞生、萌芽、发展的历程，参与了5G试验网的规划设计，积累了5G技术和工程建设方面的丰富经验。

本书作者依托其在网络规划和工程设计方面的深厚技术背景，系统地介绍了5G核心网技术以及网络规划设计的内容和方法，全面提供了从5G理论技术到建设实践的方法和经验。本书将有助于工程设计人员更深入地了解5G网络，更好地进行5G网络规划和工程建设。本书对将要进行的5G规模化商用网络部署有重要的参考价值和指导意义。

邬贺铨

2019.6.26

前言 FOREWORD

移动通信网络发展至今已经历了四代：第一代采用的是模拟技术；第二代实现了数字化语音通信；第三代已经能够实现基本的多媒体通信；第四代是我们目前已经离不开的 4G（the 4th Generation）网络，其标志着无线宽带时代的到来。而本书所研究的正是第五代移动通信网络技术（the 5th Generation），简称 5G。

4G 网络已经改变了我们的生活，使我们能够足不出户地买到漂亮的服装和美味的食物；使我们能够更方便地远行、游玩，不再担心迷路。5G 移动通信网络是 4G 网络的升级版，5G 网络的传输速度将会更快，单比特将会变得更低，成本也将更低，能够承载更多设备的接入。5G 网络将会开启一个全新的时代，它瞄准的不仅是人与人之间的连接，更包括了人与物、物与物的连接，将会实现整个社会的全面互联。

下一代移动通信网（Next Generation Mobile Networks，NGMN）对 5G 的定义是：5G 是一个端到端的生态系统，它将打造一个全移动和全连接的社会。5G 主要包括生态、客户和商业模式 3 个方面的内容。它交付始终如一的服务体验，通过现有的和新的应用案例，以及可持续发展的商业模式，为客户和合作伙伴创造价值。因此，与 4G 相比，5G 不仅仅是技术的升级，更是一种全新的生态和商业模式。3GPP 定义了 5G 的三大场景：增强型移动宽带（Enhanced Mobile Broadband，eMBB），大规模机器类通信（Massive Machine Type of Communication，mMTC）和超高可靠低时延通信（Ultra Reliable & Low Latency Communication，uRLLC）。

eMBB 的典型业务有 3D/ 超高清视频等大流量移动宽带业务；mMTC 的典型业务有大规模物联网业务；uRLLC 要求 1ms 时延，典型的业务有无人驾驶、工业自动化等需要低时延、高可靠连接的业务。

为了满足上述场景，5G 面临高速率、端到端时延、高可靠性、大规模连接、用户体验和效率的技术挑战。

5G 移动通信系统要满足 2020 年的移动互联网的需求、物联网的需求，其中最关键的两点是快速和低功耗。而要想实现快速和低功耗，最重要的是对 5G 网络关键技术的选择。5G 移动通信网络的实现需要足够的技术支持，而 5G 网络无线技术是支持 5G 网络成功构建的基石，只有其无线关键技术确保达到目标，才有可能实现整个社区 5G 网络的覆盖。

随着用户和业务的发展和丰富，无线网络规划和优化的要求越来越高，工作量也从最初的关注基站功能到关注关键绩效指标（Key Performance Indicator，KPI）、关键质量指标（Key Quality Indicator，KQI）演进。因此，对网络规划和网络优化工程师的技能要求也在不断提高，处理告警、路测、拨打测试、话统分析到用户测量报告、感知数据分析都是网络规划和网络优化的工作日常。随着人工智能（Artificial Intelligence，AI）的发展，网络规划和网络优化工作也将逐步与大数据分析计算结合。

根据香农定律，对于一定的传输带宽和信噪比，系统的最高传输速率已经确定，因此提升网络的信噪比，可以在有限的资源下提升系统吞吐量。

无线网络环境十分复杂，本书可对实际复杂场景提供简单可重复的解决方法。本书通过实践与理论相结合，梳理 5G 与 4G 网络技术及优化的差异点；解析相比 4G 网络，5G 网络是如何实现高带宽、低时延、广连接的；讲解这些差异给我们的网络规划和优化带来了哪些挑战；分析实际案例，系统、全面地介绍了 5G 网络优化的方法。

编　者

2019 年 3 月于杭州

第1篇　原理与技术篇

第1章　5G技术基本原理

第2章　5G与4G原理差异

第3章　无线传播理论

第4章　天线基础知识

第2篇　规划与部署篇

第5章　5G技术发展趋势和规划面临的挑战

第6章　5G组网规划

第7章　5G规划总体流程

第8章　5G网络规划原则

第9章 5G网络规划思路

第10章 5G无线参数规划

第11章 5G仿真

第12章 某运营商5G组网实战

第3篇　优化与应用篇

第13章　5G网络优化方法

第14章　5G优化实战案例

第15章 5G应用介绍

缩略语

参考文献

导读

熟知5G的原理与技术是5G网络优化与实践进阶的基础，为了让读者更容易理解5G技术的特点，本篇分别从5G技术基本原理、5G与4G的原理差异、无线传播理论以及天线基础知识4个方面详细介绍了5G新技术。

为了满足eMBB、mMTC、uRLLC提出的业务要求，核心网在全分离架构下，基于网络功能虚拟化的多接入边缘计算应运而生。同样为了满足业务需求，本篇从调制方式、波形、帧结构、5G物理信道和参考信号设计、多天线传输和信道编码多个方面详细介绍了5G新空口特性。与此同时，本篇简单介绍了非正交多址接入技术、滤波组多载波技术、多输入多输出（Multiple Input Multiple Output，MIMO）技术、超密度异构网络、多技术载波聚合等九大技术，可以让读者更深入地理解无线网络关键技术，在此也提到了作为5G关键技术之一的端到端的网络切片技术。

本篇接下来从频段和带宽、空口帧结构、物理信道和信号、协议栈、服务质量管理、功率控制以及调度等方面介绍了4G/5G的差异性，方便读者理解5G新技术。

最后，本篇以无线传播理论和天线基础知识作为5G原理与技术的补充。

第1章 5G 技术基本原理

Chapter 1

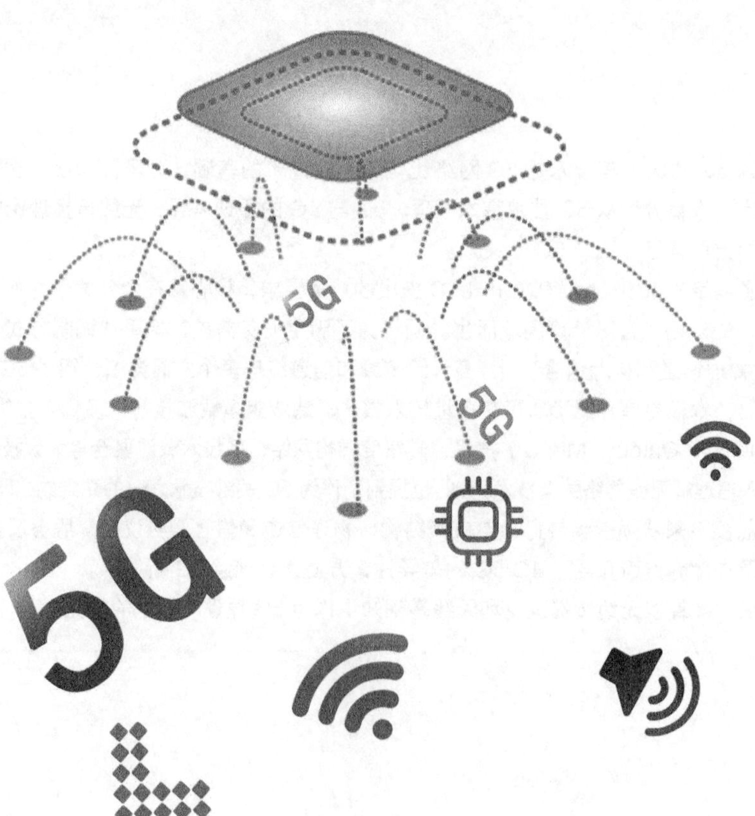

为了满足 eMBB、mMTC、uRLLC 提出的业务要求，5G 网络核心网从集中向分布式发展，从专用系统向虚拟系统发展，从闭源向开源发展。无线侧部署大规模天线、更加灵活的时域频域配置，以及端到端的网络切片技术。

●•1.1 核心网关键技术

信号在光纤中传播的速率为 200km/ms，数据要在相距至少几百千米的终端和核心网之间来回传送，这显然是无法满足 5G 毫秒级时延的要求，同时大量的数据传送给传输网带来了挑战。因此，核心网用户面下沉是一个必然的选择。全分离式架构（Control and User Plane Separation of EPC nodes，CUPS）是核心网关键技术之一。全分离式架构如图 1-1 所示。

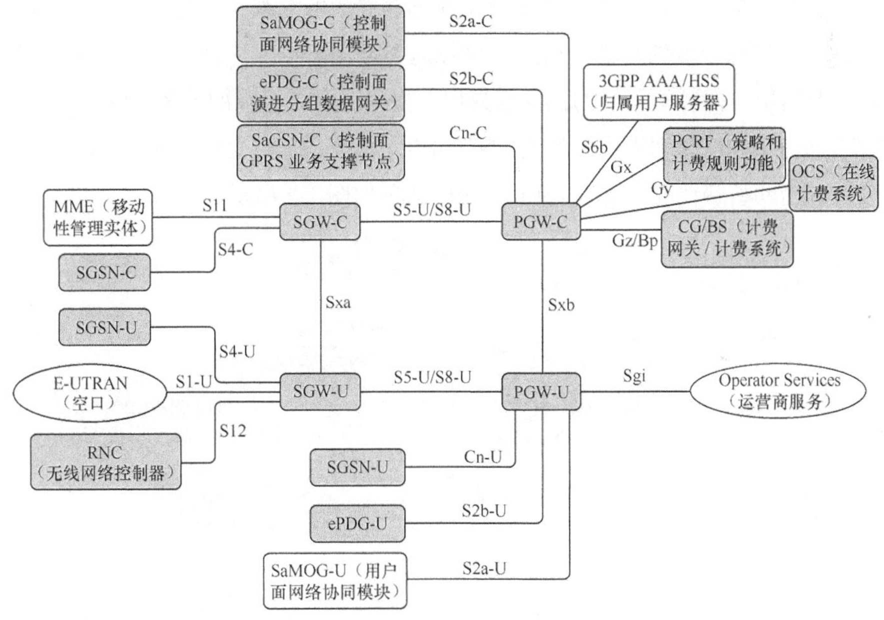

图1-1 全分离式架构

在全分离式构架中，用户面服务网关（Serving Gateway，SGW）和分组数据网关（Packet Data Network Gateway，PGW）被分离为控制面和用户面两个部分。SGW 分离为控制面服务网关（Serving Gateway for Control Plane，SGW-C）和用户面服务网关（Serving Gateway for User Plane，SGW-U）。PGW 分为控制面公用数据网（Public Data Network，PDN）网关（即 Packet Data Network Gateway for Control Plane，PGW-C）和用户面公用数据网网关（Packet Data Network Gateway for User Plane，PGW-U）。同样，GPRS 业务支撑节点（Serving GPRS Support Node，SGSN）也被分为控制面（Serving GPRS Support Node for Control Plane，SGSN-C）和用户面（Serving GPRS Support Node for User Plane，SGSN-U）。

搭建全分离式架构的目的是让网络用户面功能摆脱“中心化”，使其既可灵活部署于核心网，也可部署于接入网或接近接入网，这就是所谓的核心网用户面下沉，同时也保留了控制面功能的中心化。

伴随着用户面 / 控制面分离、核心网下沉和分布而来的是部署于接入网或接近接入网的分布式数据中心，并引入基于网络功能虚拟化（Network Functions Virtualization，NFV）的多接入边缘计算（Multi-access Edge Computing，MEC）。

NFV 是网络功能虚拟化解耦传统电信设备的软硬件，并将软件功能运行于通用服务器硬件上，以降低成本，缩短部署周期和激发服务创新。

MEC 是欧洲电信标准协会（European Telecommunications Standards Institute，ETSI）提出的概念，即多接入边缘计算，它是一种在比数据中心（Data Center，DC）更靠近终端用户的边缘位置，提供用户所需服务和云端计算功能的网络架构，将应用、内容和核心网部分业务处理和资源调度的功能一同部署到靠近终端用户的网络边缘，通过业务靠近用户侧处理，以及应用、内容与网络的协同来为用户提供可靠、极致的业务体验。

ETSI 定义了 MEC 的七大应用场景：视频优化、增强现实、企业分流、车联网、物联网、视频流分析和辅助敏感计算。MEC 的七大应用场景如图 1-2 所示。

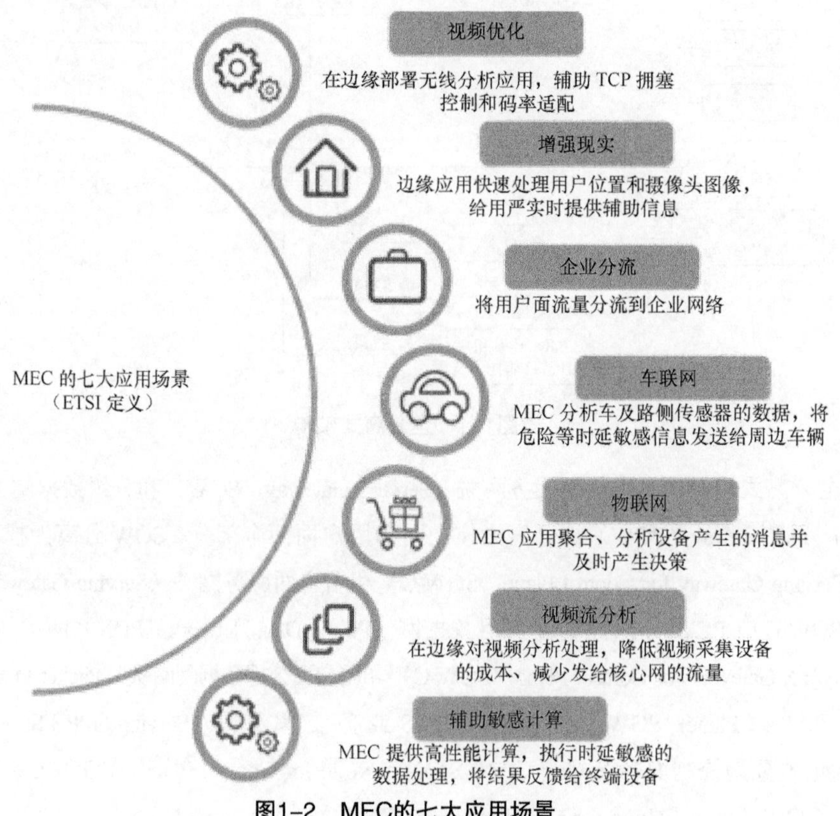

图1-2　MEC的七大应用场景

●• 1.2 5G 新空口及无线关键技术

1.2.1 5G 新空口

eMBB、mMTC 和 uRLLC 是 5G 的三大类应用场景，各自有着非常广泛的应用案例。而这些应用案例的需求是复杂甚至有时是相互矛盾的，因此，如果要全部予以满足，5G 无线网络就将包含两大部分：一是现有 4G 长期演进（Long Term Evolution，LTE）网络的后续演进；二是研发全新的 5G 无线接入技术——5G 新空口（New Radio，NR），并对其进行标准化。

5G 新空口的工作频率的范围极广，分布于 1GHz ～ 100GHz 频段，既有低频段也有高 / 超高频段，从而就有了多种无线网络的部署模式。其中，5G 宏基站将部署于较低的频段以覆盖更广的地理区域；5G 微基站与 5G 皮基站则将被部署于覆盖范围有限的移动数据流量热点区域以提供大 / 超大的系统容量。此外，为了使 5G 网络具有较好的服务质量及高可靠性能，“授权频段”仍将是 5G 无线网络的主要方式，而用于非授权频段内的数据传输则将仅作为授权频段 5G 系统的补充以提高系统容量、增大数据传输速率。5G 在应用案例、工作频段及网络部署的愿景如图 1-3 所示。

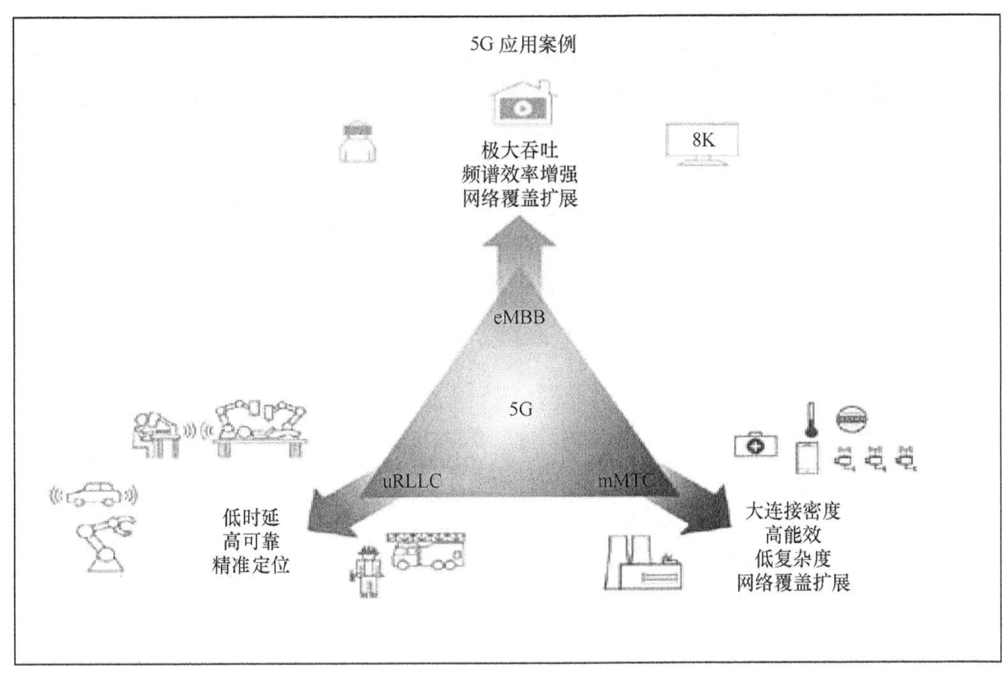

图1-3 5G在应用案例、工作频段及网络部署的愿景

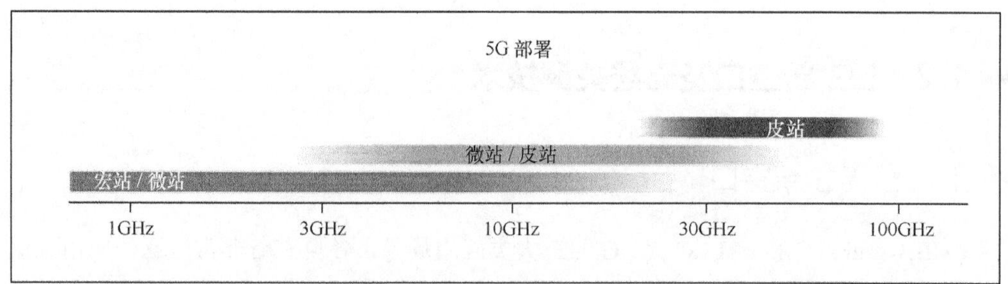

图1–3　5G在应用案例、工作频段及网络部署的愿景（续）

2016 年 4 月，第三代合作伙伴计划（3rd Generation Partnership Project，3GPP）正式启动 5G 新空口的标准化工作，目标是实现 5G 新空口在 2020 年的商用部署。与此前制定 3G 和 4G 国际标准不同的是，3GPP 对于 5G 国际标准的制定采取的是分阶段的方式：第一阶段于 2018 年 6 月冻结 3GPP Release 15，其中仅对部分 5G 新空口的功能进行标准化；第二阶段于 2019 年冻结 3GPP Release 16，其中的 5G 新空口功能将可全部满足国际电信联盟无线电通信组（International Telecommunication Union - Radio Communication Sector，ITU-R）所提出的国际移动通信－2000[International Mobile Telecommunications 2000，IMT-2020（5G）] 需求。此外，3GPP 的 5G 技术标准可能还将在 2020 年之后作进一步的后续演进，在 3GPP Release 17/18 等中增加 5G 系统新的特性及功能。

虽然 5G 新空口与 4G LTE 后向不兼容，但是其未来的后续演进版本则需要与 5G 新空口的最初版本后向兼容。此外，由于 5G 新空口必须支持范围很广的应用案例，而且其中还有很多的应用案例尚未得到明确定义，因此，确保 3GPP Release 15、3GPP Release 16 这两版 5G 早期国际标准的前向兼容就具有极为重要的意义。

物理层是任何一种无线通信技术的核心。为了支撑众多应用案例的极高需求（纵向上看）与差异化很大的需求（横向上看）、大量的工作频段及不同的无线接入网络部署模式，5G 新空口物理层的设计必须具备两个特性：灵活性和可扩展性。因此，5G 新空口物理层的关键技术包括调制方式、波形、帧结构、多天线传输、信道绑定。

1. 调制方式

现有 4G LTE 具有二相相移键控（Quadrature Phase Shift Keying，QPSK）、16 正交幅相调制（16 Quadrature Amplitude Modulation，16QAM）、64 正交幅相调制（64 Quadrature Amplitude Modulation，64QAM）和 256 正交幅相调制（256 Quadrature Amplitude Modulation，

256QAM）4 种调制方式。5G 新空口也支持这 4 种调制方式。此外，面向 mMTC 等类型的业务，3GPP 对 5G 新空口的上行调制新增了 π/2-BPSK（二进制相移键控），以进一步降低峰均功率比，并提高低数据率信号的功放效率。而且，由于 5G 新空口可为范围很广的用例提供服务，就需要新增更高阶的调制技术，如果固定的点到点回程已经采取比 256QAM 阶数更高的调制技术，从而就需要在 5G 新空口标准中新增 1024QAM。另外，在 5G 新空口标准中，需要为不同类 / 级别的用户终端分配不同的信号调制方式。

2. 波形

3GPP 已经在 5G 新空口的上行与下行（直到 52.6GHz）方向均采取具有可扩展特性（在子载波间隔及循环前缀方面）的循环前缀—正交频分复用（Cyclic Prefixed Orthogonal Frequency Division Multiplexing，CP-OFDM）技术，这样，上行与下行就有着相同的波形，从而就可以简化 5G 新空口的整体设计，尤其是无线回程以及设备间直接通信（Device to Device D2D）的设计。此外，3GPP 的 5G 新空口在上行方向还可以通过采取离散傅里叶变换（Discrete Fourier Transform，DFT）扩展的正交频分复用（Orthogonal Frequency Division Multiplexing，OFDM）以单流传输（即不需要空间复用）来支持覆盖有限的场景。除了 CP-OFDM 之外，诸如加窗、滤波等任何对 5G 新空口接收机透明的操作均可应用于发送端。

数值（Numerology）可扩展的 OFDM 可使能部署于各种（范围很大）频段上采取不同模式所部属 5G 网络的差异化较大甚至很大的业务。其中，子载波间隔的可扩展性体现为数值是 15×2^n kHz（n 为正整数，LTE 网络中 OFDM 的子载波间隔为 15kHz），即 30kHz、60kHz、90kHz 等。这一扩展因数 / 倍数可确保不同数值的槽及符号在时域对齐，这对于时分复用（Time Division Multiplexing，TDM）网络的高效使能具有重要意义。与 5G 新空口 OFDM 数值相关的细节参照系统参数如图 1-4 所示以及见表 1-1。其中，参数“n”的选择取决于不同的因素，包括 5G 新空口网络部署选项类型、载波频率、业务需求（时延 / 可靠性 / 吞吐量）、硬件减损（振荡器相位噪声）、移动性及实施复杂度。例如，面向对时延极为敏感的 uRLLC、小覆盖区域以及更高的载波频率，可以把子载波间隔调大；对于更低载波频率、网络覆盖范围大、窄带终端以及增强型多媒体广播 / 多播服务，可以把子载波间隔调小。此外，还可以通过复用两种不同的数值（例如，用于 uRLLC 的更宽子载波间隔以及用于 eMBB/mMTC 的更窄子载波间隔），以相同的载波来同时承载具有不同需求的不同业务。

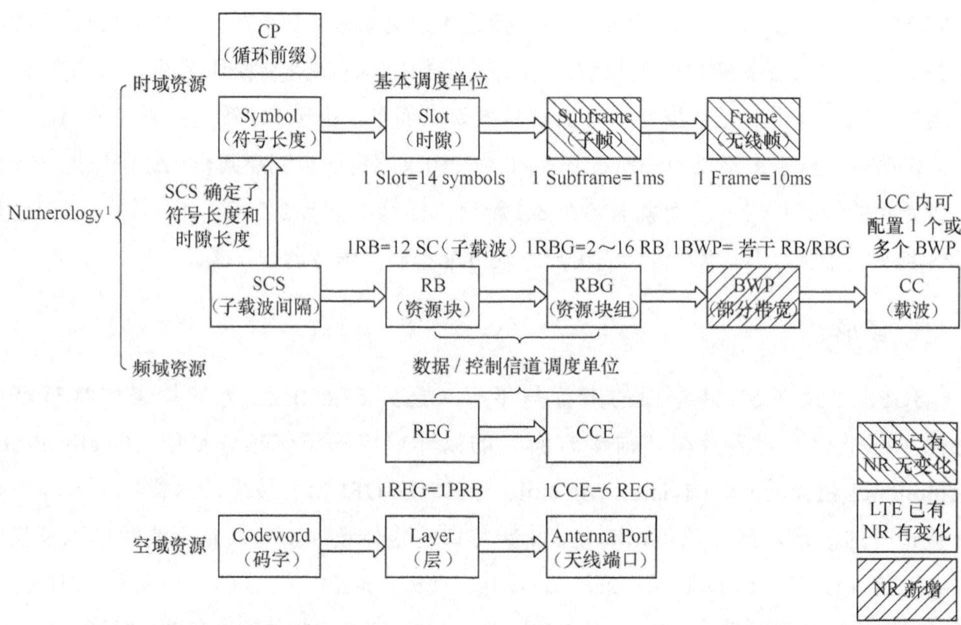

1. Numerology：NR 中指子载波间隔 (Sub Carrier Spacing，SCS)，以及与之对应的符号长度、循环前缀（Cyclic Prefix，CP）长度等参数

图1-4　与5G新空口OFDM数值相关的细节参照系统参数

- 子载波间隔 VS 符号长度 / CP 长度 /Slot 长度。
- (数据部分)OFDM 符号长度：$T\_data = 1/SCS$。
- CP 长度：$T\_cp = 144/2048 \times T\_data$。
- (数据 +CP) 符号长度：$T\_symbol = T\_data + T\_cp$。
- Slot 长度：$T\_slot = 1 / 2\hat{}(u)$。

表1-1　与5G新空口OFDM数值相关的细节参照系统参数

参数 / 数值（u）	0	1	2	3	4
子载波间隔 (kHz): *SCS*=15 × 2ˆ（u）	15	30	60	120	240
OFDM 符号长度 (μs): *T*_data=1/*SCS*	66.67	33.333	16.67	8.33	4.17
CP 长度 (μs): *T*_cp=144/2048 × *T*_data	4.69	2.34	1.17	0.59	0.29
（数据 +CP）符号长度 (μs): *T*_symbol=*T*_data+*T*_cp	71.35	35.68	17.84	8.92	4.46
Slot 长度 (ms): *T*_slot=1/2ˆ(u)	1	0.5	0.25	0.125	0.0625

OFDM 信号的频谱在传输带宽之外衰减极慢，为了限制带外辐射，LTE 的频谱利用率约为 90%，即在 20MHz 的带宽内，111 个物理资源块（Physical Resource Block，PRB）中得到有效利用（承载数据）的资源块高达 100 个 RB。对于 5G 新空口，3GPP 已经提出其频谱利用率要达到高于 90% 的水平。对此，加窗、滤波都是在频域内限制 OFDM 信号的可行方式，需要注意的是，由于“频谱限制（Spectrum Confinement）”可引发自干扰，“频谱效率”与“频谱限制”之间的关系并非线性的。

3. 帧结构

5G 新空口的帧结构既可在授权频段也可在非授权频段支持频分双工（Frequency Division Duplex，FDD）与时分双工（Time Division Duplex，TDD），5G 新空口帧结构的设计需要遵循以下三大原则。

第一个原则：传输是自包含的。时隙中的数据及波束中的数据可自主解码而无须依赖其他的时隙及波束。这就意味着，一个特定时隙及一个特定波束中的数据的解调需要有参考信号的辅助。

第二个原则：传输要在时域与频域得到良好的定义。这样可以使在未来各种新兴类型的传输与传统的传输同时工作。5G 新空口的帧结构避免在跨全系统带宽内映射控制信道。

第三个原则：避免跨槽以及跨不同传输方向的静态或严格的时间关系。例如，不宜使用预定义的传输时间而宜采取异步混合自动重传请求［Hybrid Automatic Repeat Request（常写作 reQuest），HARQ］。

SCS 建议应用如图 1-5 所示，5G 新空口中的一个时隙由 7 个或 14 个长度的 OFDM 符号组成。而且，时隙所选择的数值不同，时隙的周期也随之变化。这是由于 OFDM 的符号周期与其子载波间隔之间是反比例的关系。

为了支持具有灵活起点及短于常规时隙周期的传输，可以把一个时隙划分为若干个微时隙。其中，一个微时隙的长度可以与一个 OFDM 符号相当，从而可实现在任何时间点启动。由此，微时隙就可适用于各种应用场景，包括低时延传输、非授权频段内的传输、毫米波（Millimeter Waves，mm Waves）频段内的传输。

在低时延的应用场景（例如，uRLLC）中，传输需要快速启动而无须等待一个时隙边界的启动，当在非授权频段内传输数据时，最好在执行完会话前侦听（Listen Before Talk，LBT）后立刻启动传输。此外，在毫米波频段内传输数据，大量可用的频谱资源意味着由少数 OFDM 符号支持的负载对于很多数据包而言足够大，大的传输周期可以增强 5G 新空口网络的覆盖，并减小负载，这是由于其可进行上行 / 下行切换（TDD 网络）、传输参考信号以及控制信息。

- SCS 对覆盖、时延、移动性、相噪的影响：

—覆盖：SCS 越小，符号长度CP 越长，覆盖越好。

—时延：SCS 越大，符号长度CP越短，时延越小。

—移动性：SCS 越大，多普勒频移影响越小，性能越好。

—相噪：SCS 越大，相噪影响越小，性能越好。

- 不同频段 SCS 应用建议（eMBB 业务数据信道）：

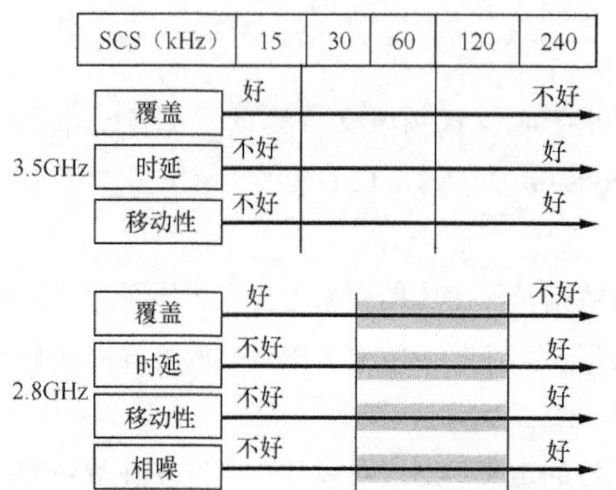

- 支持不同 SCS FDM 共存：

—eMBB 业务和 uRLLC 数据信道使用不同 SCS，FDM 共存

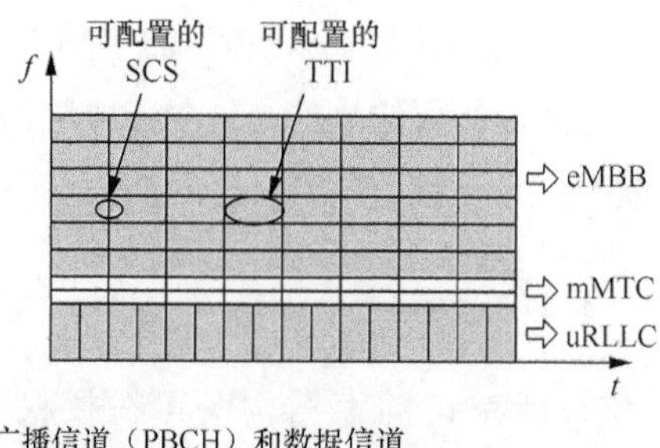

—广播信道（PBCH）和数据信道（PDSCH/PUSCH）使用不同 SCS，FDM 共存

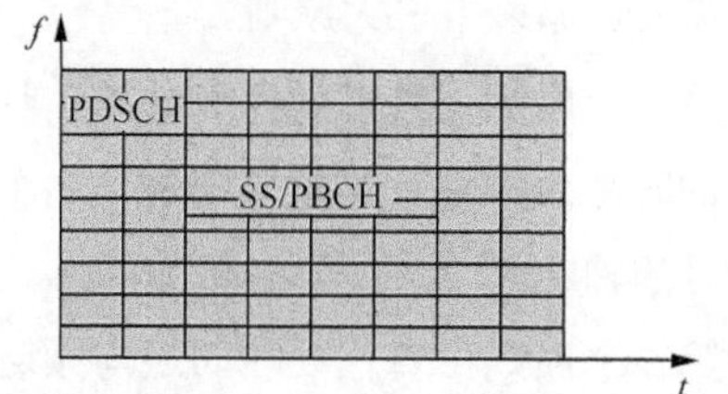

图1-5　SCS建议应用

通过使能同时接收与传输，即在时域内叠加上行与下行，可面向 FDD 制式的 5G 新空口网络采取相同的帧结构，这种帧结构也同样适用于 D2D 通信，发起或者调度传输的终端设备可以采取下行时隙的帧结构，响应传输的终端设备可以采取上行时隙的帧结构。

5G 新空口的帧结构也能容许进行快速 HARQ，解码是在下行数据的接收期间进行的，而且 HARQ 是在保护周期内由用户终端在从下行接收转换为上行传输时发出的。

为了获得低时延的效果，一个时隙或一组聚合的时隙在其起始时就与控制信号及参考信号前置。

4. 5G 物理信道和参考信号设计

为了提高网络的能效（能量利用效率），并保证后向兼容，5G 新空口通过超精益的设计（Ultra-Lean Design）来最小化“永远在线的传输”：与 LTE 中的相关设置相比，5G 新空口灵活的物理信道和信号设计，一切皆可调度 / 可配置。

下行物理信道与信号名称主要有以下几类。

同步信号（Synchronization Signal，SS）用于时频同步和小区搜索。

物理广播信道（Physical Broadcast Channel，PBCH）用于承载系统广播消息。

物理下行控制信道（Physical Downlink Control Channel，PDCCH）用于上下行调度、

功控等控制信令的传输。

物理下行共享数据信道（Physical Downlink Shared Channel，PDSCH）用于承载下行用户数据。

解调参考信号（Demodulation Reference Signal，DMRS）用于下行数据解调、时频同步等。

相位跟踪参考信号（Phase Tracking-Reference Signal，PT-RS）用于相位噪声跟踪和补偿，同时，PT-RS既可用于下行物理信道，也可用于上行物理信道。

信道状态信息参考信号（Channel State Information-Reference Signal，CSI-RS）用于信道测量、波束管理、无线资源测量（Radio Resource Measurement，RRM）/无线链路测量（Radio Link Measurement，RLM）和精细化时频跟踪等；同时，CSI-RS既可用于下行物理信道，也可用于上行物理信道。

上行物理信道与信号名称主要有以下几类。

物理随机接入信道（Physical Random Access Channel，PRACH）用于用户随机接入请求信息。

物理上行控制信道（Physical Uplink Control Channel，PUCCH）用于HARQ反馈、信道质量指示（Channel Quality Indication，CQI）反馈、调度请求指示等L1/L2控制信令。

物理上行共享信道（Physical Uplink Shared Channel，PUSCH）用于承载上行用户数据。

DMRS用于上行数据解调、时频同步等。

5G物理信道和参考信号设计如图1-6所示。

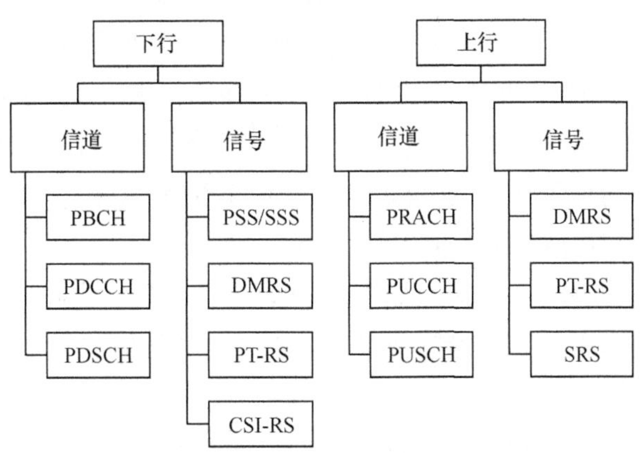

图1-6 5G物理信道和参考信号设计

5. 多天线传输

根据不同的工作频段，5G新空口将采取不同的天线解决方案与技术。对于较低的频段，可以采用少量或中度数量的有源天线（最高约 32 副发射天线），并通常采用频分双工（FDD）的频谱配置。在此种配置下，信道状态信息（Channel State Information，CSI）的获取，需要在下行方向传输CSI-RS，并需要在上行方向上报CSI。此外，由于低频段的可用带宽有限，在 5G 新空口网络中，就需要通过多用户 MIMO（MU-MIMO）以及更高阶的空间复用（以相比于 LTE 更高精度的 CSI 报告）来提高频谱效率。

对于较高的频段，可以在给定空间内部署大量的天线，从而可增大波束赋型以及 MU-MIMO 的能力。此处假设采取时分双工（TDD）的频谱配置以及基于互易的运行模式。于是，通过上行信道测量可以明确信道估计的形式获得高精度的 CSI。这种高精度的 CSI 可使 5G 新空口基站采用复杂的预编码算法，从而可以增大对于多用户干扰的抑制，但如果互易性不佳，就可能需要用户终端对小区间干扰或者校准信息进行反馈。

对于更高频段（处于毫米波范围），目前对于 5G 新空口的研究一般采取模拟的波束赋型，但该解决方案容易限制每个单波束在每个时间单位及无线链路之内的传输。该频段的波长很小，从而就需要采用大量的天线单元来保证覆盖效果。为了补偿数值很大的路径损耗，需要同时在发射端以及接收端部署波束赋型（对控制信道传输也是如此）。另外，还需要面向信道状态信息（CSI）的获取研发一种新类型的波束管理流程，其中，5G 毫米波新空口基站及时按顺序扫描无线发射机波束，而且用户终端需要通过维持一个适当的无线接收机波束以使能对于所选定发射机波束的接收。

为了支撑众多不同的使用案例，5G 新空口采取了高度灵活且统一的 CSI 框架，其中，与 LTE 相比，CSI 测量、CSI 上报以及实际的下行传输之间的耦合有所减少。可以把 CSI 框架看成一个工具箱，其中，面向信道及干扰测量的不同 CSI 上报设置及 CSI-RS 资源设置可以混合并匹配起来，以与天线部署及在用的传输机制相对应，而且其中不同波束的 CSI 报告可以得到动态触发。此外，CSI 框架也支持多点传输及协调等更为先进的技术。同时，控制信息与数据的传输遵循自包含原则，对传输（例如，伴随 DMRS 参考信号）进行解码所需的所有信息均包含于传输自身之中。从而，随着用户终端在 5G 新空口网络中移动，网络就可以无缝地改变传输点或波束。

多天线的最大好处是可以形成多流输入输出，形成高效的 MASSIVE MIMO 功能。为了使读者更好地理解多流的形成过程，我们对各概念做了详细阐述，具体如下。

（1）码字

一个传输块（Transport Block，TB）对应包含一个移动接入码（Mobile Access Code，MAC）协议分组数据单元（Protocol Data Unit，PDU）的数据块，这个数据块在一个发送时间间隔（Transmission Time Interval，TTI）内发送。一个码字是对在一个 TTI 上发送的一个 TB 进行循环冗余码校验（Cyclic Redundancy Check，CRC）插入、码块分割并为每个码块插入 CRC、信道编码、速率匹配之后得到的数据码流。

（2）TB 块

每个 TTI 最多有两个，误块率（Block Error Rate，BLER）、调制和编码方案（Modulation and Coding Scheme，MCS）等都是基于 TB 块调度的。

（3）层

层就是通常说的流，码字通过层映射，然后映射到各个流上，这有点像串行到并行的变换，因此层数越多，速率就会越高。

（4）Port

Port 就是通常说的逻辑端口号，每个端口号上有自己独立的 DMRS 参考信号，供用户设备（User Equipment，UE）解调出各个端口上的信号。

（5）波束

各流上的数据通过波束加权（Beam Forming，BF）后，映射到 64 根天线上发送，在权值的作用下（改变信号的幅度和相位），各天线上的信号将进行赋形，集中打向 UE。

UE 每根物理天线上都能接收到所有波束上的信号，UE 的天线数决定了调度的最大流数，因此，有多少个流，就有多少个波束打向这个 UE。多流形成过程如图 1-7 所示。

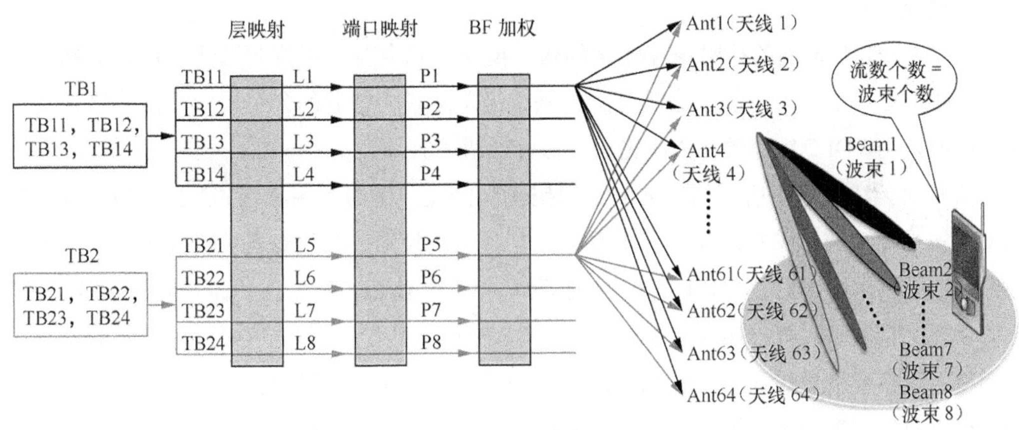

图1-7　多流形成过程

（6）信道编码

5G 新空口的数据信道采取低密度奇偶校验（Low Density Parity Check，LDPC）编码，控制信道采取极化编码（Polar Code）。LDPC 编码由其奇偶校验矩阵定义，每一行代表一个编码位（bit），每一列代表一个奇偶校验方程。5G 新空口中的 LDPC 编码采用准循环结构，其中的奇偶校验矩阵由更小的基矩阵定义，基矩阵的每个输入代表一个 Z×Z 零矩阵或者一个平移的 Z×Z 单位矩阵。

Polar 码构造的核心是通过“信道极化”处理，在编码侧，采用编码的方法使各个子信道呈现不同的可靠性，当码长持续增加时，一部分信道将趋于容量接近于 1 的完美信道（无误码），另一部分信道趋于容量接近于 0 的纯噪声信道，选择在容量接近于 1 的信道上直接传输信息以逼近信道容量。

Polar 码之所以被认为是 5G uRLLC 和 mMTC 用例有希望的竞争者，主要是因为它通过简单的删除和代码缩短机制提供了优异的性能，代码率和代码长度各不相同，由于没有误码率，极低编码可以支持 99.999% 的可靠性，这对于 5G 应用的超高可靠性要求是必需的，使用简单的编码和低复杂度的基于连续删除（Successive Cancellation，SC）的解码算法，降低 Polar 码中的终端功耗。因此，对于需要超低功耗的物联网应用而言，对电池使用寿命的要求比较高，对于等效误码率，Polar 码比其他码具有更低的信噪比要求，可提供更高的编码增益和更高的频谱效率，多路径、灵活性和多功能性（对于多终端场景）等特点，使 Polar 码成为 5G 标准控制信道功能的主要编码。

LDPC 编码是一种线性分组码，它是一种校验矩阵密度非常低的分组码，核心思想是用一个稀疏的向量空间把信息分散到整个码字中。普通的分组码校验矩阵密度大，在采用最大似然法在译码器中解码时，错误信息会在局部的校验节点之间反复迭代并被加强，造成译码性能下降。

反之，LDPC 编码的校验矩阵非常稀疏，错误信息会在译码器的迭代中被分散到整个译码器中，正确解码的可能性会被相应提高。简单地说，普通的分组码的缺点是错误集中并被扩散，而 LDPC 编码的优点是错误分散并被纠正。

与其他无线技术中所采用的 LDPC 编码不同的是，考虑到用于 5G 新空口的 LDPC 编码采取的是速率兼容结构，基矩阵由系统位、奇偶校验位、额外奇偶校验位组成。基矩阵如图 1-8 所示，图 1-8 中左上角部分（基矩阵）可进行高速率编码，编码率为 2/3 或 8/9，还可以通过扩展基矩阵并加入图 1-8 中左下角部分标示的行与列来生成额外的奇偶校验位，从而就可以用更低的编码率来传输。由于用于更高编码率的奇偶校验矩阵更小，相关的解码时延以及复杂度就得到降低，加之由准循环结构可达到高平行度，所以可获得非常高的峰值吞吐与低时延。此外，5G 新空口的奇偶校验矩阵可以扩展至相比 LTE 的 Turbo 码更低的编码率，LDPC 编码可以在低编码的情况下率先获得更高的编码增益，从而适用于需要高可靠性的那些 5G 应用案例。

极化码将被用于 5G 新空口的层 1 及层 2 控制信令，但非常短的消息除外。极化码于 2008 年提出，是一种较新的编码方式，也是以合适的解码（面向多种信道）复杂度达到香农极限的第一批编码技术。

通过把极化码编码器与外部编码器串联起来，并跟踪解码器此前解码比特位（表单）的最可能的数值，可以用更短的块长度（例如，层 1 及层 2 控制信令长度的典型数值）获得良好的性能。此外，如果上述表单的尺寸更大，纠错性能就会更好，但解码器的实现复杂度会更大、成本会更高。

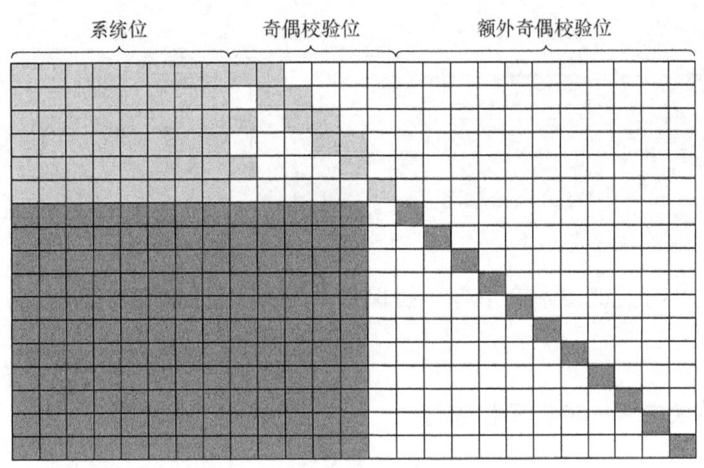

图1-8　基矩阵

1.2.2　无线关键技术

1. 关键技术一——非正交多址接入技术

在非正交多址接入技术（Non-Orthogonal Multiple Access，NOMA）mMTC 上采用，NOMA 不同于传统的正交传输，在发送端采用非正交发送，主动引入干扰信息，在接收端通过串行干扰删除技术实现正确解调。与正交传输相比，接收机的复杂度有所提升，但可以获得更高的频谱效率。非正交传输的基本思想是利用复杂的接收机设计来获得更高的频谱效率，随着芯片处理能力的增强，将使非正交传输技术在实际系统中的应用成为可能。NOMA 的思想是，重拾 3G 时代的非正交多用户复用原理，并将之融合于现在的 4G OFDM 技术之中。

从 2G、3G 到 4G，多用户复用技术无非在时域、频域、码域上做文章，而 NOMA 在 OFDM 的基础上增加了一个维度——功率域。新增这个功率域的目的是，利用每个用户不同的路径损耗来实现多用户复用。非正交多址接入技术比较见表 1-2（包含与 3G/4G 接入技术的比较）。

表1-2　非正交多址接入技术比较

	3G	3.9G/4G	5G
复用方式	非正交复用	正交复用	基于 SIC 的非正交复用
信号波束形式	单载波	正交频分复用（或者 DFT-s-OFDM）	正交频分复用（或者 DFT-s-OFDM）
链路适配方式	快速 TPC	自适应调制编码	自适应调制编码 + 功率分配
图示	F 功率控制下的非正交复用	F 多用户正交复用	F 叠加与功率分配

在 NOMA 中的关键技术有串行干扰删除（Successive Interference Cancellation，SIC）和功率复用。

2. 关键技术二——串行干扰删除

在发送端，类似于码分多址接入（Code Division Multiple Access，CDMA）系统，引入干扰信息可以获得更高的频谱效率，但是同样也会遇到多址干扰（Multiple Access Interference，MAI）的问题。关于消除多址干扰的问题，在研究 3G 的过程中已经取得了很多成果，SIC 也是其中之一。NOMA 在接收端采用 SIC 接收机来实现多用户检测。SIC 技术的基本思想是采用逐级消除干扰策略，在接收信号中对用户逐个判决，进行幅度恢复后，将该用户信号产生的多址干扰从接收信号中减去，并对剩下的用户再次进行判决，如此循环操作，直至消除所有的多址干扰。串行干扰删除（SIC）技术如图 1-9 所示。

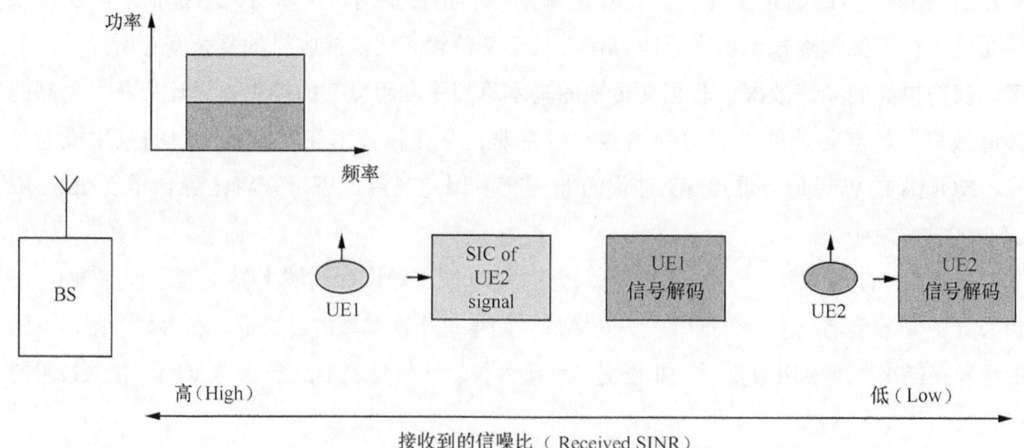

图1-9　串行干扰删除（SIC）技术

3. 关键技术三——功率复用

SIC 在接收端消除 MAI，需要在接收信号中对用户进行判决来排出消除干扰用户的先后顺序，而判决的依据就是用户信号功率大小。基站在发送端会对不同的用户分配不同的信号功率来获取系统最大的性能增益，同时达到区分用户的目的，这就是功率复用技术。发送端采用功率复用技术。不同于其他的多址方案，NOMA 首次采用了功率复用技术。功率复用技术在其他几种传统的多址方案中没有被充分利用，其不同于简单的功率控制，而是由基站遵循相关的算法来进行功率分配。在发送端对不同的用户分配不同的发射功率，从而提高系统的吞吐率。另外，NOMA 在功率域叠加了多个用户，在接收端，SIC 接收机可以根据不同的功率区分不同的用户，也可以通过信道编码来进行区分，例如，Turbo 码和 LDPC 编码的信道编码。这样，NOMA 能够充分利用功率域，而功率域在 4G 系统中没有被充分利用。与 OFDM 相比，NOMA 具有更好的性能增益。

NOMA 可以利用不同的路径损耗差异来对多路发射信号进行叠加，从而提高信号增益。它能够让同一小区覆盖范围的所有移动设备都能获得最大的可接入带宽，以解决由于大规模连接带来的网络挑战。

NOMA 的另一个优点是，无须知道每个信道的 CSI，从而有望在高速移动场景下获得更好的性能，并能组建更好的移动节点回程链路。

4. 关键技术四——滤波组多载波技术

在 OFDM 系统中，各个子载波在时域相互正交，它们的频谱相互重叠，因而具有较高的频谱利用率。OFDM 技术一般应用在无线系统的数据传输中，在 OFDM 系统中，由于无线信道的多径效应，从而使符号间产生干扰。为了消除符号间干扰（Inter Symbol Interference，ISI），在符号间插入保护间隔。插入保护间隔的一般方法是符号间置零，即发送第一个符号后停留一段时间（不发送任何信息），接下来再发送第二个符号。在 OFDM 系统中，这样虽然减弱或消除了符号间干扰，由于破坏了子载波间的正交性，从而导致了子载波之间的干扰（Inter Carrier Interference，ICI）。因此，这种方法在 OFDM 系统中不能采用。在 OFDM 系统中，为了既可以消除 ISI，又可以消除 ICI，通常保护间隔是由循环前缀（Cycle Prefix，CP）来充当。CP 是系统开销，不传输有效数据，从而降低了频谱效率。

而滤波组多载波技术（Filter Bank Multi Carrier，FBMC）利用一组不交叠的带限子载波实现多载波传输，FBMC 对于频偏引起的载波间干扰非常小，不需要 CP，较大地提高了频率效率。正交频分多址（Orthogonal Frequency Division Multiple Access，OFDMA）和 FBMC 实现结果对比如图 1-10 所示。

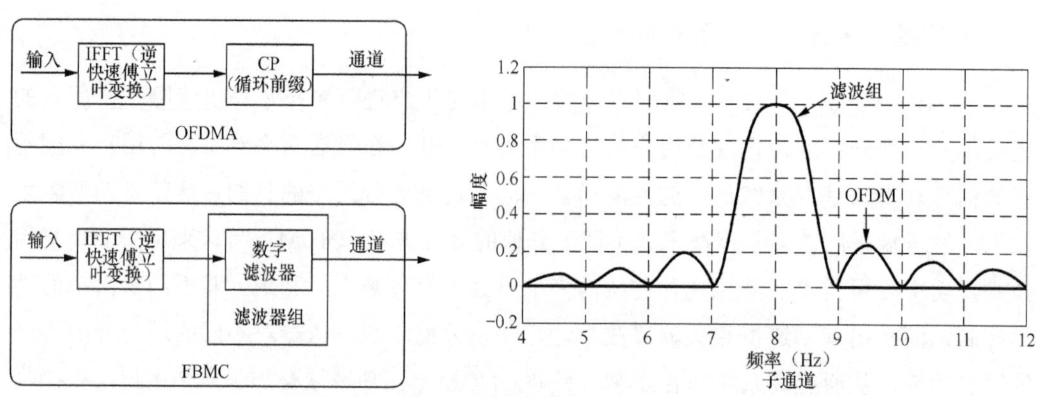

图1-10　OFDMA和FBMC实现结果对比

5. 关键技术五——毫米波

毫米波（mmWaves）的频率为30GHz～300GHz，波长为1mm～10mm。

由于足够大的可用带宽，较高的天线增益，毫米波技术可以支持超高速的传输速率，且波束窄，灵活可控，可以连接大量设备。毫米波支持大连接如图1-11所示。

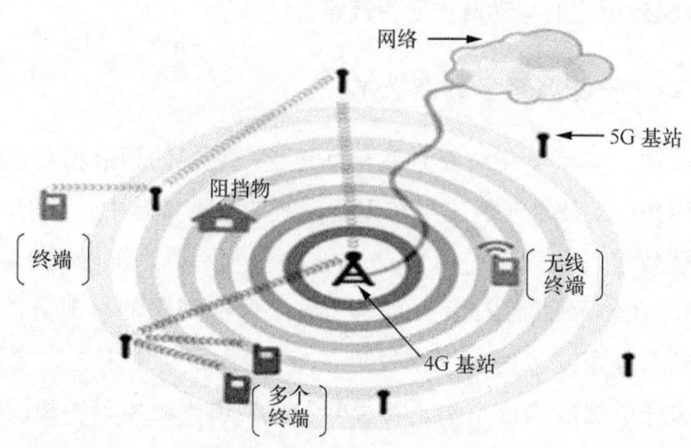

图1-11　毫米波支持大连接

图1-11中的左侧终端处于4G小区覆盖边缘，信号较差，且有建筑物（例如，房子）阻挡，此时，就可以通过毫米波传输，绕过阻挡的建筑物，实现高速传输。

同样，图1-11中下方多个终端同样可以使用毫米波实现与4G小区的连接，且不会产生干扰。当然，由于图1-11中的右侧无线终端距离4G小区较近，可以直接和4G小区连接。

高频段（毫米波）在5G时代的多种无线接入技术中有以下两种应用场景。

（1）毫米波小基站：增强高速环境下移动通信的使用体验

传统多种无线接入技术叠加型网络如图 1-12 所示。在传统的多种无线接入技术叠加型网络中，宏基站与小基站均工作于低频段，这就带来了频繁切换的问题，用户体验较差。为了解决这一问题，在未来的叠加型网络中，宏基站工作于低频段并作为移动通信的控制平面，毫米波小基站工作于高频段并作为移动通信的用户数据平面。

图1-12　传统多种无线接入技术叠加型网络

（2）基于毫米波的移动通信回程

基于毫米波的移动通信回程如图 1-13 所示。在采用毫米波信道作为移动通信的回程后，叠加型网络的组网具有很大的灵活性，因为在 5G 时代，小 / 微基站的数目将非常庞大，基于毫米波的移动通信回程技术可以随时随地根据数据流量增长的需求部署新的小基站，并可以在空闲时段或轻流量时段灵活、实时地关闭某些小基站，从而可以收到节能降耗之效。

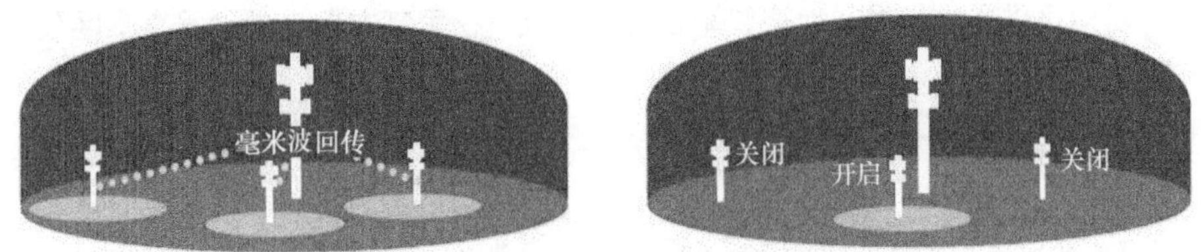

图1-13　基于毫米波的移动通信回程

6. 关键技术六——大规模 MIMO 技术（3D /Massive MIMO）

大规模 MIMO 技术已经被广泛应用于 Wi-Fi、LTE 等场景。从理论上看，天线越多，频谱效率和传输的可靠性就越高。

具体而言，当前 LTE 基站的多天线只在水平方向排列，只能形成水平方向的波束，并且当天线数目较多时，水平排列会使天线总尺寸过大，从而导致安装困难。而 5G 的天线设计参考了相控阵雷达的思路，其目标是更大地提升系统的空间自由度。基于这一思想的大规模天线系统（Large Scale Antenna System，LSAS）技术，通过在水平和垂直方向同时放置天线，增加了垂直方向的波束维度，并提高了不同用户间的隔离。大规模 MIMO 技术如图 1-14 所示。

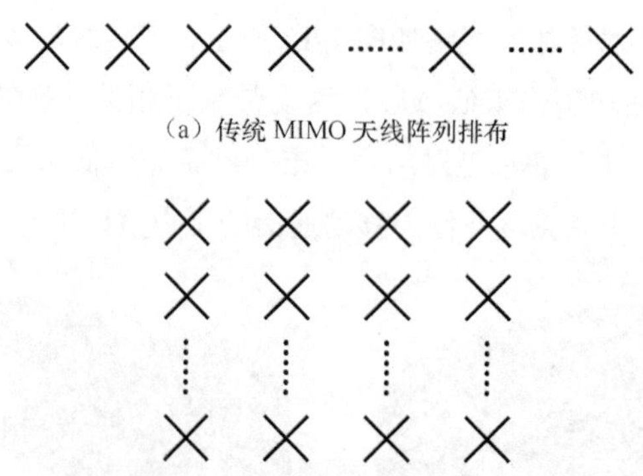

（a）传统 MIMO 天线阵列排布

（b）5G 中基于 Massive MIMO 的天线阵列排布

图1-14 大规模MIMO技术

有源天线技术的引入还将更好地提升天线性能，降低天线耦合造成能耗损失，使 LSAS 技术的商用化成为可能。

LSAS 可以动态地调整水平和垂直方向的波束，因此可以形成针对用户的特定波束，并利用不同的波束方向区分用户。基于 LSAS 的 3D 波束成形可以提供更细的空域粒度，提高单用户 MIMO 和多用户 MIMO 的性能。基于 LSAS 的 3D 波束如图 1-15 所示。

同时，LSAS 技术的使用为提升系统容量带来了新的思路。LSAS 技术提升系统容量如图 1-16 所示，可以通过半静态地调整垂直方向波束，在垂直方向上通过垂直小区分裂区分不同的小区，实现更大的资源复用。

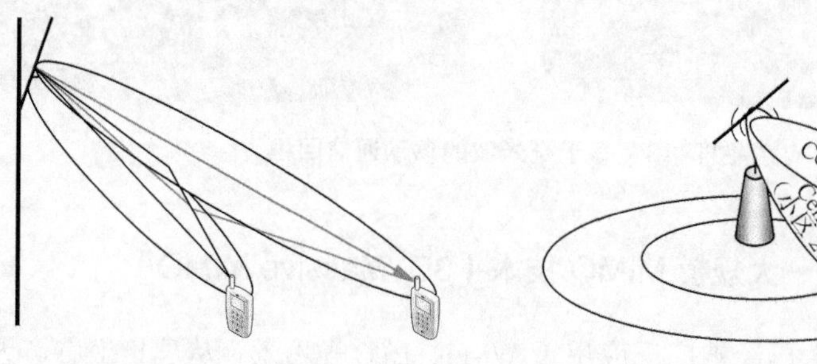

图1-15 基于LSAS的3D波束

图1-16 LSAS技术提升系统容量

大规模 MIMO 技术可以由一些并不昂贵的低功耗的天线组件来实现，为实现在高频段上进行移动通信提供了广阔前景，它可以成倍地提升无线频谱效率，增强网络覆盖和系统容量，帮助运营商最大限度地利用已有站址和频谱资源。

我们以一个 20cm^2 的天线物理平面为例，这些天线以半波长的间距排列在一个个方格中，如果工作频段为 3.5GHz，就可部署 16 副天线；如果工作频段为 10GHz，就可部署 169 副天线。天线物理平面与天线单元间距示例如图 1-17 所示。

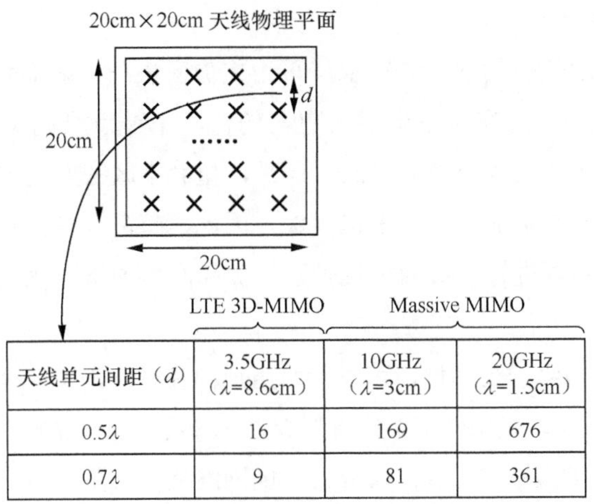

天线单元间距（d）	3.5GHz（λ=8.6cm）	10GHz（λ=3cm）	20GHz（λ=1.5cm）
0.5λ	16	169	676
0.7λ	9	81	361

图1-17　天线物理平面与天线单元间距示例

3D-MIMO 技术在原有的 MIMO 基础上增加了垂直维度，使波束在空间上三维赋型，可避免相互之间干扰，配合大规模 MIMO，可实现多方向波束赋型。

7. 关键技术七——认知无线电技术

认知无线电技术（Cognitive Radio Spectrum Sensing Techniques，CRSST）最大的特点就是能够动态地选择无线信道。认知无线电技术如图 1-18 所示，在不产生干扰的前提下，手机通过不断感知频率，选择并使用可用的无线频谱。

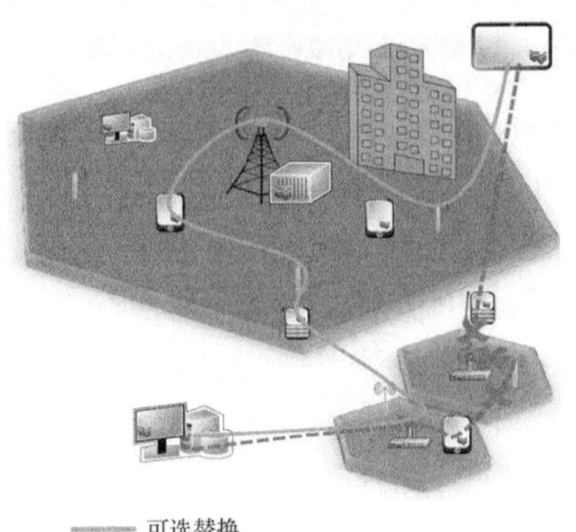

图1-18　认知无线电技术

8. 关键技术八——超密度异构网络

超密度异构网络（Ultra-Dense Heterogeneous Networks，UD-HetNets）是指，在宏蜂窝网络层中布放大量微蜂窝（Microcell）、微微蜂窝（Picocell）、毫微微蜂窝（Femtocell）等接入点，

满足数据容量增长要求。

为应对未来持续增长的数据业务需求，采用更加密集的小区部署将成为 5G 提升网络总体性能的一种方法。通过在网络中引入更多的低功率节点可以实现热点增强、消除盲点、改善网络覆盖、提高系统容量的目的。但是，随着小区密度的增加，整个网络的拓扑也会变得更复杂，会带来更加严重的干扰问题。因此，超密度异构网络（UD-HetNets）技术的一个主要难点就是要进行有效的干扰管理，提高网络的抗干扰性能，特别是提高小区边缘用户的性能。

UHN 技术增强了网络的灵活性，可以针对用户的临时性需求和季节性需求快速部署新小区。在这个技术背景下，未来网络架构将形成"宏蜂窝 + 长期微蜂窝 + 临时微蜂窝"的网络架构。"宏蜂窝 + 长期微蜂窝 + 临时微蜂窝"的网络架构如图 1-19 所示。这一结构将大大降低网络性能对于网络前期规划的依赖，为 5G 时代实现更加灵活自适应的网络提供保障。

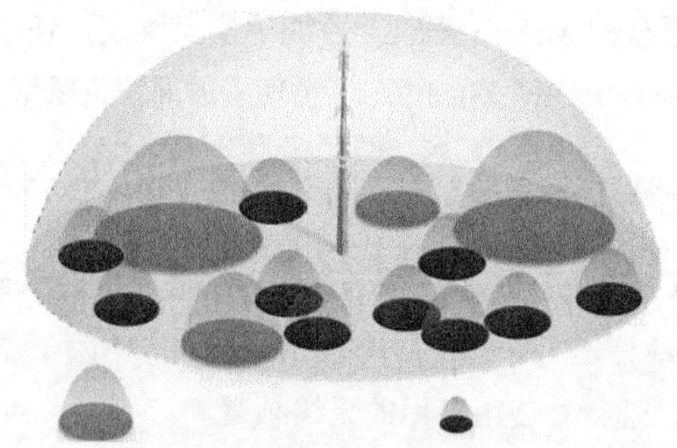

图1-19 "宏蜂窝+长期微蜂窝+临时微蜂窝"的网络架构

在 5G 时代，更多的是物一物连接接入网络，HetNets（异构网络）的密度将大大增加。

与此同时，小区密度的增加也会带来网络容量和无线资源利用率的大幅提升。仿真表明，当宏小区用户数为 200 时，如果将微蜂窝的渗透率提高到 20%，就可能带来理论上 1000 倍的小区容量提升。同时，这一性能的提升会随着用户数量的增加而更加明显。考虑到 5G 主要的服务区域是城市中心等人员密度较大的区域，这一技术将会给 5G 的发展带来巨大潜力。

当然，密集小区所带来的小区间干扰也将成为 5G 面临的重要技术难题，目前，在这一领域的研究中，除了传统的基于时域、频域、功率域的干扰协调机制之外，3GPP Rel-11 提出了进一步增强小区干扰协调技术（Enhanced Inter-Cell Interference Cancellation，eICIC），包括小区参考信号（Cell Reference Signal，CRS）抵消技术、网络侧的小区检测、干扰消除技术等。这些 eICIC 技术均在不同的自由度上，通过调度使相互干扰的信号互相正交，从而消除干扰。除此之外，还有一些新技术的引入也为干扰管理提供了新的手段，例如，认知技术、干扰消除、干扰对齐技术等。随着相关技术难题被逐一解决，在 5G 中，UHN 技术将得到更加广泛的应用。小区容量仿真结果如图 1-20 所示。

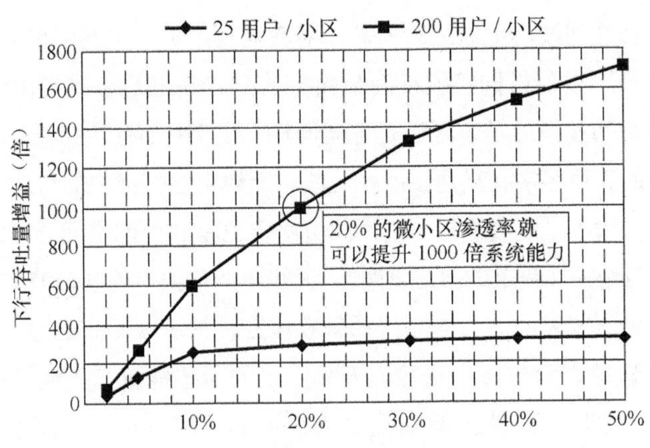

图1-20　小区容量仿真结果

9. 关键技术九——多技术载波聚合

3GPP R12 已经提到了多技术载波聚合（Multi-Technology Carrier Aggregation，MTCA）技术标准。未来的网络是一个融合的网络，MTCA 技术不仅要实现 LTE 内载波间的聚合，还要扩展到与 3G、5G、Wi-Fi 等网络的融合。

多技术载波聚合如图 1-21 所示，MTCA 技术与 HetNets 一起，将为实现万物之间的无缝连接提供支撑。

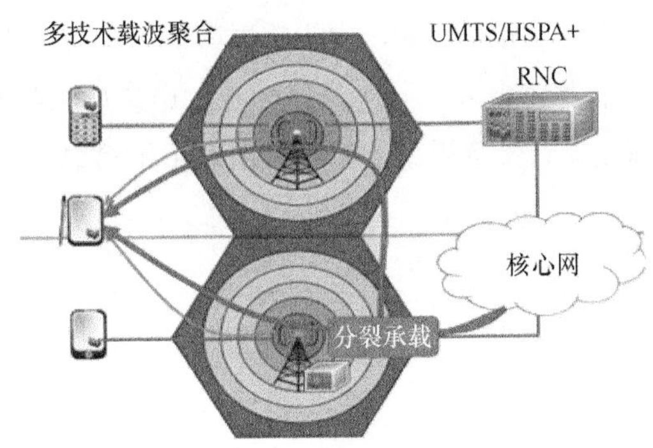

图1-21　多技术载波聚合

1.2.3　无线传播基本原理

在规划和建设一个移动通信网时，从频段的确定、频率分配、无线电波的覆盖范围、计算通信概率及系统间的电磁干扰，到最终确定无线设备的参数，都必须依靠对电波传播特性的研究、了解和据此进行的场强预测。它是进行系统工程设计与研究频谱有效利用、电磁兼容性等课题所必须了解和掌握的基本理论。

众所周知，无线电波可以通过多种方式从发射天线传播到接收天线。无线电波传播的方式有直达波或自由空间波、地波或表面波、对流层反射波、电离层波。

就电波传播而言，发射机同接收机间最简单的方式是直达波或自由空间波，即俗称的第一种方式。自由空间波指的是该区域是各向同性（沿各个轴特性一样）且同类（均匀结构）的波。自由空间波的其他名字有直达波或视距波。无线电波传播中的直达波如图 1-22（a）所示，直达波沿直线传播，直达波或自由空间波可用于卫星和外部空间通信。另外，这个定义也可用于陆地上视距传播（两个微波塔之间）。无线电波传播中的视距波如图 1-22（b）所示。

第二种方式是地波或表面波。地波传播可看作三种情况（即直达波、反射波和表面波）的综合。表面波沿地球表面传播。从发射天线发出的一些能量直接到达接收机；有些能量经从地球表面反射后到达接收机；有些通过表面波到达接收机。表面波在地表面上传播，由于地面不是理想的，有些能量被地面吸收。当能量进入地面，它建立地面电流。无线电波传播中的地波如图 1-22（c）所示。

第三种方式即对流层反射波，对流层反射波产生于对流层，对流层是异类介质，由于天气情况而随时间变化，它的反射系数随高度增加而减少，这种缓慢变化的反射系数使电波弯曲。无线电波传播中的散射体如图 1-22（d）所示。对流层方式应用于波长小于 10m（即频率大于 30MHz）的无线通信中。

第四种方式是电离层波。当电波波长小于 1m（频率大于 300MHz）时，电离层是反射体。从电离层反射的电波可能有一个或多个跳跃。无线电波传播中的电离层波如图 1-22（e）所示。这种传播用于长距离通信。除了反射，由于折射率的不均匀，电离层可产生电波散射。另外，电离层中的流星也能散射电波。同对流层一样，电离层也具有连续波动的特性，在这种波动上是随机的快速波动。蜂窝系统的无线传播利用了第二种电波传播方式。

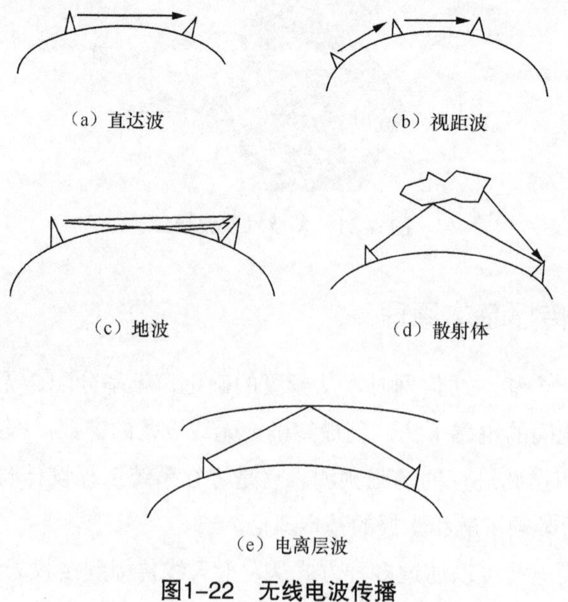

图1-22　无线电波传播

在设计蜂窝系统时研究传播有两个原因：第一，它对于计算覆盖不同小区的场强提供必要的工具，因为在大多数情况下覆盖区域从几百米到几十千米，地波传播可以在这种情况下应用；第二，它可计算邻信道和同信道干扰。

预测场强有三种方法：第一，纯理论方法，这种方法适用于分离的物体，例如，山和其他固体物体，但这种预测忽略了地球的不规则性；第二，基于在各种环境的测量，包括不规则地形及人为障碍，尤其是在移动通信中普遍存在的较高的频率和较低的移动天线；第三，结合上述两种方法的改进模型，基于测量和使用折射定律考虑山和其他障碍物的影响。

1.2.4 5G 天线的特点

5G 协议在上行 DMRS 导频、上行预编码、下行广播扫描、下行 DMRS 导频、下行 CSI-RS 导频等方面进行了大幅优化设计，可显著提升 5G 协议下的多天线性能。各类技术方案见表 1-3。

表1-3 各类技术方案

领域	技术方案	核心价值	关键算法
上行	SU-MIMO	最优化单用户接收合并性能，提升小区覆盖、上行单用户的容量和体验	MRC、IRC、Turbo Receiver、UL Precoding（上行预编码）
上行	MU-MIMO	最优化多用户联合接收性能，提升小区容量和用户体验	配对算法[调度、功控、AMC、Rank(流数)自适应]、IRC 接收合并、UL Precoding
下行	波束扫描	下行广播和控制信道波束扫描，提升下行广播和控制信道覆盖	扫描波束设计、扫描波束场景化自适应调整
下行	SU-BF	最优化单用户接收信号质量，提升控制信道覆盖、下行单用户容量和体验	权值计算、SRS（信道探测参考信号）权值和 PMI 权值自适应、功控、AMC、Rank 自适应
下行	MU-BF	最优化多用户联合发送性能，提升小区容量和用户体验	配对算法（调度、功控、AMC、Rank 自适应）、多用户权值迫零

LTE 与 NR PBCH 波束对比如图 1-23 所示，在 4G 网络中使用单个宽波束，无扫描机制使覆盖能力受限；而 5G NR 波束扫描机制在窄波束轮询扫描的前提下，*n* 个广播波束组合不同覆盖范围，其最大增益相同，覆盖能力提升，可以较好地兼顾覆盖深度与覆盖范围。

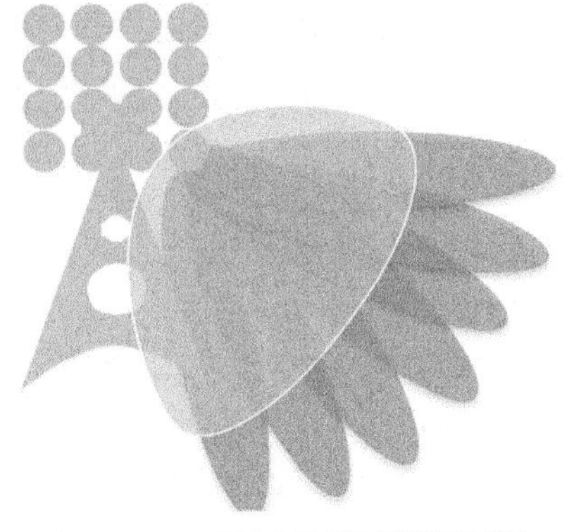

图1-23 LTE与NR PBCH波束对比

以 64TR 3.5GHz 默认场景为例，在时隙配比 7 : 3 下支持发送 7 个同步信号模块（Synchronization

Signal Block，SSB）窄波束，波束索引号（Beam Index，Beam ID）从 0 ～ 6 逆时针排列，SSB 整体外包络由 7 个窄载波叠加得到。5G SSB 波束如图 1-24 所示。

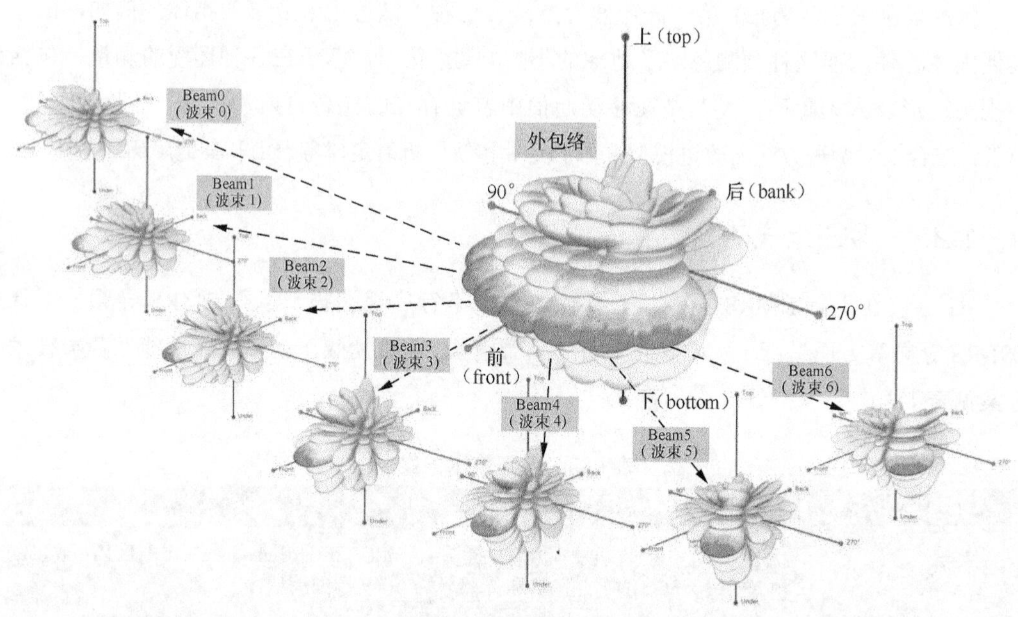

图1–24　5G SSB波束

5G 通过波束扫描可提供高达 9dB 广播信道覆盖增益以及更灵活的场景化波束设计，可以更好地控制波束覆盖到需要的位置。灵活波束示意如图 1-25 所示。

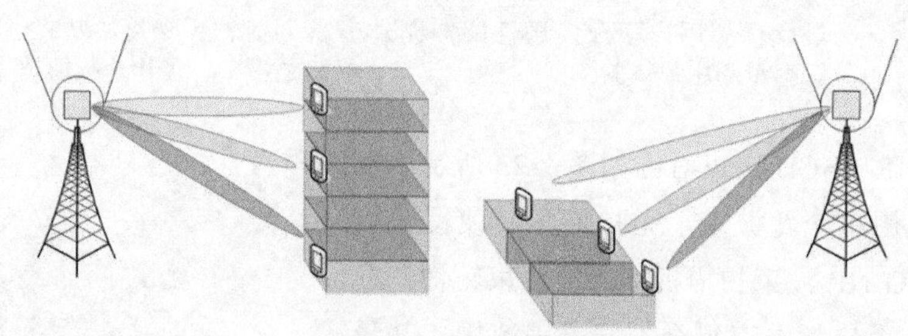

图1–25　灵活波束示意

5G 波束场景见表 1-4，当前广播波束场景化的一些设置参考表 1-4，可以根据实际场景进行选择，相较于 4G 天线，5G 具备更多的灵活性。

表1-4　5G波束场景

序号	覆盖场景 ID	覆盖场景	场景介绍	水平 3dB 波宽	垂直 3dB 波宽	倾角可调范围	方位角可调范围
1	DEFAULT	默认场景	典型 3 扇区组网，普通默认场景，适用于广场场景	105°	6°	-2° ～ 9°	0°
2	SCENARIO_1	广场场景	非标准 3 扇区组网，适用于水平覆盖，水平覆盖比场景 SCENARIO_2 大，例如，广场场景和高大建筑，近点覆盖比场景 SCENARIO_2 略差	110°	6°	-2° ～ 9°	0°
3	SCENARIO_2	干扰场景	非标准 3 扇区组网，当邻区存在强干扰时，可以收缩小区的水平覆盖范围，减少邻区干扰的影响，由于垂直覆盖角度小，适用于低层覆盖	90°	6°	-2° ～ 9°	-10° ～ 10°
4	SCENARIO_3	干扰场景	非标准 3 扇区组网，当邻区存在强干扰时，可以收缩小区的水平覆盖范围，减少邻区干扰的影响，由于垂直覆盖角度小，适用于低层覆盖	65°	6°	-2° ～ 9°	-54T：-22° ～ 22° -32T16H2V：-22° ～ 22° -32T8H4V：在本场景不支持调整方向
5	SCENARIO_4	楼宇场景	低层楼宇，热点覆盖	45°	6°	-2° ～ 9°	-32° ～ 32°
6	SCENARIO_5	楼宇场景	低层楼宇，热点覆盖	25°	6°	-2° ～ 9°	-42° ～ 42°
7	SCENARIO_6	中层覆盖广场场景	非标准 3 扇区组网，水平覆盖最大，且带中层覆盖的场景	110°	12°	0° ～ 6°	0°
8	SCENARIO_7	中层覆盖广场场景	非标准 3 扇区组网，当邻区存在强干扰源时，可以收缩小区的水平覆盖范围，减少邻区干扰的影响，由于垂直覆盖角度相对于 SCENARIO_1 ～ SCENARIO_5 变大，适用于中层覆盖	90°	12°	0° ～ 6°	-10° ～ 10°

（续表）

序号	覆盖场景 ID	覆盖场景	场景介绍	水平 3dB 波宽	垂直 3dB 波宽	倾角可调范围	方位角可调范围
9	SCENARIO_8	中层覆盖广场场景	非标准 3 扇区组网，当邻区存在强干扰源时，可以收缩小区的水平覆盖范围，减少邻区干扰的影响，由于垂直覆盖角度相对于 SCENARIO_1 ~ SCENARIO_5 变大，适用于中层覆盖	65°	12°	0° ~ 6°	-22° ~ 22°
10	SCENARIO_9	中层楼宇场景	中层楼宇，热点覆盖	45°	12°	0° ~ 6°	-32° ~ 32°
11	SCENARIO_10	中层楼宇场景	中层楼宇，热点覆盖	25°	12°	0° ~ 6°	-42° ~ 42°
12	SCENARIO_11	中层楼宇场景	中层楼宇，热点覆盖	15°	12°	0° ~ 6°	-47° ~ 47°
13	SCENARIO_12	广场 + 高层楼宇场景	非标准 3 扇区组网，水平覆盖最大，且带中层覆盖的场景，当需要广播信道体现新到数据的覆盖情况时，建议使用该场景	110°	25°	6°	0°
14	SCENARIO_13	高层覆盖广场场景	非标准 3 扇区组网，当邻区存在强干扰源时，可以收缩小区的水平覆盖范围，减少邻区干扰的影响，由于垂直覆盖角度最大，适用于高层覆盖	65°	25°	6°	64T：-22° ~22° 32T16H2V：-22° ~ 22° 32T8H4V：在本场景不支持调整方向
15	SCENARIO_14	高层楼宇场景	高层楼宇，热点覆盖	45°	25°	6°	-32° ~ 32°
16	SCENARIO_15	高层楼宇场景	高层楼宇，热点覆盖	25°	25°	6°	-42° ~ 42°
17	SCENARIO_16	高层楼宇场景	高层楼宇，热点覆盖	15°	25°	6°	-47° ~ 47°

注：用户级波束管理，不同厂商实现的原理存在差异性

5G NR 协议支持基于 CSI-RS 的参考信号接收功率（Reference Signal Receiving Power，RSRP）测量，使基于 CSI-RS 的用户级波束管理机制与基于信道探测参考信号（Sounding Reference Signal，SRS）的波束管理互补。

基于 SRS 的波束管理：在 gNB（generation NobeB，5G 基站）通过 SRS 测量获得用户的最优窄波束，适用于 SRS 信号质量较好的近点用户。基于 SRS 的波束管理如图 1-26 所示。

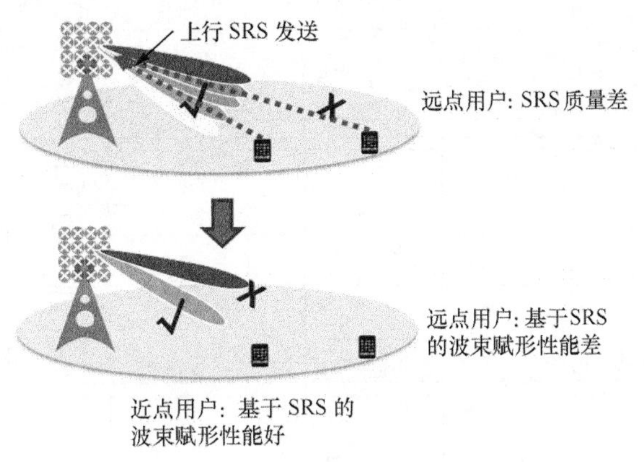

图1-26　基于SRS的波束管理

基于 CSI-RS 的波束管理：适用于 SRS 信号质量较好的近点用户，上行 SRS 发送通过 UE 基于 CSI-RS 的测量上报，gNB 获得用户的最优窄波束，适合 SRS 信号质量较差的远点用户。基于 CSI-RS 的波束管理如图 1-27 所示。

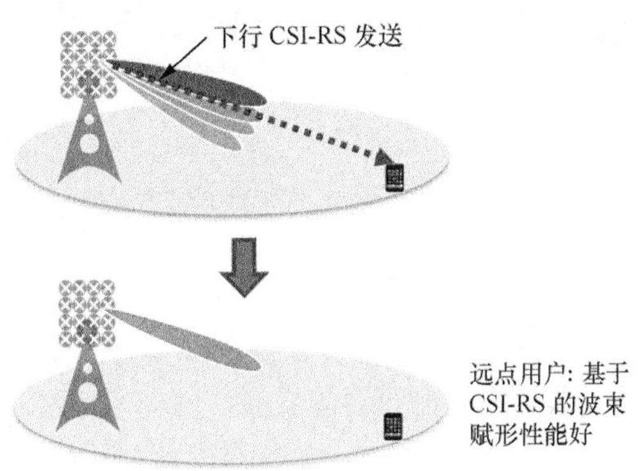

图1-27　基于CSI-RS的波束管理

1.3 端到端网络切片技术

网络切片是指运营商为了满足不同的商业应用场景需求，量身打造多个端到端的虚拟子网络。与 2G/3G/4G 的手机应用不同，5G 面向万物连接，将应对不同的应用场景。不同的应用场景对网络的移动性、安全性、时延、可靠性等，甚至是计费方式的需求是不同的。因此，5G 网络需要能为不同的场景切出相应的虚拟子网络。

不同的场景下的虚拟子网络如图 1-28 所示，图 1-28 中展示了网络被切成多个虚拟子网络——高清视频切片网络、手机切片网络、海量物联网切片网络和任务关键型物联网切片网络。

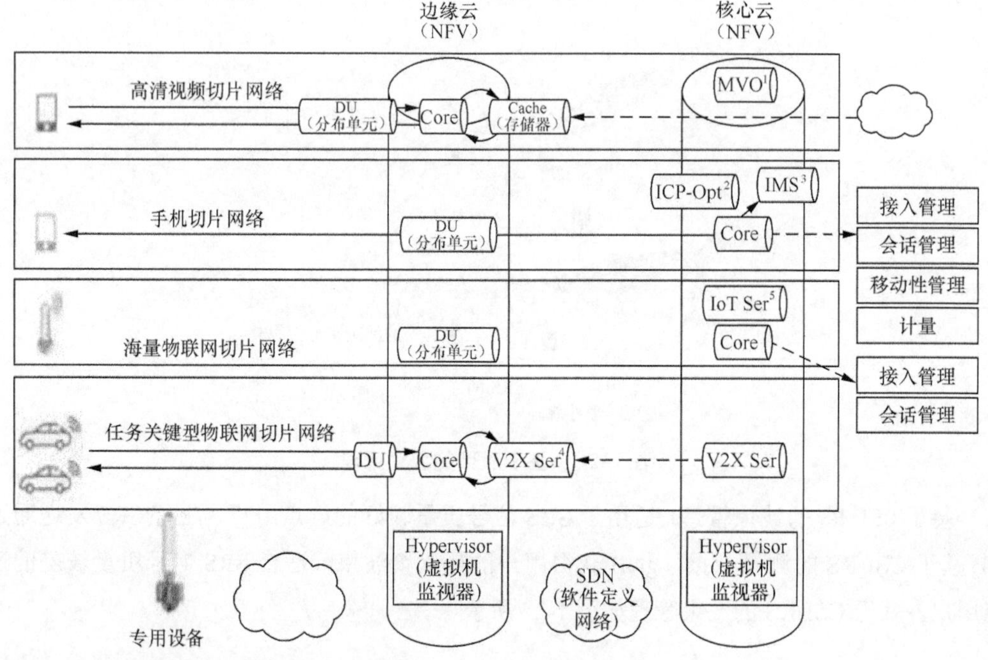

1. MVO（Multi-Vendor OSS，多提供商运营支撑系统）
2. ICP-Opt（Integrated Communications Platform Operation Tape，集成通信平台运行程序带）
3. IMS（IP Multimedia Subsystem，IP 多媒体子系统）
4. V2X Ser（车联网服务器）
5. IoT Ser（物联网服务器）

图1-28 不同的场景下的虚拟子网络

其中，由于高清视频切片网络要求海量视频内容缓存、分发和用户就近访问，所以核心网用户面功能下沉到了边缘云。

同样，由于任务关键型物联网对时延要求较高，例如，车联网，为了降低物理距离带来的时延，核心网也下沉到了边缘云，并在边缘配置车联网应用服务器。

1.3.1 5G 网络切片系统架构

5G 网络切片系统分为切片基础设施、切片实例管理和切片业务运营。其中，切片基础设施提供切片网络（基本业务类型）、执行切片实例部署和保障；切片实例管理提供切片实例的全生命周期管理，包括切片模板设计、切片实例创建、监控、优化、释放等；切片业务运营提供切片商品设计、上线、租户签约、计费、切片成员管理等。5G 网络切片系统架构如图 1-29 所示，端到端（Entity to Entity，E2E）切片管理系统如图 1-30 所示。

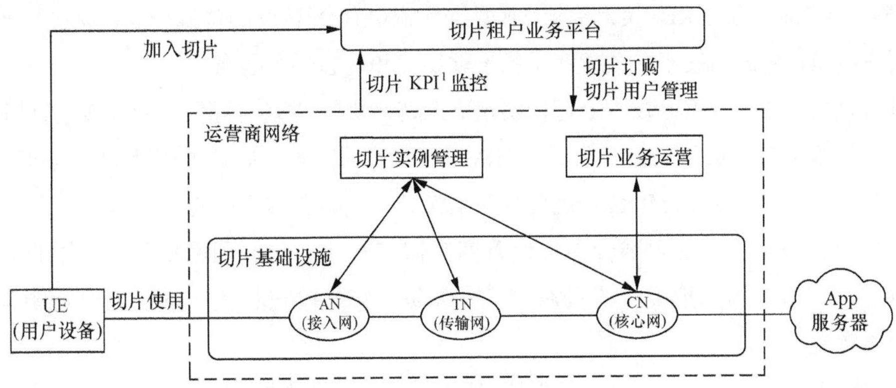

1. 关键绩效指标（Key Performance Indicater，KPI）

图1-29　5G网络切片系统架构

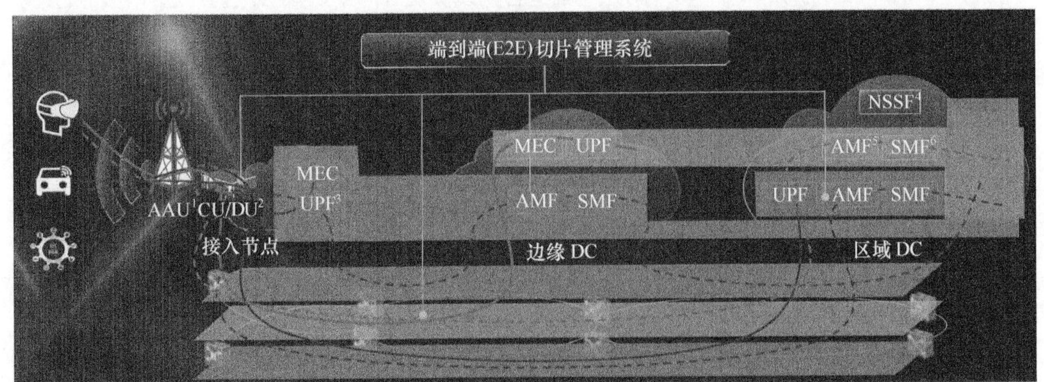

1. 有源天线处理单元（Active Antenna Unit，AAU）
2. 集中单元（Centralized Unit，CU）/ 分布单元（Distributed Unit，DU）
3. 用户面功能（User Plane Function，UPF）
4. 网络切片选择功能（Network Slice Selection Function，NSSF）
5. 接入和移动性管理功能网元（Access and Mobility Management Function，AMF）
6. 会话管理网元（Session Manager Function，SMF）

图1-30　端到端（E2E）切片管理系统

1.3.2　终端感知切片

终端感知切片：5G 终端预置 / 获取切片标识，并与具体 App 关联，应用会话建立时，上传切片标识，5GC（5G 核心网）根据用户签约切片信息，选择相应切片建立会话。

1.3.3　无线切片实现

无线切片实现：共享式无线切片，用户会话根据切片标识，选择配置参数包进行配置，实现不同空口特性；独占式无线切片通过划分不同频段，构成物理隔离切片。

5G 无线侧实现频谱资源共享、按优先级调度实现带宽差异化，其主要特征：每个 TTI（典型值是 0.5ms）进行 RB（资源块）（典型值是 260kHz）粒度的资源分配。优先级较高的切片用户容易达到所需速率，关键在于频谱软切片和动态频谱隔离。

频谱分割，资源预留，技术上可以实现面向切片级的 RB（资源块）粒度频谱预留。

（1）无线空口信道复杂、多天线（MIMO）的流数因素、频选的干扰因素等使频谱的 *x*MHz 并不能直接转换为 *x*Mbit/s，因此保留资源并不是行业客户的初衷。

（2）为不同切片保留频谱会导致运营商频谱碎片化，频谱利用率下降，不符合运营商的利益。目前，第一阶段按照资源调度优先级；第二阶段按需驱动，通过资源预留和频谱隔离实现。

5G 无线侧的重点在于空口资源管理的切片能力增强，分为切片管理增强和切片网元增强。其中，切片管理增强包含切片参数在线配置、切片服务等级协议（Service Level Agreement，SLA）性能测量和切片告警分析管理；切片网元增强包含无线侧切片感知、核心网切片选择、切片资源动态分配和切片移动性管理。5G 无线侧通过在线配置，分配空口资源，实现无线切片终端接入控制。

无线切片参数的具体设置如下。

切片标识：无线侧支持的切片标识。

切片优先级：不同的切片标识具有不同的优先级，用于切片级资源抢占判定。

切片最大用户数：设置每个切片最大的接入用户数，设置切片最大用户接纳控制的目的主要是防止优先级较高的切片占用过多无线资源的一种资源平衡的方法。

切片上 / 下行保障服务质量（Quality of Service，QoS）：设置切片上 / 下行保障的带宽、时延等参数。

切片上 / 下行最大吞吐量：设置切片上 / 下行资源最大占用阈值。

无线侧切片资源调度机制如图 1-31 所示，下行数据到达基站后，IP 包按优先级、按用户和业务分类进入不同切片等待队列，优先级由切片当前总速率、当前时延、待发送数据量和用户优先级等多种因素决定。

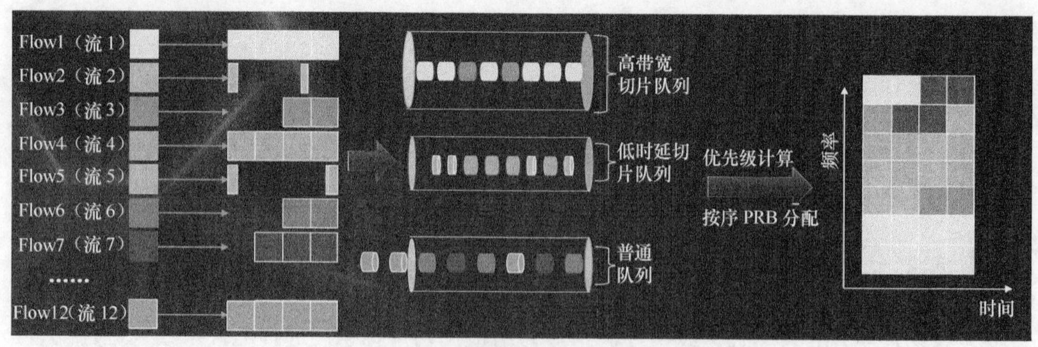

图1-31　无线侧切片资源调度机制

1.3.4 承载切片实现

5G 承载软件定义网络（Software-Defined Networking，SDN）化，虚拟为多张虚拟网络，区分转发性能需求，根据场景 QoS、时延等需求，在相应虚拟网络上建立面向业务的连接隧道，构成业务需求（Business Need，BN）切片。承载支持不同程度的通道隔离，传统各种业务混合使用，基于 IP 包交换，彼此可以有优先级，敏感业务易受突发拥塞影响，物理时隙级隔离可以严格按带宽分配、隔离不同硬管道可以有不同的复用比、扩容策略，硬通道内不同的用户仍可以使用优先级体现差异。切片创建过程如图 1-32 所示。

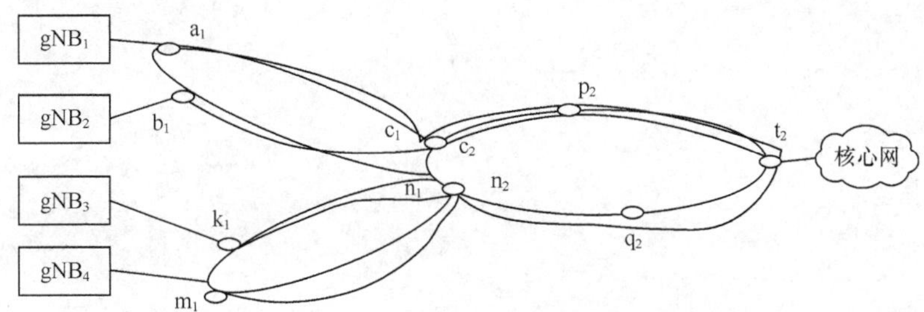

图1-32　切片创建过程

FlexE 只是接口类型，Tunnel 是端到端的，例如，在图 1-32 中，a_1 到 t_2；接入环这段可以基于 FlexE 子接口创建，即 a_1—c_1；汇聚环这段可以基于 FlexE 子接口创建，即 c_2—p_2—t_2；不同 Tunnel 可以独占也可以共享 FlexE 子接口，不同 VPN（E2E 视角下传输的切片）可以共享也可以独占 Tunnel。

统一的弹性承载网络灵活支撑 CN/ 无线接入点（Radio Access Node，RAN）侧切片实现。弹性承载网络如图 1-33 所示。

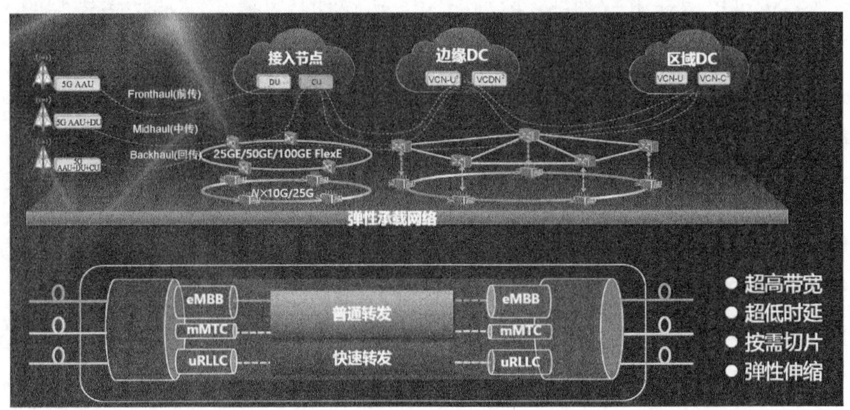

1. VCN-U：虚拟网络控制台用户单元
2. VCDN：虚拟内容分发网络
3. VCN-C：虚拟网络控制台控制单元

图1-33　弹性承载网络

IP RAN 一网多用，实现 5G 业务和政企专线的统一承载，安全性要求高的业务采用硬切片，例如，特殊专线，其他对时延不敏感的业务采用软切片。IP RAN 一网多用如图 1-34 所示。

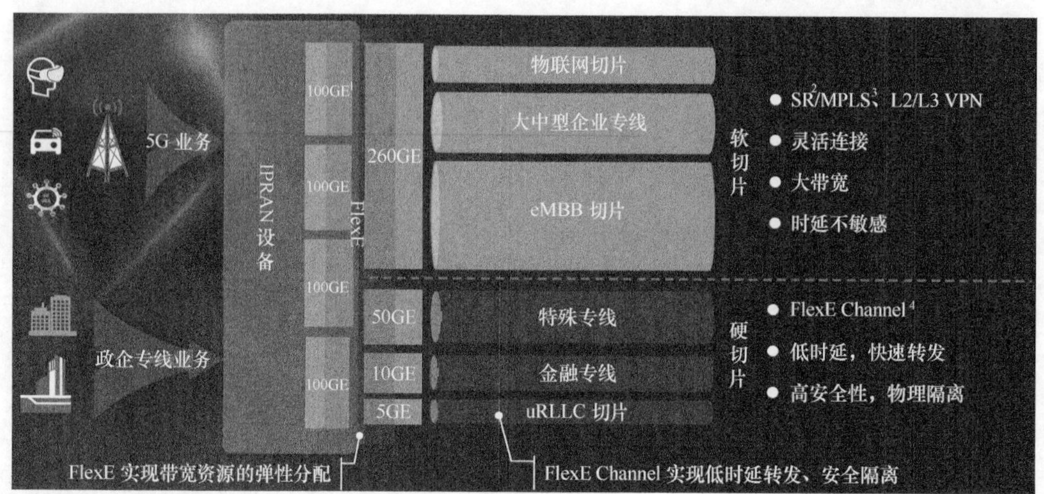

1. GE：千兆
2. SR：分段路由
3. MPLS：多协议标签交换
4. FlexE Channel：灵活以太通道

图1-34 IP RAN一网多用

1.3.5 核心网切片实现

要想实现核心网切片，按需部署在多级 DC 的 5GC 网络功能，构成 CN 切片：UPF 根据场景时延需求可以灵活下沉部署；控制面 NFs 可跨切片共享，支持按需定制的 NF/ 微服务组合。

eMBB 切片支持基本切片，支持 4G/5G 用户接入，支持全面的业务能力（例如，负责在线计费、增强 QoS 带宽管理、智能运维和业务报表等）。

固网无线接入（Fixed Wireless Access，FWA）切片支持 5G 用户接入，支持简化的业务能力（例如，简化计费、简化 QoS 等）和大带宽转发能力。

灵活的 NF 共享形态如图 1-35 所示，很多切片用户只需要独立的用户面即可，不同切片的 UPF 的部署位置不同、隔离度不同和规格不同。eMBB 场景的差异性有限，潜在切片数量大，以“形态 3：完全共享”为主。uRLLC 场景 CP/UP（控制面 / 用户面）的差异化与独立进化概率较高，对隔离的要求较高，以“形态 1：完全独立切片”和“形态 2：多切片共享 NF（AMF）等”为主。海量物联网（Massive Internet of Things，mIoT）场景 CP/UP 的差异化与独立进化概率高而且潜在切片数量大，以“形态 2：多切片共享 NF（AMF）等”为主。

基于 SDN 架构的统一调度如图 1-36 所示，此架构可以实现转发面虚拟化和资源统一调度，基于层次化的多实例控制器可以实现物理网络和切片网络的 E2E 统一控制和管理。

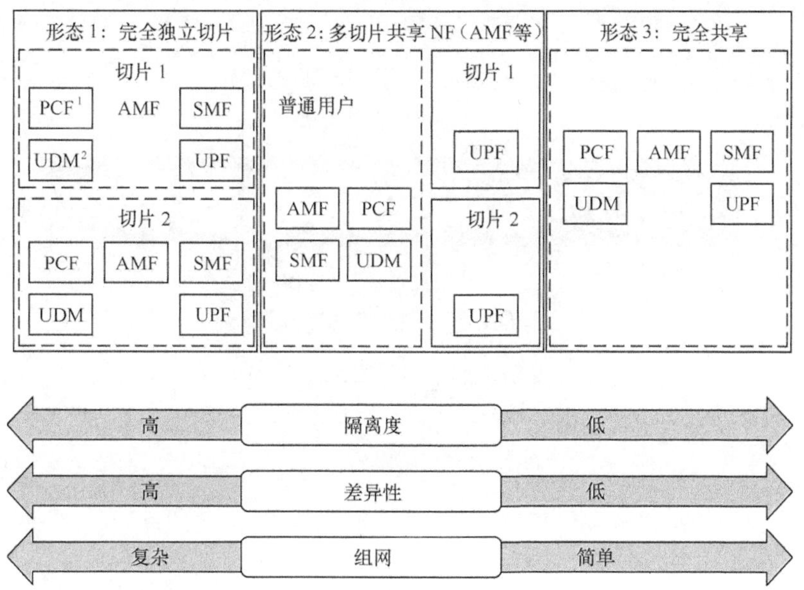

1. 策略控制功能网元（Policy Control Function，PCF）
2. 统一数据管理（Unified Data Management，UDM）

图1-35　灵活的NF共享形态

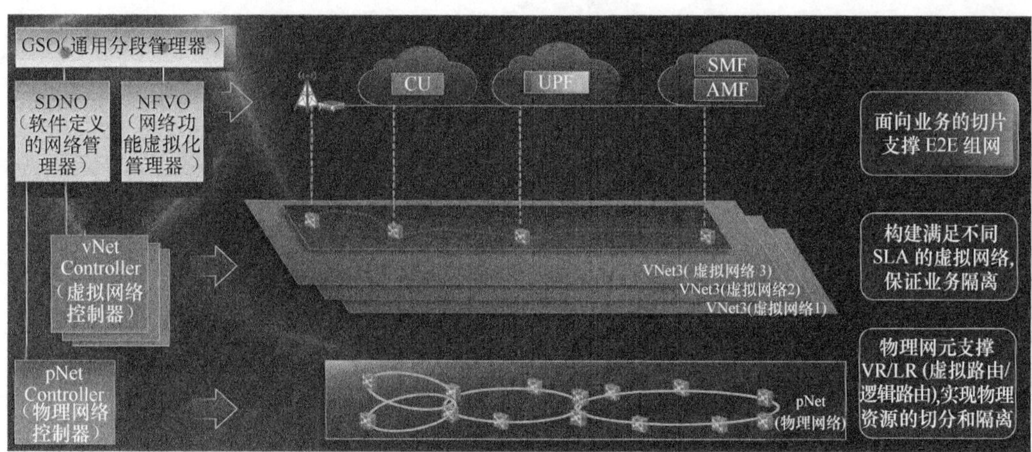

图1-36　基于SDN架构的统一调度

5G与4G原理差异

Chapter 2

第2章

与4G相比，5G为了支撑eMBB、uRLLC和mMTC三大应用场景，在频段和带宽、空口帧结构、物理信道和信号、协议栈、QoS管理、功率控制以及调度等方面，4G与5G均存在差异。

1. 频段和带宽

5G支持全频谱接入如图2-1所示，相较于4G仅支持低频，5G支持全频谱可接入，并且支持不同载波带宽。低于6GHz的频段，即Sub 6G频段（包含C-Band，即C波段），用于覆盖和容量。高于6GHz的频段，即Above6G频段，用于容量和回传。高低频协同组网，完美融合覆盖、容量与回传，实现价值建网。更高的频段意味着更高的路损，对于精准网络规划提出了更高的要求。采用射线跟踪传播模型，仿真射线的直射、反射和折射等多路径，可以得到更精准的仿真结果。

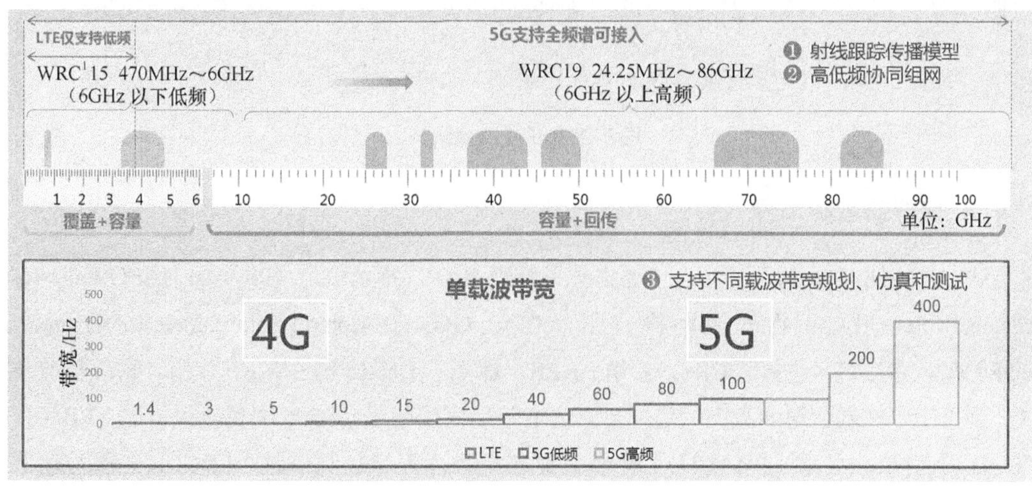

1. 世界无线电通信大会（World Radio Communication，WRC）

图2-1 5G支持全频谱接入

2. 空口帧结构

5G的时域和频域配置更加灵活，空域增加"流"优化。5G采用和4G相同的OFDMA，空口资源的主要描述维度基本相同，频域上新增部分带宽（Band Width Part，BWP），BWP为网络侧配置给UE的一段连续带宽资源，其应用场景包括：支持小带宽终端、支持不同的Numerology FDM（参数集）等。5G支持一系列Numerology FDM（主要是SCS子载波间隔不同），适应不同业务需求和信道特征，C-Band建议子载波间隔30kHz，28GHz建议120kHz。数据信道频域上基本调度单位是PRB或资源块组（Resource Block Group，RBG），控制信道基本调度单位为控制信道单元（Control Channel Element，CCE）。

在 5G 中，最大支持 2 码字，增强了 DMRS 天线端口数，最大可支持 12 端口。5G 空口帧结构如图 2-2 所示。

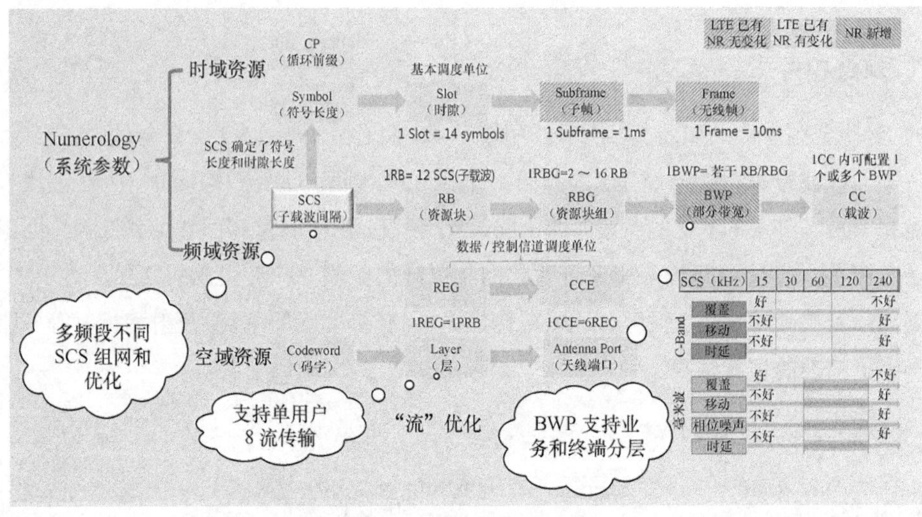

图2-2　5G空口帧结构

3. 物理信道和信号

与 4G 相比，5G 的下行物理信道去掉了物理 HARQ 指示信道（Physical HARQ Indicator Channel，PHICH）和物理控制格式指示信道（Physical Control Format Indicator Channel，PCFICH），参考信号去掉了 CRS，新增 PT-RS，增强了 DMRS 和 CSI-RS 作用。物理信道分为公共信道、控制信道和数据信道：公共信道包括同步信号（SS）、物理广播信道（PBCH）和物理随机接入信道（PRACH）；控制信道包括物理下行控制信道（PDCCH）和物理上行控制信道（PUCCH）；数据信道包括物理下行共享信道（PDSCH）和物理上行共享信道（PUSCH）。公共信道、控制信道和参考信号最终都是为传输和接收数据信道来服务的。灵活的物理信道和信号设计可以实现一切皆调度和可配置。5G 物理信道和信号如图 2-3 所示。

4. 协议栈

5G 新增业务数据适配协议（Service Data Adaptation Protocol，SDAP）子层专用于 QoS 管理，具备两个作用：第一，根据配置，将各 QoS Flow 映射到无线承载上；第二，对上行和下行 PDU 的 SDAP 中打上服务质量流标识（QoS Flow ID，QFI）。CU/DU 分离部署更灵活，支持协议栈高层和底层切分，对网络规划网络优化的影响待评估。5G 协议栈如图 2-4 所示。

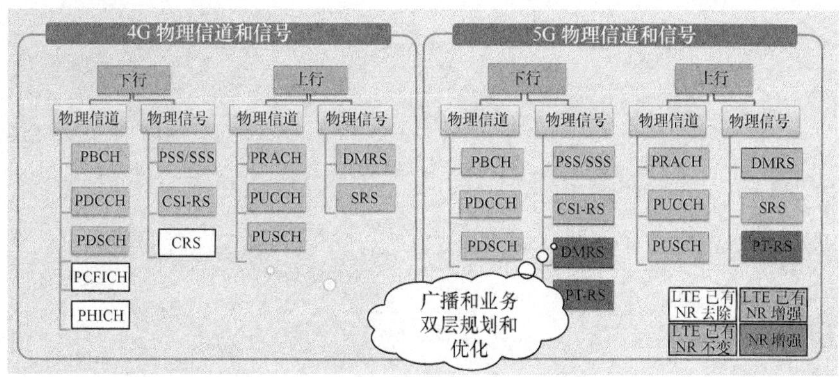

图2-3　5G物理信道和信号

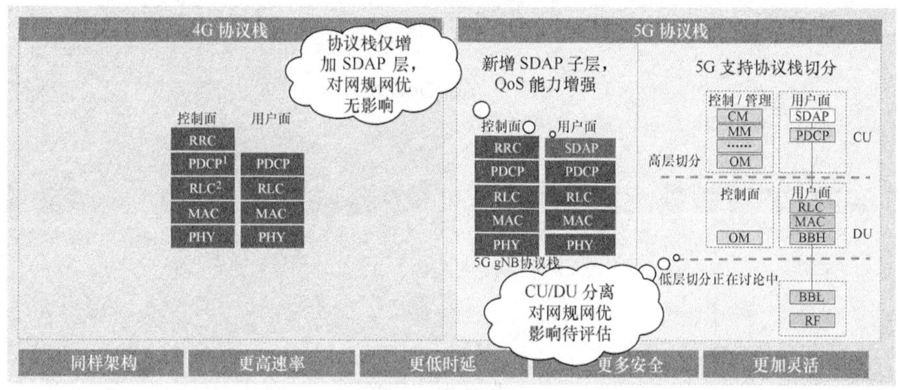

1. PDCP（Packet Data Convergence Protocol，分组数据汇聚层协议）
2. RLC（Radio Link Control，无线链路控制）

图2-4　5G协议栈

5. QoS管理

QoS管理分为两个阶段：第一阶段，在无线承载建立时，基于QoS特征，为每个无线承载配置不同的PDCP/RLC/MAC参数；第二阶段，在无线承载建立之后，上下行动态调度来保证QoS的特征及各承载速率的要求，同时兼顾系统容量最大化。SA协议架构5G核心网下的QoS模型是基于QoS Flow的，业务保障更灵活。5G QoS管理如图2-5所示。

6. 功率控制

4G PDSCH使用固定的功率分配，5G PDSCH支持CC内功率汇聚，功控增益更为明显，其他信道无明显差异。由于5G取消了CRS，基准功率指的是单通道每个资源元素（Resource Element，RE）上的功率（频率上一个子载波及时域上一个符号称为一个RE）。5G功率控制如图2-6所示。

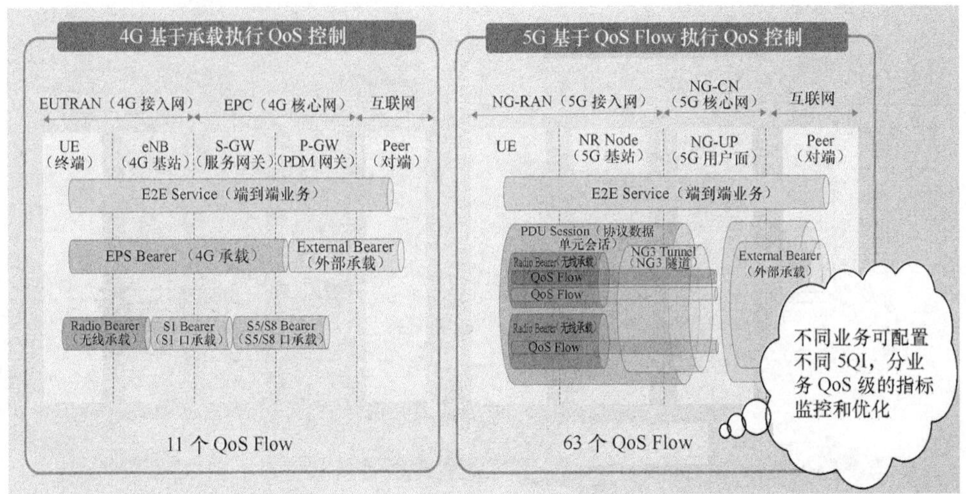

图2-5 5G QoS管理

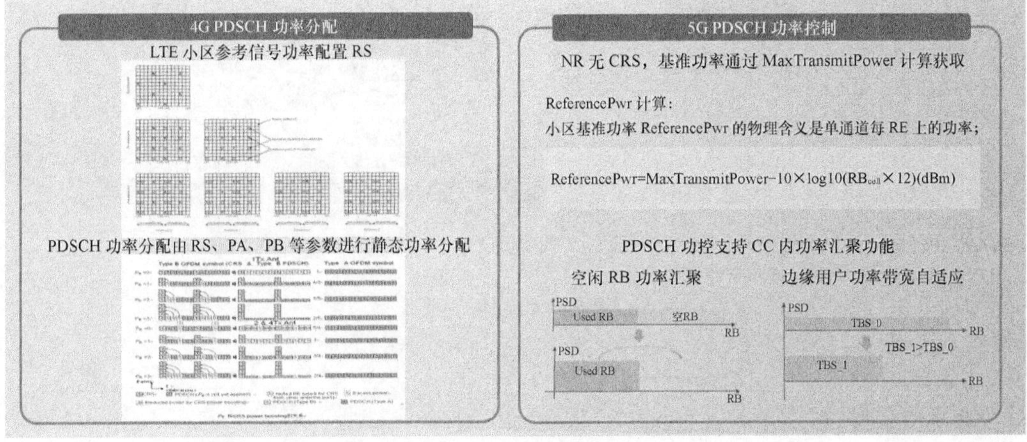

图2-6 5G功率控制

7. 调度

4G 上行调度仅支持采用基于单载波变换扩展的波分复用波形（Discrete Fourier Transform Spread Orthogonal Frequency Division Multiplexing，DFT-S-OFDM），5G 支持 DFT-S-OFDM 和基于循环前缀的正交频分复用（Cyclic Prefixed Orthogonal Frequency Division Multiplexing，CP-OFDM）两种波形自适应，资源调度更灵活，其他调度算法无明显差异。

无线传播理论

Chapter 3

第3章

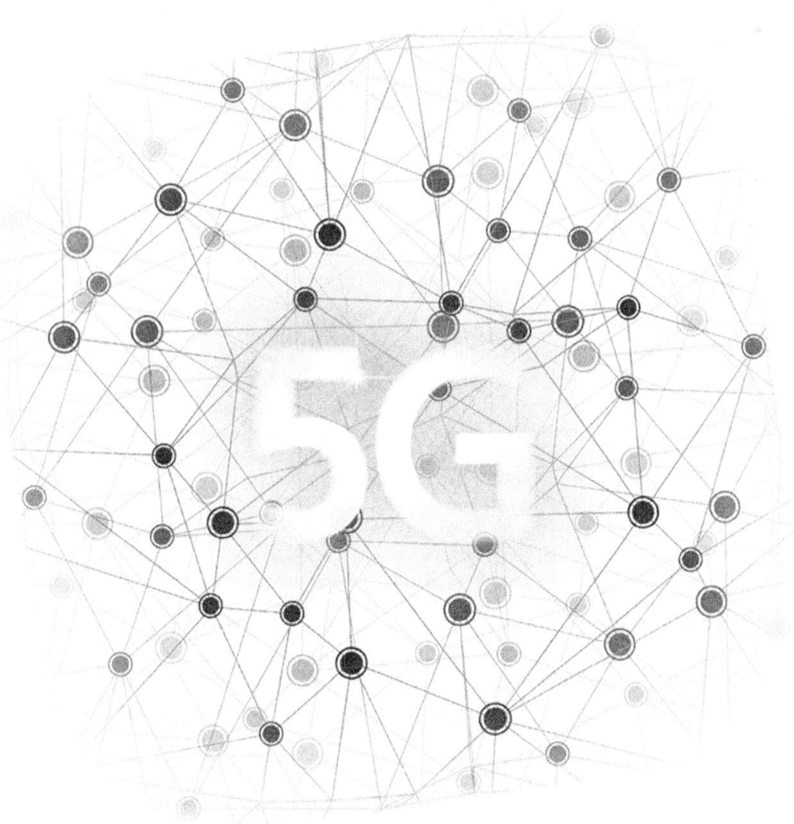

●• 3.1 频段划分简介

无线电波分布在 3Hz ～ 3000GHz，在这个区域内划分为 12 个频段，在不同频段内的频率具有不同的传播特性。

无线电波的频率越低，绕射能力较强，传播损耗越小，覆盖距离较远，但是频率资源紧张，系统容量有限。

无线电波的频率越高，频率资源丰富，系统容量较大，但是绕射能力较弱，传播损耗较大，覆盖距离较近，技术难度大，并且系统成本高。

频段划分见表 3-1。

表3-1 频段划分

频段范围	频段名称（全称）
3Hz ～ 30Hz	极低频（Extremely Low Frequency，ELF）
30Hz ～ 300Hz	超低频（Super Low Frequency，SLF）
300Hz ～ 3000Hz	话频（Voice Frequency，VF）
3kHz ～ 30kHz	甚低频（Very-Low Frequency，VLF）
30kHz ～ 300kHz	低频（Low Frequency，LF）
300kHz ～ 3000kHz	中频（Medium Frequency，MF）
3MHz ～ 30MHz	高频（High Frequency，HF）
30MHz ～ 300MHz	甚高频（Very High Frequency，VHF）
300MHz ～ 3000MHz	特高频（Ultra High Frequency，UHF）
3GHz ～ 30GHz	超高频（Super High Frequency，SHF）
30GHz ～ 300GHz	极高频（Extremely High Frequency，EHF）
300GHz ～ 3000GHz	至高频（Top High Frequency，THF）

3GPP 针对 5G 频段范围的定义是在 TS 38.104“NR；基站无线发射与接收”规范中，确定了 5G NR 基站的最低射频特性和最低性能要求。5G NR 包含了部分 LTE 频段，也新增了一些频段（n50、n51、n70 及以上），可以从 TS 38.101-1 和 TS 38.101-2 获得 5G 频段信息。目前，全球最有可能优先部署的 5G 频段为 n77、n78、n79、n257、n258 和 n260，就是 3.3GHz ～ 4.2GHz、4.4GHz ～ 5.0GHz 和毫米波频段 26GHz/28GHz/39GHz。

根据 2017 年 12 月发布的 V15.0.0 版 TS 38.104 规范，5G NR 的频率范围分别定义为不同的频率范围（Frequency Range，FR）：FR1 与 FR2。其中，频率范围 FR1 即通常所讲的 5G Sub 6GHz（6GHz 以下）频段；频率范围 FR2 则是 5G 毫米波频段。5G 主要频率范围见表 3-2。

表3-2　5G主要频率范围

频率范围名称	对应具体频率范围
FR1	450MHz ～ 6000MHz
FR2	24250MHz ～ 52600MHz

众所周知，TDD 和 FDD 是移动通信系统中的两大双工制式。在 4G 中，针对 TDD 与 FDD 分别划分了不同的频段，在 5G NR 中也同样为 TDD 与 FDD 划分了不同的频段，同时还引入了新的补充下行链路（Supplemental Downlink，SDL）与辅助上行（Supplementary Uplink，SUL）频段。

5G NR 的频段号以“n”开头，与 LTE 的频段号以“B”开头不同。3GPP 指定的 5G NR 频段 FR1 划分见表 3-3。

表3-3　3GPP指定的5G NR频段FR1划分

NR 频段	上行链路（UL）频段	下行链路（DL）频段	双工模式
	BS 接收 / UE 发送	BS 发送 / UE 接收	
n1	1920MHz ～ 1980MHz	2110MHz ～ 2170MHz	FDD
n2	1850MHz ～ 1910MHz	1930MHz ～ 1990MHz	FDD
n3	1710MHz ～ 1785MHz	1805MHz ～ 1880MHz	FDD
n5	824MHz ～ 849MHz	869MHz ～ 894MHz	FDD
n7	2500MHz ～ 2570MHz	2620MHz ～ 2690MHz	FDD
n8	880MHz ～ 915MHz	925 MHz ～ 960 MHz	FDD
n12	699MHz ～ 716MHz	729MHz ～ 746MHz	FDD
n20	832MHz ～ 862MHz	791MHz ～ 821MHz	FDD
n25	1850MHz ～ 1915MHz	1930MHz ～ 1995MHz	FDD
n28	703MHz ～ 748MHz	758MHz ～ 803MHz	FDD
n34	2010MHz ～ 2025MHz	2010MHz ～ 2025MHz	TDD
n38	2570MHz ～ 2620MHz	2570MHz ～ 2620MHz	TDD
n39	1880MHz ～ 1920MHz	1880MHz ～ 1920MHz	TDD
n40	2300MHz ～ 2400 MHz	2300MHz ～ 2400MHz	TDD
n41	2496MHz ～ 2690MHz	2496MHz ～ 2690MHz	TDD

（续表）

NR 频段	上行链路（UL）频段	下行链路（DL）频段	双工模式
	BS 接收 / UE 发送	BS 发送 / UE 接收	
n51	1427MHz ～ 1432MHz	1427MHz ～ 1432MHz	TDD
n66	1710MHz ～ 1780MHz	2110MHz ～ 2200MHz	FDD
n70	1695MHz ～ 1710MHz	1995MHz ～ 2020MHz	FDD
n71	663MHz ～ 698MHz	617MHz ～ 652MHz	FDD
n75	N/A	1432MHz ～ 1517MHz	补充下行
n76	N/A	1427MHz ～ 1432MHz	补充下行
n77	3300MHz ～ 4200MHz	3300MHz ～ 4200MHz	TDD
n78	3300MHz ～ 3800MHz	3300MHz ～ 3800MHz	TDD
n79	4400MHz ～ 5000MHz	4400MHz ～ 5000MHz	TDD
n80	1710MHz ～ 1785MHz	N/A	补充上行
n81	880MHz ～ 915MHz	N/A	补充上行
n82	832MHz ～ 862MHz	N/A	补充上行
n83	703MHz ～ 748MHz	N/A	补充上行
n84	1920MHz ～ 1980MHz	N/A	补充上行
n86	1710MHz ～ 1780MHz	N/A	补充上行

3GPP 指定的 5G NR 频段 FR2 划分见表 3-4。

表3-4　3GPP指定的5G NR频段FR2划分

NR 频段	上行链路（UL）和下行链路（DL）频段	双工模式
n257	26500MHz ～ 29500MHz	TDD
n258	24250MHz ～ 27500MHz	TDD
n260	37000MHz ～ 40000MHz	TDD
n261	27500MHz ～ 28350MHz	TDD

需要说明的是，在表 3-3、表 3-4 中，5G NR 包含了部分 LTE 频段，也新增了一些频段（n50、n51、n70 及以上）。

3.2　快衰落与慢衰落

在一个典型的蜂窝移动通信环境中，由于接收机与发射机之间的直达路径被建筑物或其他物体所阻碍，所以，在蜂窝基站与移动设备之间的通信不是通过直达路径，而是通过许多其他的路径完成的。在移动通信的频段中，从发射机到接收机的电磁波的主要传播模式是散射，即从建筑物平面反射或从人工、自然物体折射。多径传播示意如图 3-1 所示。

图3–1　多径传播示意

所有的信号分量合成产生一个复驻波，它的信号强度根据各分量的相对变化增大或减小。其合成场强在移动几个车身长的距离中会有 20dB ～ 30dB 的衰落，其最大值和最小值发生的位置大约相差 1/4 波长。大量传播路径的存在就产生了所谓的多径现象，其合成波的幅度和相位随移动设备的运动产生很大的变化，通常把这种现象称为多径衰落或快衰落。在性质上，多径衰落属于一种快速变化。此外，这种传播特点还产生了时间色散的现象。深衰落点在空间上的分布是在近似相隔半个波长处，如果此时手机天线处于这个深衰落点（当汽车中的手机用户由于红灯而驻留在这个深衰落点，我们称为红灯问题），则其信号质量将会变差。

研究表明，如果移动单元收到的各个波分量的振幅、相位和角度是随机的，那么合成信号的方位角和幅度的概率密度函数分别如下。

$$0 \leqslant \theta \leqslant 2\pi \quad \text{式（3-1）}$$

$$r \geqslant 0 \quad \text{式（3-2）}$$

其中，r 为标准偏差。

式（3-1）和式（3-2）分别表明方位角 θ 在 0° ～ 2° 是均匀分布的，而电场强度概率密度函数是服从瑞利分布的，故多径衰落也称瑞利衰落。对于这种快衰落，基站采取的措施就是采用时间分集、频率分集和空间分集（极化分集）的办法：时间分集主要靠符号交织、检错和纠错编码等方法，不同编码所具备的抗衰落特性不一样；频率分集理论的基础是相关带宽，即当两个频率相隔一定间隔后，就认为它们的空间衰落特性是不相关的；空间分集主要采用主分集天线接收的办法来解决，基站接收机对主分集通道接收到的信号分别通过最大似然序列估值均衡器均衡后进行分集合并。这种主分集接收的效果由主分集天线接收的不相关性所保证，所谓不相关性是指主集天线接收到的信号与分集天线接收到的信号不具有同时衰减的特性，或者采用极化分集的办法保证主分集天线接收到的信号不具有相同的衰减特性。而对于移动设备（例如，手机）而言，因为只有一根天线，因而不具有这种空间分集功能。基站接收机对一定时间范围（时间窗）内不同时延信号的均衡能力也是一种空间分集的形式。在 CDMA 通信中，当处于软切换时，移动设备与多个基站同时联系，从中选取最好的信号送给交换机，这同样是一种空间分集的形式。

大量研究结果表明，移动设备接收的信号除了瞬时值出现快速瑞利衰落之外，其场强中值随着地区位置改变出现较慢的变化，这种变化称为慢衰落，它是由阴影效应引起的，所以也称作阴影衰落。电波传播路径上遇有高大建筑物、树林、地形起伏等障碍物的阻挡，就会产生电磁场的阴影。当移动设备通过不同障碍物阻挡造成电磁场出现阴影时，就会使接收场强中值发生变化。这种变化的大小取决于障碍物的状况和工作频率，变化速率不仅和障碍物有关，而且与车速有关。

研究这种慢衰落的规律，发现其中值变动服从对数正态分布。另外，气象条件随时间变化、大气介电常数的垂直梯度发生慢变化，致使电波的折射系数随之变化，结果造成同一地点的场强中值随时间发生慢变化。

统计结果表明，场强中值变化也服从对数正态分布。该分布的标准差为 r_t。由于场强中值变动在较大范围内随地点和时间的分布均服从对数正态分布，所以它们的合成分布仍服从对数正态分布。在陆地移动通信中，通常场强中值随时间的变动远小于随地点的变动，因此可以忽略慢衰落的影响，$r=r_L$。但是在定点通信中，需要考虑慢衰落。快衰落与慢衰落如图 3-2 所示。

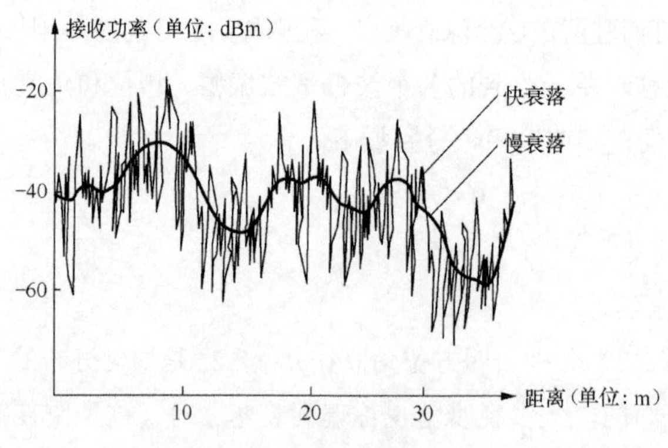

图3-2　快衰落与慢衰落

总的来说，在蜂窝环境中有两种影响：第一种是多路径，由于从建筑物表面或其他物体反射、散射而产生的短期衰落，通常移动距离为几十米；第二种是直接可见路径产生的主要接收信号强度的缓慢变化，即长期场强变化。也就是说，信道工作于符合瑞利分布的快衰落并叠加有信号幅度以满足对数正态分布的慢衰落。

●• 3.3 链路预算

链路预算是网络规划的基本步骤之一，具体的步骤包括：通过输入覆盖要求、质量要求、频谱信息、传播模型等信息创建链路预算；通过链路预算信息计算出小区半径从而得到单站覆盖面；根据需要覆盖的区域面积得到覆盖估算的站点数；同时根据业务模型和规划用户数进行容量估算，通过单小区容量和网络容量得到容量需要的站点数；最后在覆盖得到的站点数和容量需要的站点数对比中取最大值，从而得到需要的站点规模。

链路预算是网络覆盖评估的重要步骤，5G 网络当前主要以覆盖评估为主。链路预算流程如图 3-3 所示。

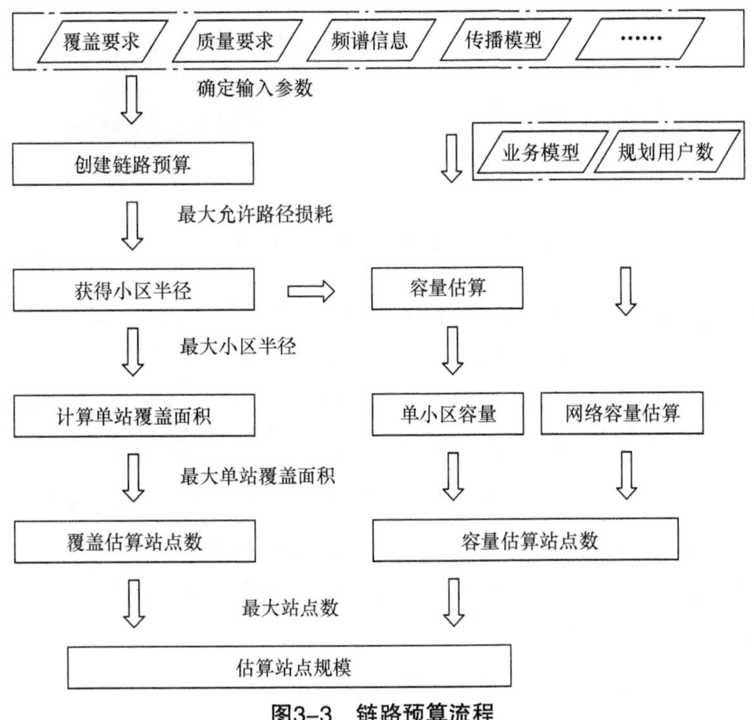

图3-3　链路预算流程

在链路预算中，有以下两大因素。

第一，确定性因素。一旦确定了产品形态及场景，相应的参数也就确定了，例如，功率、天线增益、噪声系数、解调门限、穿透损耗和人体损耗等。

第二，不确定性因素。链路预算还需要考虑一些不确定性因素，例如，慢衰落余量、雨雪等天气影响和干扰余量（Interference Margin，IM），这些因素不是随时或随地都会发生，需要当作链路余量考虑。

路径损耗（dB）=基站发射功率（dBm）－10×log10(子载波数）+基站天线增益（dBi）－

基站馈线损耗（dB）－穿透损耗（dB）－植被损耗（dB）– 人体遮挡损耗（dB）– 干扰余量（dB）– 雨 / 冰雪余量（dB）－慢衰落余量（dB）– 人体损耗（dB）+UE 天线增益（dB）– 热噪声功率（dBm）–UE 噪声系数（dB）– 解调门限 SINR（dB）。链路预算的各项参数如图 3-4 所示。

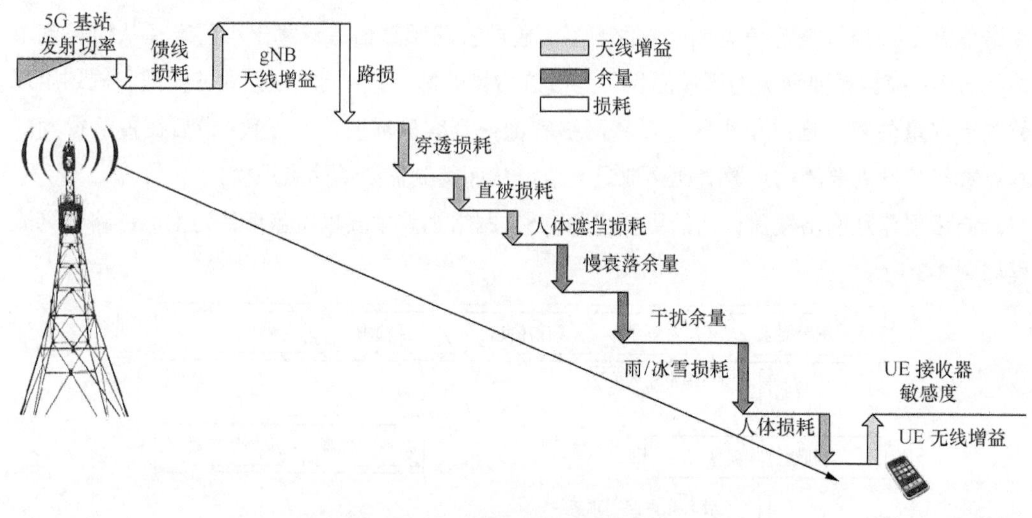

图3–4　链路预算的各项参数

其中，关于链路预算影响因素，5G 和 4G 在 C-Band 上无差别，在毫米波频段需要额外考虑人体遮挡损耗、树木损耗、雨衰、冰雪损耗的影响。

干扰余量：为了克服邻区及其他外界干扰导致的底噪抬升而预留的余量，其取值等于底噪抬升。

雨 / 冰雪余量：为了克服概率性较大的降雨、降雪、裹冰等导致信号衰减而预留的余量。

慢衰落余量：信号场强中值随着距离变化会呈现慢速变化（遵从对数正态分布），与传播障碍物遮挡、季节更替、天气变化相关，慢衰落余量是指为了保证长时间统计中达到一定电平覆盖概率而预留的余量。

以下行边缘速率为 100Mbit/s，上行边缘速率为 5Mbit/s 为例。

$MAPL$（最大路损，dB）=$T_{\text{X-gNB}}$（基站发射功率，单个 RE 的最大发射功率，dBm）–Lc（基站馈线损耗，dB）+$Gain_{\text{Antenna}}$（基站天线增益，dBi）– 损耗（人体遮挡损耗 + 穿透损耗 + 植被损耗，dB）– 余量（慢衰落余量 + 干扰余量 + 雨 / 冰雪余量，dB）+UE 天线增益（dB）– 热噪声功率 –UE 噪声系数 – 解调门限 SINR（dB）

即，

$$MAPL= T_{\text{X-gNB}}-Lc+Gain_{\text{Antenna}}-\text{损耗}-\text{余量}-R_{\text{x-ue}}$$

如果要获得最大路损，则需要基站发射功率最大，手机的接收电平最小。

●• 3.4　链路预算示例

5G 链路预算以下行边缘速率为 100Mbit/s、上行边缘速率为 5Mbit/s 为例来说明。

1. 功率

基站侧：42.8dB。

（1）$T_{X\text{-}gNB}$（基站发射功率）：17.8dBm（200W，单个 RE 的最大发射功率，也即 $10\times\log_{10}$（200×1000/273/12）≈17.8。

（2）Lc（基站馈线损耗）：0，AAU 形态，无外接天线，不需要考虑馈线损耗的影响，当前电信 64T64R AAU 馈线损耗取值为 0dB。

（3）$Gain_{Antenna}$（基站天线增益）：25dBi（3.5GHz 64T64R 配置，单极化天线增益规格为 25dBi，单通道天线增益为 10dBi，其中，15dBi 为 BF 增益，体现在解调门限里，不在天线增益里体现）。

空口侧：–44dB。

2. 损耗

损耗 = 穿透损耗 + 植被损耗 + 人体遮挡损耗 =23dB，实际再考虑 4dB 无线空口损耗（Over The Air，OTA），因此总体损耗为 27dB。

（1）C-Band 3.5GHz 穿透损耗

以下内容来源于 3GPP 38.901。

基于 High loss（高损耗）公式计算 3.5GHz 穿透损耗如下。

5−10×log｛0.7×10^［−（23+0.3×3.5）/10］+0.3×10^［−（5+4×3.5）/10］｝=26.85dB

不同损耗模型的相关参数见表 3-5，不同材料的穿透损耗参数见表 3-6。

表3-5　不同损耗模型的相关参数

	外墙穿透路损（Path Loss through external wall，PL_{tw}）（dB）	室内损耗（Indoor loss，PL_{in}）（dB）	标准差（Standard deviation: σ_p）in（dB）
Low-loss model（低损耗模型）	$5-10\log_{10}\left(0.3\times10^{\frac{-L_{glass}}{10}}+0.7\times10^{\frac{-L_{concrete}}{10}}\right)$	$0.5d_{2D-in}$	4.4
High-loss model（高损耗模型）	$5-10\log_{10}\left(0.7\times10^{\frac{-L_{IRR\ glass}}{10}}+0.3\times10^{\frac{-L_{concrete}}{10}}\right)$	$0.5d_{2D-in}$	6.5

表3-6 不同材料的穿透损耗参数

材料（Material）	穿透损耗（Penetration loss）（dB）
标准多层玻璃（Standard multi-pane glass）	$L_{glass} = 2 + 0.2f$
IRR 玻璃（IRR glass，红外反射案例）	$L_{IRR\ glass} = 23 + 0.3f$
混凝土墙（concrete）	$L_{concrete} = 5 + 4f$

以下内容来源于 R-REP-P.2346。

- 10cm 与 20cm 厚混凝土板（concrete slab）：16 ～ 20dB。
- 1cm 镀膜玻璃（0° 入射角）：25dB。
- 外墙 + 单向透视镀膜玻璃：29dB。
- 外墙 + 一堵内墙：44 dB。
- 外墙 + 两堵内墙：58dB。
- 外墙 + 电梯：47dB。

实测各项材质穿透损耗结果（仅供参考）见表 3-7。

表3-7 实测各项材质穿透损耗结果

类别	材料类型	3.5GHz 传播损耗（dB）
办公楼外墙	35cm 厚混凝土墙	28
	2 层节能玻璃带金属框架	26
内墙	12cm 石膏板墙	12
砖	152mm，2 层	24
	228mm，3 层	28
玻璃	2 层节能玻璃带金属框架	26
	3 层节能玻璃带金属框架	34
	2 层玻璃	12

（2）植被损耗

3.5GHz 树衰的建议值：若目标区域植被茂密，且考虑视距（Line of Sight，LOS）场景，Sub 6G 链路预算建议考虑树衰，例如，12dB（穿过多棵树）。植被损耗与植被类型、植被厚度、信号的频率、信号路径的俯仰角有关，可根据实际情况做调整。3.5GHz 频段植被损耗见表 3-8，植被损耗测试场景如图 3-5 所示。

表3-8 3.5GHz频段植被损耗

植被损耗（dB）	3.5GHz
1 棵樟树	8.46
1 棵柳树	7.49

（续表）

植被损耗（dB）	3.5GHz
2 棵树	11.14
3 ～ 4 棵树	19.59

图3–5　植被损耗测试场景

（3）人体遮挡损耗

在无线通信系统的研究和规划设计中，需要考虑电波穿透人体的穿透损耗。特别是在无线室内分布系统、物联网中的短距离通信系统、体域网通信设备等的研究和设计中，需要考虑电波穿透人体的损耗效应。通过实验来探究人体穿透损耗在链路预算中的经验值，在电波的直射路径上设置一个人，在设置遮挡物后，测量各个频点上的接收功率，通过接收功率值和发射功率值计算出人体的穿透损耗。人体遮挡损耗测试场景如图 3-6 所示。

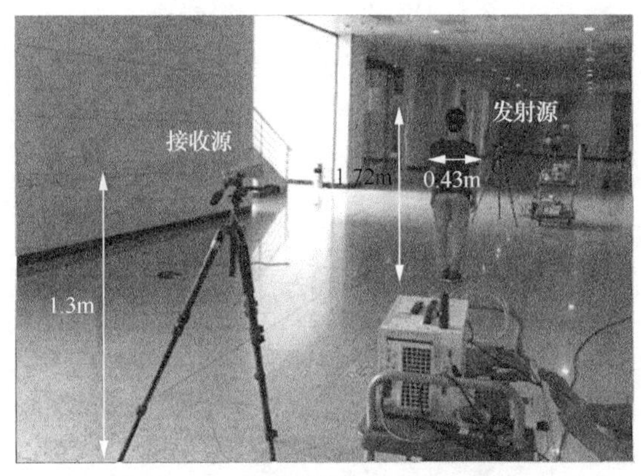

图3–6　人体遮挡损耗测试场景

对于无线宽带到户（Wireless To The x，WTTx）场景，链路预算中无须考虑人体的损耗；eMBB 场景参考如下测试结果，高频人体的损耗受人体与接收端、信号传播方向的相对位置、收发端高度差等因素相关，人体的遮挡比例越大，其损耗越严重。通过实验得出 3.5GHz 人体的穿透损耗约为 3dB，28GHz 人体的穿透损耗约为 8dB。

3. 余量

余量 = 慢衰落余量 + 干扰余量 + 雨 / 冰雪余量 =9+8+0=17（dB）

（1）慢衰落余量（阴影衰落余量）

慢衰落余量包括从室外到室内（Outdoor-to-Indoor，O2I）和室外到室外（Outdoor-to-Outdoor，O2O）产生的衰落。

3GPP38.901 慢衰落标准差见表 3-9。

表3-9　3GPP38.901慢衰落标准差

场景	视距 / 非视距	慢衰落标准差（dB）
农村宏站（Rural Macrocell，RMa）	视距	4
	非视距	8
城区宏站（Urban Macrocell，UMa）	视距	4
	非视距	6
城区微站（Urban Microcell，UMi）	视距	4
	非视距	7.82
室内办公热点（Indoor-Office）	视距	3
	非视距	8.03

慢衰落余量典型值见表 3-10，表 3-10 给出在区域覆盖概率为 95% 的条件下，UMa LOS/ 非视距（Non Line of Sight，NLOS）的慢衰落余量典型值。

表3-10　慢衰落余量典型值

场景	区域覆盖概率	边缘覆盖概率	慢衰落标准差	慢衰落余量
LOS	95%	85.10%	4	4.16
NLOS	95%	82.50%	6	5.60

考虑 95% 的区域覆盖率，典型场景的阴影衰落余量见表 3-11。

表3-11　考虑95%的区域覆盖率，典型场景的阴影衰落余量

场景	密集城区	城区	郊区	农村	视距
O2I	9	8	7	6	5
O2O	8	7	6	5	4

（2）干扰余量（IM）

上行干扰余量为3dB，下行干扰余量为8dB，干扰余量的负荷越大，邻区占用的概率越高。

链路预算是单个小区与单个UE之间的关系。实际上，网络是由很多站点共同组成的，网络中存在干扰。因此，链路预算需要针对干扰预留一定的余量，即干扰余量。下行干扰如图3-7所示，上行干扰如图3-8所示。

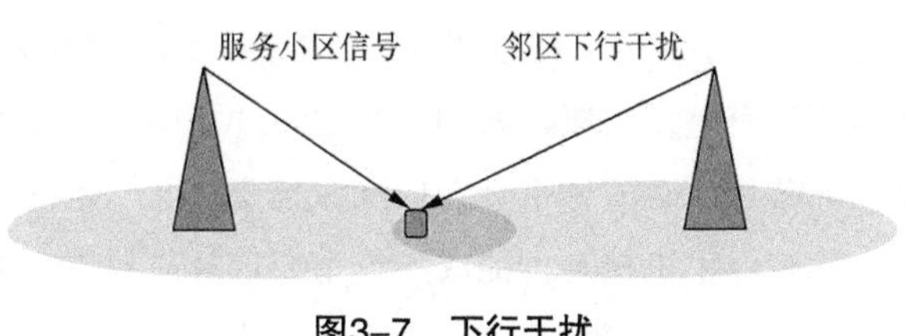

图3-7　下行干扰

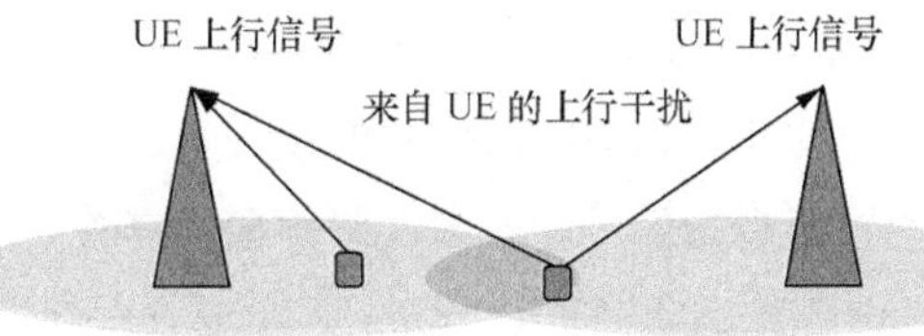

图3-8　上行干扰

基于SINR计算原理，可以推导出干扰余量（IM）的计算公式。

基础输入：$SINR = \frac{S}{I+N}$　　$I = \frac{S}{SINR} - N$

干扰余量：$IM = \frac{I+N}{N}$

一般情况下，在同一场景中，站间距越小，干扰余量越大；网络负荷越大，干扰余量越大。

假设3.5GHz 64TR连续组网和28GHz非连续组网，干扰余量经验值见表3-12。

表3-12　假设3.5GHz 64TR连续组网和28GHz非连续组网，干扰余量经验值

频点（GHz）	3.5				28			
场景	O2O		O2I		O2O		O2I	
	UL	DL	UL	DL	UL	DL	UL	DL
密集型城市（Dense Urban）	2	17	2	7	0.5	1	0.5	1
城市（Urban）	2	15	2	6	0.5	1	0.5	1
郊区（Suburban）	2	13	2	4	0.5	1	0.5	1
农村（Rural）	1	10	1	2	0.5	1	0.5	1

（3）雨/冰雪余量

当前，雨/冰雪余量按照0来计算。

降雨是一种自然现象，电波是现代通信中最重要的介质之一，雨衰是指电波进入雨层中引起的衰减，包括雨滴吸收引起的衰减和雨滴散射引起的衰减。雨滴吸收引起的衰减是由于雨滴具有介质损耗引起的，雨滴散射引起的衰减是由于电波碰到雨滴时被雨滴反射而再反射引起的。这种二次发射的电波方向与射波方向无关，而是向四面八方发射的，这就是所谓的二次散射。由于二次散射在原来的方向上射入的电波就被衰减了，雨衰的大小与雨滴直径与波长的比值有着可比性关系，所以雨滴的半径与降雨的概率有关。

对于电磁波来说，雨水会使其衰减，称作“雨衰”，但是不同频率的电磁波对雨水的穿透率不同。由于雷电的干扰，手机的无线频率跳跃性增强，这容易诱发雷击和烧机等事故。一般来说，公共聚居地都装有避雷装置，人们处在这种环境中会相对安全，雷电仅仅会干扰手机信号，最多是损坏芯片，对人体不会造成致命伤害。而一旦处于空旷地带，人和手机就成为地面明显的凸起物，手机极有可能成为雷雨云选择的放电对象。一定要加强有关避雷的意识，尤其是电源、信号系统的防雷击意识，尽量避免在打雷时拨打或接听手机，在雷雨中穿行无障碍物地区时，最好关掉手机电源。

雨衰与雨滴的直径、信号的波长相关，而信号的波长是由其频率决定的，雨滴的直径与降雨的概率密切相关，所以雨衰与信号的频率及降雨概率有关。同时，雨衰是一个累积的过程，与信号在降雨区域中的传播路径长度相关，还与要求达到的保证速率的概率相关。

5G WTTx 场景对雨衰的估算与微波一致，都是参考 ITU-R 建议书的计算方法。但在微波传输中的余量要求比较严格，其对应的是规划区域 0.01% 的时间链路中断的概率，在 5G WTTx 场景中，应根据不同客户对速率的要求进行计算，并预留相对应的电平余量。

雨衰余量在链路设计中经常会用到，若电波通信地区的降雨相对较少，例如，在沙漠地区，通过链路余量就可以改善雨衰现象；而在降雨频率相对较高的区域，通过链路余量的方式完全无法予以改善，因此，应当在此基础上结合其他方式，通过卫星地面接收站将下行线路雨衰值测量出来，利用接收卫星通信信号的变化量，以此调节衰耗设备，保证雨衰值得到有效补偿。

下面是卫星电视接收机抛物线天线（俗称“锅盖”）抗雨衰的方法。

① 将抛物线天线的仰交与方位角、低噪声下变频器（Low Noise Block，LNB）（即高频头）的极化角都应精调到最佳位置，可用寻星仪、场强仪等器材来显示抛物线天线的调试精度。

② 采用优质的 LNB。优质的 LNB 在收视弱信号或遇到天气状况不佳时，就能显示其优点；质量差的 LNB 收不到信号。在更换 LNB 的实际过程中，也足以证明这个情况。

③ 抛物线天线应稍大些，加大采集信号的面积，信号的损耗相应也会小一些。

④ 将抛物线天线尽量装在防雨处，或在抛物线天线上安装个雨篷，这个措施对防止雨衰是非常有用的。

4. 接收灵敏度

终端侧：手机接收灵敏度 =−118.42dB。

（1）UE 天线增益：0dBi。

（2）热噪声功率 = 热噪声（kT）（dBm/Hz）+10×lg（子载波 ×1000）+ 噪声系数（dB）=−122.23。

（3）UE 噪声系数（dBm）：7dBm。

（4）解调门限（SINR）：3.81dB。

5. 小区半径计算

MAPL= 基站侧－空口侧－终端侧 =（17.85+25）－（27+8+9）－（−118.42）=117.27（dB）。

L_0=32.4+20lg$d$+20lg$f$=117.27（dB），由此可得出小区半径。

3.5 多普勒效应

在无线通信系统中，多普勒效应引起频率变化的关系可以通过下面的计算式子给出。

（1）基站为频率源 f，移动设备接收到的频率 f' 如下。

$$f'=f(1\pm v/c)$$

其中，v 为移动设备的移动速率，c 为空中信号传播速率（一般设为 3×10^8m/s）；当移动设备向基站方向移动时取“+”，远离基站时取“－”。

（2）移动设备为频率源 f，基站接收到的频率 f' 如下。

$$f'=f/(1\pm u/c)$$

其中，u 为移动设备的移动速率，c 为空中信号传播速率（一般设为 3×10^8m/s），当移动设备向基站方向移动时取“－”，远离基站时取“+”。

下面分几种特殊情况进行讨论。

情况一，当移动设备向基站方向移动，速度为 v 时，多普勒效应示意（a）如图 3-9 所示。

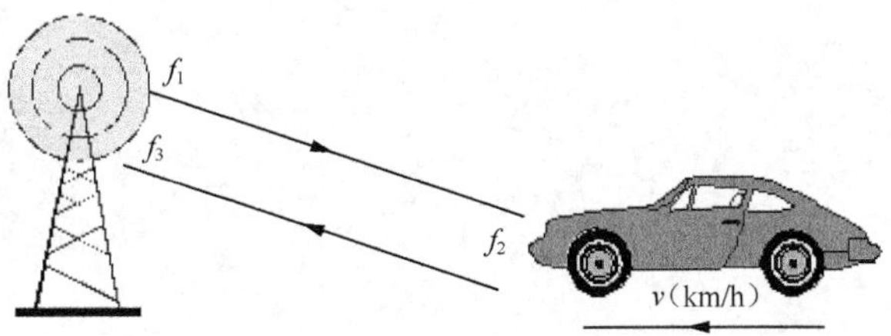

图3-9 多普勒效应示意（a）

假设基站的信号频率为 f_1，由于多普勒效应移动设备收到的信号频率为 f_2；移动设备以 f_2 向基站发射信号，由于多普勒效应基站收到的频率为 f_3，此时 f_1、f_2、f_3 之间的关系如下。

$$f_2=f_1(1+v/c)$$

$$f_3=f_2/(1-v/c)$$

$$f_3=f_1(1+v/c)/(1-v/c)=f_1(c+v)/(c-v)$$

相对频率变化如下。

$$(f_3-f_1)/f_1=2v/(c-v)$$

情况二，当移动设备远离基站方向移动，速度为 v 时，多普勒效应示意（b）如图 3-10 所示。

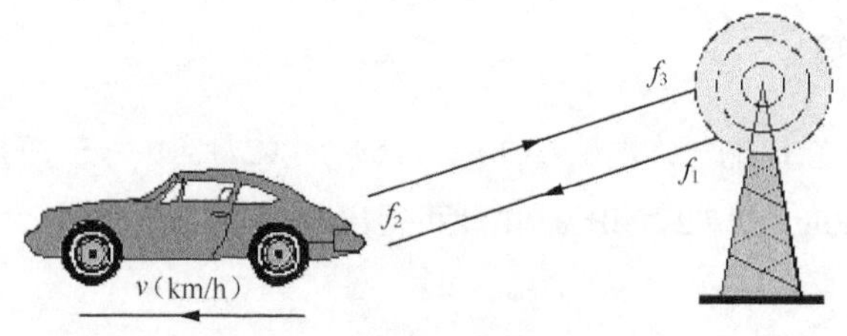

图3-10　多普勒效应示意（b）

假设基站的信号频率为 f_1，由于多普勒效应移动设备收到的信号频率为 f_2；移动设备以 f_2 向基站发射信号，由于多普勒效应基站收到的频率为 f_3，此时 f_1、f_2、f_3 之间的关系如下。

$$f_2=f_1(1-v/c)$$

$$f_3=f_2/(1+v/c)$$

$$f_3=f_1(1-v/c)/(1+v/c)=f_1(c-v)/(c+v)$$

相对频率变化如下。

$$(f_3-f_1)/f_1=-2v/(c+v)$$

由于移动设备的移动速率相对于信号的传播速度 c 是较小的，所以以上两种情况的相对频率的变化是差不多的，只是方向相反，情况一是频率增加，情况二是频率减小。

相对频率与移动设备速率的关系如图 3-11 所示。

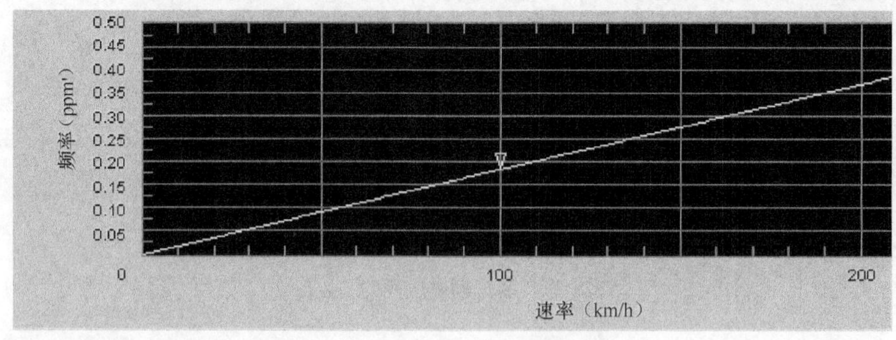

1. ppm 是百万分之的意思，是比率的一种表示

图3-11　相对频率与移动设备速率的关系

从图 3-11 中可以看出，当终端的速率为 100 km/h 时，相对频率变化为 0.19ppm。

（3）移动设备在两个基站间运动，速度为 v。

在 5G 移动通信系统中，移动设备获取到相邻小区信道监测的信息，控制移动设备调整其频率来对相邻小区的电平进行监测，这可能会出现由于多普勒频率变化使移动设备不能正确收到邻近小区信号的情况。多普勒效应示意（c）如图 3-12 所示，以图 3-12 为例，移动设备监测 5G 基站 1 的电平，移动设备收到的信号 f_2 可能会出现在两个移动设备调整频率中间，使移动设备无法正确监测到 5G 基站 1 的信号电平。多普勒效应引起的频率变化在信号上将引起基站接收到信号频率变为 $f_1(c-v)/(c+v)$，而以 f_1 的采样时钟来接收数据。引起接收数据错误也可能是影响切换的一个因素。

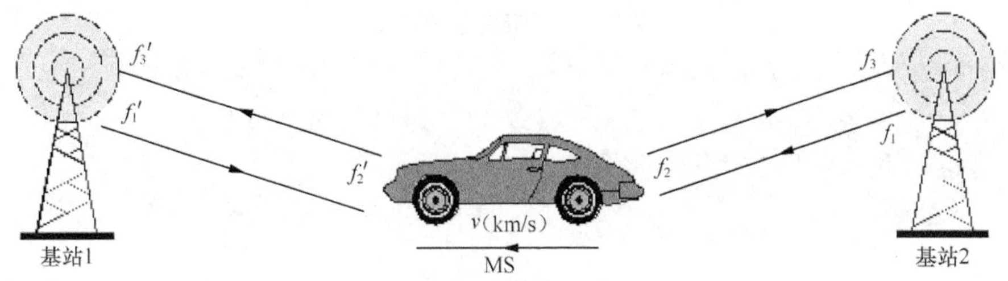

图3–12　多普勒效应示意（c）

多普勒频偏增大带来接收机解调性能恶化，3.5GHz 相对 1.8GHz 的频偏增大一倍，对纠偏算法的性能要求更高。

为应对多普勒频偏，5G 采用上行纠偏 + 下行预纠偏技术。4G/5G 导频对比如图 3-13 所示。

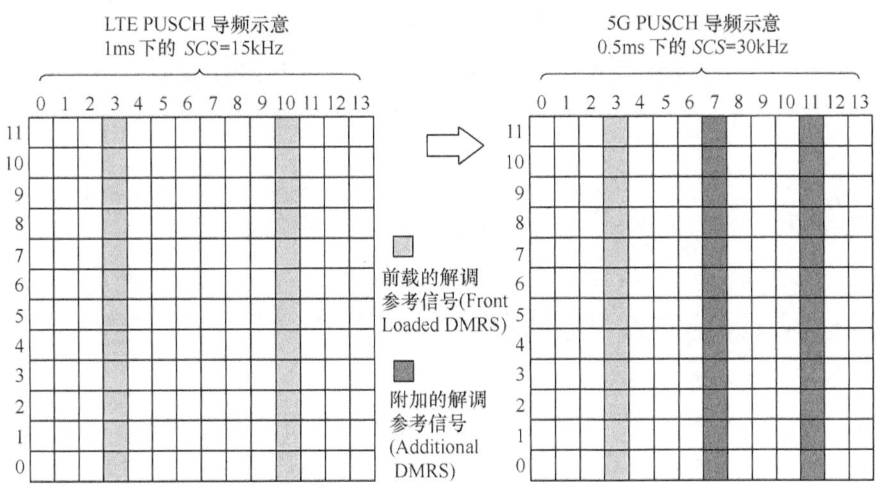

图3–13　4G/5G导频对比

上行：5G 基于附加 DMRS 的频偏估计和校正，可以解决高速频偏问题。

下行：下行预纠偏算法，基站根据用户在两个小区的上行频偏量，对两个相邻小区下行数据分别进行一定程度的预纠偏，从而减少小区间用户的频偏量，降低终端接收偏移量，提升终端纠偏能力，进而提升下行速率和用户体验。

●• 3.6 链路预算小结

5G 网络建设初期，因为 5G 的用户较少，所以暂时无法确定 5G 的相关业务模型，暂时也无法进行容量规划。链路预算小结见表 3-13，可以看到当前 4G 和 5G 链路预算的差异，从而使读者更轻松地掌握 5G 链路预算中的变化点。

表3-13　链路预算小结

链路影响因素	LTE 链路预算	5G NR 链路预算
馈线损耗	射频拉远单元（Radio Remote Unit，RRU）形态，天线外接存在馈线损耗	AAU 形态无外接天线馈线损耗
		RRU 形态，天线外接存在馈线损耗
基站天线增益	单个物理天线仅关联单个 TRX，单个 TRX 天线增益即为物理天线增益	MM 天线阵列，阵列关联多个 TRX（发射接收单元），单个 TRX 对应多个物理天线
		总的天线增益 = 单 TRX 天线增益 +BF Gain
		• 链路预算里面的天线增益仅为单个 TRX 代表的天线增益 • BF Gain 体现在解调门限中
传播模型	适用 Cost231-Hata[1]	3GPP 协议推荐的模型：36.873 UMa/RMa 38.901UMi
穿透损耗	相对较小	更高频段，更高穿损
干扰余量	相对较大	MM 波束天然带有干扰避让效果，干扰较小
人的遮挡损耗	N/A	终端位置较低、人流量较大的场景，需要考虑，尤其是 mmWave
雨衰	N/A	对于 mmWave，在降雨丰富、频繁的区域，需要考虑雨衰
树衰	N/A	植被茂密的区域和 LOS 场景，需要考虑树衰

注 1. Cost231-Hata 模型是 EURO-COST 组成的 COST 工作委员会开发的 Hata 模型的扩展版本

天线基础知识

Chapter 4

第4章

●• 4.1 天线的作用

天线是电磁波信号与电信号的转换媒介：天线辐射和接收无线电波是无线通信系统与外界空口传播的转换媒介；在电磁波信号发射时，天线系统把高频电流转换为电磁波，以便在空口中传播；在电磁波信号接收时，天线系统把空口传播的电磁波转换为高频电流。

4.1.1 天线阵子

当导线上有交变电流流动时，就可以发生电磁波辐射，辐射能力与导线长度和形状有关。例如，当导线长度远小于波长 λ 时，辐射很微弱；导线长度增大到可与波长相比拟时，导线上的电流大大增加，因而能形成较强辐射。通常将上述能产生显著辐射的直导线称为阵子。天线阵子示意如图 4-1 所示。

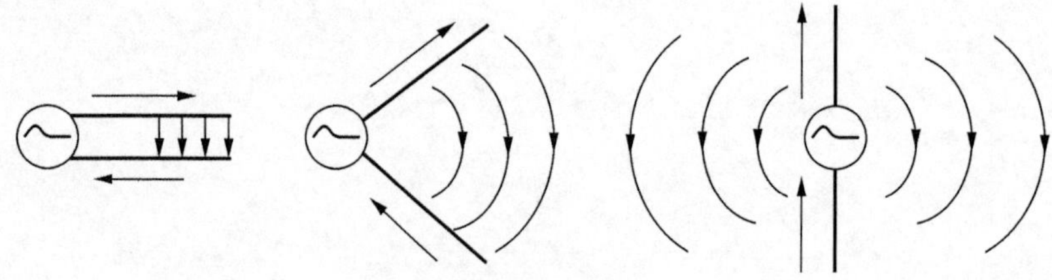

图4–1 天线阵子示意

经研究发现，当导线的长度 L 等于目标接收信号波长的一半时（即 $L=\lambda/2$），该导线上感应到的无线电刚好处于谐振状态（共振了），此时无线电的辐射效率是最高的。因为导线的长度刚好是波长的一半，所以叫半波阵子，半波阵子具有效率高、成本低、加工简单等优点，所以半波阵子就成为无线通信里基站天线的基本组成单元。

基站天线的基本单元是半波阵子，相同规格的天线使用的半波阵子的个数和排列方式是相同的，而不同频段的半波阵子的长度是不同的，同样规格的天线，频段越高长度越小。

在半波阵子高效的基础上，为了使无线信号更加集中和可控，就要把无线电信号朝要求的方向汇聚，这样在目标方向上就会得到更强的信号，不需要方向上的无线信号就会变弱。为了衡量方向性，或者汇聚程度，或者信号变强的程度，这里引入几个概念："各向同性"、方向图、天线增益。

"各向同性"是指无线电信号朝各个方向的辐射都是相同的，此时的辐射图是一个球面。"各向同性"示意如图 4-2 所示。"各向同性"只是一个概念，而在现实中，不存在绝对"各向同性"的辐射源。

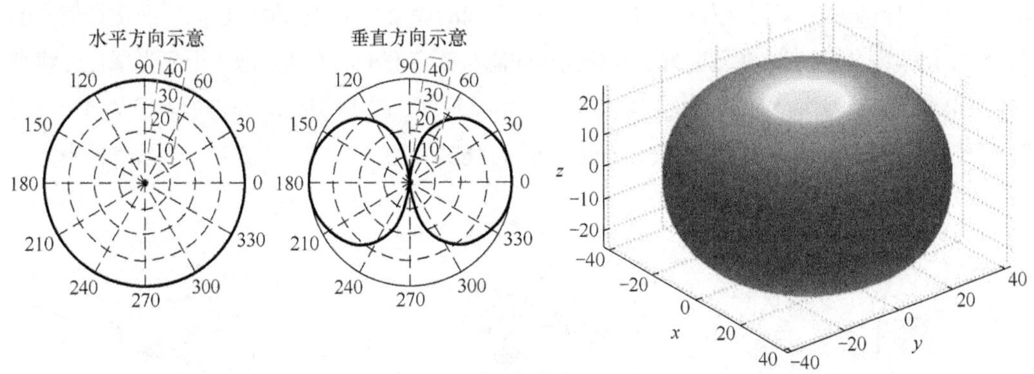

图4-2 “各向同性”示意

朝向性示意如图 4-3 所示，结合天线反射板形成单天线阵子，就构成了天线的基本单元。

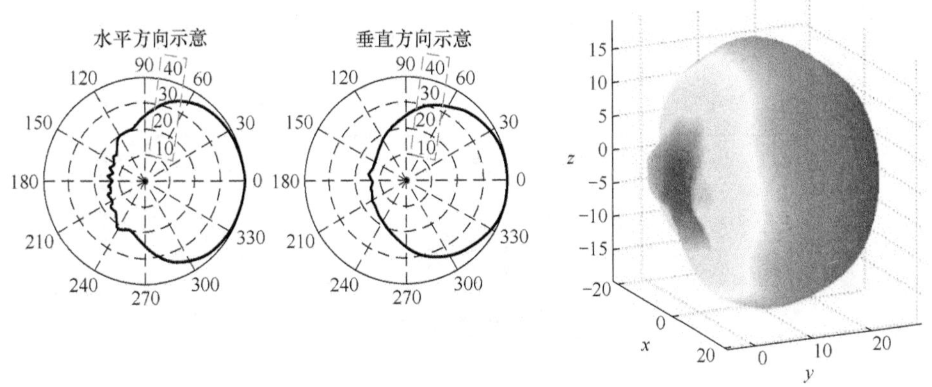

图4-3 朝向性示意

天线辐射出去的能量在各个方向上的大小都不同，从最大辐射方向往两边能量越来越小，两边能量下降一半（即 3dB）的点之间的夹角叫“半功率角”或“波瓣宽度”。半功率角示意如图 4-4 所示。

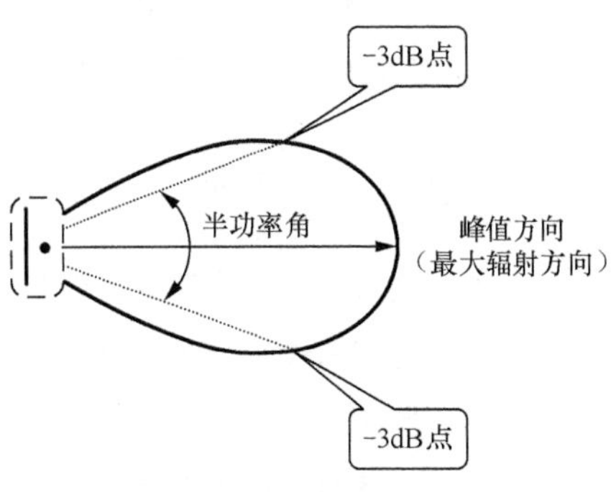

图4-4 半功率角示意

为了增强能量汇聚，可以把多个半波阵子组成一个直线阵列，每个阵子辐射出去的能量相互叠加，能量就越来越汇聚了。这里引入“天线增益”用来衡量能量朝某个特定方向汇聚带来的目标点信号强度提升，单位有 dBi 和 dBd 两种。其中，dBi 是和“各向同性”的球面波相比的增益（i 即 isotropy，中文翻译为各向同性，无向性）；dBd 是和半波阵子相比的增益（d 即 dipole，中文翻译为双极子，振子）。天线的增益并不是把信号放大，而是把信号朝某个方向汇聚，目标点的能量变大了，其他点的能量就会变小，就像灯泡加个反光罩让光线都往前面汇聚一样，前面亮了，后面就暗了。天线增益示意如图 4-5 所示，该图展示了从单个半波阵子到 4 个阵子的垂直面方向，可见阵子数量越多，能量越汇聚，方向图越窄，天线增益越大。

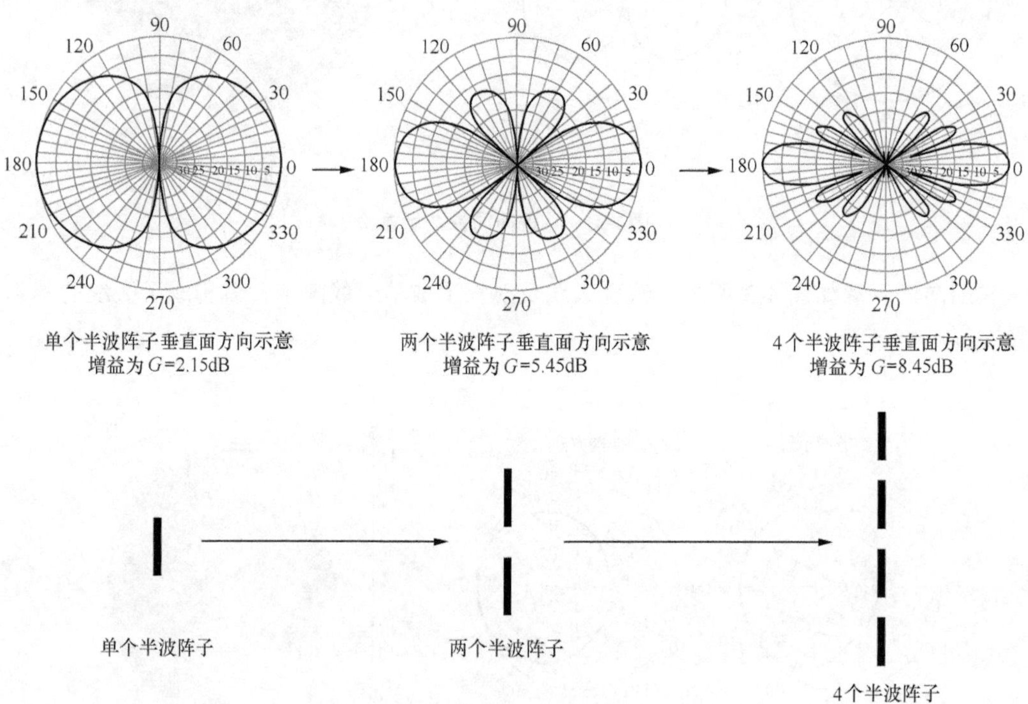

图4–5　天线增益示意

能量汇聚后天线的方向图“主瓣”与“旁瓣”如图 4-6 所示。在图 4-6 中，有一个主辐射方向，主辐射方向的形状像花瓣，也叫“主瓣”，其他位置会有一些泄露的能量，叫“副瓣”或“旁瓣”；两个瓣之间有一个凹陷点叫“零点”。

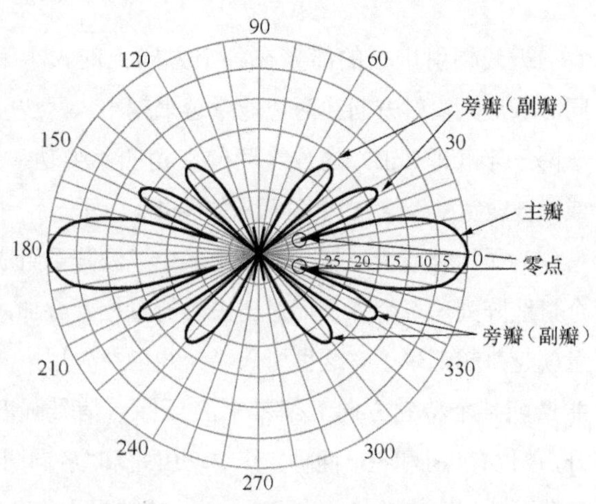

图4–6　能量汇聚后天线的方向图“主瓣”与“旁瓣”

4.1.2　天线阵列

天线阵列可以进一步汇聚天线阵子的能量，天线阵列与天线阵子在空间中同一点处所产生的场强的平方之比（即功率之比）称为天线增益，在输入功率相等的条件下，N 元阵列在最大辐射方向上的天线增益为 $Ga(\text{dB})=10\log_{10}N$。

5G 中常用的阵列有两种类型：线阵阵列与平面陈列。线阵阵列如图 4-7 所示，平面阵列如图 4-8 所示。

线阵阵列即阵子分布在一条直线上，可以支持水平维度波束调整，以 3.5GHz 的频点为例，波长 = 光速 / 频率 =$3\times10^8/(3.5\times10^9)$（m）=85.7mm，即阵子物理距离 43mm 对应约 0.5 个波长（即半个波长）。

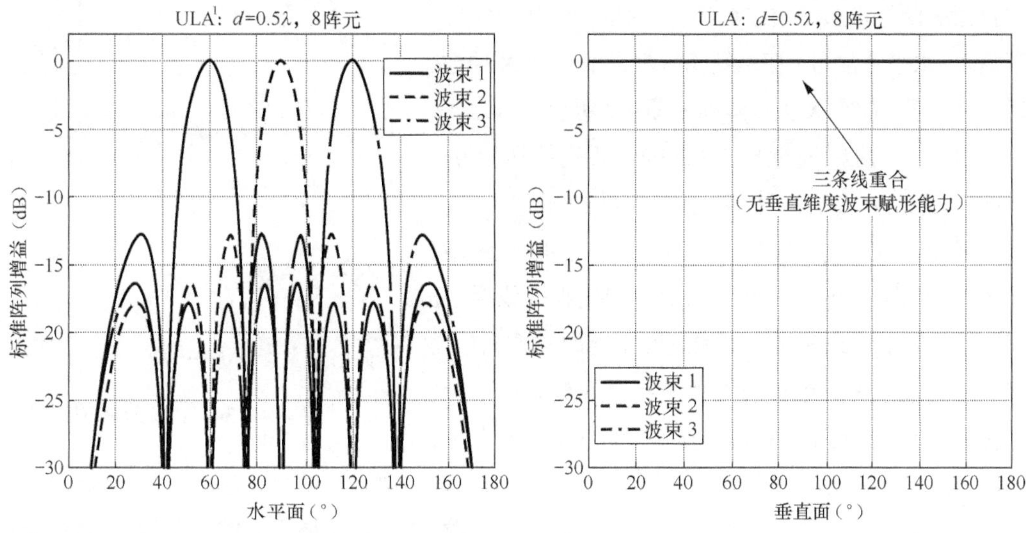

1. 均匀直线阵列天线（Uniform Linear Array，ULA）

图4–7　线阵阵列

平面阵列即阵子成矩形分布，支持水平、垂直维度波束调整，5G 使用的 64T64R AAU 水平方向有 16 个通道、垂直方向有 4 个通道，支持水平及垂直维度波束赋形。

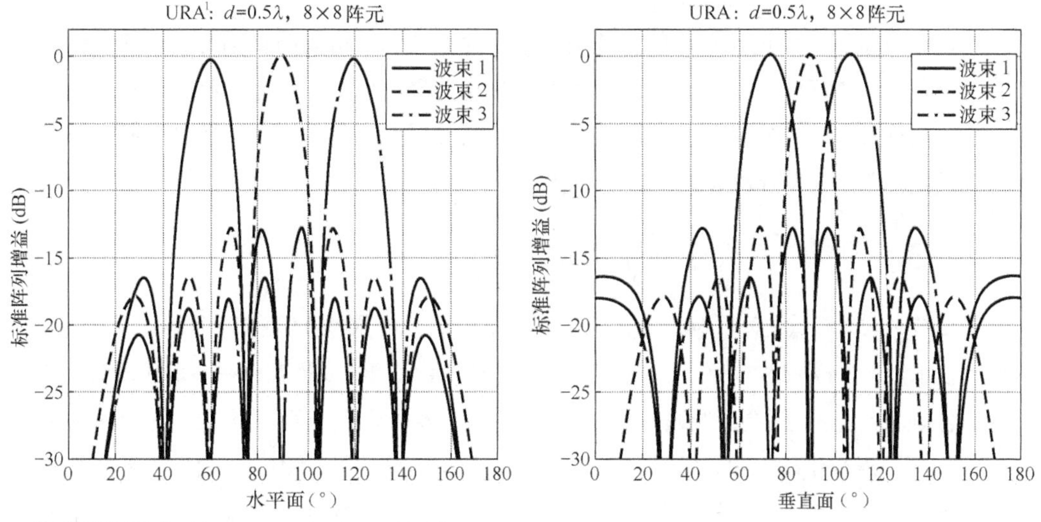

1. 均匀矩形阵列（Uniform Rectangular Array，URA）

图4–8　平面阵列

64TRX 天线阵列支持 3.5GHz，±45° 双极化，每极化方向 32TRX，每个 TRX 包含垂直面 3 个阵子，TRX 水平间距约为 0.5 个波长，垂直间距约为 1.5 个波长。垂直驱动：64TRX 为 1 驱 3，通过 1 个 TRX 通道驱动垂直面 3 个阵子，电倾角通过数字域调整 TRX 权值实现，垂直面的赋型也通过数字域调整 TRX 权值从而实现水平驱动：水平通常为 1 驱 1 结构，水平 1 个 TRX 通道驱动 1 个阵子。64TRX 天线阵列如图 4-9 所示。

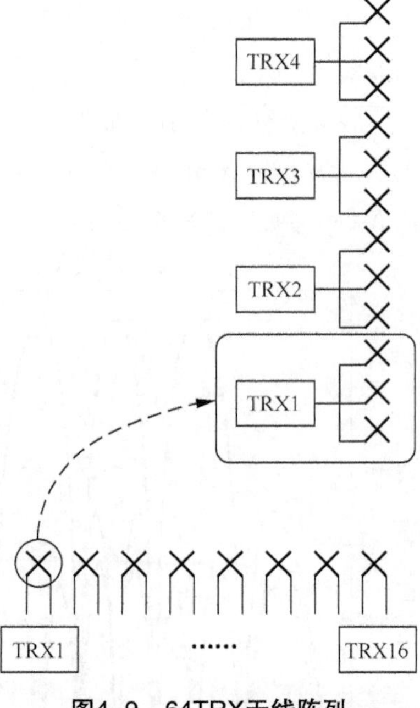

图4-9　64TRX天线阵列

由于 5G 的频段远比 2G/3G/4G 要高，所以引入 Massive MIMO 天线阵列是必然的选项之一。

因为当发射端的发射功率固定时，接收端的接收功率与波长的平方、发射天线增益和接收天线增益成正比，与发射天线和接收天线之间距离的平方成反比。在毫米波段，无线电波的波长是毫米数量级的，所以又称为毫米波。而 2G/3G/4G 使用的无线电波是分米波或厘米波。由于接收功率与波长的平方成正比，所以与厘米波或分米波相比，毫米波的信号衰减非常严重，接收天线接收到的信号功率显著减少。那该怎么办呢？我们不可能随意增加发射功率，因为国家对天线功率有上限限制；我们不可能改变发射天线和接收天线之间的距离，因为移动用户随时可能改变位置；我们也不可能无限提高发射天线和接收天线的增益，因为这受制于材料和物理规律。唯一可行的解决方案是，增加发射天线和接收天线的数量，即设计一个多天线阵列。

在高频场景下，穿过建筑物的穿透损耗也会大大增加。这些因素都会大大增加信号覆盖的难度。尤其对于室内覆盖来说，用室外宏站覆盖室内用户变得越来越不可行。而使用 Massive MIMO，我们能够生成高增益、可调节的赋形波束，从而明显改善信号覆盖，并且由于其波束非常窄，从而减少对周边的干扰。

4.1.3　MIMO 多天线增益原理

在传统时域、频域之外，利用多天线空域提升系统性能，在发送端和接收端同时采用多天线阵列技术，即构成 MIMO 系统。多天线阵列通过利用空间维度资源，在不增加发射功率和带宽的前提下，成倍地提高无线通信系统的传输容量，容量提升程度与天线数目成比例关系。

MIMO 信道容量增大来源于多天线阵列带来的自由度增加，MIMO 的本质是线性方程组：一个发端信号对应一个未知数，一个收端信号对应一个方程；当未知数个数不大于方程个数且线性变换关系可逆时，则未知数可求解。可求解的未知数个数代表 MIMO 的自由度，自由度的增加带来 MIMO 信道容量的增加。MIMO 示意如图 4-10 所示。

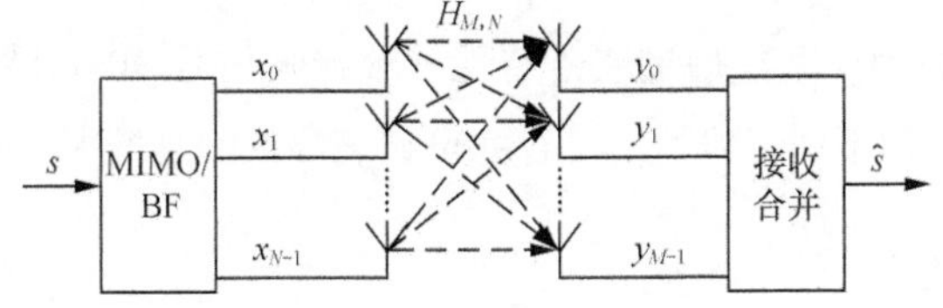

图4-10　MIMO示意

在图 4-10 中，s 为数据源，x 为发射天线数，y 为接收天线数，$\hat{s}$ 为接收到的数据。

阵列增益体现在以下几个方面。

1. 提升平均信噪比

不同天线的噪声不相关，合并后噪声功率保持不变；不同天线的信号相关，合并后信号功率成倍提高；多天线合并处理能提高信号平均信噪比（Signal to Noise Ratio，SNR），天线越多，同向叠加后信号的强度越高。提升平均信噪比示意如图 4-11 所示。

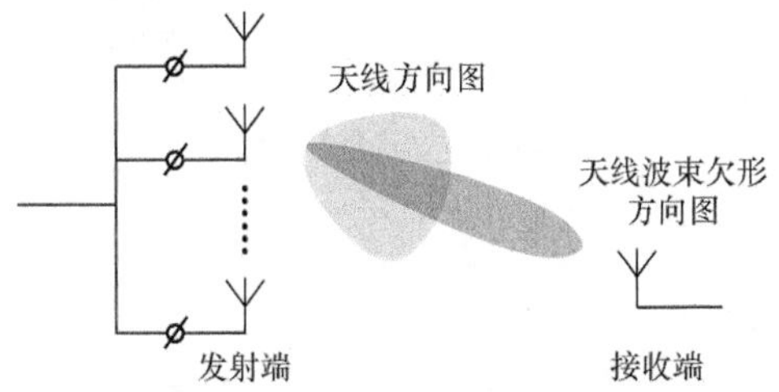

图4-11　提升平均信噪比示意

2. 干扰抑制增益

利用多天线干扰抵消算法，提高信号干扰噪声比（Signal to Interference Noise Ratio，SINR）可以为系统带来干扰场景下的增益，由于天线越多，波束越窄，可形成的零点越多，所以干扰抑制能力更好。干扰抑制增益示意如图 4-12 所示。

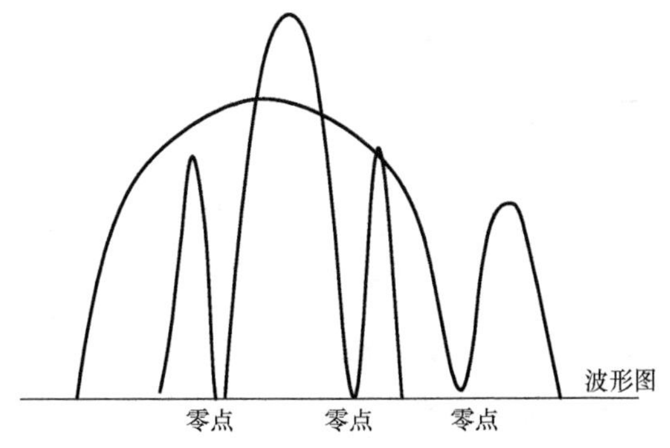

图4-12　干扰抑制增益示意

3. 空间分集增益

减小信噪比相对波动，无线信道衰落特性导致接收信号 SINR 波动。由于不同天线信号同时深衰的概率较低，不同天线的信号合并可显著降低深衰概率。

4. 空间复用增益

提升传输流数、容量，多天线提供更多的空域自由度，因而可支持更多的流数发送，获得容量增益。天线越多、波束越窄，波束之间的相关性越低，可以空分复用的流数更多。空间复用增益如图 4-13 所示。

图4-13　空间复用增益

4.1.4　天线的下倾

为了把天线的主瓣对准小区的主覆盖区域，需要给天线设置一定的下倾，如果不设置下倾，信号是平着发射出去，朝水平面以上发射的信号就浪费了，而且由于随着用户越来越多，小区建得越来越密集，信号平着发射打得较远，造成越区覆盖，信号会产生互相干扰，网内干扰加剧、网络性能恶化，所以要把主瓣往下压一些，控制一下信号发射的范围。那应该设多大的下倾角呢？经过分析，比较好的方式是让天线主瓣上的 3dB 点对准小区边缘。天线的下倾示意如图 4-14 所示。

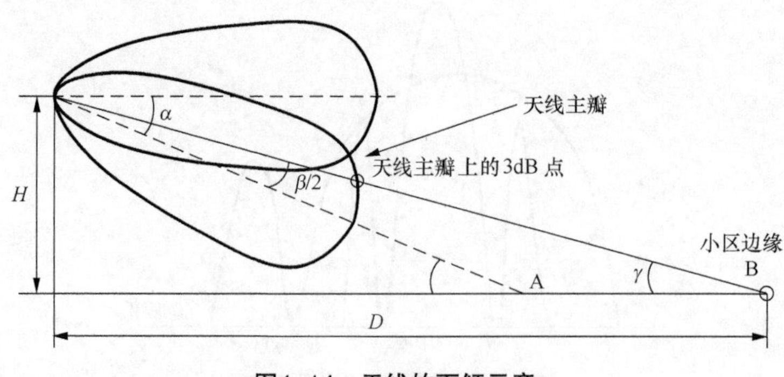

图4-14　天线的下倾示意

在图4-14中，D是小区半径，H是天线高度，α是天线下倾角，β是天线的垂直半功率角。

其中，$\alpha=\gamma+\beta/2$，$\tan\gamma=H/D$，即$\gamma=\arctan(H/D)$

天线下倾角$\alpha=\arctan(H/D)+\beta/2$。

市区小区半径一般只有几百米，天线挂高为20m～30m，天线垂直波瓣宽度为12°～14°，下倾角可以设置到8°～12°。以小区半径600m、天线挂高25m、天线波瓣宽度13°为例，下倾角$\alpha=\arctan(25/600)+(13/2)°=2.4°+6.5°\approx 9°$。

郊区小区半径一般为1km～2km，天线挂高为30m～50m，天线垂直波瓣宽度为7°～8°，下倾角可以设置到4°～8°。以小区半径1500m、天线挂高45m、天线波瓣宽度7°为例，下倾角$\alpha=\arctan(45/1500)+(7/2)°=1.7°+3.5°\approx 5°$。

农村小区半径一般有数千米，天线挂高在50m左右，天线垂直波瓣宽度为6°～8°，下倾角可以设置到2°～4°。以小区半径5000m、天线挂高50m、天线波瓣宽度6°为例，下倾角$\alpha=\arctan(50/5000)+(6/2)°=0.6°+3°=3.6°$。

孤站或广覆盖的站点为了获得最大的覆盖半径，甚至可以不设置下倾角（即下倾角为0°），让主瓣沿水平方向打出去。

我们知道天线下倾角与小区半径D、天线挂高H、天线垂直波瓣宽度β这3个参数有关，在新建网络中规划下倾角会考虑这些因素。下倾角不容易出错，虽然存量和搬迁站点经常对局部地区修修补补，但是经常忘记调整下倾角，时而遇到下倾角设置不合理的情况，例如，经常会遇到以下情况。

- 在存量网络中新建站点时，该新建站点周边小区的覆盖半径D发生了变化，但忘记调整下倾角。
- 部分站点天线挂高H发生了变化，但忘记调整下倾角。
- 对存量网络更换天线后（搬迁），天线的垂直波瓣宽度发生变化，但忘记调整下倾角。

在实际网络中，不仅需要设置一定的下倾角，还要求下倾角可以在一定的范围之内调整，而且也需要在存量网络的优化和维护过程中不断调整下倾角以保持其处于最优状态。

总体来说，下倾的实现方法有机械下倾（Mechanical Tilt，MT）、电下倾和数字下倾3种。3种下倾应用场景不同，达到的效果也有所区别，数字下倾与电下倾的效果是一样的，但是数字下倾可以精细化到某一类信道的波束，如果只对SSB进行数字下倾，那么业务信道的覆盖是没有变化的，各类下倾示意如图4-15所示。

机械下倾就是通过机械的方式实现下倾，天线通过两个臂装到抱杆上，一个是固定的，另一个是可以调整的，通过调整伸缩臂的臂长就可以调整机械下倾角了。只有定向天线可以实现机械下倾，全向天线不能实现机械下倾。机械下倾示意如图4-16所示。

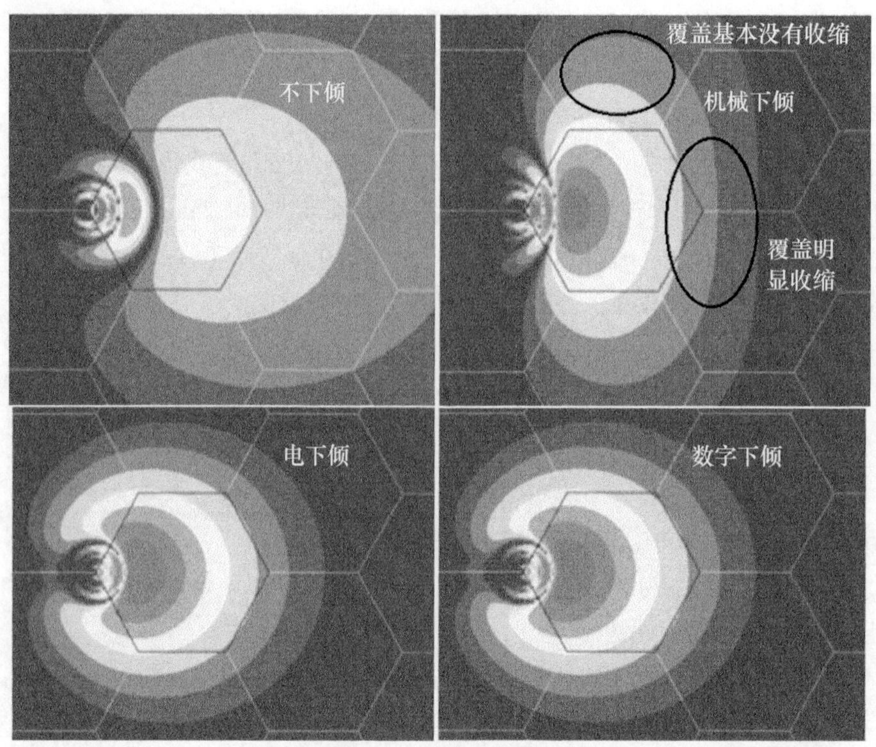

图4-15　各类下倾示意

图4-16　机械下倾示意

电下倾（Electronic Tilt，ET）分为固定电下倾和可调电下倾，如果具有远程控制单元（Remote Control Unit，RCU），则可以实现远端后台调整。电下倾示意如图 4-17 所示。

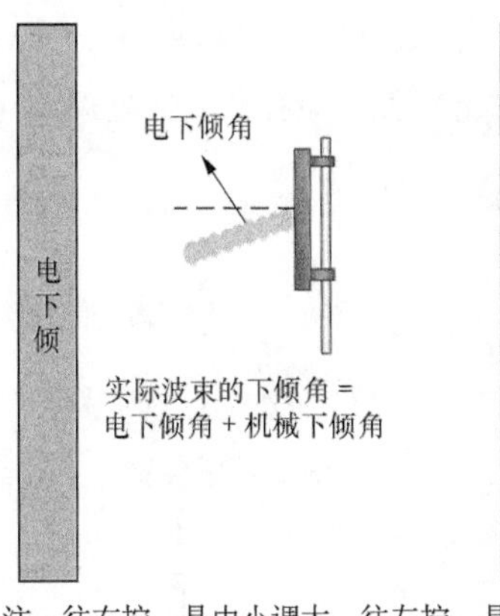

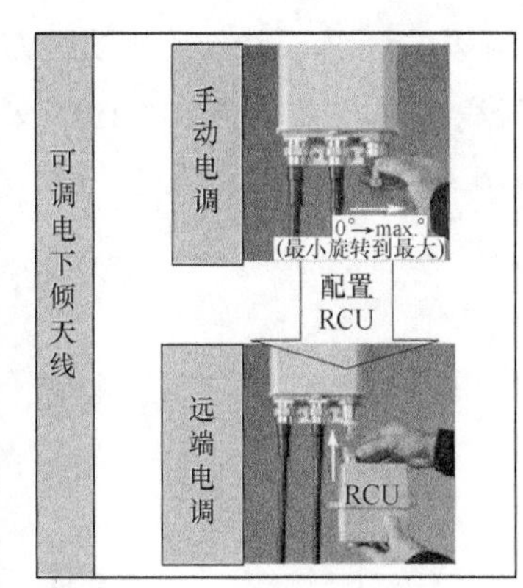

注：往右拧，是由小调大，往左拧，是由大调小

图4–17　电下倾

3 种下倾各有各的好处，很多局点都是一起使用的，下面我们总结一下几种下倾方式的优缺点。

① 机械下倾支持所有的定向天线，虽然不需要额外的物料成本，但是天线在各个方向的下倾不均匀，下倾角较大时覆盖会明显变形。该下倾方式需要技术人员上站点后才能调整下倾角。

② 固定电下倾需要天线预置下倾角，电下倾的度数在出厂时就固定了，并不能调整，可以与机械下倾一起使用，可改善下倾角较大时的覆盖变形问题。例如，遇到需要下倾 10° 的情况，如果全部采用机械下倾的话，覆盖变形比较严重，可以采用“(6°固定电下倾)+(4°机械下倾)”实现，这种方式覆盖基本不变形。另外，机械下倾时覆盖严重变形对应的下倾角度与垂直波瓣宽度有关，当设置同样的机械下倾角时，天线的垂直波瓣宽度越窄，覆盖变形越严重。

③ 手动可调电下倾设置不同的下倾角时覆盖不变形，而且与机械下倾相比，下倾角的精度更高（电下倾直接读取天线下倾刻度尺的度数即可，机械下倾需要技术人员用倾角仪测量，测量结果受人为的影响较大)，但是当下倾角较大时，天线性能有所下降，所以一般电下倾的可调范围只有 8°～ 14°，超出的部分需要与机械下倾配合。这种下倾方式也需要技术人员上站点调整，天线的价格比不带电下倾的贵一些。

④ 远程可调电下倾与手动可调电下倾的区别就是可以不用技术人员上站点，通过控制中心的控制命令来调整下倾角，可以节约人工成本，但需要在天馈系统上做一些配套工程，这种方式的费用较高。

⑤ 数字下倾完全通过后台配置使用，目前的使用对象仅针对 5G 32T32R 以及 64T64R 的天线，根据使用的场景类型不同，可调整的范围也有所区别。这种方式的优点是减少技术人员上站点的次数，成本较低。

●• 4.2　天线的演进

天线的演进是伴随着整个天馈系统的演进逐步变化的，从最初的“宏基站 +BBU（基带单元)+RFU(射频单元)+ 天线”逐步演进为第二种“BBU(基带单元)+ 分布式 RRU(射频拉远单元)+ 天线”，到目前主流的“BBU(基带单元)+AAU(有源无线处理单元)”的组合。天线的演进如图 4-18 所示。

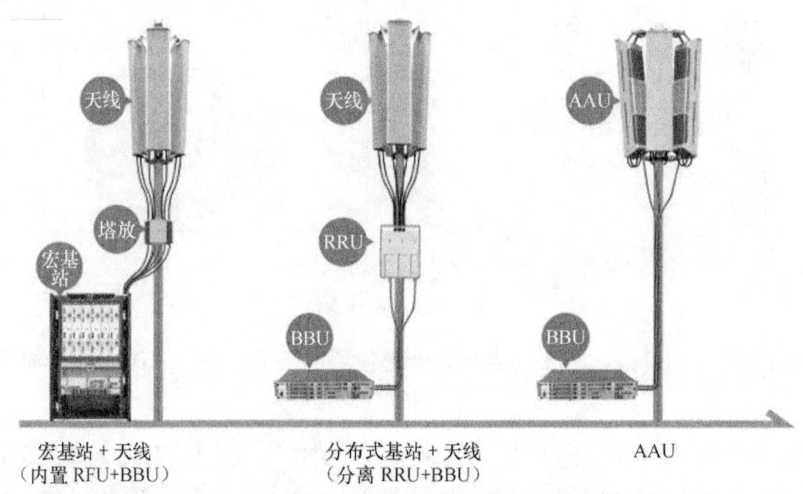

图4-18　天线的演进

当前常见的站点天馈系统是第 2 种“BBU(基带单元)+ 分布式 RRU(射频拉远单元)+ 天线”。RRU+ 无源天线如图 4-19 所示，实现电磁波信号到电信号的转换。

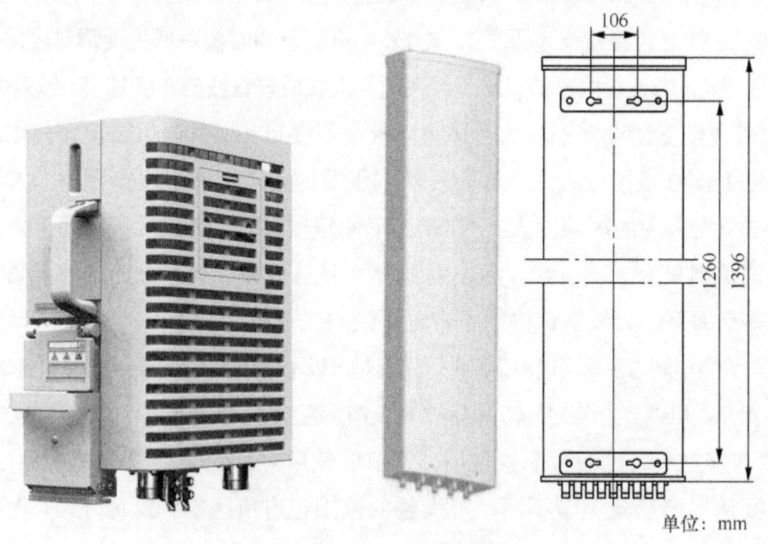

图4-19　RRU+无源天线

5G 站点采用 AAU 实现电磁波信号到电信号的转换。有源天线系统集成了中射频处理模块及天线单元，可以实现水平面和垂直面波束赋形，提供更多自由度以提升系统的覆盖和容量。5G AAU 实物如图 4-20 所示。

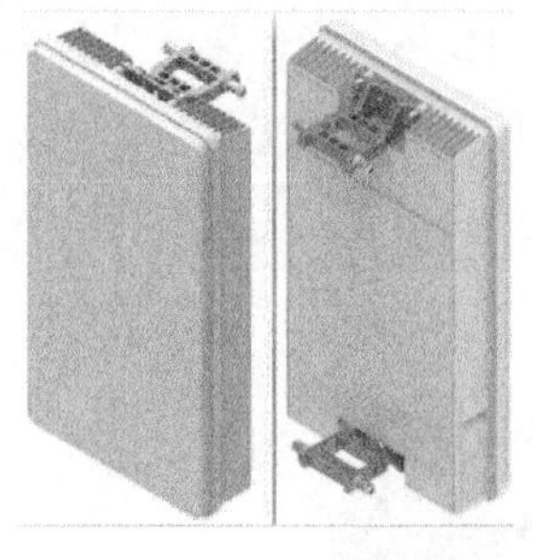
图4-20 5G AAU实物

5G 天线布放的方式主要有以下 4 个优点。

① 无馈线损耗，如果还是使用馈线，3.5GHz 频段 7/8 馈线的百米损耗高达 8.7dB，即使不算插损和跳线损耗，在 3.5GHz 频段上也是没办法实现的。

② 节省站点空间，塔上不需要安装塔放或者 RRU，减少塔上的空间需求，节约了成本；如果使用多频段 AAU，可以把多频段的天线集成在一起，对现有站点空间占用更少，也减少了铁塔承重。

③ 部署时间减少 30%，提高安装维护人员的效率。

④ 易演进，后续进行 BBU 集中部署维护的时候，站点上可以不需要机房，能有效控制站点的租金等相关成本。

●• 4.3 美化天线

无线通信系统中使用的天线不是都像前文描述类似板子的样子，实际上，各种美化的天线随时随地都可能出现在我们的生活中。各类美化天线（a）如图 4-21 所示，各类美化天线（b）如图 4-22 所示。

图4-21 各类美化天线（a）

美化天线的目的是美化环境，或者设备经过伪装后避免居民接触。在风景如画的景区里突兀地立着一个铁塔和几面板状天线会与周围的环境不和谐，此时美化基站就成了首选。

任何事物都有两面性，美化天线一方面美化了环境，另一方面如果使用不当也会对网络覆盖造成严重的影响。美化罩的存在不仅会对信号造成一些衰减，导致信号的覆盖变弱，还会改变天线的方向，导致网内干扰加剧，所以在选择美化天线时，一定要选择对天线性能影响较小的美化罩。

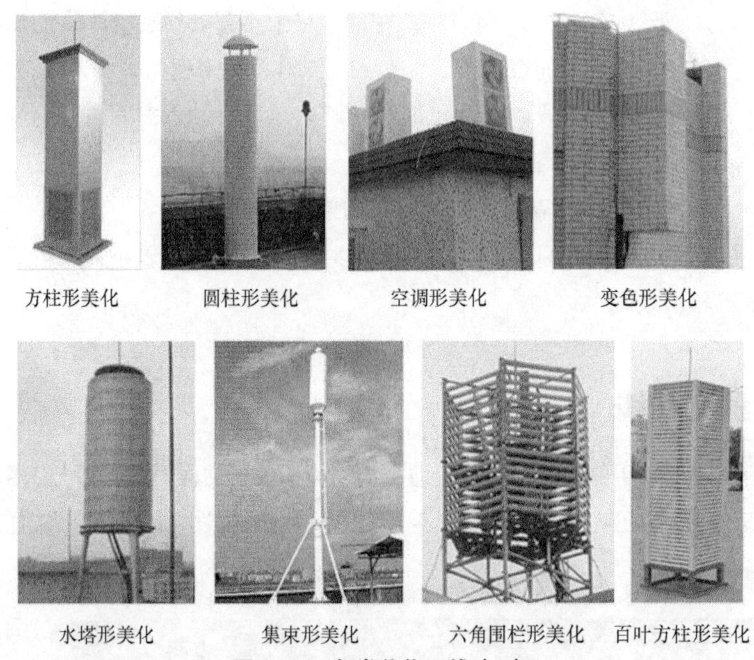

图4-22　各类美化天线（b）

4.4　天线知识小结

天线的作用就是收发无线电信号，但并不是所有能收发无线电信号的设备都可以叫天线，在无线通信系统中，我们一般将由半波阵子组成的阵列叫作天线。

在不同的网络结构中，为了达到不同的信号辐射效果、获取不同的方向性和天线增益，半波阵子的排布方式有所差异，由此衍生了不同增益的全向天线和定向天线，定向天线也有不同的形状。

为了有效地控制网络中每个扇区的覆盖方向，减少覆盖交叠和网内干扰，需要设置不同的下倾角，而根据下倾角的调整方式衍生出了机械下倾、电下倾和数字下倾等。

为了减少人们对电磁辐射的抗拒带来的建站困难或降低天线对周边环境造成的视觉影响，此时出现了各种各样的美化天线。

天线伴随着无线通信的演进也在不停地演进着，无线通信应用场景的多样性也带来了天线形态的多样性。天线在无线通信系统里承担着关键角色，天线的很多特性都是与无线通信网络紧密相连的，天线的很多指标和特性要与无线通信网络结合到一起才能有更深刻的理解。

第 2 篇 规划与部署篇

导读

5G 网络规划是 5G 商用无线网络的前提，也是至关重要的一个环节，同时与 4G 网络相比，5G 网络存在频段、空口、业务等诸多差异，如何做好 5G 网络规划与部署是本篇的重点内容。本篇从 5G 组网规划、规划原则、规划思路、无线参数规划、5G 仿真以及某运营商 5G 组网实战出发，为读者详细阐述了 5G 网络规划与部署的思路与原则。

首先，作为规划者，5G 规划需要优先考虑的是组网方式，是 NSA 组网还是 SA 组网，要结合部署策略、业务发展以及网络演进阶段考虑，5G 规划总流程按照网络的规模估算、规划仿真、RF 参数规划、小区参数规划来进行。

其次，5G 网络是多形态网络，它由新的增强型无线接入技术、可灵活部署的网络功能以及端到端的网络编排等功能来共同驱动，采用嵌入式的和可扩展式的规划方案，总体的规划思路按照按需建设、体验牵引、平滑演进、精准规划来进行。无线参数规划是 5G 网络规划的具体实施阶段。随后，本篇重点介绍 5G 的频率范围、NR 频段、帧结构与带宽、保护带宽、NR 频点、UE 的发射功率等基础参数，并以某运营商为例进行具体的规划值描述，再通过仿真结果衡量方案的可行性，从中选择最合理的系统配置和参数设置。

最后，基于本篇的规划与部署原则，以某运营商 5G 组网实战为例，为读者详细介绍了 5G 组网策略的实现、电信 / 联通共建共享组网策略研究和 BBU 集中设置规则。

5G 技术发展趋势和规划面临的挑战

Chapter 5

第 5 章

移动通信产业生态的变化使未来移动通信不再是仅仅追求更高速率、更大带宽、更强能力的空中接口技术，而是以用户为中心的智能弹性网络。未来，人们之间的通信速率可以在任何时间、任何地点实现 1Gbit/s 的峰值速率，这个数据甚至能达到 50Gbit/s（下行）。此外，用户还能获得更高的移动数据容量（1000 倍）、更长的电池使用寿命、更低功耗的设备（10 倍以上）、更多的终端连接设备（100 倍）、更低的时延（小于 1ms）以及在 500km/h 高速行驶的火车上获得类似于静止场景时的通信体验。5G 网络将是一个完整的无线通信系统，因此，也有人将 5G 网络称为真正的无线世界或者世界级无线网。

与 4G 网络规划相比，5G 网络规划有 3 个不同点。5G 网络规划与 4G 的 3 个不同点如图 5-1 所示。

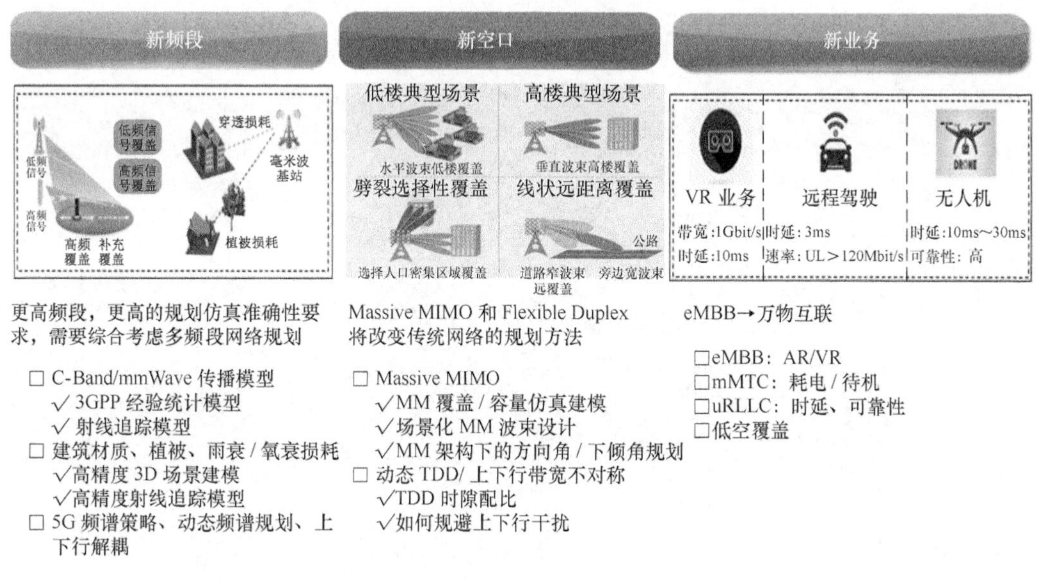

图5-1　5G网络规划与4G的3个不同点

1. 新频段

5G 属于高频段，注重波束规划能力，更多地在于利用 3D 立体仿真进行覆盖预测，而 4G 主要为利用 2D 仿真进行覆盖预测。

5G 利用射线追踪模型（又称 Rayce 模型），4G 主要为 Cost-Hata 传播模型。

在进行链路预算时，与 4G 相比，5G 的频段更高，穿透损耗更大，需要进行传模校正，与此同时，5G 也需要考虑人体的遮挡损耗、雨衰和树衰。

2. 新空口

与 4G 相比，5G 新增了 Pattern（模式）规划内容，新增了 Rank 规划。

3. 新业务

与 4G 相比，5G 新增了较多的业务，不同的业务需要制订不同的标准。

5G 建设初期的应用场景主要分为 eMBB、mMTC 和 uRLLC，建网初期主要聚焦 eMBB 业务，包括高清视频、虚拟现实（Virtual Reality，VR）、上网和宽带，不同的业务，标准也不同，并且与国家和地区的具体方针政策相关。

由于 3GPP R15 主要聚焦政策 eMBB 场景，所以我们先分析 eMBB 业务。5G 和 4G 网络规划的关键差异见表 5-1。

表5-1　5G和4G网络规划的关键差异

规划内容	4G	5G	关键差异影响说明
频段	2.6GHz 频段及以下	高频段：C-Band、毫米波	传播模型很大差异，损耗更大，需校准
RF（方向角、下倾角）& 波束	广播波束为宽波束，MM 有 200+Pattern（覆盖模式）组合（Pattern& 下倾）	• 广播波束支持窄波束，MM 有更多 Pattern 组合（Pattern& 数字下倾 & 水平 & 垂直波束）； • RANK	• 窄波束，需精细化的 3D 场景建模和规划，避免覆盖漏洞； • RANK 的仿真和规划
邻区	系统内：ANR 系统间：CSFB 无须精准规划 L → U 邻区	系统内：ANR R15 Phase2 定义 NSA：必须配置 L→ NR 邻区	• NSA：必须规划 LTE → NR 邻区，异系统场景依赖 LTE； • X2 需 LTE/NR 共网管才支持自建立
锚点评估 & 规划	不涉及	NSA 组网需要进行锚点评估与规划	新增部分
PCI（物理小区标识）	模 3& 模 30	模 3& 模 30& 模 4	基本类似，模 4 从仿真结果看影响较小
PRACH	根据小区半径计算 NCS（循环移位），规划 Preamble 格式和根序列	根据小区半径计算 NCS，规划 Preamble format 和根序列	类似
跟踪区号码（TAC）		• NSA：不需要规划 TAC • SA：同 LTE	类似

□ 网络规划流程：基本一致，5G 网络规划继承了 3G/4G 的优秀经验。

□ 网络规划关键技术：与 4G 相比 ,5G 在传模校准、Pattern 规划（含 Rank）、NSA 邻区 1×2 规划，引入了新的要求，挑战更大，规划复杂度提升。

□ 哪些可以简化：

✓ 5G 传模校准，正在分析基于存量 4G 的 MR 做 5G 传模校准，目标是免去 5G 传模校正；

✓ RF 和波束、邻区、PCI、PRACH、TAC 等初始规划工作必不可少，可以通过工具提高规划的效率，不能做到免规划

5G 组网规划
Chapter 6
第6章

5G

5G 组网架构分为非独立组网（Non-Stand Alone，NSA）和独立组网（Stand Alone，SA）。NSA 组网是利旧现有 4G 核心网，最大化 4G 频谱价值，5G 基站与 4G 协同为终端提供 5G 服务；SA 组网需要 5G 基站与 5G 核心网同时部署，5G 终端独立于 4G 系统进行工作。NSA 与 SA 两种组网架构如图 6-1 所示。

NSA 标准比 SA 标准确认的时间早半年，NSA 的产业成熟较早，端到端商用部署具备 1 年以上的先发优势，有利于抢夺首批高端用户。

NSA 利用双连接，峰值速率提升了 50%，语音建立的时延比 SA 少 1s～2s，4G/5G 切换无中断。

初期 NSA 组网是应对 eMBB 场景的需求，但不支持 5G 网络切片，未来随着网络的发展需求，NSA 可平滑演进到 SA。

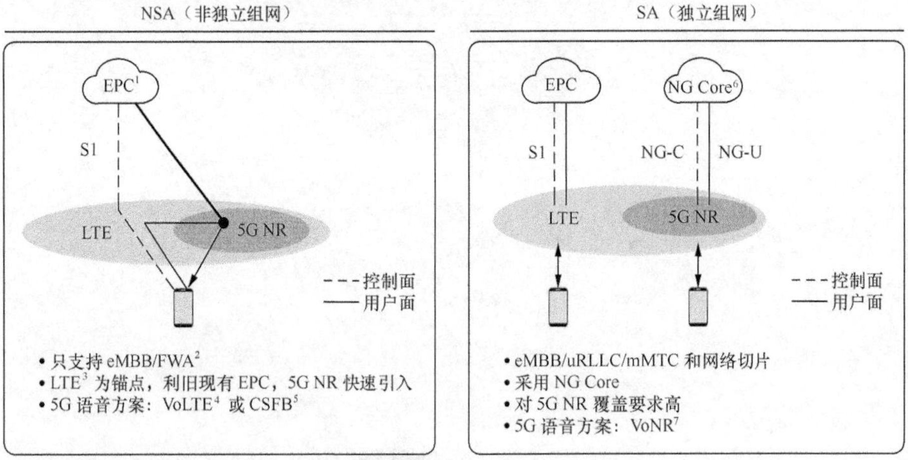

1. EPC（Evolved Packet Core，全 IP 的分组核心网）（4G 核心网）
2. FWA（Fixed Wireless Access，固定无线接入）
3. LTE (Long Term Evolution，长期演进)
4. VoLTE (Voice over Long Term Evolution，长期演进语音承载)（4G 语音解决方案）
5. CSFB（Circuit Switched Fallback，电路域回落）（语音回落到前一代移动通信）
6. NG Core（Next Generation Core，下一代核心网）
7. VoNR（Voice over New Radio，新空口语音）（5G 语音解决方案）

图6-1 NSA与SA两种组网架构

●• 6.1 NSA 组网

与 CA 载波聚合相似，NSA 组网的信令面全部为 LTE 承载，新增 NR 无线设备，添加到核心网，在核心网进行相关组件升级即可完成部署。NSA 组网架构如图 6-2 所示。

首先，我们先介绍几个专业术语。

1. 双连接

顾名思义，双连接是指手机同时能与 4G 和 5G 进行通信，可以同时下载数据。一般情况下，双连接会有一个主连接和从连接。我们可以把双连接想象成我们日常使用的耳机，两路数据可以通过左右耳机同时传送。

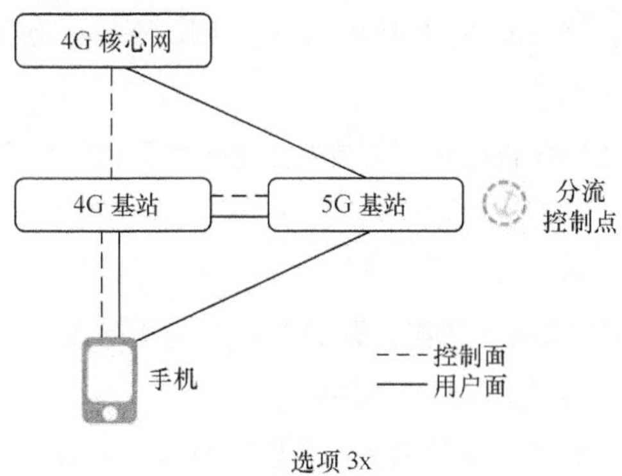

选项 3x

图6-2　NSA组网架构

2. 控制面锚点

双连接中负责控制面的基站是控制面锚点。不妨继续以耳机为例来说明，控制面就像耳机中的控制按钮，有控制按钮那一侧既可以控制播放，也可以发送数据。

3. 分流控制点

用户的数据需要分到双连接的两条路径上独立传送，但是在哪里分流呢？这个分流的位置就叫分流控制点。

5G 非独立组网的诸多选项都是由下面的 3 个问题的答案排列组合而成的。

（1）基站连接 4G 核心网还是 5G 核心网？

（2）控制信令使用 4G 基站还是 5G 基站？

（3）数据分流点在 4G 基站还是 5G 基站？

典型的 3x 结构的 NSA 组网，对这 3 个问题进行了完美的解答。

连接的核心网是 4G 核心网，控制面信令使用 4G 网络，数据分流点在 5G 基站上。这种策略完美地发挥了低成本部署、高性能运行的优点。

（1）4G 核心网不需要做较大的改造，仅需要局部升级即可。

（2）控制面信令流量消耗不大，4G 基站基本不受任何影响，也不需要改造。

（3）5G 基站能力较强，可充分发挥高流量分流、速度快的优势。

••6.2　SA 组网

SA 组网架构很简单，即 5G 基站连接 5G 核心网，这是 5G 网络架构的基本形态，可以支持 5G 的所有应用。SA 组网架构如图 6-3 所示。

SA 组网的优势如下所述。

（1）在 SA 组网中，直接引入 5G 基站和 5G 核心网，不依赖现有的 4G 网络，其演进路径最短。

（2）全新的 5G 基站和 5G 核心网能够支持 5G 网络引入的所有新功能和新业务。

SA 组网的劣势如下所述。

（1）5G 频点相对 LTE 较高，初期部署难以实现连续覆盖，存在大量的 5G 与 4G 系统间的切换，用户体验较差。

（2）初期部署成本相对较高，无法有效利用现有的 4G 基站资源。

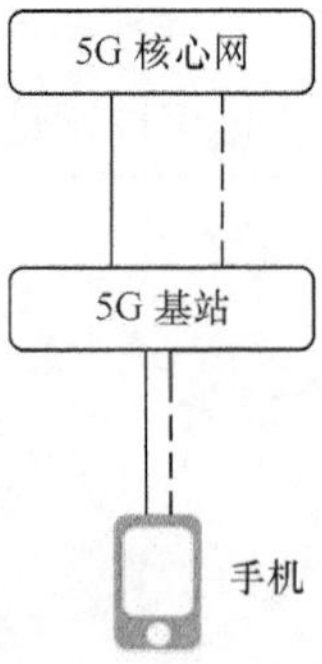

5G 核心网

5G 基站

手机

图6–3　SA组网架构

虽然 SA 组网的架构简单，但是要建这样一张 5G 网，需要新建大量的基站和核心网，以及大量的配套设备。5G 网元如图 6-4 所示。

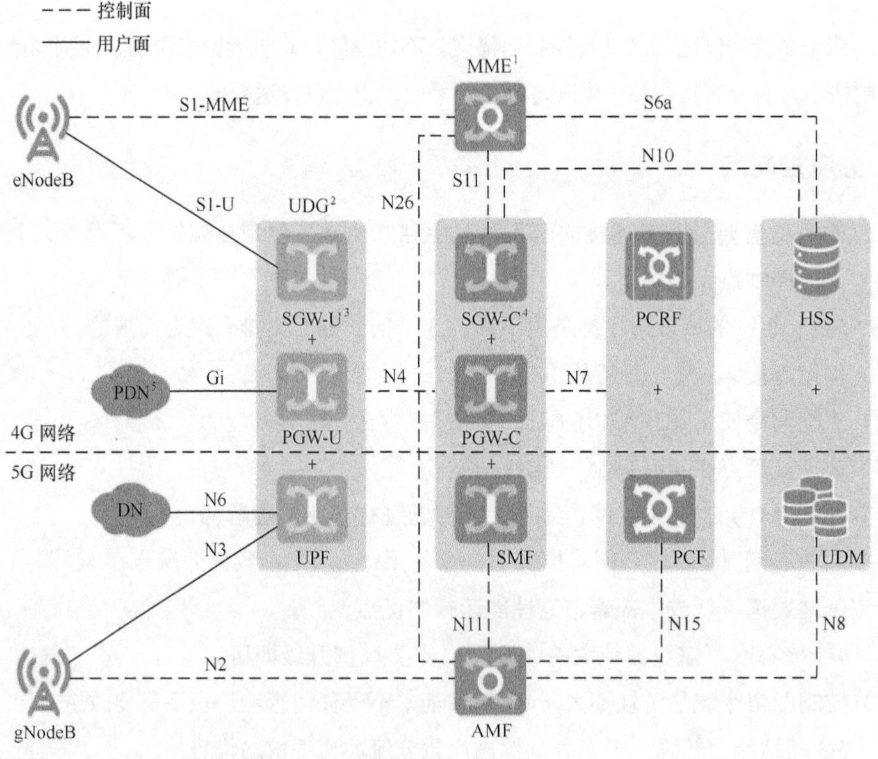

1. 移动性管理实体（Mobility Management Entity，MME）
2. 统一分布式网关（Unified Distributed Gateway，UDG）
3. 用户面服务网关（Serving Gateway for User Plane，SGW-U）
4. 控制面服务网关（Serving Gateway for Control Plane，SGW-C）
5. 公用数据网（Public Data Network，PDN）

图6–4　5G网元

在4G/5G网络互操作中，用户可以通过4G网络或者5G网络接入，在4G网络和5G网络之间任意切换，保证用户业务的连续性。

1. 需要支持4个网元的原生融合部署

（1）SMF和控制面分组数据网网关网元（PGW-C）合设，为了简化网络拓扑，优化转发路径，一般建议控制面服务网关（SGW-C）融到SMF中，SMF对应统一网络控制器（Unified Network Controller，UNC）产品，用SMF +PGW-C+SGW-C来表示。

（2）UPF和用户面分组数据网网关网元（PGW-U）合设，为了简化网络拓扑，优化转发路径，一般建议用户面服务网关（SGW-U）融到UPF中，UPF对应统一分布式网关（UDG）产品，用UPF+PGW-U+SGW-U表示。

（3）UDM和归属用户服务器（Home Subscriber Server，HSS）合设，对应UDM产品，用UDM+HSS表示。

（4）PCF与策略和计费规则功能网元（Policy and Charging Rules Function，PCRF）合设，对应PCF产品，用PCF+PCRF表示。

2. 互操作中的移动性管理实体（MME）网元

（1）可以是核心网解决方案边缘云（Cloud Edge）中的支持互操作的MME。

（2）可以是传统先进的电信计算架构（Advanced Telecom Computing Architecture，ATCA）平台支持互操作的MME。

（3）AMF与MME合设，即UNC部署时选择MME内置，AMF具备AMF的逻辑网元功能，同时具备MME的逻辑网元功能。

3. 终端和无线基站

（1）4G测试用户设备（Test User Equipment，TUE）、5G TUE、海思等终端需要支持互操作的终端才能用于测试。

（2）4G LTE基站和5G NR基站都需要支持互操作的版本 。

●• 6.3 初期网络部署策略

初期大部分运营商优先部署NSA网络，在具体的部署中，需要注意以下7个方面的因素。

1. 部署速度

（1）标准：由于NSA标准的冻结时间比SA早半年，所以NSA有利于网络首发。

NSA 标准于 2017 年第二季度已经冻结，SA 标准比 NSA 标准冻结晚半年（2018 年第一季度）。

（2）产业链：NSA 产业链较 SA 成熟。

在市场中，海思、英特尔、联发科首款芯片支持 NSA/SA 双模（2019 年第一季度），高通首推 NSA（2018 年第四季度），其 SA 路标待定。

（3）部署速度：相较于 SA，NSA 能够提前 1 年以上部署网络，构筑 5G 的先发优势。

NSA 建网能够实现 5G 网络的快速部署和发布。若选择 NSA 进行建网，由于其标准冻结早，利旧 4G 核心网（仅需要升级软件），所以可快速开通 5G。但 5G 核心网产品化不等于商用已成熟，需要相关企业完善实现的具体方案，以及接口之间、周边配套的对接调测（4G 核心网从标准冻结到商用建网用时 18 个月，5G 核心网技术要跨越 NFV、服务化、C/U 分离架构，预计在 2021 年完成建网）。采用 NSA 建网可抢先 5G 商用部署，各运营商可以根据业务需求及 5G 切片功能的成熟度，再适时引入 SA 架构。

2. 网络体验

NSA 可利用双连接方式，使峰值速率提升，构筑 5G 初期品牌优势，有利于抢夺首批 5G 高端用户。5G 时代，网络制式相同，各运营商 5G 新分配带宽拉齐，各运营商之间的差异化无法体现。4G/5G 双连接可提供更高的峰值速率，使运营商品牌宣传更有竞争力。5G 新频 C-Band100M 单用户理论的峰值速率为 1.52Gbit/s，NSA 可利用双连接方式，使峰值速率提升 38% 左右。

以中国电信为例，峰值速率的计算方式如下。

$$峰值速度=V_{layers}\times Q_m\times f\times R_{max}\times N_{RE}\times(1-OH)\times 1024^{-3}$$（参考：3GPP 38.306）

即 $1.52\ (\text{Gbit/s})=4\times 8\times 1\times(948/1024)\times\left(273\times 12\div 28\times\frac{7}{10}\times 1000\right)\times(1-24/168)\times 1024^{-3}$

其中，V_{layers}：MIMO 层数，4 发 4 收（4 Transmit 4 Receive，4T4R）取 4。

Q_m：调制阶数，256QAM 取 8。

f：规模因子，协议推荐取 1、0.8、0.75、0.4。

R_{max}：编码效率，最大编码效率取 948/1024。

N_{RE}：每秒可用符号数，$N_{RE}=273\times 12\times 28\times\frac{7}{10}\times 1000$，100M 带宽 RB 数为 273，每 RB 子载波数为 12，每毫秒符号数为 28，7:3 上下行时隙配比，下行 RE 数为 7/10，1000 为毫秒与秒换算。

OH：协议规定在 FR1 时，DL 取值为（24/168，12 个 PDCCH，12 个 DMRS-PDSCH）0.14；UL 取值为 0.08；在 FR2 时，DL 取值为 0.18；UL 取值为 0.10。

eNB 分流又可以通过 256QAM、4T4R 以及双载波 CA 等方式进一步增加 LTE 下行吞吐量。

3. 支持虚拟 4T4R

随着容量和用户体验诉求的进一步提高，LTE 系统中开始大量应用 4T4R。虚拟 4T4R 特性是在不改变硬件形态的情况下，利用分布式天线形态，通过软件特性获得增益价值。

在有源室分部署中可灵活组网，例如，把两个 2T2R 扇区设备可虚拟成为一个 4T4R 扇区设备（也就是 4T4R 扇区的 4 个 CRS 端口分别承载在两个 2T2R 扇区设备），一个或多个 4T4R 扇区设备可组合成一个 4T4R 逻辑小区。虚拟 4T4R 示意如图 6-5 所示。

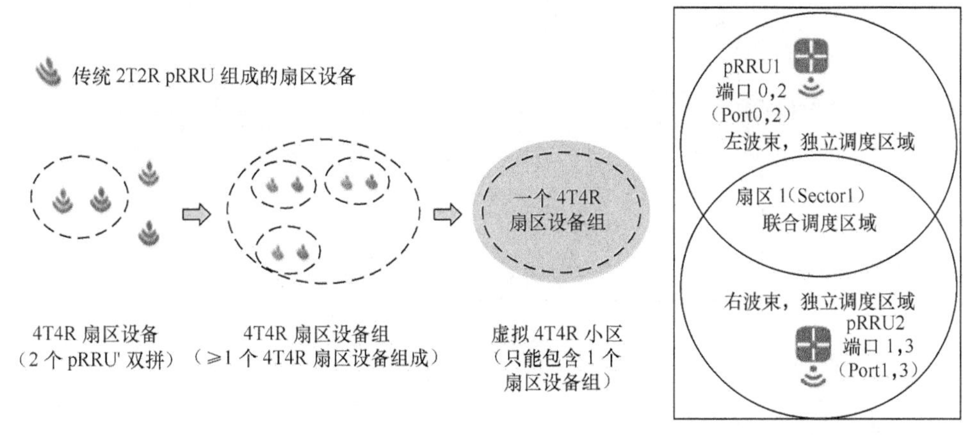

图6-5　虚拟4T4R示意

通过 CRS 端口左右布放，用户在每个波束可以获取独立调度机会，资源得到重复利用，容量提升。在左右波束的交叠区域（门限控制），仍然采用联合调度。如果是 4×4MIMO 终端，则可以在交叠区域获得 4×4MIMO 价值，从而提升该区域 4R 用户的下行速率，理论最大增益为 100%。

4. 256QAM

256QAM 调制方式是对正交相移键控（Quadrature Phase Shift Keying，QPSK）、16QAM 和 64QAM 的补充，用于提升无线条件较好时 UE 的比特率，256QAM 中每个符号能够承载 8 个 bit 信息，相对于 64QAM，256QAM 支持更大的 TBS 传输。

当终端能力为CAT11～CAT14时，可支持256QAM，CAT是指终端的UE-Category设置。

注：如果 UECapabilityInformation 消息中字段 dl(ul)−256QAM−r12 的取值为 supported，

说明 UE 支持 256QAM。

判断用户是否能使用 256QAM 的流程如图 6-6 所示。

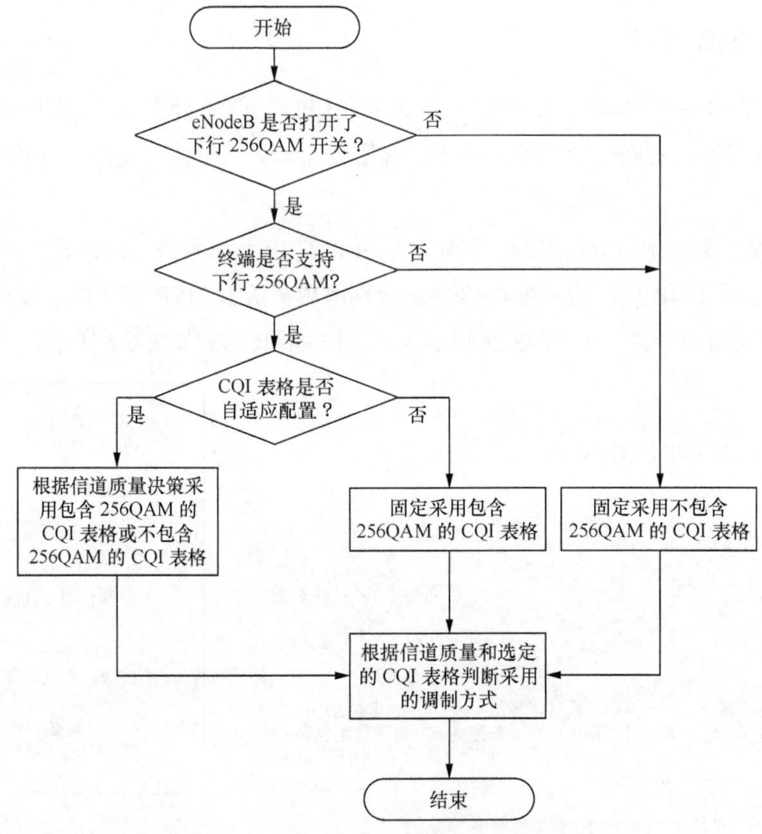

图6-6　判断用户是否能使用256QAM的流程

256QAM 主要提升近点用户的频谱效率及吞吐率，增益受无线信道质量、射频发送误差向量幅度（Error Vector Magnitude，EVM）和终端接收 EVM 的影响，其频谱效率的增益范围为 0 ～ 30%。

5. 载波聚合

载波聚合（Carrier Aggregation，CA）是将两个或更多的载波单元（Component Carrier，CC）聚合在一起，以支持更大的传输带宽。每个载波单元可以对应一个独立的小区，某局点现网可以利用 1.8GHz 的 15M（1860MHz ～ 1875MHz）和 2.1GHz 的 20M（2110MHz ～ 2130MHz）带宽，配置了载波聚合的 UE 能够同时与多个载波进行收发数据的操作，因此能够提高 UE 的吞吐量。

6. 语音体验

5G 初期，一般未部署 VoNR 业务，在 SA 架构下，语音切换至 LTE 使用 VoLTE，引入 1s ～ 2s

额外的建立时延。在 NSA 架构下，直接在锚点站上发起 VoLTE 或 CSFB，与 4G 用户感知无差异。

7. 切换性能

在 NSA 架构下，不需要 4G/5G 跨制式切换，其业务连续性较好，5G 基站的切换不会影响 4G 的控制面和用户面，无中断时延。若 4G 的信号覆盖好，则切换的成功率较高。在 SA 架构下，需要频繁地执行 4G/5G 的跨制式切换，切换时延较长（百毫秒量级），切换成功率较低，降低了网络性能 KPI。

6.4 业务发展和网络演进

网络平滑演进：SA 为 5G 的目标网络架构，而 NSA 可平滑演进到 SA。

（1）基站侧：LTE 基站仅需软件升级，就可支持 NSA 网络架构和双连接。

（2）核心网：在 NSA 架构下，4G 核心网仅需软件升级即可支持 5G 核心网，建议首先升级 4G 核心网为云化核心网，未来软件升级为 5G 核心网。

（3）业务：NSA 虽不支持 5G 切片，预计在 2022 年前，不会有商用切片相关的业务需求。

5G 切片标准于 2019 年 12 月（R16）冻结，且其商业模式和需求不清晰，预计于 2022 年后规模商用。

NSA 可完全满足 5G eMBB 业务，同时具备基本 uRLLC 业务的能力，mMTC 暂无标准化，其需求可依托 4G NB/eMTC 进行支持。未来，NSA 网络平滑演进到 SA 后，可支持 eMBB/uRLLC/mMTC 全业务。

在语音方面，NSA 和 SA 架构均有成熟方案。在 NSA 架构下，所有 4G 存量语音方案可以继承，不涉及 5G 空口的改动且语音无损。在 SA 架构下，语音可以切换到 VoLTE，或进一步回落到 2G/3G。

NSA 和 SA 网络二者其他方面的区别如下所述。

（1）在 NSA 组网下，上行一路 4G，一路 5G，5G 单发是否对性能有影响？

上行：在 NSA 组网下，4G 上行发送占比不足 3%，主要包括切换、终端测量报告等极不频繁的控制面消息。因此，NSA 终端的上行通道（天线）97% 的时间可全部用于 5G NR 上行数据的发送，故 NSA 与 SA 的上行性能没有差异。

下行：NSA 下行 4G/5G 双发，终端速率体验超越 SA。

（2）在 NSA 组网下，5G logo（标识）如何显示？

在 5G 标准已明确在 NSA 架构下，4G 基站会广播是否具备 NSA 能力，5G 标准对终端 5G logo 的显示不做强制约束，5G logo 在锚点站的显示最终由运营商与终端厂商的协商来确定。

第7章 5G 规划总体流程

Chapter 7

5G 规划总体流程分为信息搜集、网络规模估算、规划仿真、RF 参数规划、无线参数规划。5G 规划总体流程如图 7-1 所示。

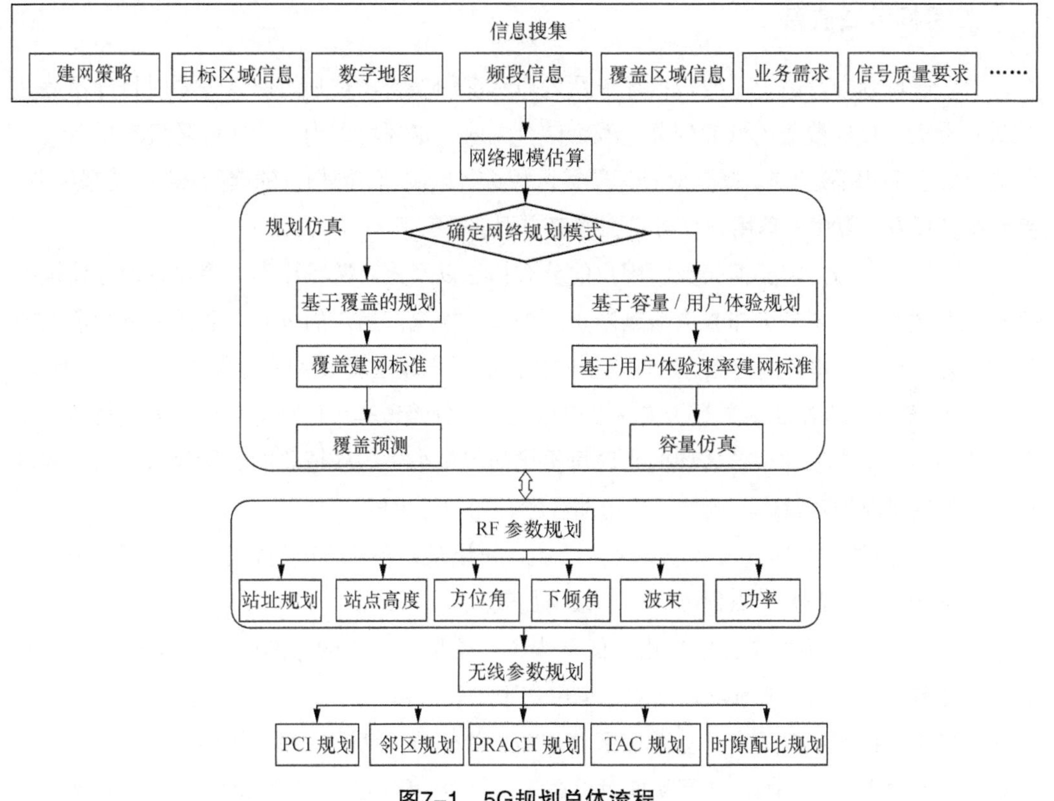

图7-1　5G规划总体流程

信息搜集在网络规划的初始阶段进行，主要用于网络规模估算、网络规划仿真以及小区参数规划的输入，包括建网策略、目标区域信息、数字地图、频段信息、覆盖区域信息、业务需求、信号质量要求等信息，同时还涉及 4G 的话统信息和路测数据、测量报告（Measure Report，MR）数据、传播模型校正等。这些信息可以作为网络规划的输入或者可以作为网络规划的参考。

1. 建网策略

（1）运营商期望的站点规模：这与投资相关。

（2）覆盖区域：需要确认是连续组网、热点覆盖还是街道覆盖。

（3）共站建设：共站比例为多少，与哪个制式、哪个频段共站建设。

（4）上下行解耦：是否采用上下行解耦，是同站解耦还是异站解耦，解耦下要求的速率达到多少等。

（5）室内外覆盖：是否要求室内浅层 / 深度覆盖等。

（6）组网方式：是 NSA 组网还是 SA 组网。

2. 目标区域信息

（1）区域划分。由于无线传播环境及人口密度的差异，规划之前首先要对目标覆盖区域进行分类。目标覆盖区域的划分一般会结合无线传播环境和当地的实际环境对场景进行划分，在进行网络规划前，需要对目标覆盖区域进行归类，不同场景的建网标准、传播模型、穿透损耗以及估算中的单用户话务量在取值方面都会有所差异。

（2）用户分布。需要搜集现网用户的分布信息以及人口覆盖比例，也可以通过建筑物面积以及建筑物楼层数分布来大概判断用户的分布情况。用户的分布主要关注目标覆盖区域室内外用户数（室外用户数 / 建筑物不同楼层的用户数之和）、用户分类以及用户行为等。

① 用户数。结合目标覆盖区域的用户总数、业务渗透率可以计算出该区域支持某种业务所需的容量要求。如果该区域的小区可提供的容量小于该区域总的容量要求，则为容量受限，需要采取扩容策略，例如，采用加载频、加站等手段。

② 用户分类。目标覆盖区域的用户分类，可以从是不是 VIP（贵宾）用户等分类，如果是 VIP 用户，则需要重点保障，甚至采用加载频、加站保障。

③ 用户行为。目标覆盖区域用户的行为主要是指与一些话务模型相关的数据。例如，语音业务单用户平均话务量与数据业务单用户平均吞吐率。

人口覆盖比例主要是指目标覆盖区域中需要具体覆盖哪些区域。例如，一个城市的人口覆盖比例要求达到 75%，建网初期可以在人口集中的区域优先部署 5G，而在人口稀疏的区域则不作为当前考虑范围。

3. 数字地图

5G 仿真使用的地图分为以下两种。

（1）一种是包含矢量图层（Vector）、建筑物高度（Building Height）、地物图层（Clutter）、地物高度（Clutter Height）的 3D 数字地图。

（2）另一种是包含建筑物高度、地物图层、地物高度的 2D 数字地图。

其中，（1）中的地图可用射线追踪模型仿真；（2）中的地图可用经验模型仿真。这两种地图的精度要求为 2m 或 5m。

4. 站点工参

站点工参包含站点名称、扇区名称、站点经纬度、站高、方位角、下倾角、天线增益、功率配置、PCI、频点、馈线损耗等。

5. 话统信息和路测数据

现网的话统信息搜集包括以下内容，例如，用户数、用户分布、根据跟踪区（Tracking Area，TA）大小判断距离基站远近、网络负载、物理资源块（Physical Resource Block，PRB）利用率、区域话务量、小区平均速率、用户体验速率、可用于判断用户分布的 MR 等。该类信息可用于将来的容量仿真。另外，还可以搜集现网的上行底噪，以及用户上报的 CQI 等，用于判断现网的干扰水平，以便评估 5G 的干扰水平。

6. 传播模型校正

传模模型校正使用的数据的具体建议如下所述。

如果有试验站点，建议优先使用试验站点测试的数据。如果不可行，建议次选连续波（Continuous Wave，CW）测试数据。

如果以上都不可行，建议获取现网的准确工程参数和对应的路测数据（建议优先用 LTE 的路测数据）。

网络规模估算是在项目前期，对未来的网络进行初步规划的目的是给出网络站点的规模测算、小区覆盖半径。

5G 网络详细规划阶段是在 5G 网络估算的基础上，结合站点勘测，确定指导工程建设的各项网络规划相关小区工程参数，并通过仿真验证小区参数设置及规划效果，包括无线频率（Radio Frequency，RF）参数规划和无线参数规划两个部分。

RF 参数规划的目的是通过规划仿真确定站址、站高、方向角、下倾角、功率等工程参数，特别是对于 5G，额外增加 SSB 场景化波束的配置。

无线参数规划是在 RF 参数规划之后，无线参数规划包括以下内容：邻区规划、物理小区标识（PCI）规划、物理随机接入信道（PRACH）根序列规划、位置区规划。PCI 规划主要用来确定每个小区的物理小区 ID。PRACH 根序列规划主要是基于小区覆盖范围、前导格式（Preamble Format）为 NR 小区分配一个根序列（Zadoff Chu，ZC）索引。位置区规划主要对跟踪区进行规划。邻区规划主要为每个小区配置相应的同频邻区、异频邻区、异系统邻区，确保系统正常切换。特别对于 TDD 制式，额外增加了时隙配比规划。

5G 网络规划原则

Chapter 8

第 8 章

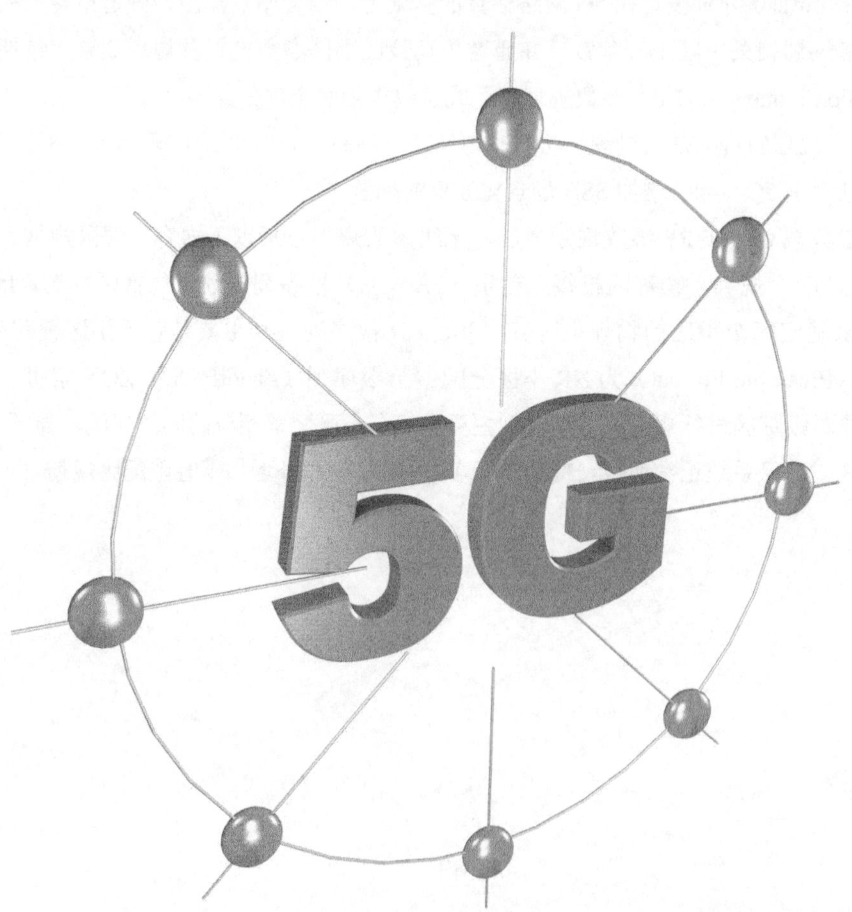

由于并不是所有的应用都需要相同的网络性能，所以 5G 将放弃完全统一的网络规划，使用嵌入式和可扩展式的规划方案，通过多种商业模式和合作模式为用户提供更加广泛的应用。利用虚拟化的可编程网络，运营商可以为网络设计模块化的功能，从而实现网络的按需部署。5G 网络是一种多形态网络，它由新的增强型无线接入技术、可灵活部署的网络功能以及端到端的网络编排等功能来共同驱动。

8.1 5G 的规划原则

考虑到以上技术和发展趋势，5G 系统应该根据以下原则进行规划。

1. 频谱优势

利用更高的频段和未授权频段，整合剩余的低频段。由于不同频谱的特性不同，需要使用多频谱优化，同时也引出分离的概念。例如，控制面和用户面的路径分离和上下行链路的分离。这意味着系统需要支持同时将用户连接至多个接入点。

2. 经济的密集化部署

为了实现密集化部署，需要引入一些新的部署模式。例如，第三方用户部署以及多运营商部署、共享部署等方式。系统可以处理无计划的部署、无秩序的部署，并在这些部署下使系统能够获得最佳性能，同时网络也可以自优化负荷均衡以及干扰。

3. 协调和去干扰

使用多入多出技术（Multiple-Input Multiple-Output，MIMO）和协作多点发送 / 接收（Coordinated Multipoint Transmission/Reception，CoMP）技术来改善系统中的信干比（Signal-to-Interference Ratio，SIR），同时提高服务质量（QoS）和整体频谱利用率。引入非正交多路复用技术，利用先进的接收机来减小干扰。

4. 支持动态的无线拓扑

设备应通过拓扑结构进行连接，从而最小化耗电量和信令流量，网络不应限制设备的可见性和可达性。如果智能手机断电，可穿戴设备则可以直接连接至网络。在某些情况下，可利用设备到设备（D2D）的通信以减轻网络负荷。因此无线拓扑应该根据环境和上下文而动态变化。

5. 创建公共的可组合核心网

系统设计将抛弃之前 4G 网络完全统一设计的理念，在 5G 网络中，网元的某些功能将被剥离出来，控制面 / 用户面功能能够通过开放的接口完全分离以支持功能的灵活利用率及可扩展性。

6. 灵活的功能

利有相同的基础设施创建网络切片以支持多种用户场景。也就是说，可利用网络功能虚拟化（NFV）和 SDN，实现网络 / 设备功能和无线接入技术（Radio Access Technology，RAT）配置的定制化。为了增强网络的鲁棒性，状态信息应从功能和节点中分离出来，这样才能更容易地重定位并还原上下文。

7. 支持新价值的创建

大数据分析和上下文感知是优化网络利用率的基础，同时也能为终端用户提供增值业务。在设计网络时，应注意重要数据的采集、存储和处理。另外，需充分利用网络的多种性能以促进一切皆服务（Everything as a Service，XaaS）的实现。

8. 安全和隐私

安全性不仅是 5G 网络必须考虑的问题，而且必须成为系统设计的重要部分，特别是用户位置和身份等信息必须受到严格的保护。

9. 简化的操作和管理

扩展的网络性能和灵活的功能分配并不意味着需要增加操作和管理的复杂度。繁杂的操作和管理可尽量充分利用自动化技术来完成。明确定义的开放性接口可以解决多厂商之间的互操作性和互通问题。另外，网络还将嵌入监控功能而不需要运营商使用专门的监控工具。

8.2 5G 架构规划

5G 系统由基础设施资源层、业务实现层、业务应用层组成，具体描述如下。

1. 基础设施资源层

这是固定与移动融合网络的物理资源，由接入节点、云节点（用于处理或存储资源）、5G 设备、网络节点和相关链路组成。通过虚拟化原则，这些资源对于 5G 系统的更高层次和网络编排实体而言是可见的。

2. 业务实现层

在融合网络中，所有的功能应以模块化的形式进行构建并录入资源库。由软件模块实现的功能以及网络特定部分的配置参数可从资源库下载至所需的位置。根据要求，这些功能通过相关的应用程序接口（Application Programming Interface，API）由网络编排实体进行调用。

3. 业务应用层

该层部署了利用 5G 网络实现的具体应用和业务。

这 3 层通过网络编排实体相互关联，因此在架构中起到了至关重要的作用。网络编排实体能够管理虚拟化的端到端网络以及传统的运营支撑系统（Operation Support System，OSS）和自组织网络（Self Organizing Network，SON）。该实体作为接入点可将用户实例和业务模式转化为实际的业务和网络切片，并为给定的应用场景定义相应的网络切片，关联相关的模块化网络功能，分配一定的性能配置参数并将其映射至基础设施资源层。与此同时，网络编排实体还能管理这些功能的扩展和地理分布。在确定的商业模式中，第三方移动虚拟网络运营商（Mobile Virtual Network Operator，MVNO）与相关垂直行业还能利用该实体的某些性能，通过 API 和 XaaS 创建和管理自己的网络切片。

如何设计 5G 架构规划以适应不同应用需求的场景（例如，高带宽、低时延、切换、NFV、CU/DU 分离等），5G 网络架构具有一定的差异性。

8.3 网络切片规划

网络切片也叫“5G 切片”，支持具体的通信业务，能够通过具体的方法来操作业务的控制面和用户面。通常，5G 切片由大量的 5G 网络功能和具体的 RAT 集组成。网络功能和 RAT 集如何组合由具体的使用场景或商业模式而定。由此可知，5G 切片可以跨越不同的网络域。它包括运行在云节点上的软件模块，支持功能位置灵活化的传输网络配置，专用的无线配置或具体的 RAT，以及 5G 设备的配置。但并非所有的切片都包括相同的功能，一些现在看起来必不可少的移动网络功能可能不会出现在这些切片中。

5G 切片为用户实例提供了必要的业务处理功能，省去了其他不必要的功能。5G 切片背后的灵活性是扩展现有业务和创建新业务的关键。允许第三方实体通过适当的 API 来控制切片的某些方面，以提供定制化业务。例如，智能手机应用的 5G 切片可以通过设置成熟的分布式功能来实现。对于 5G 切片所支持的汽车使用场景而言，其安全性、可靠性和时延是非常关键的。所有的关键功能可在云边缘节点中实例化，包括对时延要求严格的垂直化应用。为了在云节点中加载垂直化应用，系统必须定义开放的接口。为了支持大量的机械类设备（例如，传感器），5G 切片还将配置一些基本的控制平面功能，从而省去移动性功能，针对这类设备的接入还可以适当配置一些基于竞争的资源。

在考虑到网络所不支持的切片的情况下，5G 网络还应该包括相应的功能以确保在任何环境下对网络端到端业务的控制和安全性操作。

8.4 基于应用场景的功能分布规划

5G 系统与之前网络“一刀切”的方式不同，5G 网络可以通过将 5G 网络功能与适当 5G RAT 相结合的方式，为具体的应用量身定制最合适的网络。

虽然使用 NFV 的通用可编程硬件可以实现所有的网络处理功能，但在这种方式下，用户面功能需要使用专用的硬件才可以在降低成本的同时达到一定的性能目标。最近在虚拟化技术方面的研究中，我们发现控制面功能的实现可以不使用专门的硬件。

5G 网络的独特之处在于，它能够定制网络功能以及这些功能在网络的实现位置。因此对于控制面和用户面，无论在逻辑上还是物理上，都需要尽可能地实现分离。足够的分离度使独立扩容变得更加灵活，使以设备为中心的方式更易实现。在以设备为中心的方式下，控制面可由宏小区处理，用户面由微小区处理。与此同时，通过将某些功能放置在最接近无线接口的位置以降低时延；通过直接在微基站中放置必要功能，能实现本地数据的底层分流。因此当专用核心网络的概念将要过时的时候，5G 网络的功能不再与硬件绑定，而是在最适合的位置灵活地实例化。

如果要在 5G 网络中完成优化工作，则上下文感知功能就必不可少。无论设备处于什么状态，网络都需要检测业务行为。因此网络应能灵活地使用最佳的功能并将这些功能置于最佳的位置。上下文感知是端到端管理和网络编排实体不可分割的一部分，还应与跨越整网的测量功能和数据采集功能配合使用。大数据统计分析则是提高控制精确度必不可少的组成部分。

8.5 5G 系统组件

1. 5G RAT 簇

作为 5G 系统的一部分，5G RAT（无线接入技术）簇由一个或多个标准化的 5G RAT 组成，5GRAT 簇与 5G 系统的其他部分共同支持下一代移动通信网（NGMN）的需求，为用户提供更加完善的网络覆盖。

2. 5G RAT

5G RAT 是 5G RAT 簇之间的无线接口。

3. 5G 网络功能

5G 网络功能（5G Function，5GF）主要支持 5G 网络内用户之间的通信。它是一种典型的虚拟化功能，但一些功能仍需 5G 基础设施通过专门的硬件来实现。5GF 由具体的 RAT 功能和与访问无关的功能组成，包含支持固定接入的功能、必选功能和可选功能。其中，必选功能是所有用户实例所需要的公共功能，例如，鉴权和身份管理等。可选功能并不适用于所有的应用场景，例如，移动性，具体的可选功能可根据业务类型和应用场景有所不同。

4. 5G 基础设施

5G 基础设施（5G Infrastructure，5GI）是基于 5G 网络的硬件和软件，包括传输网络、运算资源、存储单元、RF 单元和电缆。5G RAT 和 5GF 可通过 5GI 实现。

5. 5G 端到端管理和网络编排实体

5G 端到端管理和网络编排实体（5G end-to-end Management and Orchestration Entity，5G MOE）创建并管理着 5G 切片。它将用户实例和商业模式翻译成具体的业务和 5G 切片，确定相关的 5GF、5G RAT 和性能配置，并将其映射至 5GI。它还管理着 5GF 的容量、地理分布、OSS 和 SON。

6. 5G 网络

5G 网络（5G Network，5GN）由 5GF、5G RAT、相关 5GI（包括中继设备）和支持与 5G 设备进行通信的 5G MOE 组成。

7. 5G 设备

5G 设备是用于连接至 5G 网络以获得通信业务的所有设备。

8. 5G 系统

5G 系统是由 5G 网络和 5G 设备组成的通信系统。

9. 5G 切片

5G 切片（5G Slice，5GSL）由 1 组 5GF 与在 5G 系统中建立起来的相关设备功能组成，以支持特定的通信业务和用户类型。

5G 网络规划思路

Chapter 9

第9章

●• 9.1 总体思路和策略

1. 规划思路

（1）做好业务预判，明确规划目标

当前，5G 新兴业务较多，例如，车联网、VR/ 增强现实（Augmented Reality，AR）、无人机业务等，不同业务场景是连续覆盖还是热点覆盖？建网的标准应该如何制订才能满足相关的业务需求？

（2）做好制式协同，保护建网投资

基于现网建设 5G，往往面临一张网规划，多制式协同的问题。在新建 5G 时，需要考虑如何在保证现网质量的情况下，进行现网改造？如何使建网价值最大化、投资最省？

（3）做好场景匹配，确保尽快精准落地

场景化规划后，需要考虑如何快速并且按照规划方案精准落地，以节省时间成本。

2. 规划策略

（1）按需建设

结合本地网的实际情况，根据不同的需求，开展相应的业务，建立相应的建网标准。

（2）体验牵引

针对特定的业务，需要明确用户的体验目标，从而制订相应的标准，以保证业务需求。

（3）平滑演进

4G/5G 同步演进。

（4）精准规划

主要考虑如何保证规划方案的前后一致性，即实际落地方案怎么与规划方案相匹配。

3. 规划方案

（1）区域选择：瞄准价值，合理投资

① 口碑场景：主要根据 2G/3G/4G 网络的相关经验，以及后期 5G 的推广方案，进行名单制部署。

② 三高用户：主要基于运营支撑系统的数据域（Operation Support System，简称为 O 域）和业务的数据域（Business Support System，简称为 B 域）数据进行定位。同 4G 结合互联网企业越过运营商数据和 MR 可以判断高流量和高价值终端类似，5G 可以借助 B 域数据，对高套餐、高价值、VIP 用户进行地理化呈现。

③ 垂直行业：根据实际情况，每个省份会有所差别。例如，杭州开展 VR、上海开展无人机、河北开展智能教育，具体开展哪块业务，各运营商应按需建设。

（2）建网标准：先行一步，适度领先

在5G建网初期，主要是eMBB业务。例如，监控、直播、高清视频、VR等。目前，统一的建网下行速率为100Mbit/s，上行速率为3Mbit/s ～ 5Mbit/s。建网标准主要从以下几个方面进行考虑。

① 业务体验：业务目标适当领先业务需求。

② 行业发展：考虑该行业是否具有推广性。

③ 品牌竞争：要考虑同行业其他运营商的相关情况。

（3）协同规划：降低全运营成本（Total Cost Operating，TCO）、最优化性能

① 利旧站址：中国移动——纯5G新建，中国联通——下行载波（Downlink Carrier，DC）双连接，中国电信——补充的上行链路（SUL），应以现有存量站址为基础，基于现有站点资源，利用5G技术进行网络规划。

② 锚点规划：终端支持的锚点频段有哪些？锚点网络是否具有连续性？锚点网络质量如何？接入性能如何？是单锚点规划还是多锚点规划？

③ 天馈融合：现有的天馈是新增，还是整合？每新增一个天馈铁塔会收租赁费，既要考虑融合的可行性，也要保证网络质量。

（4）精准规划：场景化3D规划快速准确地落地

5G有3D仿真立体规划、范例寻优、精确站址规划（Accurate Site Planning，ASP）、站点规划等，同步孵化六大应用场景：高铁、无人机、高速场景（杭州机场高速）、居民区（宏微立体协同，4G/5G立体方案）、地铁、场馆。

9.2 业务需求分析

基于业务需求分析的精准价值规划，以体验为中心，4G/5G融合规划、按需建设，构建最佳TCO和竞争力领先的5G网络。5G各类业务对速率和时延的要求如图9-1所示。

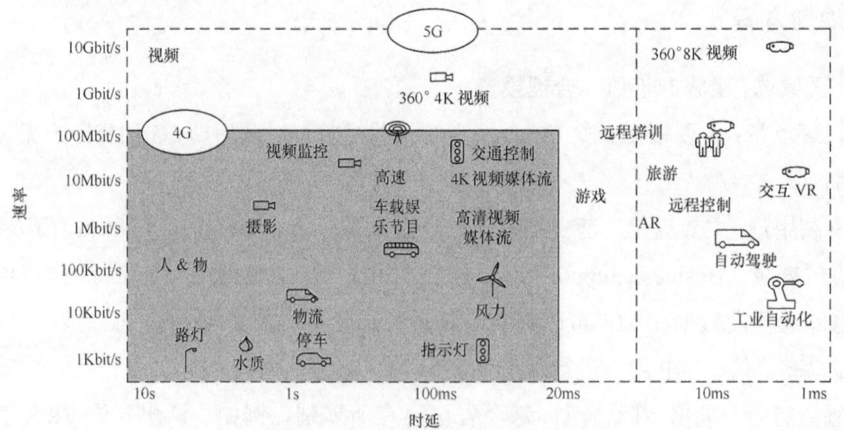

图9-1　5G各类业务对速率和时延的要求

5G 分场景需求分析全景示意如图 9-2 所示。

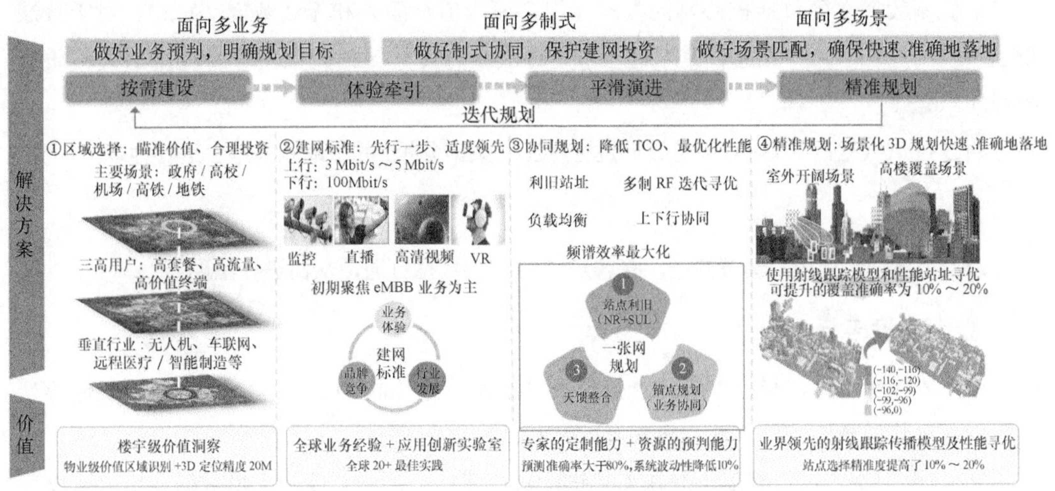

图9–2　5G分场景需求分析全景示意

●• 9.3　覆盖场景分析

对于目标网，无法判断热点区域、高价值用户区域，需要对数据进行地理化呈现，从而判断出高价值区域。通过建立大数据平台，获取 O 域数据和 B 域数据进行分析利用。初期建网 5G 区域的选择主要聚焦于八大场景、三高用户、垂直行业。5G eMBB 场景具体应用如图 9-3 所示。

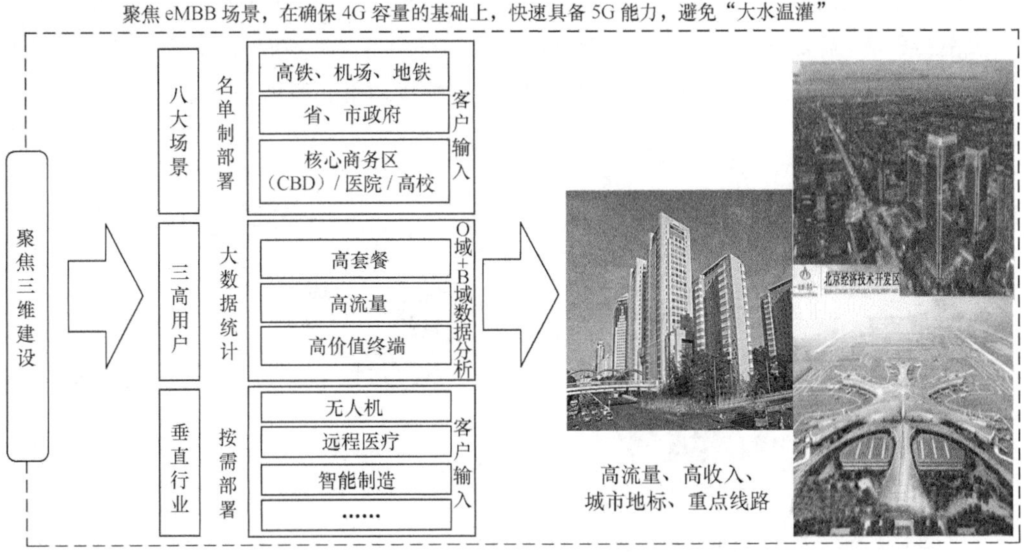

图9–3　5G eMBB场景具体应用

1. O 域

维护侧数据主要包括核心网的数据（用户面、信令面）和无线数据（MR）。对于普通KPI，例如，掉话率、接通率等，通过相关算法，可使其转化为上层容易应用的关键质量指标（KQI）。

通过 O 域数据，可以对容量等数据进行相应的数据分析，并借助相关平台进行地理化呈现。

2. B 域

市场类数据包括用户套餐数据，将客户侧的 B 域数据打通，从而进行呈现。

3. 大数据平台

用户体验感知管理平台可以整合各种底层数据（用户面和信令面、核心网和无线侧等），然后将这些数据通过一些算法，将既有的 KPI 改为 KQI。

5G 建设初期，投资有限，往往需要进行精准建站，通过“O+B”域数据分析，可以获取价值区域边界线，从而解决建站的区域问题。

9.4 规划指标确定

在 5G 建网初期，主要围绕 eMBB 业务，视频主要为 1 路 4K 或者 1 路 8K 视频。对于 4K 视频，下行 50Mbit/s 的数据速率即可满足基本业务需求；对于 8K 视频，下行的数据速率需要达到 100Mbit/s；而对于上行业务，现在较多的主要为 1080P 现场直播，上行的数据速率为 5Mbit/s 即可满足。

因此对于建网标准，下行边缘速率达到 100Mbit/s、上行边缘速率达到 5Mbit/s 即可。对于精品线路，需要下行平均速率为 1Gbit/s，上行平均速率为 50Mbit/s，下行边缘速率为 100Mbit/s，上行边缘速率为 20Mbit/s。5G 规划业务速率需求如图 9-4 所示。

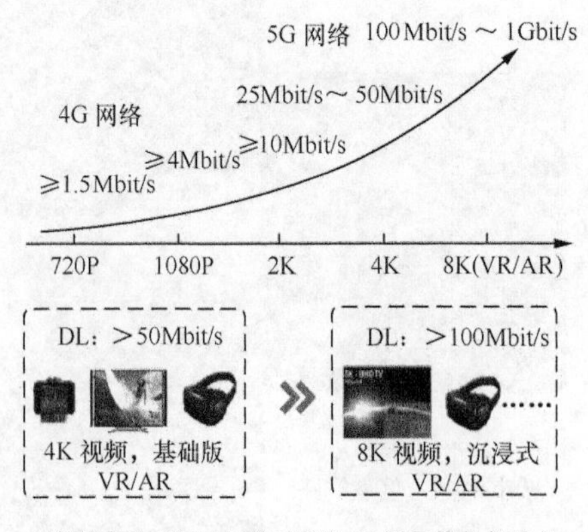

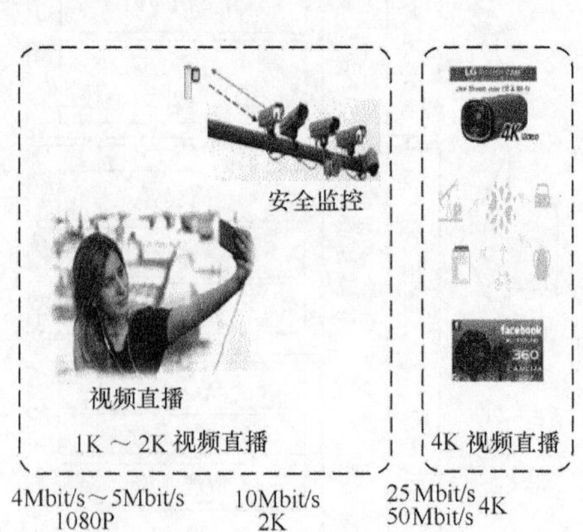

图9-4 5G规划业务速率需求

速率标准的制订要考虑以下内容。

（1）业务体验。

（2）与 4G、其他运营商的竞争。

（3）因地制宜，利旧站点；宏站和 4G 共站。

（4）协议规范：协议规定为 50Mbit/s。

目前的仿真平台在进行速率仿真时进行了相应的 Rank（流数）规划，仿真平台相应的 Rank 策略如下所述。

（1）根据信道质量和 Rank 之间的映射表，获得不同 SINR 值下的 Rank 值。例如，对于 SINR 值比较高的区域，获得的 Rank 值较小，大部分为 1；对于 SINR 值比较低的区域，获得的 Rank 值则较大。

（2）根据 Rank 和速率之间的解调性能曲线，获得相应的速率。5G 信道质量、Rank 及速率关系如图 9-5 所示。

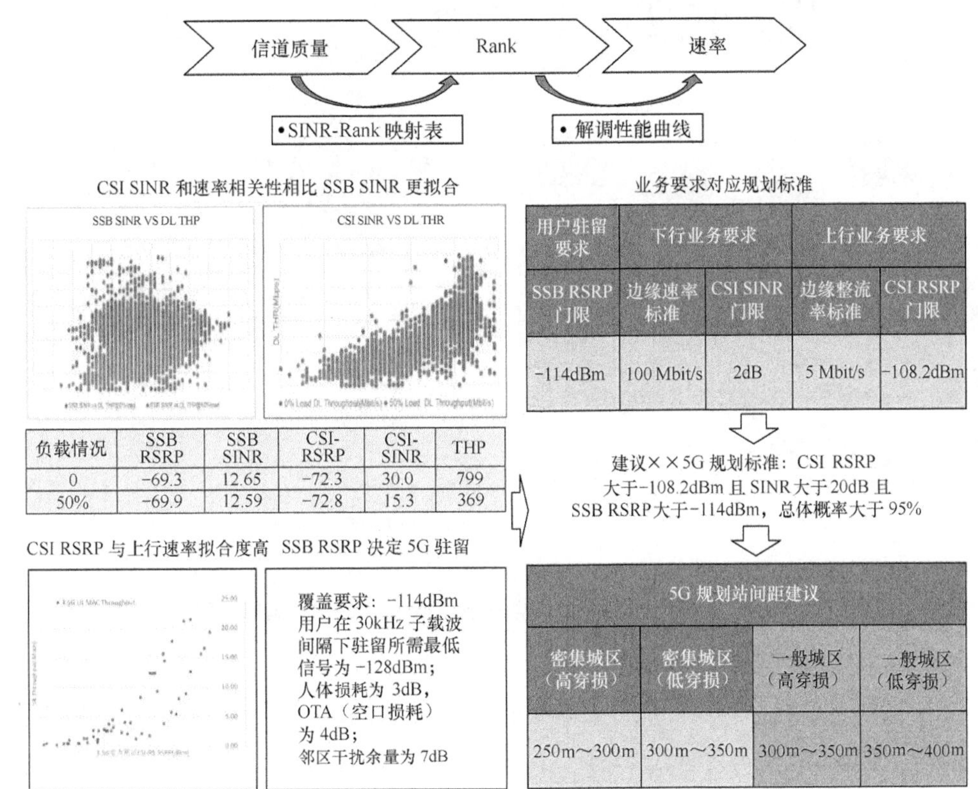

图9-5　5G信道质量、Rank及速率关系

基于现有测试终端，CSI SINR、CSI RSRP、SSB RSRP 这 3 个指标联合规划。

下行 100Mbit/s：CSI SINR 为 2dB（考虑干扰余量为 3dB、人体损耗为 3dB、OTA 为

4dB，50% 负载）。

上行 5Mbit/s：CSI RSRP 为 108.2dBm（原理：NR 为 TDD 制式，上下行路损基本对称，基于下行测得的 CSI RSRP 为通过折算可获得上行速率）。

SSB RSRP：–114dBm，确保用户驻留。

●• 9.5 站址选择及天面空间融合

1. 站址选择

基于拓扑结构站址寻优及 5G 新技术，充分利旧站点资源，保护投资。基于拓扑结构站址寻优及 5G 新技术的站址选择原理如图 9-6 所示。

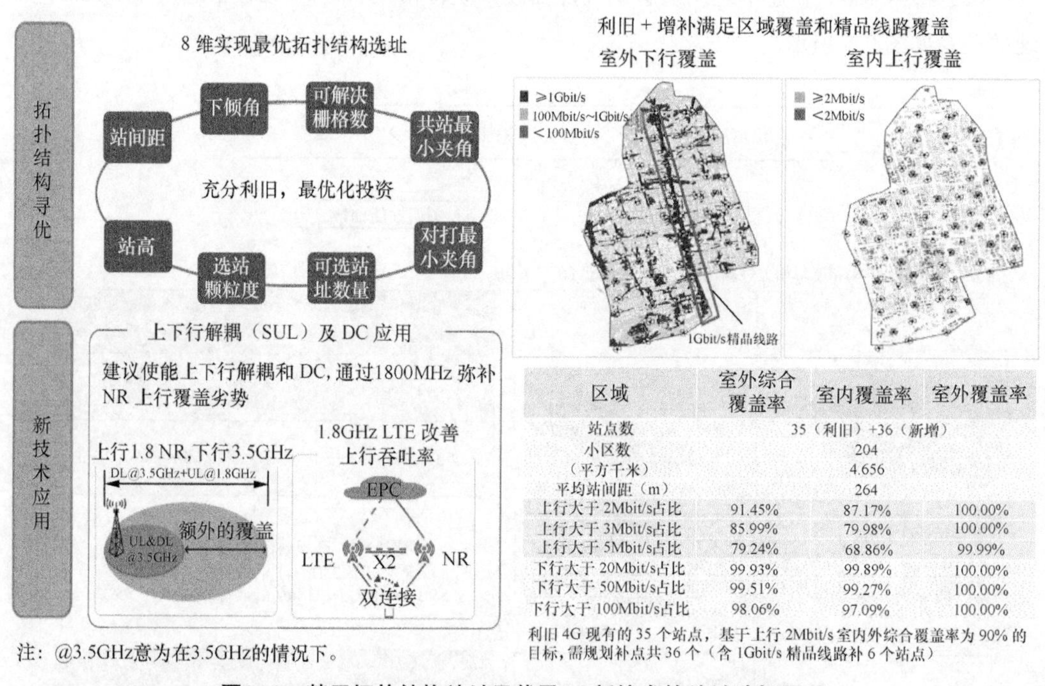

区域	室外综合覆盖率	室内覆盖率	室外覆盖率
站点数		35（利旧）+36（新增）	
小区数		204	
（平方千米）		4.656	
平均站间距（m）		264	
上行大于 2Mbit/s占比	91.45%	87.17%	100.00%
上行大于 3Mbit/s占比	85.99%	79.98%	100.00%
上行大于 5Mbit/s占比	79.24%	68.86%	99.99%
下行大于 20Mbit/s占比	99.93%	99.89%	100.00%
下行大于 50Mbit/s占比	99.51%	99.27%	100.00%
下行大于 100Mbit/s占比	98.06%	97.09%	100.00%

注：@3.5GHz意为在3.5GHz的情况下。

图9-6 基于拓扑结构站址寻优及5G新技术的站址选择原理

（1）拓扑结构寻优

从下倾角、可解决栅格数、共站最小夹角、对打最小夹角、站间距、站高、选站颗粒度、可选站址数量 8 个维度确定可利旧站址。

（2）下倾角

如果沿用 4G 下倾角，可能存在较大干扰，相较于 4G，5G 需要更大的下倾角，建议重新规划，下压下倾角，有助于提高 Rank。

（3）共站最小夹角

如果共站最小夹角较大，则重叠覆盖的可能性较大，存在较大的干扰问题，需要尽量避免这种情况。

（4）站间距

根据所定的建网标准进行链路预算，可确定站间距，从而选择符合要求的站点。

除去利旧的 4G 站址，新建 5G 基站，补充上行载波（Supplementary Uplink Carrier，SUL）和双连接（Dual Connectivity，DC）可直接充分利用 4G 站点。

2. 天面空间融合

基于具体的实际场景，合理制订 CDMA<E 天馈融合原则，通过迭代 RF 参数规划最小化对原网性能的影响，确保 5G 平滑部署。5G 天馈融合原理如图 9-7 所示。

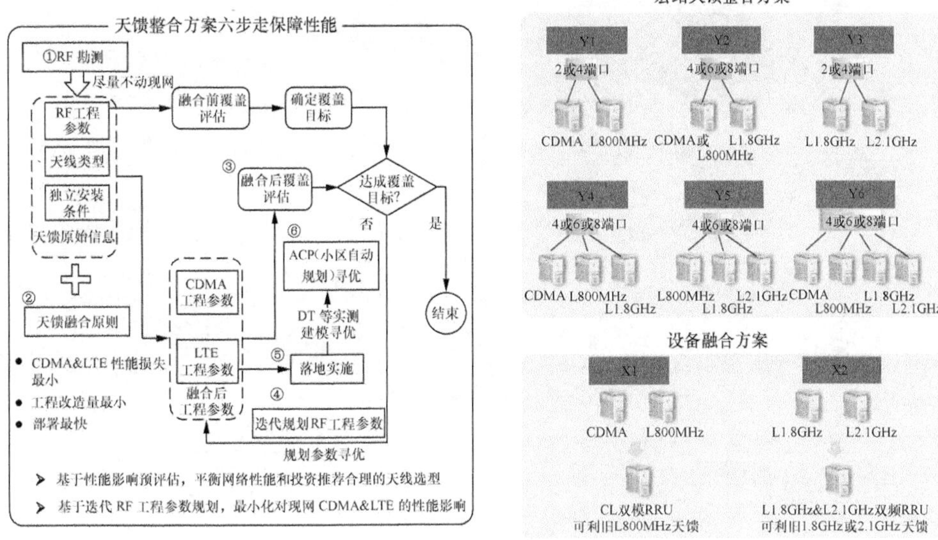

图9-7　5G天馈融合原理

（1）RF 勘测

实际勘测摸排，根据场景制订相应策略，直接利用现有天面或是新增天面，或者进行天馈融合。

（2）天馈融合原则

确定天馈融合原则：CDMA+L800MHz/L1.8GHz+L2.1GHz 融合。

（3）融合后覆盖评估

根据融合后的工程参数，预估覆盖效果。

（4）迭代规划 RF 工程参数

规划阶段寻优。

（5）落地实施

根据 DT 数据，进行 RF 寻优。

（6）ACP（小区自动规划）寻优

首先优化工程参数，然后再预估覆盖效果。

●• 9.6 频率规划

以中国电信为例，在 LTE 方面，当前现有的 800MHz 频段用作语音业务的加强型深度覆盖，1.8GHz&2.1GHz 则作为 4G 数据业务的主力承载夯实用户的感知体验。C-Band 构筑 5G 领先优势，中国电信采用的是 3.4GHz ～ 3.5GHz，频段号为 n78。5G 频率规划分析如图 9-8 所示。5G 协议标准频谱定义如图 9-9 所示。

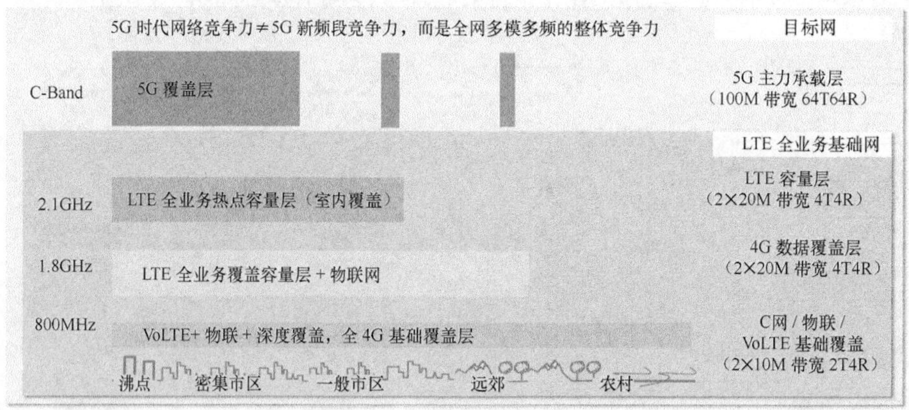

图9-8　5G频率规划分析

3GPP R15 新定义 5G NR 频谱

NR 波段	频率范围	双工模式
n75	1432MHz～1517MHz	SDL
n76	1427MHz～1432MHz	SDL
n77	3.3GHz～4.2GHz	TDD
n78	3.3GHz～3.8GHz	TDD
n79	4.5GHz～5.0GHz	TDD
n80	1710GHz～1785GHz	SUL
n81	880MHz～915MHz	SUL
n82	832MHz～862MHz	SUL
n83	703MHz～748MHz	SUL
n84	1920MHz～1980MHz	SUL
n257	26.5MHz～29.5MHz	TDD
n258	24.5MHz～27.5MHz	TDD
n260	37MHz～40MHz	TDD

5G NR 重用存量频谱

NR 波段	频率范围（上行链路）	频率范围（下行链路）	双工模式
n1	1920MHz～1980MHz	2110MHz～2170MHz	FDD
n2	1850MHz～1910MHz	1930MHz～1990MHz	FDD
n3	1710MHz～1785MHz	1805MHz～1880MHz	FDD
n5	824MHz～849MHz	869MHz～894MHz	FDD
n7	2500MHz～2570MHz	2520MHz～2690MHz	FDD
n8	880MHz～915MHz	925MHz～960MHz	FDD
n20	832MHz～862MHz	791MHz～821MHz	FDD
n28	703MHz～748MHz	758MHz～803MHz	FDD
n38	2570MHz～2620MHz	2570MHz～2620MHz	TDD
n41	2496MHz～2690MHz	2496MHz～2690MHz	TDD
n50	1432MHz～1517MHz	1432MHz～1517MHz	TDD
n51	1427MHz～1432MHz	1427MHz～1432MHz	TDD
n66	1710MHz～1780MHz	2110MHz～2200MHz	FDD
n70	1695MHz～1710MHz	1995MHz～2020MHz	FDD
n71	663MHz～698MHz	617MHz～652MHz	FDD
n74	1427MHz～1470MHz	1475MHz～1518MHz	FDD

Sub 6GHz单载波带宽：5MHz、10MHz、15MHz、……、100MHz

毫米波单载带宽：50MHz、100MHz、200MHz、400MHz

图9-9　5G协议标准频谱定义

5G 无线参数规划
Chapter 10
第10章

5G

••10.1　基础参数规划

本节将重点介绍5G的频率范围、NR频段、帧结构与带宽、保护带宽、NR频点、UE的发射功率等基础参数，并以某运营商为例进行具体论述。

在5G的NR中，3GPP主要指定了两个频点范围：一个是Sub 6GHz；另一个是毫米波（mm Waves）。对于不同的频点范围，系统的带宽和子载波间隔有所不同，本节将基于3GPP 38.101-1和38.101-2、38211、38817介绍NR的频率范围、NR频段、帧结构与带宽、保护带宽、NR的频点号计算、UE的发射功率。

10.1.1　频率范围

3GPP 38.101-2为NR主要定义了两个频率范围：FR1和FR2。其中，FR1通常称为Sub 6GHz；FR2通常称为毫米波。5G频率范围见表10-1，NR FR1频段划分见表10-2，NR FR2频段划分见表10-3。

表10-1　5G频率范围

频率名称	频率范围
FR1	450MHz ～ 6000MHz
FR2	24250MHz ～ 52600MHz

需要说明的是，TDD表示时分双工，FDD表示频分双工，SDL只能用于下行传输，SUL只能用于上行传输。

表10-2　NR FRl频段划分

工作频段	下行		上行		双工模式
	基站收		基站发		
	终端发		终端收		
	下行低频 ～ 下行高频	带宽(MHz)	上行低频 ～ 上行高频	带宽(MHz)	
n1	1920MHz ～ 1980MHz	60	2110MHz ～ 2170MHz	60	FDD
n2	1850MHz ～ 1910MHz	60	1930MHz ～ 1990MHz	60	FDD
n3	1710MHz ～ 1785MHz	75	1805MHz ～ 1880MHz	75	FDD
n5	824MHz ～ 849MHz	25	869MHz ～ 894MHz	25	FDD

（续表）

工作频段	下行 基站收 终端发		上行 基站发 终端收		双工模式
	下行低频 ～ 下行高频	带宽（MHz）	上行低频 ～ 上行高频	带宽（MHz）	
n7	2500MHz ～ 2570MHz	70	2620MHz ～ 2690MHz	70	FDD
n8	880MHz ～ 915MHz	35	925MHz ～ 960MHz	35	FDD
n20	832MHz ～ 862MHz	30	791MHz ～ 821MHz	30	FDD
n28	703MHz ～ 748MHz	45	758MHz ～ 803MHz	45	FDD
n38	2570MHz ～ 2620MHz	50	2570MHz ～ 2620MHz	50	TDD
n41	2496MHz ～ 2690MHz	194	2496MHz ～ 2690MHz	194	TDD
n50	1432MHz ～ 1517MHz	85	1432MHz ～ 1517MHz	85	TDD
n51	1427MHz ～ 1432MHz	5	1427MHz ～ 1432MHz	5	TDD
n66	1710MHz ～ 1780MHz	70	2110MHz ～ 2200MHz	90	FDD
n70	1695MHz ～ 1710MHz	15	1995MHz ～ 2020MHz	25	FDD
n71	663MHz ～ 698MHz	35	617MHz ～ 652MHz	35	FDD
n74	1427MHz ～ 1470MHz	43	1475MHz ～ 1518MHz	43	FDD
n75	N/A		1432MHz ～ 1517MHz	85	SDL
n76	N/A		1427MHz ～ 1432MHz	5	SDL
n78	3300MHz ～ 3800MHz	500	3300MHz ～ 3800MHz	500	TDD
n77	3300MHz ～ 4200MHz	900	3300MHz ～ 4200MHz	900	TDD
n79	4400MHz ～ 5000MHz	600	4400MHz ～ 5000MHz	600	TDD
n80	1710MHz ～ 1785MHz	75	N/A		SUL
n81	880MHz ～ 915MHz	35	N/A		SUL
n82	832MHz ～ 862MHz	30	N/A		SUL
n83	703MHz ～ 748MHz	45	N/A		SUL
n84	1920MHz ～ 1980MHz	60	N/A		SUL

表10-3 NR FR2频段划分

工作频段	上行频段 基站收 终端发		下行频段 基站发 终端收		双工模式
	上行低频～上行高频	带宽（MHz）	下行低频～下行高频	带宽（MHz）	
n257	26500MHz ～ 29500MHz	3000	26500MHz ～ 29500MHz	3000	TDD
n258	24250MHz ～ 27500MHz	3250	24250MHz ～ 27500MHz	3250	TDD
n260	37000MHz ～ 40000MHz	3000	37000MHz ～ 40000MHz	3000	TDD

10.1.2 帧结构与带宽

根据协议 38211 的描述，NR 支持的子载波带宽见表 10-4。

表10-4 根据协议38211的描述，NR支持的子载波带宽

子载波配置参数 μ	子载波间隔（*SCS*）（kHz）	循环前缀（Cyclic Prefix）
0	15	正常
1	30	正常
2	60	正常，额外
3	120	正常
4	240	正常
5	480	正常

在配置时，普通 CP 和扩展 CP 的符号、时隙、子帧的关系：普通 CP 无论子载波带宽怎么变，一个时隙中固定 14 个符号，但是一个无线帧和一个子帧中的时隙个数会发生变化。普通循环前缀每个时隙的 OFDM 符号数见表 10-5，扩展循环前缀每个时隙的 OFDM 符号数见表 10-6。

表10-5 普通循环前缀每个时隙的OFDM符号数

子载波配置	每时隙符号数	每帧时隙数	每子帧时隙数
0	14	10	1
1	14	20	2
2	14	40	4
3	14	80	8
4	14	160	16
5	14	320	32

表10-6 扩展循环前缀每个时隙的OFDM符号数

子载波配置参数 μ	每时隙符号数	每帧时隙数	每子帧时隙数
2	12	40	4

LTE 中子帧有上下行之分，NR 中变成符号级，在一个时隙中，D 表示下行符号，U 表示上行符号，X 表示灵活的符号。NR 时隙格式见表 10-7。

表10-7 NR时隙格式

格式	单个时隙中的符号（symbol number in a slot）													
	0	1	2	3	4	5	6	7	8	9	10	11	12	13
0	D	D	D	D	D	D	D	D	D	D	D	D	D	D
1	U	U	U	U	U	U	U	U	U	U	U	U	U	U
2	X	X	X	X	X	X	X	X	X	X	X	X	X	X
3	D	D	D	D	D	D	D	D	D	D	D	D	D	X
4	D	D	D	D	D	D	D	D	D	D	D	D	X	X
5	D	D	D	D	D	D	D	D	D	D	D	X	X	X
6	D	D	D	D	D	D	D	D	D	D	X	X	X	X
7	D	D	D	D	D	D	D	D	D	X	X	X	X	X
8	X	X	X	X	X	X	X	X	X	X	X	X	X	U
9	X	X	X	X	X	X	X	X	X	X	X	X	U	U
10	X	U	U	U	U	U	U	U	U	U	U	U	U	U
11	X	X	U	U	U	U	U	U	U	U	U	U	U	U
12	X	X	X	U	U	U	U	U	U	U	U	U	U	U
13	X	X	X	X	U	U	U	U	U	U	U	U	U	U
14	X	X	X	X	X	U	U	U	U	U	U	U	U	U
15	X	X	X	X	X	X	U	U	U	U	U	U	U	U
16	D	X	X	X	X	X	X	X	X	X	X	X	X	X
17	D	D	X	X	X	X	X	X	X	X	X	X	X	X
18	D	D	D	X	X	X	X	X	X	X	X	X	X	X
19	D	X	X	X	X	X	X	X	X	X	X	X	X	U
20	D	D	X	X	X	X	X	X	X	X	X	X	X	U
21	D	D	D	X	X	X	X	X	X	X	X	X	X	U
22	D	X	X	X	X	X	X	X	X	X	X	X	U	U

（续表）

格式	单个时隙中的符号（symbol number in a slot）													
	0	1	2	3	4	5	6	7	8	9	10	11	12	13
23	D	D	X	X	X	X	X	X	X	X	X	X	U	U
24	D	D	D	X	X	X	X	X	X	X	X	X	U	U
25	D	X	X	X	X	X	X	X	X	X	X	U	U	U
26	D	D	X	X	X	X	X	X	X	X	X	U	U	U
27	D	D	D	X	X	X	X	X	X	X	X	U	U	U
28	D	D	D	D	D	D	D	D	D	D	D	D	X	U
29	D	D	D	D	D	D	D	D	D	D	D	X	X	U
30	D	D	D	D	D	D	D	D	D	D	X	X	X	U
31	D	D	D	D	D	D	D	D	D	D	D	X	U	U
32	D	D	D	D	D	D	D	D	D	D	X	X	U	U
33	D	D	D	D	D	D	D	D	D	X	X	X	U	U
34	D	X	U	U	U	U	U	U	U	U	U	U	U	U
35	D	D	X	U	U	U	U	U	U	U	U	U	U	U
36	D	D	D	X	U	U	U	U	U	U	U	U	U	U
37	D	X	X	U	U	U	U	U	U	U	U	U	U	U
38	D	D	X	X	U	U	U	U	U	U	U	U	U	U
39	D	D	D	X	X	U	U	U	U	U	U	U	U	U
40	D	X	X	X	U	U	U	U	U	U	U	U	U	U
41	D	D	X	X	X	U	U	U	U	U	U	U	U	U
42	D	D	D	X	X	X	U	U	U	U	U	U	U	U
43	D	D	D	D	D	D	D	D	D	X	X	X	X	U
44	D	D	D	D	D	D	X	X	X	X	X	X	U	U
45	D	D	D	D	D	D	X	X	U	U	U	U	U	U
46	D	D	D	D	D	D	X	D	D	D	D	D	D	X
47	D	D	D	D	D	X	X	D	D	D	D	D	X	X
48	D	D	X	X	X	X	X	D	D	X	X	X	X	X
49	D	X	X	X	X	X	X	D	X	X	X	X	X	X
50	X	U	U	U	U	U	U	X	U	U	U	U	U	U
51	X	X	U	U	U	U	U	X	X	U	U	U	U	U

（续表）

格式	单个时隙中的符号（symbol number in a slot）													
	0	1	2	3	4	5	6	7	8	9	10	11	12	13
52	X	X	X	U	U	U	U	X	X	X	U	U	U	U
53	X	X	X	X	U	U	U	X	X	X	X	U	U	U
54	D	D	D	D	D	X	U	D	D	D	D	D	X	U
55	D	D	X	U	U	U	U	D	D	X	U	U	U	U
56	D	X	U	U	U	U	U	D	X	U	U	U	U	U
57	D	D	D	D	X	X	U	D	D	D	D	X	X	U
58	D	D	X	X	U	U	U	D	D	X	X	U	U	U
59	D	X	X	U	U	U	U	D	X	X	U	U	U	U
60	D	X	X	X	X	X	U	D	X	X	X	X	X	U
61	D	D	X	X	X	X	U	D	D	X	X	X	X	U
62 ～ 255	保留（Reserved）													

根据协议 38.101-1/2，频谱带宽的相关描述如下。

NR 中 FR1 的频点带宽最大为 100MHz，子载波支持 15kHz、30kHz、60kHz；NR FR2 的频点带宽最大为 400MHz，子载波支持 60kHz 和 120kHz，每种带宽配置下的最大 RB 个数不同。最大传输带宽配置见表 10-8，最小传输带宽配置见表 10-9。

表10-8　最大传输带宽配置

SCS（kHz）	5MHz	10MHz	15MHz	20MHz	25MHz	30MHz	40MHz	50MHz	60MHz	80MHz	100MHz
	RB 数	RB 数	RB 数	RB 数	RB 数	RB 数	RB 数	RB 数	RB 数	RB 数	RB 数
15	25	52	79	106	133	待确认	216	270	N/A	N/A	N/A
30	11	24	38	51	65	待确认	106	133	162	217	273
60	N/A	11	18	24	31	待确认	51	65	79	107	135

表10-9　最小传输带宽配置

SCS（kHz）	50MHz	100MHz	200MHz	400MHz
	RB 数	RB 数	RB 数	RB 数
60	66	132	264	N/A
120	32	66	132	264

需要注意的是，并不是所有 FR1 的频段最大都能支持 100M 带宽，每个频段支持的带宽和子载波带宽也有关系。NRFR1 各频段支持的带宽见表 10-10，NRFR2 各频段支持的带宽见表 10-11。

表10-10 NR FR1各频段支持的带宽

NR Band	*SCS* (kHz)	UE 信道频宽										
		5 MHz	102 MHz	152 MHz	202 MHz	252 MHz	30 MHz	40 MHz	50 MHz	60 MHz	80 MHz	100 MHz
n1	15	是	是	是	是							
	30		是	是	是							
	60		是	是	是							
n2	15	是	是	是	是							
	30		是	是	是							
	60		是	是	是							
n3	15	是	是	是	是	是	是					
	30		是	是	是	是	是					
	60		是	是	是	是	是					
n5	15	是	是	是	是							
	30		是	是	是							
	60											
n7	15	是	是	是	是							
	30		是	是	是							
	60		是	是	是							
n8	15	是	是	是	是							
	30		是	是	是							
	60											
n20	15	是	是	是	是							
	30		是	是	是							
	60											
n28	15	是	是	是	是							
	30		是	是	是							
	60											
n38	15	是	是	是	是							
	30		是	是	是							
	60		是	是	是							

（续表）

NR Band	SCS (kHz)	UE 信道频宽										
		5 MHz	102 MHz	152 MHz	202 MHz	252 MHz	30 MHz	40 MHz	50 MHz	60 MHz	80 MHz	100 MHz
n41	15		是	是	是			是	是			
	30		是	是	是			是	是	是	是	是
	60		是	是	是			是	是	是	是	是
n50	15	是	是	是	是			是	是			
	30		是	是	是			是	是	是	是	
	60		是	是	是							
n51	15	是										
	30											
	60											
n66	15	是	是	是	是							
	30		是	是	是			是				
	60		是	是	是			是				
n70	15	是	是	是	是	是						
	30		是	是	是	是						
	60		是	是	是	是						
n71	15	是	是	是	是							
	30		是	是	是							
	60											
n74	15	是	是	是	是							
	30		是	是	是							
	60		是	是	是							
n75	15	是	是	是	是							
	30		是	是	是							
	60		是	是	是							
n76	15	是										
	30											
	60											

（续表）

NR Band	SCS（kHz）	UE 信道频宽										
		5 MHz	102 MHz	152 MHz	202 MHz	252 MHz	30 MHz	40 MHz	50 MHz	60 MHz	80 MHz	100 MHz
n77	15		是		是			是	是			
	30		是		是			是	是	是	是	是
	60		是		是			是	是	是	是	是
n78	15		是		是			是	是			
	30		是		是			是	是	是	是	是
	60		是		是			是	是	是	是	是
n79	15							是	是			
	30							是	是	是	是	是
	60							是	是	是	是	是
n80	15	是	是	是	是	是	是					
	30		是	是	是	是	是					
	60		是	是	是	是	是					
n81	15	是	是	是	是							
	30		是	是	是							
	60											
n82	15	是	是	是	是							
	30		是	是	是							
	60											
n83	15	是	是	是	是							
	30		是	是	是							
	60											
n84	15	是	是	是	是							
	30		是	是	是							
	60		是	是	是							

表10-11 NR FR2各频段支持的带宽

NR Band	SCS（kHz）	UE 信道频宽			
		50MHz	100MHz	200MHz	400MHz
n257	60	是	是	是	是
	120	是	是	是	是
n258	60	是	是	是	是
	120	是	是	是	是
n260	60	是	是	是	是
	120	是	是	是	是

10.1.3 保护带宽

保护带宽（Guardband）的计算公式如下。

$$保护带宽=[CHBW\times 1000(kHz)-RB_{value}\times SCS\times 12]/2-SCS/2 \qquad 式(10\text{-}1)$$

其中，$CHBW$ 为 NR 的总带宽（Channel Bandwidth）；RB_{value} 为带宽内的 RB 数；SCS 为子载波带宽。

以 5MHz 带宽、子载波 15kHz 为例计算保护带宽。

$$保护带宽=[CHBW\times 1000(kHz)-RB_{value}\times SCS\times 12]/2-SCS/2$$
$$=(5\times 1000-25\times 15\times 12)/2-15/2=242.5（kHz）$$

不同的频率范围对应的保护带宽不同。FR1 最小保护带宽见表 10-12，FR2 最小保护带宽见表 10-13。

表10-12 FR1最小保护带宽

SCS（kHz）	5MHz	10MHz	15MHz	20MHz	25MHz	40MHz	50MHz	60MHz	80MHz	100MHz
15	242.5kHz	312.5kHz	382.5kHz	452.5kHz	522.5kHz	552.5kHz	692.5kHz	N/A	N/A	N/A
30	505kHz	665kHz	645kHz	805kHz	785kHz	905kHz	1045kHz	825kHz	925kHz	845kHz
60	N/A	1010kHz	990kHz	1330kHz	1310kHz	1610kHz	1570kHz	1530kHz	1450kHz	1370kHz

表10-13 FR2最小保护带宽

SCS（kHz）	50MHz	100MHz	200MHz	400MHz
60kHz	1210kHz	2450kHz	4930kHz	N/A
120kHz	1900kHz	2420kHz	4900kHz	9860kHz

10.1.4 NR 的频点号与频率

关于 NR 的频点号与频率的关系，协议 38101 中有以下叙述。

The RF reference frequency in the uplink and downlink is designated by the NR Absolute Radio Frequency Channel Number（NR-ARFCN）in the range [0... 2016666] on the global frequency raster. The relation between the NR-ARFCN and the RF reference frequency FREF in MHz for the downlink and uplink is given by the following equation，where FREF-Offs and NRef-Offs are given in table 5.4.2.1-1 and NREF is the NR-ARFCN.

上述内容的中文释义如下。

上行链路和下行链路中的 RF 参考频率位置由 NR 绝对信道号（NR-ARFCN）指定，其取值范围为 0 ～ 2016666。NR-ARFCN 与下行链路和上行链路的 RF 参考频率 FREF（以 MHz 为单位）之间的关系由以下公式给出。其中，FREF-Offs 和 NRef-Offs 在“表 5.4.2.1-1”中给出，NREF 为 NR- ARFCN。

NR-ARFCN 参数见表 10-14。

表10–14 NR–ARFCN参数

频率范围	ΔF_{Global}	*FREF-Offs*（MHz）	*NREF-Offs*	*NREF* 范围
0MHz ～ 3000MHz	5kHz	0	0	0 ～ 599999
3000MHz ～ 24250MHz	15kHz	3000	600000	600000 ～ 2016666
24250MHz ～ 100000MHz	60kHz	24250	2016667	2016667 ～ 3279167

$FREF = FREF\text{-}Offs + \Delta Fraster\,(NREF - NREF\text{-}Offs)$。

NREF：即绝对信道号（NR- ARFCN)。

FREF：实际的 RF 频率。

FREF-Offs：具体值参考表 10-14。

NREF-Offs：具体值参考表 10-14。

$$FREF = FREF\text{-}Offs + \Delta Fraster\,(NREF - NREF\text{-}Offs) \quad \text{式（10-2）}$$

其中，*NREF* 为 NR 的频点；*FREF* 为 NR 的频率；*FREF-Offs* 为频率偏置；*NREF-Offs* 为频点偏置。

以 N1 频段 1920MHz 为例，根据 38.101-1 中的表 5.4.2.3-1，1920MHz 所对应的频点号为 384000，步长（Step size）为 20，栅格为 100，可以得出以下结论。

“1920MHz+100kHz”的频点号为 384020；1922MHz 的频点号为 384400；1921MHz 的频点号为 384200；1920MHz 的频点号为 384000；“1920MHz+100kHz”的频点号为 384020。

FR1 可适用的 NR-ARFCN 见表 10-15，FR2 可适用的 NR-ARFCN 见表 10-16。

表10-15　FR1可适用的NR-ARFCN

NR1 工作频段	Δ*Fraster*（中心频率间隔）（kHz）	上行频点范围（起始频点 - <步长> - 终止频点）	下行频点范围（起始频点 - <步长> - 终止频点）
n1	100kHz	384000 - <20> - 396000	422000 - <20> - 434000
n2	100kHz	370000 - <20> - 382000	386000 - <20> - 398000
n3	100kHz	342000 - <20> - 357000	361000 - <20> - 376000
n5	100kHz	164800 - <20> - 169800	173800 - <20> - 178800
n7	15kHz	500001 - <3> - 513999	524001 - <3> - 537999
n8	100kHz	176000 - <20> - 183000	185000 - <20> - 192000
n20	100kHz	166400 - <20> - 172400	158200 - <20> - 164200
n28	100kHz	140600 - <20> - 149600	151600 - <20> - 160600
n38	15kHz	514002 - <3> - 523998	514002 - <3> - 523998
n41	15kHz	499200 - <3> - 537999	499200 - <3> - 537999
n50	100kHz	286400 - <20> - 303400	286400 - <20> - 303400
n51	100kHz	285400 - <20> - 286400	285400 - <20> - 286400
n66	100kHz	342000 - <20> - 356000	422000 - <20> - 440000
n70	100kHz	339000 - <20> - 342000	399000 - <20> - 404000
n71	100kHz	132600 - <20> - 139600	123400 - <20> - 130400
n74	100kHz	285400 - <20> - 294000	295000 - <20> - 303600
n75	100kHz	N/A	286400 - <20> - 303400
n76	100kHz	N/A	285400 - <20> - 286400
n77	15kHz	620000 - <1> - 680000	620000 - <1> - 680000
n78	15kHz	620000 - <1> - 653333	620000 - <1> - 653333
n79	15kHz	693333 - <1> - 733333	693333 - <1> - 733333
n80	100kHz	342000 - <20> - 357000	N/A
n81	100kHz	176000 - <20> - 183000	N/A
n82	100kHz	166400 - <20> - 172400	N/A
n83	100kHz	140600 - <20> - 149600	N/A
n84	100kHz	384000 - <20> - 396000	N/A

表10-16　FR2可适用的NR-ARFCN

NR 工作频段	ΔFraster（中心频率间隔）（kHz）	上行和下行（起始频点 -<步长>- 终止频点）
n257	60	2054167 - <1> - 2104166
n258	60	2016667 - <1> - 2070833
n260	60	2229167 - <1> - 2279166

10.1.5　SSB 频点配置

运营商除了频点号、带宽、子帧配比，还需要配置同步信号块（Synchronization Signal Block，SSB）频点。不同厂家对 SSB 频点配置的实现方式不同，原则上 SSB 的频域位置尽量配置在小区中心频点附近，以缩短频点的搜索时间。

1. 中心频点计算过程

小区中心频点（简称“小区频点”）用于确定 NR DU 小区的中心频域位置，选择小区中心频点时要尽量接近可用频带的中心，由于中心频点必须落在协议规定的栅格上［需要满足式（10-3）］，所以不能直接选择 3450M 作为小区的中心频点。因此最终计算出来的中心频点可能和物理频带的中心有偏差。

NR-ARFCN 实际频点计算方法见表 10-17。协议 TS38.104 5.4.2 中 NR-ARFCN 和实际频点计算见式（10-3），*FREF* 即实际 RF 频率，*NREF* 即 NR-ARFCN 绝对频点号。

$$FREF = FREF\text{-}Offs + \Delta F_{Global}（NREF – NREF\text{-}Offs）\quad 式（10\text{-}3）$$

表10-17　NR-ARFCN实际频点计算方法

频率范围（MHz）	ΔG_{lobal}（kHz）	*FREF-Offs*（MHz）	*NREF-Offs*	频点范围
0 ～ 3000	5	0	0	0 ～ 599999
3000 ～ 24250	15	3000	600000	6000000 ～ 2016666
24250 ～ 100000	60	24250.08	2016667	2016667 ～ 3279165

用频带中心 RF 频率计算（以 3400MHz ～ 3500MHz 为例）：频带中心 RF 频率 *FREF*=（3400+3500）/2=3450MHz，小区中心频点 =（3450-3000）/0.015+600000=630000。

为了方便检索，NR 小区频点要求见表 10-18，表 10-18 列出了常用频带和子载波间隔下小区频点的要求。

表10-18 NR小区频点要求

频带	子载波间隔	可用频点
n41	30kHz	小区频点必须是 6 的整数倍
n77	30kHz	小区频点必须是偶数
n78	30kHz	小区频点必须是偶数
n79	30kHz	小区频点必须是偶数
n257	120kHz	小区频点必须是奇数
n258	120kHz	小区频点必须是奇数
n260	120kHz	小区频点必须是奇数

2. SSB 频点

以某设备厂家为例，SSB 频点的实现方式有以下两种。

- 实现方式一：SSB 绝对频点 =630000−12=629988，该种方式适用于 NSA 网络。
- 实现方式二：全球同步信号（Global Synchronization Channel Number，GSCN）全局描述频点，SSB 频点为 7811，该种方式适用于 NSA 网络和 SA 网络。

（1）实现方式一

实现方式一即 SSB 绝对频点的实现方式。产品在实现时，规定如果频带内可用的 RB 数为偶数，则 SSB 的频点和小区中心频点相同；如果 RB 数为奇数，则 SSB 的频点号比中心频点号少（$6\times SCS$）/ ΔF_{Global}，具体原因如下所述。

首先，TS38.331 在 FrequencyInfoDL 中定义了 SSB 频点 *absoluteFrequencySSB*。协议规定节选示意如图 10-1 所示。

absoluteFrequencySSB
Frequency of the SSB to be used for this serving cell. The frequency provided in this field identifies the position of resource element RE=#0 (subcarrier #0) of resource block RB#10 of the SS block. The cell-defining SSB of the PCell is always on the sync raster. Frequencies are considered to be on the sync raster if they are also identifiable with a GSCN value (see 38.101). If the field is absent, the SSB related parameters should be absent, e.g. ssb-PositionsInBurst, ssb-periodicityServingCell and subcarrierSpacing in ServingCellConfigCommon IE. If the field is absent, the UE obtains timing reference from the SpCell. This is only supported in case the Scell is in the same frequency band as the SpCell.

图10-1 协议规定节选示意

该协议规定，RRC 信令中携带的 *absoluteFrequencySSB* 是 SSB 的 RB#10 的 RE#0（10 号 RB 的 0 号子载波，前述号码都是从 0 开始计数）。

由于 SSB 要处在可用频带的中间，以可用 RB 数 217 为例，SSB 频点和小区中心频点关系如图 10-2 所示。小区中心的 RB 是 RB#108，而 SSB 的 RB#10 和它对齐（SSB 的 RB 数固定为 20 个），这样 SSB 就处在频带的中间位置了。

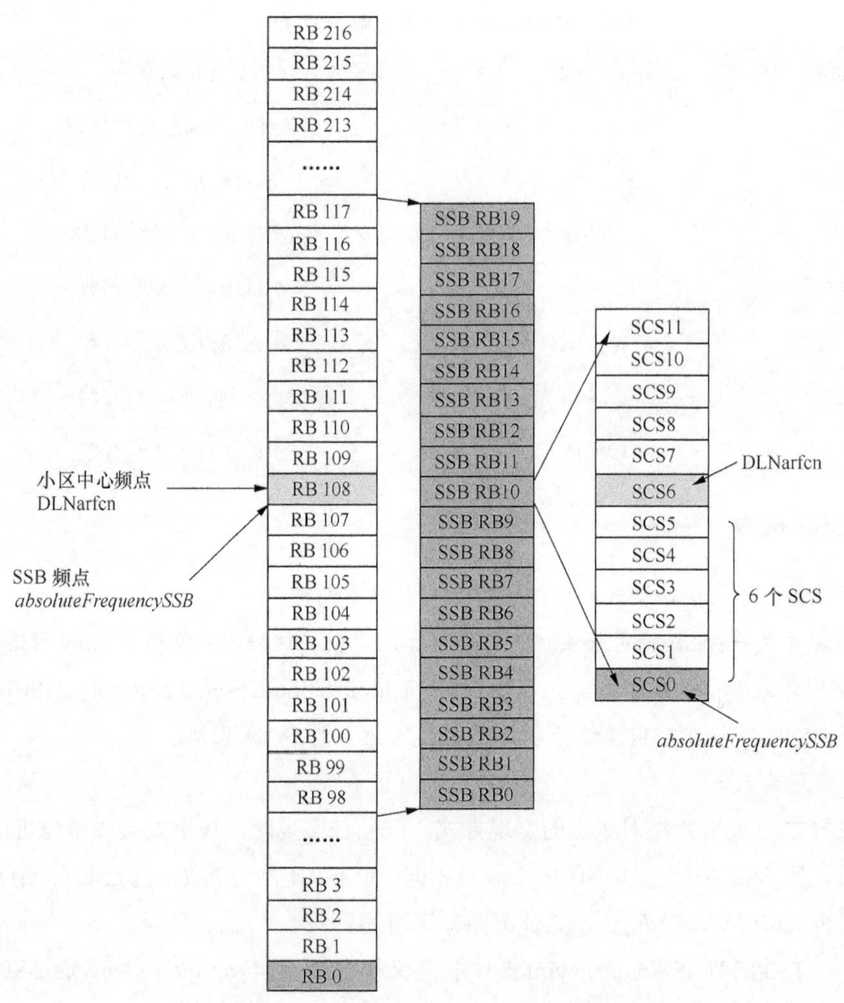

图10-2　SSB频点和小区中心频点关系

继续考虑 RB#108（即 SSB 的 RB#10），它是由 12 个子载波组成。小区中心频点显然就是 RB#108 正中间的子载波，即 SCS6。根据上述协议规定，SSB 的频点是 SCS0。因此 SSB 的频点比小区中心频点小了 6 个子载波（即 6×*SCS*），换算成频点号，即（6×*SCS*）/ΔF_{Global}，如果 *SCS* 为 30kHz，则差值为 12。

根据以上原则，273RB 为奇数，其计算过程为：频点 =630000-12=629988。

（2）实现方式二

实现方式二即 GSCN 全局频点的实现方式，SSB 的频域位置尽量配置在小区中心频点附近，以缩短频点的搜索时间。

以中心频率 3450MHz、带宽 273RB 为例，首先，根据协议，SSB 频率范围 = 中心频点 1（或 +1）=3449MHz（或 3451MHz）。SSB 频域位置可选范围见表 10-19。

表10-19　SSB频域位置可选范围

频带	SSB 频域位置可选范围
n41	小区下行中心频率 -0.72MHz，小区下行中心频率 +0.72MHz
n77	小区下行中心频率 -1MHz，小区下行中心频率 +1MHz
n78	小区下行中心频率 -1MHz，小区下行中心频率 +1MHz
n79	小区下行中心频率 -1MHz，小区下行中心频率 +1MHz
n257	小区下行中心频率 -10MHz，小区下行中心频率 +10MHz
n258	小区下行中心频率 -10MHz，小区下行中心频率 +10MHz
n260	小区下行中心频率 -10MHz，小区下行中心频率 +10MHz

3449=3000+N×1.44，由此可知，N= 311.8056，四舍五入后，N=312。

3451=3000+N×1.44 ，由此可知，N= 313.1944，四舍五入后，N=313。

然后，计算哪个值距离中心频点较近。

当 N=312 时，中心频点 =3000+312×1.44=3449.28（距离中心频点 3450 较近）。

当 N=313 时，中心频点 =3000+313×1.44=3450.72（距离中心频点 3450 较远）。

所以选择 N=312。

$GSCN$=7499+312=7811。

其中，1.44MHz 为 C-Band SSB 的同步栅格（Synchronization Raster）。

NR 同步栅格（Synchronization Raster）定义如图 10-3 所示。

- Synchronization Raster 定义
  - UE 在开机时需要搜索 SS/PBCH block；在 UE 不知道频点的情况下，需要按照一定的步长盲检 UE 支持频段内的所有频点，由于 NR 中小区带宽非常宽，按照 channel raster 去盲检，会导致 UE 接入速度非常慢，为此专门定义了 Synchronization Raster：分别为 Sub3000MHz、3000MHz～24250MHz和毫米波，3个频率范围下的SSB频率位置与GSCN号计算方式有所不同，具体计算方法如下。

频率范围	SS block frequency position SS_{REF}	$GSCN$	$GSCN$的范围
0～3000MHz	N×1200kHz+M×50kHz 1≤N≤2499,M∈{1.3.5.3}（Note）	3N+(M−3)/2	2～7498
3000MHz～24250MHz	3000MHz+N×1.44MHz N=0:14756	7499+N	7499～22255
24250MHz～100000MHz	24250MHz+N×17.28 MHz 0≤N≤14756	22256+N	22256～26639
注：子载波间隔工作带宽下默认数值为 3			

图10-3　NR同步栅格（Synchronization Raster）定义

5G 侧选择 GSCN 后，就不能选择 SSB 绝对频点，但 4G 侧只能选择 SSB 绝对频点，需要通过 GSCN 计算绝对频点。

SSB 绝对频点 =（3449.28−3000）/15×1000+600000=629952

需要注意的是，SSB 绝对频点只适合 NSA 网络，如果是 SA 网络或 SA&NSA 网络，则只能设置为 GSCN，在此，从演进的角度考虑，我们建议采用 GSCN 的方式。

●• 10.2 小区参数规划

10.2.1 小区参数规划流程

在 LTE 锚点规划完成后需要进行 NR 小区规划，主要包括 PCI 规划、PRACH 根序列规划、邻区规划、X2 规则等。每一个参数规划都有其原则和规范，一般可以通过相关原则规范生成的规划工具或平台，自动计算并输出规划结果。

小区规划整体流程如图 10-4 所示。

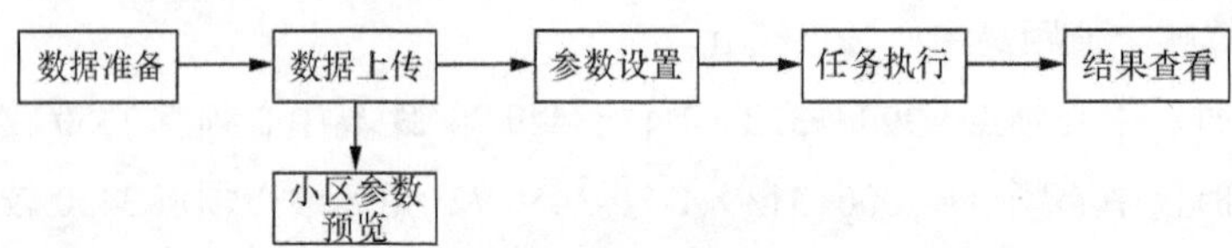

图10-4 小区规划整体流程

小区参数规划相关平台执行各步骤说明见表 10-20。

表10-20 小区参数规划相关平台执行各步骤说明

步骤	说明
数据准备	包括 5G 工程参数、多边形、邻区关系表、LTE 工程参数、LTE 配置文件
数据上传	将采集好的数据源根据场景需要进行上传
小区参数预览	上传的数据可以在预览界面进行预览
参数设置	根据规划项目和场景进行工程参数设置
任务执行	基于工程参数、邻区关系进行小区参数规划
结果查看	由于规划工具的局限性，输出的结果并不是可以实际提交给客户的最优结果，所以这个时候需要工人对输出结果进行修正，确定最终呈现给客户的结果

10.2.2 MNC 和 MCC 规划

移动国家代码（Mobile Country Code，MCC）由 3 位数字组成，用于标识一个国家，中国的 MCC 为 460。移动网络代码（Mobile Network Code，MNC）由 2 ～ 3 位数字组成，中国电信的 LTE 网络 MNC 为 11。MCC 和 MNC 合在一起唯一标识一个移动网络提供者。为了 4G/5G 网络互操作便利，4G 网络和 5G 网络采用相同的公共陆地移动网络（Public Land Mobile Network，PLMN）。

10.2.3 切片标识

切片标识单一网络切片选择辅助信息（Single Network Slice Selection Assistance Information，S-NSSAI）包括切片 / 业务类型（Slice/Service Type，SST）与切片区分符（Slice Differentiator，SD）两个部分。切片标识如图 10-5 所示。

SST	SD	
8bits	6bits	18bits
切片类型编号	区域标记	区域内自行编号

图10-5 切片标识

其中，在 eMBB 场景下，*SST*=1。

在 uRLLC 场景下，*SST*=2。

在 mIoT 场景下，*SST*=3。

SD 取前 6 位用于区分区域，其中，浙江省的 SD 固定为 11（二进制为 001011）。

10.2.4 全球 gNB 标识

全球 gNB 标识（Global gNB ID）由 3 个部分组成：Global eNB ID = MCC+MNC+ gNB ID。其中，gNB ID 为 24bits，对应 NR 小区识别码（NR Cell Identity，NCI）前 24bits，采用 6 位十六进制编码，X1X2X3X4X5X6。

X1X2 由集团统一规划，保持与 gNB ID 的编号一致。浙江电信 X1X2 号段主用号段为 4B-59、E6、E7，共 17 个数值，当使用主用号段时，X7 的十六进制第一位编号为 0，浙江电信 X1X2 号段复用四川电信的主用号段，浙江电信复用号段为 9B-A5、E9-EB，共计 13 个数值；当采用复用其他省号段时，X7 的十六进制第一位编号为 1，浙江电信与联通共享的号段统一采用 A0 号段，需要注意如下所述的情况。

（1）预留号段为应急基站、临时基站、试验站点使用，正常入网站点禁止使用。

（2）所有站点编号应该从所分配的号段中从低号码往高号码连续编号，不区别室内外站点；搬迁后的站点使用搬迁前的站点号码；禁止跳号段使用 gNB ID。

（3）与联通共建共享 gNB ID 为电信联通共用号段，入网前务必与联通公司进行核对。

10.2.5 NCGI

NR 小区全球识别码（NR Cell Global Identifier，NCGI）由 3 个部分组成：MCC+MNC+NCI。

NR 小区识别码（NR Cell Identity，NCI）为 36bits，采用 9 位十六进制编码，即 X1X2 X3X4X5X6X7X8X9。其中，X1X2X3X4X5X6 为该小区对应的 gNB ID。

X7X8X9 为该小区在 gNB 内的标识（常规称为 Cell ID），共 12bits，组成 3 位十六进制数。

其中，X7 用于区分频段和 gNB ID 跨省复用的基站，X8X9 用于频段下的载扇标识。

中国电信 5G 初期商用的基站 Cell ID 编码规则如图 10-6 所示。

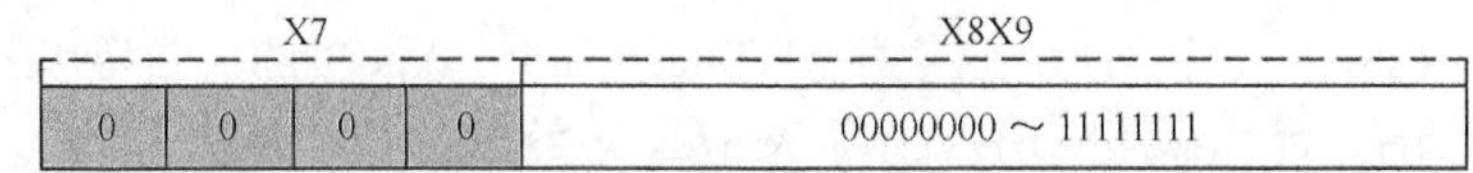

注：X7=0 代表 3400MHz ～ 3500MHz 频段，X7=1 ～ F 字段预留备用

图10-6　中国电信5G初期商用的基站Cell ID编码规则

X8X9 由各省自行定义，其范围是 00 ～ FF，要求各省在命名小区时优先考虑从 00 开始编号，随着小区增多，编号逐步增大至 FF。例如，一个三载扇的 5G 宏基站，其同一个 gNB ID 下的小区编号应优先使用 00、01、02；一个九载扇的 5G 有源室分系统，其同一个 gNB ID 下的小区编号应优先使用 00、01、02、03、04、05、06、07、08。

目前，X7=0 代表 3400MHz ～ 3500MHz 频段，当后续跨省复用 X1X2 时，集团暂未作明确说明，浙江省沿用 4G 原则，暂定 X7=8（第一位 bit 置 1）；X8X9 从 00 开始编号，逐步增大至 FF。根据以上原则，当浙江省主用 X1X2 范围时，对应 Cell ID（X7X8X9）=000 ～ 0FF，对应十进制 0 ～ 255；当跨省复用 X1X2 范围时，对应 Cell ID（X7X8X9）=800 ～ 8FF，对应十进制 2048 ～ 2303。

5G 建网初期主要采用 n78 中 3400MHz ～ 3500MHz 频段进行网络建设。其中，频率带宽为 100MHz，子载波间隔为 30kHz。当设置和使用 5G 基站时，应当提前开展干扰协调工作，与 3500MHz ～ 3600MHz 以及 3300MHz ～ 3400MHz 上部署业务的运营商保持时间同步且子帧配比一致。

远期考虑引入毫米波频段（6GHz 以上），用于室内热点区域的容量吸收。

在此，我们原则上不建议各省在规划 Cell ID 中区分站型（宏站、室分、小站）或子网切片。站型应根据 5G 基站及小区的配置参数来确定，而未来的无线网切片信息主要应依靠 5G QoS 指示符（5G QoS Identifier，5QI）、频段、跟踪区号码（Tracking Area Code，TAC）等信息来辅助完成。未来，待 3GPP 关于 5G 无线网切片标准完善后，即使出现具体到单个或多个无规律基站的子网切片配置，依靠统一规划预留 gNB ID 和 Cell ID 的模式同样不切实际。

10.2.6　PCI 规划

5G 支持 1008 个唯一的物理小区标识（PCI）。

$$N_{\mathrm{ID}}^{\mathrm{Cell}} = 3N_{\mathrm{ID}}^{(1)} + N_{\mathrm{ID}}^{(2)} \qquad \text{式（10-4）}$$

其中，$N_{\mathrm{ID}}^{(2)} = \{0, 1.2\}$，$N_{\mathrm{ID}}^{(1)} = \{0\text{~}335\}$

5G PCI 规划主要遵循的原理如下所述。

1. 避免 PCI 冲突和混淆

（1）避免冲突的原则

相邻小区不能分配相同的 PCI。若分配相同的 PCI，会导致重叠区域中初始小区搜索只能同步到其中一个小区，但该小区不一定是最合适的，这种情况称为冲突。

（2）避免混淆的原则

一个小区的两个相邻小区不能分配相同的 PCI，若分配相同的 PCI，如果 UE 请求切换，基站侧不知道哪个为目标小区，这种情况称为混淆。

2. 减小对网络性能的影响

基于协议 38.211 各信道参考信号以及时频位置的设计，为了减少参考信号的干扰，需要支持 PCI Mod30（PCI 模 30）规划。

部分算法特性需要基于 PCI 作为输入，这些算法的输入基于 PCI Mod3（PCI 模 3），不改动这些算法的输入角度，PCI Mod3 作为 PCI 规划的可选项，建议已开启这些特性的小区按照 PCI Mod3 进行规划。小区特性对 PCI 影响见表 10-21。

表10-21　小区特性对PCI影响

特性	与 PCI 的关系
PUSCH 调度 - 干扰协调	动态选择 PCI Mod3、PCI Mod6、PCI Mod2 的方式
PDSCH 调度 - 干扰协调	采用 PCI Mod3 的方式
SRS 调度 - 干扰随机化	采用 PCI Mod30 的方式

5G 增加 DMRS for PBCH，DMRS for PBCH 资源位置由 PCI Mod4 的取值确定，PCI Mod4 不同可错开导频，但导频仍受 SSB 数据干扰，因此，PCI Mod4 错开不需要。

3. 上下行解耦场景影响

如果 PCI Mod30 相同，会造成两个小区上行 SRS 的相互干扰，导致上行同步失败，上下行解耦场景，LTE 和 SUL 频谱共享，需要 SUL 和 LTE 之间 PCI Mod30 错开。

例如，设备版本要求 SUL 和对应的 C-Band 小区共 PCI，因此，开通上下行解耦特性的 C-Band 小区 PCI 也要与 LTE 小区 PCI Mod30 错开。

10.2.7　TA 规划

1. TA 的规划原则

TA 跟踪区的规划要确保寻呼信道容量不受限，同时对于区域边界的位置更新开销最小。

一般的建网区域只需要一个 AMF 管辖（一个 AMF 管辖数千上万个 gNB）。

跟踪区的规划遵循以下原则。

（1）跟踪区的划分不能过大或过小，TA 中基站的最大值由 AMF 等因素的寻呼容量来决定。

（2）跟踪区规划应在地理上为一块连续的区域，避免和减少各跟踪区基站“插花”（插花是指中间某一站点或几个站点与周围站点有所不同，例如，厂家、制式、频段等。）组网，避免跟踪区更新（Tracking Area Update，TAU）。

（3）当城郊与市区不连续覆盖时，城郊与市区使用单独的跟踪区，不规划在一个 TA 中。

（4）寻呼区域不跨 AMF 的原则。

（5）利用规划区域山体、河流等作为跟踪区边界，减少两个跟踪区下不同小区交叠的深度，尽量使跟踪区边缘位置更新量最低。

（6）初期建议 TA 跟踪区范围与 4G 网络的 TAC 区范围尽量保持一致，减少规划的工作量。

2. TA 的大小设计

跟踪区 TA 的大小要综合考虑以下因素。

（1）AMF 的寻呼（Paging）性能评估

寻呼负荷确定了跟踪区的最大范围，相应的，边缘小区的位置更新负荷决定了跟踪区的最小范围。一个 AMF 下挂基站数或 TA 跟踪区数量的主要限定条件还是 MME 的最大寻呼容量。

（2）gNodeB 的 Paging 性能评估

gNodeB 的能力决定了 TA 跟踪区的大小，gNodeB 寻呼能力由以下最小的规格决定。

① PDSCH 寻呼负荷评估

PDSCH 能支持的每秒寻呼次数。

② PDCCH 寻呼负荷评估

PDCCH 能支持的每秒寻呼次数。

③ gNB CPU 寻呼负荷评估

实际产品能支持的每秒寻呼次数。

④ 寻呼规格限制

通过计算 gNodeB 每秒支持的最小寻呼次数，单用户每秒寻呼次数及每个 gNB 下支持的用户，可计算出一个 TA 跟踪区下挂的 gNB 个数。

（3）其他建议

根据调研，在正常负载的情况下，设备厂家 1 个 TA 下的基站一般在 50 ～ 100 个，不排除部分厂家因为处理能力超强而使 TA 下挂基站更多的情况。应根据具体的试验网设备厂家能力，再考虑 TA 的合适大小，初期在网络负载较低的情况下，可将 TA 区域设计得大一些，尽量与 LTE 的 TAC 区域保持范围一致，后期当网络负载增加时，可缩小 TA 的大小。

10.2.8 TAI 规划

每个 TA 有一个跟踪区标识（Tracking Area Identity，TAI），TAI 的编号由 3 个部分组成：MCC+MNC+TAC。TAI 构成示意如图 10-7 所示。

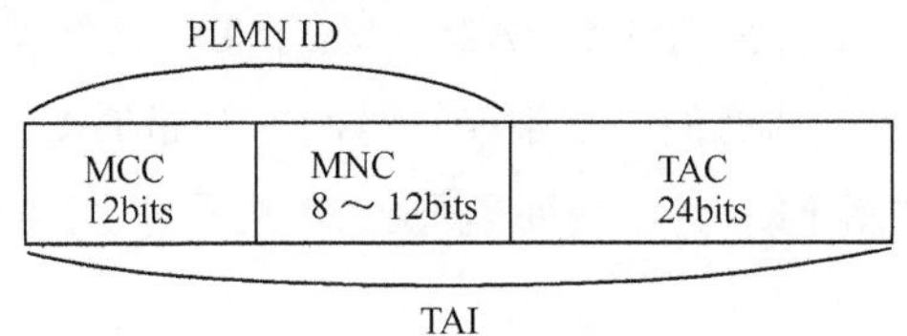

图10-7 TAI构成示意

跟踪区域码（TAC）为 24bits 长，6 位十六进制编码，X1X2X3X4X5X6。

省内 TACX3X4X5X6 划分遵循的规则与 4G 一致。

为了 5G 网络规划和 4G/5G 互操作便利，建议 5G 网络 TA 划分遵循的规则与 4G 一致。

各省 TAC 编码的 X3X4X5X6 号段规划原则如下所述。

（1）为了满足国家有关部门关于紧急呼叫的辖区划分需求，5G 无线网的 TA 区域规划应细化到区 / 县一级。在位置更新、寻呼等无线性能不受明显影响的情况下，同一个 TA 原则上不得跨区 / 县，同一区 / 县内可规划多个 TA。

（2）在 5G 部署初期，如果不涉及跨区 / 县边界，建议 5G 的 TA 区域大小及相应 TAC 的 X3X4 编号与 4G 的 TA 区域大小及相应 TAC 的 X3X4 编号保持一致（5G TAC 的 X5X6 初期可置为 0）。

（3）当 4G 某个 TA 区按需裂分为多个 TA 区时，如果有必要，对应的 5G TA 区也同样进行裂分，5G 裂分后产生的多个 TAC 的 X3X4 编号应与 4G 裂分后产生的多个 TAC 的 X3X4 编号保持一致。

（4）当 5G 某个 TA 区按需裂分为多个 TA 区，而 4G 的 TA 区不变时，5G 新产生的多个 TA 的 X3X4 号段原则上应继承原 TA 的 X3X4 的设置值，凭借启用 X5X6 来区分新产生的多个 TA。

10.2.9 TA List 多注册跟踪区方案

多注册 TA 方案即多个 TA 组成一个 TA 列表（TA List 或 TAI List），这些 TA 同时分配给一个终端；终端在一个 TA List 内移动不需要执行 TA 更新。当终端附着到网络时，由网络决定分配哪些 TAs 给终端，终端注册到所有 TAs 中。当终端进入不在其所注册的 TA List 列表中的新 TA 区域时，需要执行 TA Update（TA 升级），网络给终端重新分配一组 TAs。

根据调研，目前大部分设备厂家对于多注册 TA List 的方案使用经验有限，故通常采用每个 TA List 中仅 1 个 TA 的模式，在此，我们建议网络初期采用该模式。多注册跟踪区的应用案例（减少位置更新负荷的例子）如下所述。

日本新干线的列车长为 480m，时速为 300km/h，每辆列车可容纳 1300 名乘客。TAU 请求示例一如图 10-8 所示，位于每个 TA 下的所有终端都被分配相同的 TA List。图 10-8 中位于 TA2 的终端被分配的 TA List 为 TA1 和 TA2，而位于 TA3 的终端被分配的 TA List 为 TA2 和 TA3。在每一个 TA 边界，所有的终端都在短时间内发起 TAU 过程，导致 MME 和 gNB 的 TAU 负载尖峰。以日本新干线为例，当列车通过 TA 边界时，每 4.4ms 就有一次 TAU 请求。

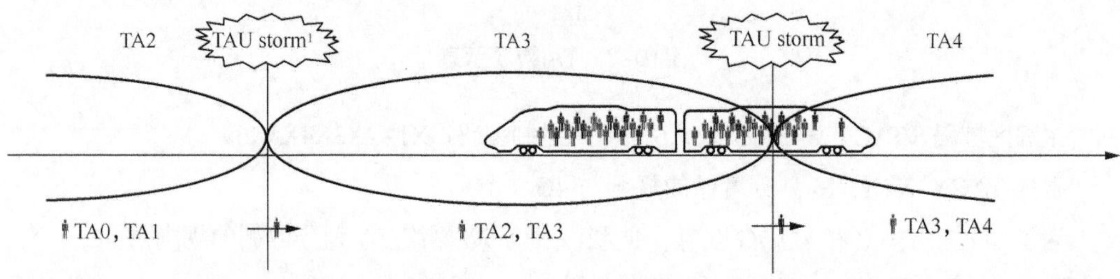

1. TAU storm 为跟踪区更新信令风暴

图10-8 TAU请求示例一

针对上述场景面临的问题，可以采用基于终端的 TA List 分配策略，即 MME 对位于同一个 TA 的终端分配不同的 TA List。TAU 请求示例二如图 10-9 所示，用户被分为两组，不同组的用户分配不同的 TA List，因此在 TA 边界将只有一半的用户需要发起 TAU 请求，在一定程度上减少了 TAU 负荷，提高了登记的成功率。

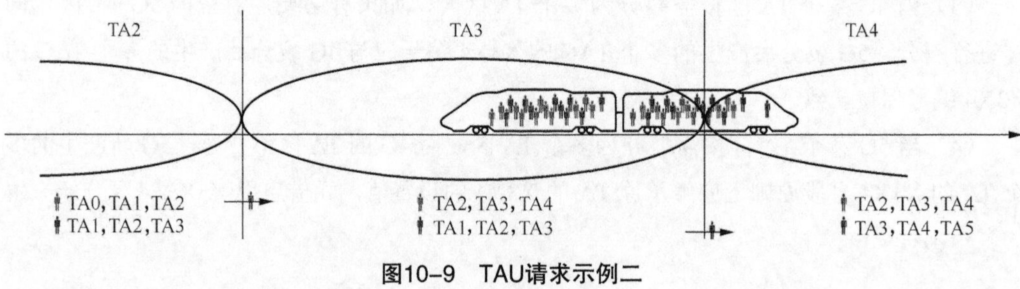

图10-9 TAU请求示例二

10.2.10 RAN-Based 通知区（RNA）设计

RAN 通知区（RAN Notification Area）是基于 RAN 寻呼的寻呼区，可用于 RRC_Inactive 态（RRC 不活动态）。

RNA 配置方法的优缺点见表 10-22。

表10-22 RNA配置方法的优缺点

	优点	缺点
方法一	可灵活配置	最大只支持 32 个小区
方法二	无数量限制，最大可与 TA 一致	和 TA 挂钩，配置不够灵活

在表 10-22 中，方法一指的是，基站告知 UE RNA 中具体的小区列表；方法二指的是，基站告知 UE RNA ID，RNA 的范围可以为 TA 的子集或等于 TA 的大小，RNA ID 在小区系统消息中广播。RNA ID=TAI（必选）+RNA Code（可选）。

对于 5G 网络，未来终端的业务模式、在网络中的 Connected 态（连接态）、Idle 态（空闲态）、Inactive 态（不活动态）的占比，暂时无法评估。目前，我们建议 RNA 的规划保持与 TA 一致，具体的配置方法根据业务特征、移动性特征和需求进行选择。

10.2.11 PRACH 规划

协议定义每个小区最大 64 个前导序列用于初始接入、切换、连接重配、上行同步。

协议提供长短两种格式，其中，长格式共 4 种类型，短格式共 9 种类型。长格式用于增强上行覆盖。

前导序列由 ZC 序列循环移位（Ncs）而成，小区半径决定循环移位的长度。NR PRACH 规划原则见表 10-23。

表10-23 NR PRACH规划原则

类别	LTE 协议	5G 协议
RA 子载波间隔	1.25kHz	长格式：1.25kHz，5kHz（长格式不支持高频仅支持低频） 短格式：15kHz，30kHz，60kHz，120kHz（高频 RA_SCS 仅支持 60kHz&120kHz，不支持 15kHz&30kHz，低频 RA_SCS 仅支持 15kHz&30kHz，不支持 60kHz &120kHz）
Preamble Format（前导格式）	短格式：9 种 长格式：4 种	短格式：A1/A2/A3/B1/B2/B3/B4/C0/C2 长格式：0/1/2/3
根的个数	短格式：138 长格式：838	短格式：138 长格式：838
Ncs	长格式：0～3 的 Ncs 表 短格式：4 的 Ncs 表	*RA_SCS*=1.25kHz（长格式 0/1/2）的 Ncs 表 *RA_SCS*=5kHz（长格式 3）的 Ncs 表 *RA_SCS*=15/30/60/120kHz（短格式）的 Ncs 表

10.2.12 邻区规划

NSA 组网需要进行的邻区规划见表 10-24。

表10-24 NSA组网需要进行的邻区规划

源小区	目标小区	邻区的作用	
		NSA 场景	SA 场景
LTE	NR	NSA DC 在 LTE 上添加 NR 辅载波（仅锚点 LTE 站需要规划）	LTE 重定向到 NR（涉及互操作的 LTE 站点需要规划）
NR	NR 同频	NR 系统内移动性	NR 系统内移动性（同 NSA 场景）

邻区规划较为复杂，一般以工具规划为主，以某工具为例说明邻区规划的主要思路。

1. 生成候选邻区

根据设置的最大邻区距离，待选邻区数量等配置参数，按照拓扑关系生成各小区的候选邻区列表。

2. 加入借鉴邻区

5G NR 新建（批量或插花）和扩容，可以选择“是否借鉴 4G LTE/5G NR 已有邻区关系”。根据界面设置参数“是否借鉴原网邻区关系”，以及借鉴频点设置，在候选邻区表中加入借鉴的邻区关系。

3. 邻区综合排序

根据服务小区与邻区的距离、方位角和层数，对服务小区的所有待选邻区进行综合打分和排序，得分越低，优先级越高。

4. 结果输出

按照用户输入的最大邻区数量获取排序靠前的邻区作为输出结果。

工具邻区规划的主要能力说明如下所述。

支持 5G NR 同频邻区规划（最多支持规划 256 个邻区）、LTE 与 5G NR 异系统邻区规划（最多支持规划 128 个邻区）。

根据界面输入的邻区规划数量，需要规划同频邻区的频点，异系统邻区频点生成邻区规划结果。

根据设置的最大邻区距离、待选邻区数量等配置参数，生成各小区的候选邻区列表。

在规划 LTE 与5G NR 异系统邻区时，有以下两种可能。

第一，LTE 在 SFN 站、多天线、多 RRU、Repeater 站等场景时，算法内部会将这些特殊站点拆分成虚拟小区再进行邻区规划，最后进行合并。

第二，LTE 在多频点时，需要进行频点虚拟化，再进行异系统邻区规划。

根据界面输入是否双向匹配，进行双向匹配操作，双向匹配只支持同频邻区规划。

10.2.13 基站及扇区命名

1. 基站命名

gNodeBFunctionName（基站功能命名）：gNB 名称（64 个字符，32 个汉字）。该参数表示 gNB 名称，唯一标识一个 gNodeBFunction（基站功能）实例。

UserLabel（用户标签）：暂未配置该字段，支持 255 个字符。该参数表示用户自定义信息，用户可通过该参数增加备注信息。

5G 基站的命名规则如下。

（1）N（5G 制式中的 N 代表 NR，NSA 代表非独立站点）_ 厂家（缩写）_ 区县及站点名称。例如，N_Z_ 余杭临平邮政大楼，NSA_E_ 金华电信大楼 BBU1。

（2）厂家缩写。例如，华为的缩写是（H）；中兴的缩写是（Z）；爱立信的缩写是（E）。

（3）如果 BBU 集中放置，额外添加“BBU+ 编号”。

（4）BBU 不区分室内和室外。例如，一般基站场景：N_H_ 杭州二枢纽；BBU 集中放置场景：N_H_ 杭州二枢纽 BBU1。

2. 小区名

SECNAME（扇区名称）：支持 32 个字符。该参数表示扇区的名称。

LOCATIONNAME（位置名称）：支持 64 个字符。该参数表示基站物理设备的位置名称。

UserLabel（用户标签）：支持 64 个字符。该参数表示扇区的用户自定义信息。

试验网小区的命名规则如下。

基站名 _Cell ID_（级联）_IN（非室分小区不填）。

Cell ID：00，01，02，03 等。

级联写法：F2 表示从 2 小区级联，非级联小区不写。

IN 表示室内室分。例如，杭州大厦 _1；杭州大厦 _2；杭州大厦 _3；杭州大厦 _4（F2）；杭州大厦 _5（F4）_IN。

备注：第四小区从第二小区级联，第五小区从第四小区级联。

3. 纯拉远 RRU/AAU 命名

规范：地市 + 区域 +RRU/AAU 名 _IN（非室分站不填）。

例如，杭州江干区文化中心 RRU1_IN。

备注：拉远 RRU 需要配置 RRU/AAU 名称，40 个字符，支持 20 个汉字。

10.2.14 X2 规划

保证 X2 链路的合理性，不但能提升 LTE 网络 X2 链路的利用率，而且能预留足够的空间给 5G 进行链路添加，从而保证 5G 网络的接入。X2 规划通过 X2 自管理算法优化，对现网 X2 链路进行合理性优化，为 5G 提供足够的 X2 链路预留空间。

在 X2 链路满配的情况下，根据前期经验，共有以下 3 种解决方案。

1. 自动配置方式一（删除故障 X2 链路或利用率低的 X2 链路，通过 X2 功能自动建立方案）

在密集区域可能存在 X2 链路加满导致 5G 链路无法添加的情况，通过查看故障 X2 链路数量，部分设备厂家可以通过 X2 链路故障自删除算法，将故障 X2 链路进行删除。如果 X2 链路无故障，可以通过基于 X2 链路利用率进行 X2 链路删除。保障 X2 链路空间缩减，5G 链路通过 X2 链路进行自建立。

基于 X2 链路的利用情况，X2 协商 / 非协商自动删除开关。当该开关为“ON（开启）”时，可以删除利用率低的 X2 链路配置，其目的是防止这类配置占用 X2 链路规格。

这种配置方式的优点：能快速解决 X2 链路满配的情况，预留 X2 链路空间。

这种配置方式的缺点：受有效邻基站故障或朝夕效应影响，X2 链路可能导致误删除，后期受有效邻基站故障恢复或朝夕效应影响，X2 链路无法添加。

2. 手动配置（删除故障 X2 链路或利用率低的 X2 链路，通过 X2 手动配置方案）

如果通过故障 X2 或利用率低的 X2 链路处理后，X2 链路未能及时添加，可以通过 X2 手动配置方案进行 X2 链路添加。

这种配置方式的优点：能快速解决 X2 链路满配情况，预留 X2 链路空间。

这种配置方式的缺点：受有效邻基站故障或朝夕效应影响，X2 链路可能导致误删除，后期受有效邻基站故障恢复或朝夕效应影响，X2 链路无法添加。另外，这种方式存在人工配置错误的风险。

3. 自动配置方式二（周期性删除故障 X2 链路或利用率低的 X2 链路，通过 X2 功能自动建立方案）

对于测试过程中临时遇到 X2 链路加满导致 5G 链路无法添加的情况，可利用基于链路故障自删除及利用率自删除算法，将冗余 X2 链路进行删除。但由于目前 4G 添加 5G 的 X2 链路必须待终端检测上报后进行 X2 自建立，所以维护 X2 链路合理的使用率，为 5G 链路预留空间尤为重要。为解决 LTE 站点 X2 规格满，导致与 5G 站点间 X2 建立失败而影响接入的问题，自此提出基于周期性的 X2 管理算法（周期性自删除及修改 X2 自建立门限）。

这种配置方式的优点：周期性解决 X2 满配的问题，预留足够 X2 链路空间，较前两种方案无须担心 X2 链路删除后又自动添加满配的问题。

这种配置方式的缺点：由于修改了 X2 自建立计数门限，X2 自建立条件越严格，所以可能导致长时间 X2 不能建立、S1 切换频繁、占用 S1 资源的情况。

5G 仿真
Chapter 11
第11章

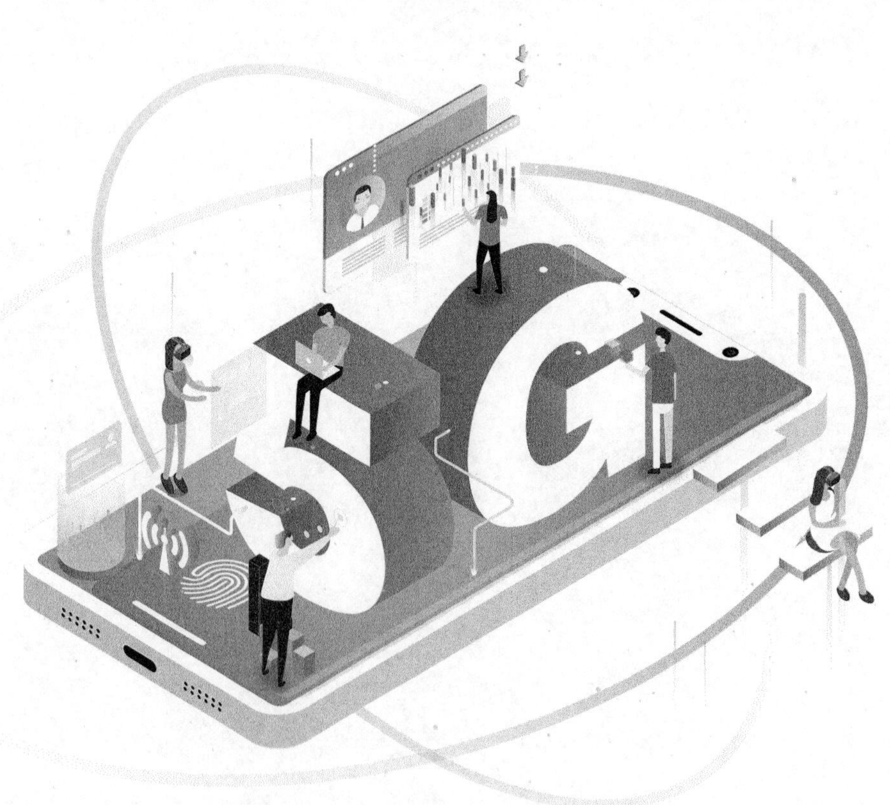
5G

通过输入三维数字地图、工参信息，采用 3D 建模、射线追踪模型计算，用户级动态波束、仿真和预测网络性能。

●• 11.1 仿真简介

实际的通信系统是一个功能相当复杂的系统，在对原有的通信系统做出改进或建立之前，通常需要对这个系统进行建模和仿真。通过仿真结果衡量方案的可行性，从中选择最合理的系统配置和参数设置，然后应用于实际系统中，这个过程就是通信系统的仿真。

随着数字通信技术的发展，特别是与计算机技术的相互融合，通信系统和信号处理技术变得越来越复杂。强大的计算机辅助分析与设计能力，与系统仿真方法相结合，可以高效、低成本地将新的理论成果转化为实际产品。这种方法越来越受到业界青睐。

●• 11.2 无线传播模型

11.2.1 传播模型概述

随着 5G 技术的不断发展，5G 在全球范围内的应用也在不断扩大。准确的网络估算能力有助于提升网络竞争力和精准部署 NR 网络，而传播模型对于网络估算的准确度有着决定性的影响。

在移动通信网络规划中，传播预测的结果将影响网络规划过程中小区半径、容量、覆盖、干扰等指标的预测，因而对规划结果的准确性起着决定性的作用。一直以来，精确的传播预测方法和传播模型是移动通信和网络规划研究的关键课题。在 3G 中，由于 CDMA 系统具有自干扰特性，所以准确地预测干扰显得尤为重要。

电波传播的研究方法分为两类：一类是对大量测试数据进行研究，得到电波传播的统计特性，这类传播模型称为统计模型或经验性传播模型；另一类是对电波的传播特性进行理论分析，得到电波传播的特性，这类传播模型称为理论模型或确定性模型。在实际情况中，也有不少模型综合使用以上两种研究方法，可以称为半经验性模型。

经典的经验个性传播模型包括 Okumura-Hata（奥村—哈他）模型、Cost231-Hata 模型、Keenan-Motley（马特内—马思纳）模型（应用于室内场景）等。这类模型通常是通过对大量测试数据进行统计和拟合得到的图表或公式。经验性传播模型统计的是所有的环境影响，但对于具体场景来说，经验性传播模型是不准确的。同时，预测环境与为构造模型做测量环境的相似程度也在很大程度上影响着模型的准确性。常见的确定性模型是垂直面模式，即使用刀刃分析方法计算发射天线与接收天线之间垂直剖面上的绕射损耗。垂直面模式常用在半经验的传播模型中，这类模型在经验模型的统计公式中增加了刀刃分析方法。但垂直面模式只考虑到电磁波在屋顶的绕射传播，因此这类半经验模型只在室外宏蜂窝场景中使用。

相对准确的确定性研究方法是射线追踪技术。射线追踪技术是光学的射线技术在电磁计算领域中的应用，能够准确地考虑到电磁波的各种传播途径，包括直射、反射、绕射、透射等，能够考虑到影响电波传播的各种因素，从而针对不同的具体场景做准确的预测。射线追踪技术在 20 世纪 90 年代以来受到广泛关注，尤其是得到众多移动通信运营商和设备制造商的重视，并且市场上出现了较为成熟的商用模型软件。

射线追踪技术的基本原理基于电磁波的高频假设，即认为在频率较高的情况下，电磁波可被简化为射线，从而使用光的理论研究电磁波的传播特性。例如，反射定律、折射定律、光程定律等。同时，在障碍物的边缘，引入绕射理论对电磁波的绕射情况进行分析，常用的是一致性绕射理论（Uniform Theory of Diffraction，UTD）。射线追踪技术采用特定的算法计算射线的轨迹，常用的两类算法是镜像法和发射射线法。镜像法利用几何光学的镜像原理求解真实源的多级镜像点，得到镜像树，然后根据镜像树中的镜像点得到射线的轨迹。发射射线法把发射场简化为离散的射线，然后计算每一条射线的轨迹。镜像法具有较高的计算精度，但是发射射线法则具有较快的计算速度。在知道到达接收点的每条射线的轨迹之后，就可以计算出它们的幅相和时延特性，将这些场分量叠加，就可以得到接收点的场。由于计算高阶射线需要耗费更多的时间和内存资源，因此射线追踪算法还需要在计算精度和计算时间之间做均衡，取合理的截断次数。通常反射线的截断次数取 4 ～ 7 阶，绕射线的截断次数取 1 ～ 3 阶。

11.2.2 传播模型介绍

1. 射线追踪模型

射线追踪模型（即 Rayce 模型）主要应用于 5G 精细化仿真。Rayce 模型是通过跟踪发射源在整个立体空间中发射出的射线，再基于 UTD 和镜面反射理论（Geometric Optical，GO）计算空间的各种传播方式的影响，找到发射点和接收点的有效路径，对所有传播路径的场强进行叠加，然后确定接收点电平。

射线追踪模型的计算比较复杂，不是一个固定公式，主要由确定项和经验项组成。确定项就是直射、反射、衍射、透射径的能量合并，经验项是基站高度项、天线增益修正项、植被损耗等。

定义 $Pathloss_{\mathrm{Rayce}}$ 为射线追踪模型的总路损，$Pathloss_{\mathrm{DET}}$ 为确定性损耗，$Pathloss_{\mathrm{COR}}$ 为经验修正项。

$$Pathloss_{\mathrm{Rayce}} = Pathloss_{\mathrm{DET}} + Pathloss_{\mathrm{COR}}$$

确定性损耗 $Pathloss_{\mathrm{DET}}$ 为：

$$Pathloss_{\mathrm{DET}} = \varepsilon \times 10T\log_{10}\left(\frac{Power}{Strength_{\mathrm{beam}}}\right)$$

经验修正项为：

$$Pathloss_{\mathrm{COR}}=C_3\times\log_{10}Hsx+\delta\times Loss_{\mathrm{FSL}}+L_{\mathrm{p}}+C_{\mathrm{Ant}}\times L_{\mathrm{Ant}}+L_{\mathrm{veg}}+$$
$$C_{1\text{-}1\mathrm{os}}+C_{2\text{-}1\mathrm{os}}\times\log_{10}d+C_{1\text{-}\mathrm{nlos}}+C_{2\text{-}\mathrm{nlos}}\times\log_{10}d$$

其中，ε 为校正系数（不推荐校正）；*Power* 为小区导频功率；$Strength_{\mathrm{beam}}$ 表示多径合并后的能量值，单位为 mW；*d* 为收发点之间的 2D 距离，单位为 m；*Hsx* 为发射机高度，单位为 m；$Loss_{\mathrm{FSL}}$ 为 1m 自由空间损耗，单位为 dB；L_{p} 为接收机所在位置的地物损耗，单位为 dB；L_{Ant} 为天线损耗，单位为 dB；L_{veg} 为植被损耗，单位为 dB；$C_{1-\mathrm{los}}$、$C_{1-\mathrm{nlos}}$、$C_{2-\mathrm{los}}$、$C_{2-\mathrm{nlos}}$、C_3 和 C_{Ant} 为对应项的修正系数；*d* 为高级配置参数。

与传统统计模型相比，射线追踪的优势主要体现在以下 3 个方面。

（1）精确的电磁波传播路径搜寻和反射、衍射能量计算，使电平预测的准确性更高。在无数据校正传播模型的新建网络预测场景与对环境因素更为敏感的高频网络预测场景中，射线追踪模型的优势更为明显。

（2）射线追踪模型可以输出多径信息，有助于更加精确的特性建模，例如，大规模多输入多输出（Massive MIMO）、多用户 MIMO（MU-MIMO）。

（3）射线追踪模型的传播模型可以校正。Rayce 模型校正各参数设置说明见表 11-1。

表11-1　Rayce模型校正各参数设置说明

参数		说明
General Parameter（一般参数）	Building Strategy	建筑物处理策略
	Penetration Model	穿透模型策略
	Tx Height Correct	发射机高度修正策略
	Radius of Near Area(m)	近点计算半径
Multi-path Parameter（多径参数）	Reflection Number	最大反射次数
	Diffraction Number	最大绕射次数
Correction Parameter（修正参数）	C_1	常数项校正因子
	C_2	距离项校正因子
	C_3	发射机高度项校正因子
	C_{Ant}	天线增益校正因子
	ε	确定性模型校正因子

室外电波传播的主要机制可以总结为以下内容。

（1）垂直面机制，即垂直面上地形和地物（主要是建筑物）的绕射，通常采用多刀刃绕射方法计算传播损耗。

（2）水平面机制，即水平方向上墙面的反射和墙角的绕射，通常采用射线追踪算法得到传播路径，使用 UTD 计算传播损耗。

（3）散射问题。由于目前包括射线追踪模型在内的所有传播模型都没有确定性地考虑散射，因此这里只讨论水平面机制和垂直面机制。在不同的场景下，这两种机制对电波传播的影响也大不相同。在宏蜂窝场景下，天线通常架设在所覆盖区域中最高或较高的建筑上，远高于平均建筑物的高度，周围有较少的遮挡，垂直面机制占主导地位。而在一些微蜂窝场景，天线通常架设在非最高建筑物顶部甚至安装在墙面上，天线高度接近或低于平均建筑物高度，周围遮挡物较多，水平面机制则占主导地位。

传播模型与传播机制关系见表 11-2，表 11-2 给出了 3 种传统的传播模型，即 Cost231-Hata 和 SPM（标准传播模型），以及 Rayce（射线追踪模型）对以上传播机制的考虑情况。

表11-2　传播模型与传播机制关系

是否可以进行确定性的考虑	Cost231-Hata	SPM	Rayce
水平面机制	否	否	是
垂直面机制（地物）	否	是	是
垂直面机制（地形）	是	是	是
散射	否	否	是

射线追踪模型与传统经验传播模型预测结果的对比如图 11-1 所示，对使用 Cost231-Hata、SPM 和 Rayce 模型进行预测的结果进行对比，可以看出 Rayce 模型具有非常明显的优势。

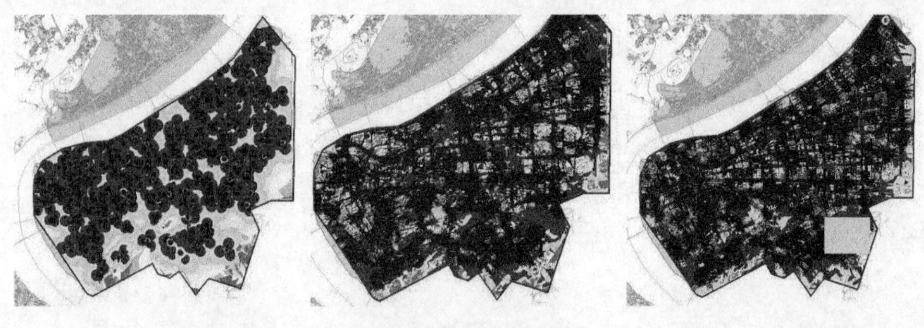

（a）Cost231-Hata模型的预测结果　（b）SPM模型的预测结果　（c）Rayce模型的预测结果

图11-1　射线追踪模型与传统经验传播模型预测结果的对比

由于 Cost231-Hata 模型不考虑地物（主要是建筑物）的绕射，因此其预测结果是较为规则的方向图形状。SPM 模型则使用刀刃绕射算法，计算垂直剖面上的绕射损耗。但实际上，由于天线高度远低于周围的建筑物，垂直面的绕射损耗非常大，因此校正结果中的绕射系数非常小（通常为 0.02），显得极不合理。最后是 Rayce 模型的预测结果，可以明显地看到墙面反射、绕射造成的街道效应，其预测结果显然更加符合实际情况。

射线追踪技术作为无线传播预测中的一项新技术，在移动通信网络规划领域得到了越来越多的应用。结果表明，射线追踪模型是精确进行城区网络规划的有效技术。

2. UMa 模型

3GPP 36.873 协议和 38.901 协议分别定义了 2GHz ～ 6GHz 和 500MHz ～ 100GHz 的传播模型，该模型主要应用于宏站组网的密集城区、城区、郊区场景。

3GPP 36.873 协议定义 UMa（城市宏站）模型（适用范围为 2GHz ～ 6GHz）见表 11-3。

表11-3　3GPP 36.873协议定义UMa（城市宏站）模型（适用范围为2GHz～6GHz）

模型	路径损耗（dB），f_c（GHz），距离（m）	阴影衰落（dB）	适用范围，天线高度默认值（m）
3D-UMa LOS	$PL = 22.0\log_{10}(d_{3D})+28.0 + 20\log_{10}(f_c)$ $PL = 40\log_{10}(d_{3D})+28.0+20\log_{10}(f_c) - 9\log_{10}[(d'_{BP})^2+(h_{BS}-h_{UT})^2]$	$\sigma_{SF}=4$ $\sigma_{SF}=4$	$10 < d_{2D} < d'_{BP}$ $d'_{BP} < d_{2D} < 5000$ $h_{BS}=25, 1.5 \leqslant h_{UT} \leqslant 22.5$
3D-UMa NLOS	$PL = \max(PL'_{3D-UMa-NLOS}, PL_{3D-UMa-LOS})$, $PL_{3D-UMa-NLOS}=161.04 - 7.1\log_{10}(W)+7.5\log_{10}(h) - [24.37 - 3.7(h/h_{BS})^2]\log_{10}(h_{BS})+[43.42 - 3.1\log_{10}(h_{BS})][\log_{10}(h_{3D})-3] + 20\log_{10}(f_c)-\{3.2[\log_{10}(17.625)]^2-4.97\}-0.6(h_{UT}-1.5)$	$\sigma_{SF}=6$	$10 < d_{2D} < 5000$ h = avg. building height, W = street width $h_{BS}=25, 1.5 \leqslant h_{UT} \leqslant 22.5$, $W=20, h=20$ The applicability ranges: $5 < h < 50$，$5 < W < 50$，$10 < h_{BS} < 150$，$1.5 \leqslant h_{UT} \leqslant 22.5$， （表中各参数的具体含义见注 1 ～注 6）

注 1：断裂点距离 $d'_{BP} = 4h'_{BS}h'_{UT}f_c/c$，其中，$f_c$ 是中心频率，单位为 Hz，$c=3.0\times10^8$ m/s 是自由空间中的传播速度，h'_{BS} 和 h'_{UT} 分别是 BS 和 UT 处的有效天线高度。在 3D-UMi 场景中，有效天线高度 h'_{BS} 和 h'_{UT} 的计算如下：$h'_{BS}=h_{BS}-1.0$，$h'_{UT}=h_{UT}-1.0$，其中，h_{BS} 和 h_{UT} 是实际天线的高度，以及假定有效环境高度等于 1.0 m。
注 2：PL_b 为基本路径损耗，PL_{3D-UMi} 为 3D-UMi 室外场景的损耗，PL_{tw} 为穿墙损耗，PL_{in} 为内部损耗，d_{2D-in} 假定均匀分布在 0~25 m。
注 3：断裂点距离 $d'_{BP} = 4h'_{BS}h'_{UT}f_c/c$，其中，$f_c$ 是中心频率，单位为 Hz，$c=3.0\times10^8$ m / s 是自由空间中的传播速度，h'_{BS} 和 h'_{UT} 分别是 BS 和 UT 处的有效天线高度。在 3D-UMa 场景中，有效天线高度 h'_{BS} 和 h'_{UT} 的计算如下：$h'_{BS}=h_{BS}-h_E$，$h'_{UT}=h_{UT}-h_E$，其中，h'_{BS} 和 h'_{UT} 是实际天线的高度，有效环境高度 h_E 是 BS 和 UT 之间的链接的函数。在确定链路为 LOS 的情况下，h_E=1m 的概率等于 $1/[1+C(d_{2D}, h_{UT})]$，并服从离散分布 uniform［12，15，…，$(h_{UT}-1.5)$］。
注 4：PL_b = 基本路径损耗，PL_{3D-UMa} 为 3D-UMa 室外场景的损耗，PL_{tw} 为穿墙损耗，PL_{in} 为内部损耗，d_{2D-in} 假设均匀分布在 0~25 m。
注 5：$PL_{3D-UMa-LOS}$ = 3D-UMa LOS 室外场景的路径损耗。
注 6：为了简单起见，阴影衰减值从注 4 中重新使用

3GPP 38.901 协议定义 UMa 模型（适用范围 500MHz ～ 100GHz）见表 11-4。

表11-4 3GPP 38.901协议定义UMa模型（适用范围500MHz～100GHz）

<table>
<tr><th>模型</th><th>直视/非直视</th><th>路径损耗（dB），f_c（GHz），距离（m）</th><th>阴影衰落（dB）</th><th>适用范围，天线高度默认值（m）</th></tr>
<tr><td rowspan="3">UMa</td><td>直视</td><td>$PL_{\text{UMa-LOS}}=\begin{cases}PL_1 & 10\leqslant d_{2D}\leqslant d'_{BP}\\ PL_2 & d'_{BP}\leqslant d_{2D}\leqslant 5000\end{cases}$
$PL_1=28.0+22\log_{10}(d_{3D})+20\log_{10}(f_c)$
$PL_2=28.0+40\log_{10}(d_{3D})+20\log_{10}(f_c)-$
$9\log_{10}\left[\left(d'_{BP}\right)^2+\left(h_{BS}-h_{UT}\right)^2\right]$</td><td>$\sigma_{SF}$=4</td><td>$1.5\leqslant h_{UT}\leqslant 225$
$h_{BS}=25$</td></tr>
<tr><td rowspan="2">非直视</td><td>$PL_{\text{UMa-NLOS}}=\max\left(PL_{\text{UMa-NLOS}},PL'_{\text{UMa-NLOS}}\right)$
for $10\leqslant d_{2D}\leqslant 5000$
$PL'_{\text{UMa-NLOS}}=13.54+39.08\log_{10}(d_{3D})$
$20\log_{10}\left(f_c\right)-0.6\left(h_{UT}-1.5\right)$</td><td>$\sigma_{SF}$=6</td><td>$1.5\leqslant h_{UT}\leqslant 225$
$h_{BS}=25$
（表中各参数的具体含义见注 1 ～注 6）</td></tr>
<tr><td>Optional $PL=324+20\log_{10}\left(f_c\right)+30\log_{10}\left(d_{3D}\right)$</td><td>$\sigma_{SF}$=7.8</td><td></td></tr>
</table>

注 1：断点距离 $d'_{BP}=4\,h'_{BS}\,h'_{UT}\,f_c/c$，其中，$f_c$ 是中心频率，单位为 Hz，c =3.0 × 10⁸m / s 是自由空间中的传播速度，h'_{BS} 和 h'_{UT} 分别是 BS 和 UT 处的有效天线高度。有效天线高度 h'_{BS} 和 h'_{UT} 的计算如下：$h'_{BS}=h_{BS}-h_E$，$h'_{UT}=h_{UT}-h_E$。其中，h_{BS} 和 h_{UT} 是实际天线高度，h_E 是有效环境高度。对于 UMi，$h_E=1.0$m。对于 UMa，$h_E=1$m 的概率为 $1/[1+C(d_{2D},h_{UT})]$，否则，从离散分布 uniform［12, 15, …, $(h_{UT}-1.5)$］中进行选择。$C(d_{2D},h_{UT})$ 由如下公式给出。

$$C\left(d_{2D},h_{UT}\right)=\begin{cases}0 & ,\ h_{UT}<13\text{m}\\ \left(\dfrac{h_{UT}-13}{10}\right)^{1.5} g\left(d_{2D}\right) & ,\ 13\text{m}\leqslant h_{UT}\leqslant 23\text{m}\end{cases}$$

其中，

$$g\left(d_{2D}\right)=\begin{cases}0 & ,\ d_{2D}<18\text{m}\\ \dfrac{5}{4}\left(\dfrac{d_{2D}}{100}\right)^3 \exp\left(\dfrac{-d_{2D}}{150}\right) & ,\ 18\text{m}\leqslant d_{2D}\end{cases}$$

注 2：此表中 PL 公式的适用频率范围是 $0.5<f_c<f_H$ GHz。其中，对于 UMa，$f_H=30$ GHz；对于其他情况，$f_H=100$ GHz。基于在 24GHz 下进行的单次仿真，可以验证大于 7GHz 的 UMa 路径损耗模型。

注 3：UMa NLOS 路径损耗来自协议 TR36.873 的简化格式，并且 $PL_{\text{UMa-LOS}}$ 为 UMa LOS 室外场景的路径损耗。

注 4：$PL_{\text{UMi-LOS}}$ 为 UMi-Street Canyon LOS 室外场景的路径损耗。

注 5：断点距离 $d_{BP}=2\pi\,h_{BS}\,h_{UT}\,f_c/c$。其中，$f_c$ 是中心频率，单位为 Hz，c = 3.0 × 10⁸ m/s 是在自由空间中的传播速度，h_{BS} 和 h_{UT} 是分别在 BS 和 UT 位置处的天线高度。

注 6：f_c 表示以 1GHz 归一化的中心频率，所有与距离相关的值均以 1m 归一化，除非另有说明

注：协议 TR38.901 中说明，其 NLOS 模型是从协议 TR36.873 的 NLOS 模型参数简化后转换而来的。协议 TR36.873 中包含了平均建筑物的高度 h、平均街道宽度 W 以及基站高度 h_{BS}，通过设置不同的值，可以更好地反映不同场景（例如，密集城区 DenseUrban、城区 Urban、郊区 Suburban 等）的差异。在传播模型校正时，也建议使用协议 TR36.873 中的 UMa 模型。

UMa 传播模型中涉及的关于距离和高度的关系如图 11-2 所示。

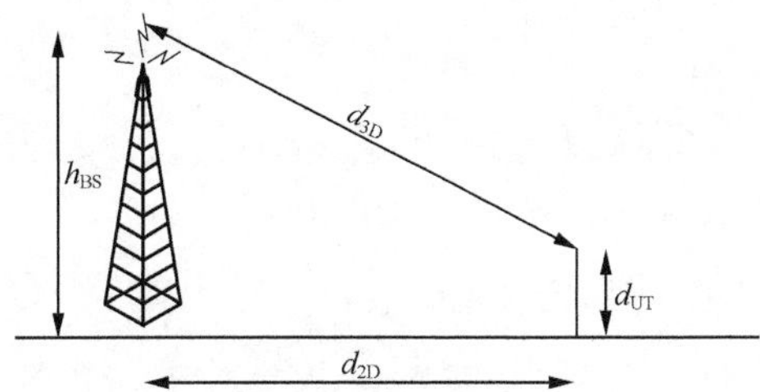

图11-2　UMa传播模型中涉及的关于距离与高度的关系

3. UMi 模型

3GPP 36.873 协议和 38.901 协议分别定义了 2GHz ～ 6GHz 和 500MHz ～ 100GHz 的传播模型。该模型主要应用于小站组网的密集城区和城区场景。

3GPP 36.873 协议定义 UMi（城市微站）模型（适用范围为 2GHz ～ 6GHz）见表 11-5。

表11-5　3GPP 36.873协议定义UMi（城市微站）模型（适用范围为2GHz～6GHz）

模型	路径损耗（dB），f_c（GHz） 距离（m）	阴影衰落（dB）	适用范围，天线高度默认值（m）
3D-UMi LOS	$PL = 22.0\log_{10}(d_{3D})+28.0+20\log_{10}(f_c)$ $PL = 40\log_{10}(d_{3D})+28.0+20\log_{10}(f_c) - 9\log_{10}[(d'_{BP})^2+(h_{BS}-h_{UT})^2]$	$\sigma_{SF}=3$ $\sigma_{SF}=3$	$10 < d_{2D} < d'_{BP}$ $d'_{BP} < d_{2D} < 5000$ $h_{BS}=10\text{m}, 1.5 \leqslant h_{UT} \leqslant 22.5$
3D-UMi NLOS	For hexagonal cell layout: $PL = \max(PL_{3D\text{-}UMi\text{-}NLOS}, PL_{3D\text{-}UMi\text{-}LOS})$, $PL_{3D\text{-}UMi\text{-}NLOS} = 36.7\log_{10}(d_{3D})+22.7+26\log_{10}(f_c) - 0.3(h_{UT} - 1.5)$	$\sigma_{SF}=4$	$10 < d_{2D} < 2000$ $h_{BS} = 10$, $1.5 \leqslant h_{UT} \leqslant 22.5$

3GPP 38.901 协议定义 UMi 模型（适用范围为 500MHz ～ 100GHz）见表 11-6。

表11-6　3GPP 38.901协议定义Umi模型（适用范围为500MHz～100GHz）

模型	直视/非直视	路径损耗（dB），f_c（GHz），距离（m）	阴影衰落（dB）	适用范围，天线高度默认值（m）
UMi-Street Canyon	直视	$PL_{\text{UMi-LOS}}=\begin{cases}PL_1 & 10\text{m}\leqslant d_{2D}\leqslant d'_{BP}\\ PL_2 & d'_{BP}\leqslant d_{2D}\leqslant 5\text{km}\end{cases}$， $PL_1=32.4+21\log_{10}(d_{3D})+20\log_{10}(f_c)$ $PL_2=32.4+40\log_{10}(d_{3D})+20\log_{10}(f_c)-9.5\log_{10}\left[(d'_{BP})^2+(h_{BS}-h_{UT})^2\right]$	σ_{SF}=4	$1.5\leqslant h_{UT}\leqslant 22.5$ h_{BS}=10
	非直视	$PL'_{\text{UMi-NLOS}}=\max(PL_{\text{UMi-LOS}},PL'_{\text{UMi-NLOS}})$ for $10\text{m}\leqslant d_{2D}\leqslant 5\text{km}$ $PL'_{\text{UMi-NLOS}}=35.3\log_{10}(d_{3D})+22.4+21.3\log_{10}(f_c)-0.3(h_{UT}-1.5)$	σ_{SF}=7.82	$1.5\leqslant h_{UT}\leqslant 22.5$ h_{BS}=10
UMi-Street Canyon	NLOS	Optional $PL=324+20\log_{10}(f_c)+31.9\log_{10}(d_{3D})$	σ_{SF}=8.2	（表中各参数的具体含义见注1～注6）

注1：断点距离 $d'_{BP}=4h'_{BS}h'_{UT}f_c/c$，其中，$f_c$ 是中心频率，单位为Hz，$c=3.0\times10^8$ m/s 是自由空间中的传播速度，h'_{BS} 和 h'_{UT} 是分别在BS和UT处的有效天线高度。有效天线高度 h'_{BS} 和 h'_{UT} 的计算如下：$h'_{BS}=h_{BS}-h_E$，$h'_{UT}=h_{UT}-h_E$，其中，h_{BS} 和 h_{UT} 是实际天线高度，h_E 是有效环境高度。对于UMi，$h_E=1.0$m。对于UMa，$h_E=1$m 的概率为 $1/[1+C(h_{2D},h_{UT})]$，否则，从离散分布 uniform［12,15，…，（h_{UT}-1.5）］中进行选择。$C(h_{2D},h_{UT})$ 由以下公式确定：

$$C(d_{2D},h_{UT})=\begin{cases}0 & ,\ h_{UT}<13\text{m}\\ \left(\dfrac{h_{UT}-13}{10}\right)^{1.5}g(d_{2D}) & ,\ 13\text{m}\leqslant h_{UT}\leqslant 23\text{m}\end{cases}$$

其中，

$$g(d_{2D})=\begin{cases}0 & ,\ d_{2D}<18\text{m}\\ \dfrac{5}{4}\left(\dfrac{d_{2D}}{100}\right)^3\exp\left(\dfrac{-d_{2D}}{150}\right) & ,\ 18\text{m}\leqslant d_{2D}\end{cases}$$

（续表）

注 2：此表中 PL 公式的适用频率范围是 $0.5<f_c<f_H$GHz。其中，对于 RMa，f_H=30GHz，对于其他情况，f_H=100GHz。基于在 24GHz 下进行的单次仿真，可以验证大于 7GHz 的 RMa 路径损耗模型。
注 3：UMa NLOS 路径损耗来自协议 TR36.873 的简化格式，$PL_{UMa-LOS}$ 为 UMa LOS 室外场景的路径损耗。
注 4: $PL_{UMi-LOS}$ 为 UMi-Street Canyon LOS 室外场景的路径损耗。
注 5：断点距离 $d_{BP}=2\pi h_{BS}\, h_{UT} f_c/c$。其中，$f_c$ 是中心频率，单位为 Hz，$c = 3.0\times10^8$ m/s 是自由空间中的传播速度，h_{BS} 和 h_{UT} 是分别在 BS 和 UT 位置处的天线高度。
注 6：f_c 表示以 1GHz 归一化的中心频率，所有与距离相关的值均以 1m 归一化，除非另有说明

4. RMa 模型

RMa 模型主要用于宏站组网的农村场景。3GPP 36.873 协议定义了 RMa 模型见表 11-7。

表11-7　3GPP 36.873协议定义了RMa模型

模型	直视/非直视	路径损耗（dB），f_c（GHz），距离（m）	阴影衰落（dB）	适用范围，天线高度默认值（m）
3D-RMa	直视	$PL_1=20\log_{10}(40\pi d_{3D} f_c/3)+\min(0.03h^{1.72},10)\log_{10}(d_{3D})-\min(0.044h^{1.72},14.77)+0.002\log_{10}(h)d_{3D}$ $PL_2=PL_1(d_{BP})+40\log_{10}(d_{3D}/d_{BP})$	$\sigma_{SF}=4$ $\sigma_{SF}=6$	$10<d_{2D}<d_{BP}$, $d_{BP}<d_{2D}<10000$, $h_{BS}=35$, $h_{UT}=1.5$, $W=20$, $h=5$ h = avg. building height, W = street width The applicability ranges: $5<h<50$ $5<W<50$ $10<h_{BS}<150$ $1<h_{UT}<10$
	非直视	$PL=161.04-7.1\log_{10}(W)+7.5\log_{10}(h)-[24.37-3.7(h/h_{BS})^2]\log_{10}(h_{BS})+[43.42-3.1\log_{10}(h_{BS})][\log_{10}(d_{3D})-3]+20\log_{10}(f_c)-\{3.2[\log_{10}(11.75h_{UT})]^2-4.97\}$	$\sigma_{SF}=8$	$10<d_{2D}<5000$, $h_{BS}=35$, $h_{UT}=1.5$, $W=20$, $h=5$ h = avg. building height, W = street width The applicability ranges: $5<h<50$ $5<W<50$ $10<h_{BS}<150$ $1<h_{UT}<10$ （表中各参数的具体含义见注 1～注 5）

（续表）

注 1：断点距离 $d'_{BP}=4h'_{BS}h'_{UT}f_c/c$，其中，$f_c$ 是中心频率，单位为 Hz，c =3.0 × 10^8m / s 是自由空间中的传播速度，h'_{BS} 和 h'_{UT} 分别是 BS 和 UT 处的有效天线高度。在 3D-UMi 场景中，有效天线高度 h'_{BS} 和 h'_{UT} 的计算如下：$h'_{BS}=h_{BS}-1.0$ m，$h'_{UT}=h_{UT}-1.0$ m，其中，h_{BS} 和 h_{UT} 是实际天线高度，假定有效环境高度等于 1.0 m。
注 2：$PL_{3D\text{-}UMi\text{-}LOS}$ 为 3D-UMi LOS 室外场景的路径损耗。
注 3：UMa NLOS 路径损耗来自协议 TR36.873 的简化格式，$PL_{UMa\text{-}LOS}$ 为 UMa LOS 室外场景的路径损耗。
注 4：断点距离 $d'_{BP}=4h'_{BS}h'_{UT}f_c/c$，其中，$f_c$ 是中心频率，单位为 Hz，c =3.0 × 10^8m / s 是自由空间中的传播速度，h'_{BS} 和 h'_{UT} 分别是 BS 和 UT 处的有效天线高度。在 3D-UMa 场景中，有效天线高度 h'_{BS} 和 h'_{UT} 的计算如下：$h'_{BS}=h_{BS}-h_E$, $h'_{UT}=h_{UT}-h_E$。其中，h_{BS} 和 h_{UT} 是实际天线高度，有效环境高度 h_E 是连接 BS 和 UT 的函数。在确定链路为 LOS 的情况下，$h_E=1$m 的概率为 1/［1+$C(d_{2D}, h_{UT})$］，并服从离散分布 uniform［12,15,…,(h_{UT}−1.5)］。需要注意的是，h_E 取决于 d_{2D} 和 h_{UT}，因此需要针对 BS 站点和 UT 之间的每个链路独立确定。BS 站点可以是单个 BS 或多个并列的 BS。
注 5：断点距离 $d_{BP}=2\pi h_{BS}h_{UT}f_c/c$。其中，$f_c$ 是中心频率，单位为 Hz，c =3.0 × 10^8 m/s 是在自由空间中的传播速度，h_{BS} 和 h_{UT} 分别对应 BS 和 UT 位置处的天线高度

3GPP 38.901 协议定义了 RMa 模型见表 11-8。

表11-8　3GPP 38.901协议定义了RMa模型

模型	直视 / 非直视	路径损耗（dB），f_c（GHz），距离（m）	阴影衰落（dB）	适用范围，天线高度默认值（m）
RMa	直视	$PL_{UMa-LOS}=\begin{cases}PL_1 & 10\leqslant d_{2D}\leqslant d_{BP}\\ PL_2 & d_{BP}\leqslant d_{2D}\leqslant 1000\end{cases}$, $PL_1=20\log_{10}(40\pi d_{3D}f_c/3)+\min(0.03h)(d_{3D})-\min(0.044h^{1.72},14.77)+0.002\log_{10}(h)d_{3D}$ $PL_2=PL_1(d_{BP})+40\log_{10}(d_{3D}/d_{BP})$	$\sigma_{SF}=4$ $\sigma_{SF}=6$	h_{BS}=35 h_{UT}=1.5 W =20 h =20 h = avg. building height W = avg. street width The applicability ranges: $5\leqslant k\leqslant 50$ $5\leqslant W\leqslant 50$ $10<h_{UT}\leqslant 150$ $1\leqslant h_{UT}\leqslant 10$ （表中各参数的具体含义见注 1 ～注 6）
	非直视	$PL_{UMa-NLOS}=\max(PL_{RMa-LOS},PL'_{RMa-NLOS})$ for $10\leqslant d_{2D}\leqslant 5000$ $PL'_{UMa-NLOS}=161.04-7.1\log_{10}(W)+7.5\log_{10}(h)-\left[24.37-3.7(h/h_{BS})^2\right]\log_{10}(h_{BS})+\left[43.42-3.1\log_{10}(h_{BS})\right]\left[\log_{10}(d_{3D})-3\right]+20\log_{10}(f_c)-\left[3.2\log_{10}(11.75h_{UT})\right]^2-4.97$	$\sigma_{SF}=8$	

（续表）

注 1：断点距离 $d'_{BP}=4h'_{BS}h'_{UT}f_c/c$，其中，$f_c$ 是中心频率，单位为 Hz，$c=3.0\times10^8$m/s 是自由空间中的传播速度，h'_{BS} 和 h'_{UT} 分别是 BS 和 UT 处的有效天线高度。有效天线高度 h'_{BS} 和 h'_{UT} 计算如下：$h'_{BS}=h_{BS}-h_E$, $h'_{UT}=h_{UT}-h_E$，其中，h_{BS} 和 h_{UT} 是实际天线的高度，h_E 是有效环境的高度。对于 UMi，$h_E=1.0$m；对于 UMa，$h_E=1$m 的概率为 $1/[1+C(d_{2D},h_{UT})]$，否则，从离散分布 uniform$[12,15,\cdots,(h_{UT}-1.5)]$ 中进行选择。

$C(d_{2D}, h_{UT})$ 由如下公式给出

$$C(d_{2D},h_{UT})=\begin{cases}0 & ,\ h_{UT}<13\text{m}\\ \left(\dfrac{h_{UT}-13}{10}\right)^{1.5} g(d_{2D}) & ,\ 13\text{m}\leqslant h_{UT}\leqslant 23\text{m}\end{cases}$$

其中，

$$g(d_{2D})=\begin{cases}0 & ,\ d_{2D}<18\text{m}\\ \dfrac{5}{4}\left(\dfrac{d_{2D}}{100}\right)^3 \exp\left(\dfrac{-d_{2D}}{150}\right) & ,\ 18\text{m}\leqslant d_{2D}\end{cases}$$

注 2：此表中 PL 公式的适用频率范围是 $0.5<f_c<f_H$ GHz，其中，对于 RMa，$f_H=30$ GHz，对于其他情况，$f_H=100$ GHz。基于在 24 GHz 下进行的单次仿真，可以验证大于 7 GHz 的 RMa 路径损耗模型。

注 3：UMa NLOS 路径损耗来自 TR36.873 的简化格式，并且 $PL_{UMa-LOS}$ 为 UMa LOS 户外场景的路径损耗。

注 4：$PL_{UMi-LOS}$ 为 UMi-Street Canyon LOS 室外场景的路径损耗。

注 5：断点距离 $d_{BP}=2\pi h_{BS}h_{UT}f_c/c$。其中，$f_c$ 是中心频率，单位为 Hz，$c=3.0\times10^8$ m/s 是在自由空间中的传播速度，h_{BS} 和 h_{UT} 分别对应在 BS 和 UT 位置的天线高度。

注 6：f_c 表示以 1GHz 归一化的中心频率，所有与距离相关的值均以 1m 归一化，除非另有说明

11.2.3　传播模型校正原理

传播模型体现了在某种特定环境或传播路径下无线电波的传播损耗情况。传播模型的使用直接影响了无线网络规划中覆盖、容量等指标的仿真和预测结果，因而对规划结果的准确性有重要影响。传播模型与无线场景有很大的联系，不同的无线环境下传播模型有很大的差异。在无线网络规划中，需要根据环境的差异对原始传播模型进行校正，以获得适合本地区无线环境的传播模型。

在模型校正前，首先选定需要校正的传播模型原型，再导入针对当地的实际无线环境做无线传播特性测试所得的数据，利用 U-Net 工具对模型公式中的系数进行修正而得到实际预测使用的传播模型。

传播模型校正流程如图 11-3 所示。传播模型校正的一般过程包括以下内容。

（1）选定模型并设置各个参数值，通常可选择该频率上的默认值进行设置，也可以是其他地方类似地形的校正参数。

（2）以选定的模型进行无线传播预测，将预测值与路测数据做比较得到一个差值。

（3）根据所得差值的统计结果修改模型参数。

经过不断的迭代、处理，直到预测值与路测数据的均方差及标准差数值达到最小，此时得到的模型各参数值就是我们所需校正后的参数。

一般传播模型校正既支持基于连续波（Continuous Wave，CW）测试数据校正，也支持基于道路（Driver Test，DT）测试数据校正。

传播模型校正本质上是一个曲线拟合的过程，即通过调整传播模型的系数，使利用传播模型计算得到的路径损耗值与实测路径损耗值误差最小。

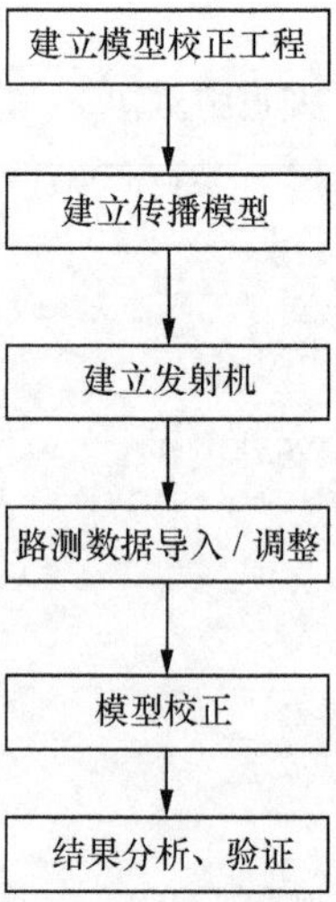

建立模型校正工程

建立传播模型

建立发射机

路测数据导入 / 调整

模型校正

结果分析、验证

图11-3　传播模型校正流程

11.2.4　传播模型校正算法

1. 传播模型校正的最小二乘算法

对于给定的一组数据$\{(x_i,y_i)\}_{i=1}^{m}$，假设拟合函数的形式为$\varphi(x)=\sum_{j=0}^{n}a_j\varphi_j(x)$，其中，$\{\varphi_j(x)\}$为已知的线性无关函数系，求系数$a_0$，$a_1$，…，$a_n$，使

$$\sum_{i=1}^{n}\delta^2=\sum_{i=1}^{n}\left[y_i-j(x_i)\right]^2=\sum_{i=1}^{m}\ \sum_{j=1}^{n}\left[a_j j_j(x_i)-y_i\right]^2$$

该公式值为极小的问题，叫作线性最小二乘问题。函数系$\{\varphi_j(x)\}$称为该最小二乘问题的基，$\sum_{i=1}^{n}\delta^2$称为残量平方和。若$\tilde{\varphi}(x)=\sum_{j=0}^{n}\tilde{a}_j\varphi_j(x)$的系数$\tilde{a}_0$，$\tilde{a}_1$，…，$\tilde{a}_n$使$\sum_{i=1}^{n}\delta^2$达到极小，即有

$$\sum_{i=1}^{n}\delta^2=\min\sum_{i=1}^{n}\delta^2(a_1,\ a_2,\ \cdots,\ a_n)$$

则$\tilde{\varphi}(x)=\sum_{j=0}^{n}\tilde{a}_j\varphi_j(x)$称为数据$\{(x_i,y_i)\}_{i=1}^{m}$的最小二乘拟合，（$a_1$，$a_2$，$L$）为最小二乘解。

2. 传播模型校正算法流程

基于最小二乘算法迭代校正传播模型的算法流程如图 11-4 所示。

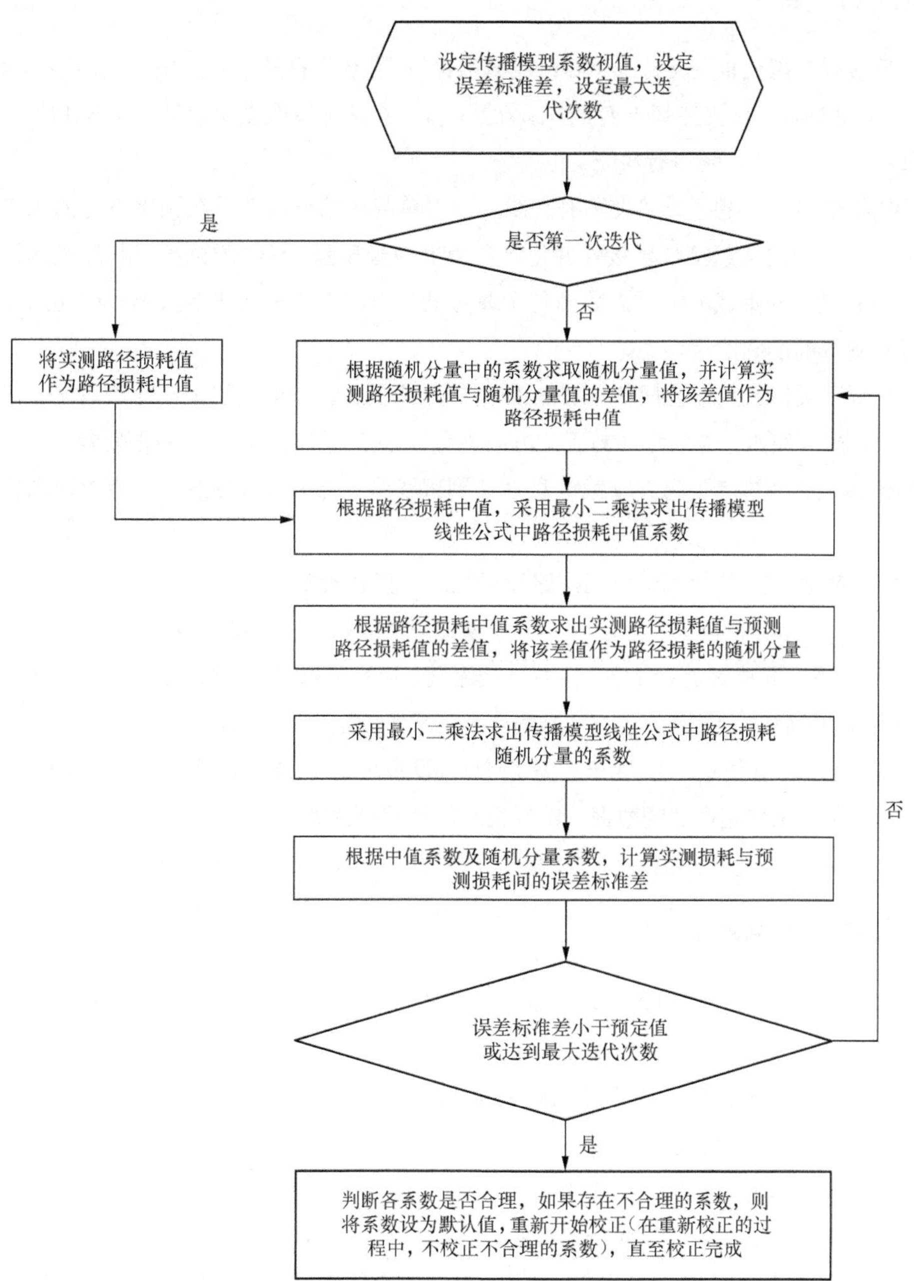

图11-4　基于最小二乘算法迭代校正传播模型的算法流程

11.2.5 传播模型校正数据获取

1. CW 测试和 DT 测试

一般传播模型校正既支持基于CW测试数据校正，也支持基于DT测试数据校正。目前，WINS Cloud U-Net 仅支持基于 DT 测试数据校正。CW 测试数据可以通过补充 PCI 和频点信息转换成 DT 数据，再进行校正。

CW 测试即在典型区域架设发射天线，发射单载波信号，然后在预先设定的线路上进行车载测试，使用车载接收机接收并记录各处的信号场强。CW 测试频率和环境选择比较方便，而且是全向单载波测试，因而易于避免其他电波干扰和天线增益不同引起的测试误差，采集数据的准确性具有良好的保障。

CW 测试采集的数据包括基站 ID、使用的天线类型、发射天线距离地表高度、天线有效发射功率、天线水平方向角（与正北方向夹角）、天线垂直方向角、测试范围、基站位置、信号电平校准、测试者信息、车载信息以及测试线路上点的位置信息、各点对应的接收功率等。

对于 CW 测试采集得到的数据，路径损耗的计算公式如下。

路径损耗 = 发射功率 + 天线增益－馈线损耗－ CW 接收功率

DT 测试是在预先设定的线路上进行车载测试，通过车载测试终端接收信号并记录各个基站导频信号功率数据。DT 测试是在实际网络中获得路径损耗数据，测试数据真实地反映了宽带信号在本地无线环境中的传播。由于不需要自行架设基站，所以 DT 测试具有简单方便的特点。

对于 DT 测试采集得到的数据，路径损耗的计算公式如下。

路径损耗 = 发射功率 + 天线增益－馈线损耗－移动设备导频合并接收功率

2. 场景分析与确认

电波传播受地形结构和人为环境的影响，无线传播环境直接决定着传播模型的选取。影响传播环境的主要因素如下所述。

（1）地貌：高山、丘陵、平原、水域、植被。

（2）地物：建筑物、道路、桥梁。

（3）噪声：自然噪声、人为噪声。

（4）气候：雨、雪、冰等对特高频频段（UHF）的影响较小。

场景的划分主要从 4 个方面进行考虑：地形、地物密度、地物高度、天线高度与周围平均建筑物高度之间的相对关系。地形、地物密度、地物高度可以通过数字地图和简单的环境勘测获得，天线高度与周围平均建筑物高度之间的相对关系可以通过工参信息和简单的环境勘测获得。分场景传播特点见表 11-9。

表11-9　分场景传播特点

场景类型	一般性说明
密集城区 CBD	地形相对平坦，建筑物非常密集。区域内存在大量的摩天大楼（30层以上），平均楼高通常在50m以上；楼间距很小且不规则，区域内多数街道比较狭窄。该区域内的人口密度也非常高，且绝大多数人员分布在建筑物内。另外，人口分布还具备非常明显的时间特点
密集城区居民区	地形相对平坦，建筑物比较密集，平均楼高在25m～30m。局部地区有规则分布的楼层，楼间距较小且不规则，平均楼间距为10m～20m，多数街道（非主干道）比较狭窄，人口密度较高
高密度普通城区	地处市区，建筑物高度适中，平均楼高为20m左右；平均楼间距与建筑物高度相当，区域内存在一定的开阔地、绿地等场景
低密度普通城区	地处城市边缘，建筑物密度不高，平均建筑物高度为15m～20m；建筑物分布相对稀疏，平均楼间距大于楼高。区域内的街道大多较宽，并伴有较多的公园、绿地
郊区	城乡接合部，平均楼高为10m左右，建筑物比较稀疏，平均楼间距为30m～50m，街道很宽，有很多的植被或空地
高铁场景	1. 铁路会穿过多种地形区域，规划需要区分地段进行 2. 用户移动速度快，一般都在250km/h以上 3. 多普勒效应明显 4. 在高速移动的情况下，切换面临挑战

3. 测试站点选择

测试站点选择的好坏直接影响后期传播模型校正的准确与否，根据经验和业界惯例给出一些测试站点选择原则。

（1）站点周围无干扰

在CW测试之前，需要进行清频，保证测试站点周围没有干扰。

（2）地形地貌与校正模型代表的环境要一致

根据业界惯例，每个场景需要选择2～4个测试站点，对于密集城区，要求测试不少于4个点；对于一般城区，测试不少于3个点。然后利用多个站点的测试数据进行合并校正，为了消除地理因素影响，故每个站点周围的地形地貌要与校正模型代表的环境的地形地貌一致。

（3）避免低洼区域

如果测试站点地势较低，处于低洼区域，周边海拔较高，可能会出现越往高处跑、跑得越远，信号越强的情况。

（4）避开湖泊、河流等水域

水域对无线信号有很强的镜面反射效应，会导致信号错乱。

（5）周边无遮挡

在测试之前，需要考虑站点周围建筑物的高度及地形地貌，保障周围无明显遮挡。

（6）依据测试场景，天线高度适中

发射机天线的高度一般要求大于 20m，高出周围建筑物的平均高度。天线比周围 50m 范围内的障碍物至少高出 5m。障碍物主要指的是天线所在屋顶上的最高建筑物，作为站址的建筑物应高于周围建筑物的平均高度。测试站点高度选择如图 11-5 所示。

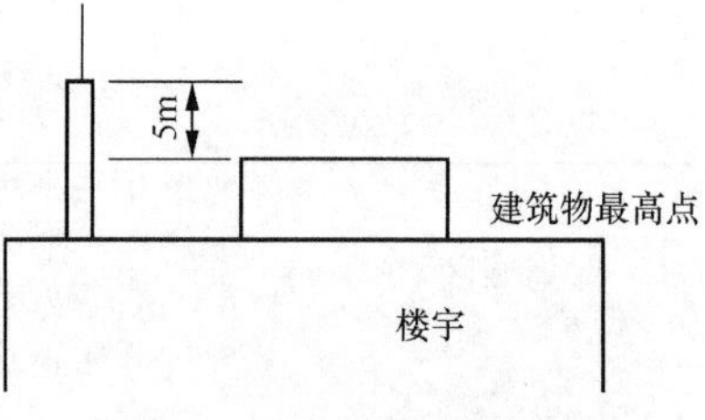

图11-5 测试站点高度选择

楼面不可过大，以避免信号阻挡。如果楼面过大，可能会对信号产生阻挡，此时需要对天线的高度做出一定调整。

4. 测试线路选择

在进行 CW 或 DT 测试时，需要提前根据测试站点的位置规划合适的测试线路。同时，需要根据不同的地理形态对相近的地理区域进行划分，或者根据数字地图信息进行区域划分，再从以下几个方面设计线路。

（1）地形

测试线路必须包含区域中所有的地形。

（2）高度

如果该区域的地形起伏差异较大，那么测试路径必须包含区域中不同高度的地形。

（3）距离

测试线路必须包含区域中距离站点不同长度的位置。由于 CW 测试校准的距离主要在本小区的影响范围之内，所以测试距离不必超过未来小区半径的 2 倍。尤其是在密集城区场景下，应该在站址周围（500m 范围之内）获取足够的测试数据。

（4）方向

纵向和横向路径上的测试点数需要保持一致，因为当移动设备与测试基站的距离在 3km 以内时，接收信号受基站周围建筑物结构和天线高度的影响比较大；平行于信号传播方向的信号强度与垂直于信号传播方向的信号强度相差 10dB 左右。

（5）长度

1 次 CW 测试的路程总长度应大于 60km。需要注意的是，该测试长度是指地理栅格处理后的平均路程长度，重复跑过的线路只能计算一次。设计好线路后，路径长度可以从数字地图上读出。

（6）点数

测试点数越多越好，每个站点的 GPS 测试点数在 10000 点以上或测试时间在 4 小时以上为宜，但前提是测试点分布均匀。

（7）重叠

不同站点的测试路径尽量重叠，以增加模型的可靠性。

（8）阻挡物

当天线信号受某一侧的楼面阻挡时，需要合理安排行车线路，不要跑到该楼面后侧的阴影区。

（9）避开不合理区域

避开湖泊、河流等水域，避开大路、隧道、岩石峡谷等，以避免出现波导效应。

（10）关注其他 GPS 信号阻挡物

尽量避免立交桥、隧道等区域，如果无法避免，则要进行适当标注，在测试完毕后对其进行过滤。

11.2.6 传播模型测试准则

1. 定点测试

建议采样频率设置为每秒两个采样点，建议每个测试点测量时间为 120 秒。

2. 路测要求

实际测试的数据是离散的，是对 $P(d)$ 的采样。李氏准则或李氏定律（Lee Criteria）给出了对采样频率的具体要求。

李氏准则指出：当本征长度为 40 个波长（40λ）、采样为 50 个样点时，可使地理平均所得的本地均值误差小于 1dB。

根据李氏准则，通常我们在 CW 测试中要求本征长度不超过 40 个波长（40λ），本征长度内要保证不少于 50 个采样点。

根据以上要求，可以得出最高车速和接收机采样速度的关系，即 $v_{max} = 0.8\lambda \times f$ 。

需要说明的是，这里的 f 为测试接收机的采样频率。例如，在 3500MHz（波长为 0.086m）的环境下测试，采样频率为 100Hz，由此可得的车速上限值如下。

$$v_{max} = 0.8\times 0.086\times 100 \approx 6.9\text{（m/s）}=24.8\text{（km/h）}$$

再如，如果希望每两个采样点之间的距离为 λ/2，发射信号频率为 2.1GHz，车速为 30km/h，我们可以得出对接收机采样速度的要求。

频率 f（Frequency）= 2.1GHz

$\Rightarrow \lambda = 1/7$ m

速度 $v = 30$ km/h　　　　$\Rightarrow \dfrac{\lambda/2}{v} = 8.6$ ms

$\Rightarrow v = 8.3$ m/s

由此可知，接收机每 8.6ms 必须采样一个点。

11.2.7 传播模型数据处理

1. 数据离散处理

一般接收机的采样速度远大于 GPS 的采样速度，每个 GPS 定位点下按时间顺序会有多个测试记录；实际上这些记录应该是分布在相邻的两个 GPS 定位点之间的。

数据离散就是把这些数据点按时间顺序均匀地撒在两个定位点之间。用户设置需要离散的最大距离，如果超过该距离，则不需要在不同的两点之间进行数据离散处理，工具默认取值为 6m（CW 采样符合李氏定律：40 个波长的距离内需要采样 50 个样点。如果为 2G 频段，其载波波长为 0.15m，40λ 即 40×0.15=6，为 6m），用户可以根据实际情况进行设置。离散数据处理如图 11-6 所示。

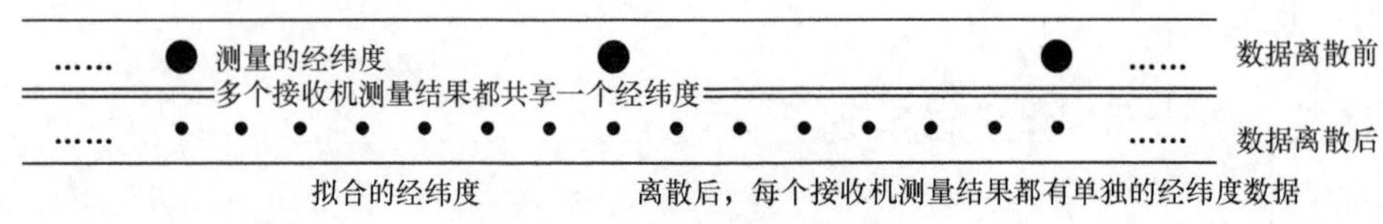

图11-6 离散数据处理

2. 数据地理平均

数据地理平均是根据李氏准则，滤除快衰落因素影响从而获得本地均值的过程。U-Net 仅实现了基于距离的地理平均。用户可手动设置数据地理平均的距离大小，工具默认取值为 6m。用户可以根据实际测试情况设置合适的平均距离。数据地理平均示意如图 11-7 所示。

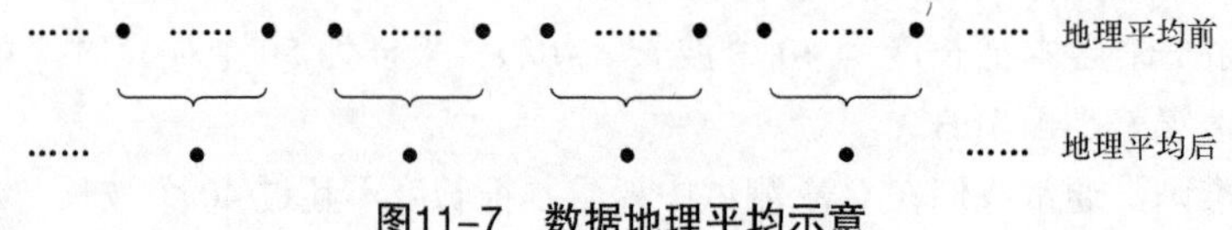

图11-7 数据地理平均示意

3. 数据过滤

在进行传播模型校正前，需要对导入的测试数据进行过滤，滤除以下不符合条件的点，以保障模型校正的准确性。

（1）GPS 丢失或错误的点

在测试的过程中，个别测试点 GPS 失锁，导致 GPS 丢失或信息错误，这些点要滤除。在高架桥下，隧道中，GPS 不能准确定位的地方处测得的数据也需要过滤。

（2）电平值太大或太小的数据

由于接收机的灵敏度和其他因素的影响，如果测试数据中的电平值过大或者过小，不能反映真实的测试情况，则这些数据需要滤除。门限大小根据接收机的特性及客户的要求共同决定。

（3）车速过快的点

根据李氏定律，测试时车速过快的点需要滤除。

（4）距离天线太近或太远的数据

根据无线传播理论，距离发射机太近或太远的点会过于分散（一般认为距天线的距离为 0.1R ～ 2R 的范围为合理范围），不适合用来做传模校正。

（5）超过 15dB ～ 30dB 却无法解释的衰落。

（6）其他在 CW 测试线路设计过程中已确定的不符合要求的路段上的数据。

11.2.8 传播模型校正过程

传播模型校正的一般过程如下所述。

（1）选定模型并设置各参数值，通常可以选择该频率上的默认值进行设置，也可以是其他地方类似地形的校正参数。

（2）以选定的模型进行无线传播预测，将预测值与路测数据做比较，得到一个差值。

（3）根据所得差值的统计结果修改模型参数。

经过不断的迭代、处理，直到预测值与路测数据的平均方差值及标准差达到最小，此时得到的模型各参数值就是我们所需的校正后的参数。

11.2.9 校正参数及结果分析

传播模型校正的目的是使用真实的测量数据为传播模型中的每个参数找到优化的线性回归。模型校正的结果是要使预测误差的均方差和标准差达到最小，并由此来判断模型的预测结果和实际环境的拟合情况。

完成数据导入和预处理后就可以进行模型校正了，模型所有的参数都支持校正。建议需要校正的模型参数见表 11-10。

表11-10 建议需要校正的模型参数

模型参数	校正范围	含义说明
C2-los	[0，70]	los 点随距离的衰减修正系数
C2-nlos	[0，70]	nlos 点随距离的衰减修正系数
Cant-nlos	[0.5，1]	nlos 点天线增益修正系数（仅 DT 数据需要校正）

模型校正完成后，会输出统计结果。统计结果中的各个指标用于评价校正结果。指标的具体含义如下所述。

（1）平均误差（Mean Error）：实测数据值与预测值之间误差的算术统计平均值，其计算方法如下，其中，n 为总测试点数目。

$$\overline{E}=\frac{1}{n}\sum_{i=1}^{n}E\left(i\right)$$

$$E(i)=P_{\text{measured}}(i)-P_{\text{predicted}}(i)$$

（2）均方根误差（RMS Error）：用均方差表示的预测误差的平均大小，其计算方法如下。

$$E_{\text{RMS}}=\sqrt{\frac{1}{n}\sum_{i=1}^{n}E^{2}\left(i\right)}$$

（3）标准差（Std..Dev.Error）：表示的是除去平均误差后的均方差（该统计值可作为校正数据本身的评价指标，因此是总体标准差公式，而非样本标准差公式），其计算方法如下。

$$\sigma_E = \sqrt{\frac{1}{n}\sum_{i=1}^{n}\left[E(i)-\bar{E}\right]^2}$$

（4）互相关系数（Correlation Coefficient）：反映路测数据值与预测值的线性相关程度，相关系数越大，二者的相关程度越高。当相关系数为负时，表示二者呈负相关，其计算方法如下，其中，$\overline{P}_{measured}$和$\overline{P}_{predicted}$分别是路测数据值和预测值的均值。

$$\text{Corr.Coeff} = \frac{\sum\left\{\left[P_{\text{measured}}(i)-\overline{P}_{\text{measured}}\right]\times\left[P_{\text{predicted}}(i)-\overline{P}_{\text{predicted}}\right]\right\}}{\sum\left[P_{\text{measured}}(i)-\overline{P}_{\text{measured}}\right]^2\times\left[P_{\text{predicted}}(i)-\overline{P}_{\text{predicted}}\right]^2}$$

注：以上公式中的变量单位都是 dB。

常用的模型校正结果的判断准则见表 11-11。

表11-11　常用的模型校正结果的判断准则

类别	均方根误差	平均误差	说明
非常好	<7dB	[-1，1]dB	校正后的模型与场景适配程度很高，可以应用于同一场景
好	<9dB	[-1，1]dB	校正后的模型与场景适配程度良好，可以应用于同一场景
一般	>9dB	>1dB 或≤ -1dB	校正后的模型与场景适配程度一般，不建议使用该模型

在校正工作完成后，除了误差统计指标以外，还可以利用图示对结果进行分析，评价校正模型的精度。通过图示可以形象地看出模型偏差的分布情况。如果有些路段的偏差非常大，并且可以判断出是测试误差所致，那么就可以删掉这些点重新进行模型校正。

对于校正结果，首先要排查输入数据的准确性，在保证输入数据准确的前提下，使用以下操作来提升模型与场景的适配性。

（1）设置更严格的门限，进一步对校正数据进行过滤后重新校正。

（2）如果路测区域较广，范围内存在多个有明显特征差异的场景，则将路测区域细分为多个子区域，并对其分别进行模型校正。

如果此问题确实由于场景复杂所致，则更换其他模型或者仍然使用该模型，但是其预测的准确性可能会下降，可以通过增加余量的方式保证规划所要达到的效果。

11.3　5G 仿真特点

11.3.1　立体仿真

传统 LTE 网络未来的发展方向是异构网络（HetNets），异构网络由多层网络立体构成。

目前的网络评估手段（例如，路测、传统仿真、MR 数据分析等）都是二维平面的，立体仿真提供了一种三维的“3D 虚拟设计”技术，与异构网络的立体组网相匹配。

移动通信用户是立体分布的，即在建筑物内小范围移动的用户以及在地面上移动的用户。传统仿真只对地面层进行了评估，缺少对建筑物内不同高度上的评估。

移动通信用户在室内时，只在建筑物内移动，因此底层（1.5m）以上高度的评估只针对建筑物，在设定一个建筑物的平均层高之后，分别对每个层高的高度进行仿真评估，这与移动用户终端所在的高度是一致的。这种方法评估了用户在任何可能出现的位置的网络性能，是对无线网络的一个完整呈现。传统的平面仿真结果（左边两图）及立体仿真结果如图 11-8 所示。传统的平面仿真结果只评估了底层（1.5m）的覆盖及性能，而立体仿真结果可评估不同高度（设定值）的覆盖及性能。

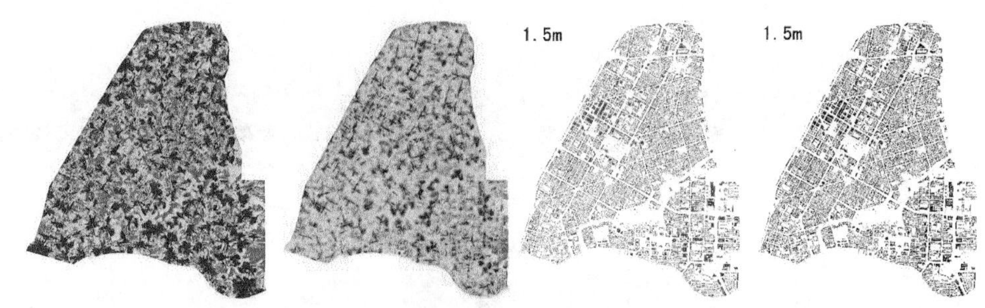

图11-8　传统的平面仿真结果（左边两图）及立体仿真结果

同时，立体仿真可以三维立体地导出到谷歌地图上，使测试者有更直观的感受。HZ 市 BJ 区双创立体仿真如图 11-9 所示，在此仿真图中可以很直接地看出各个楼宇外围信号覆盖的强弱。

图11-9　HZ市BJ区双创立体仿真

11.3.2　5G 仿真天线设置

1. 基础天线导入

Atoll（一个无线网络仿真软件）工具需要的天线建模数据有天线名、天线增益、天线的水平和垂直波瓣图资料。其中，波束宽度 *Beamwidth*、单向增益最大值 F_{max}、单向增益最小值 F_{min} 为参考参数，对计算无影响。天线的电调倾角和电调方向角从波瓣图中读取。在 5G NR 中通常不会使用传统天线，因此现在介绍的天线建模方法用于未赋形的天线阵元建模。

Atoll 天线建模主要参数包括天线名、天线增益、厂家、垂直 / 水平波瓣图、电子倾角、电子方向角、最大 / 最小适用频率、半功率开角和物理天线名。基础天线文件导入如图 11-10 所示。

Name	Gain (dBi)	Manufacturer	Comments	Pattern	Pattern Electrical Tilt (°)	Physical Antenna	Half-power Beamwidth	Min Frequency (MHz)	Max Frequency (MHz)	Pattern Electrical Azimuth (°)
100deg 14dBi 0Tilt Broadcast	14.5	Comba	Smart antenna broadcast pattern	— Polar— Polar	0	Comba Dual Polar Beamforming	100	1,880	2,635	0
100deg 16dBi 0Tilt 2010MHz	16.5	Comba	Smart antenna element pattern	— Polar— Polar	0	Comba Dual Polar Beamforming	100	2,010	2,025	0
110deg 15dBi 0Tilt 1900MHz	15.72	Comba	Smart antenna element pattern	— Polar— Polar	0	Comba Dual Polar Beamforming	110	1,880	1,920	0
30deg 18dBi 0Tilt 1800MHz	18	Kathrein	1800 MHz	— Polar— Polar	0	30deg 18dBi	30	1,710	1,900	0
30deg 18dBi 0Tilt 900MHz	18	Kathrein	900 MHz	— Polar— Polar	0	30deg 18dBi	30	870	960	0
33deg 21dBi 2Tilt 2100MHz	21	Kathrein	2100 MHz	— Polar— Polar	2	33deg 21dBi	33	1,920	2,170	0
3GPP Antenna Radiation Pattern	8			— Polar— Polar	0	3GPP Antenna Radiation Pattern	65			0
60deg 16dBi 0Tilt 2600MHz	16.4	Kathrein	2600 MHz	— Polar— Polar	0	60deg 16dBi	60	2,620	2,690	0
60deg 16dBi 2Tilt 2600MHz	16.6	Kathrein	2600 MHz	— Polar— Polar	2	60deg 16dBi	60	2,620	2,690	0
60deg 16dBi 4Tilt 2600MHz	16.7	Kathrein	2600 MHz	— Polar— Polar	4	60deg 16dBi	60	2,620	2,690	0
60deg 16dBi 6Tilt 2600MHz	16.7	Kathrein	2600 MHz	— Polar— Polar	6	60deg 16dBi	60	2,620	2,690	0
60deg 16dBi 8Tilt 2600MHz	16.5	Kathrein	2600 MHz	— Polar— Polar	8	60deg 16dBi	60	2,620	2,690	0
65deg 17dBi 0Tilt 700/800MHz	17.2	Kathrein	700/800 MHz	— Polar— Polar	0	65deg 17-18dBi	65	698	894	0
65deg 17dBi 2Tilt 700/800MHz	16.8	Kathrein	700/800 MHz	— Polar— Polar	2	65deg 17-18dBi	65	698	894	0
65deg 17dBi 4Tilt 700/800MHz	16.8	Kathrein	700/800 MHz	— Polar— Polar	4	65deg 17-18dBi	65	698	894	0
65deg 17dBi 6Tilt 700/800MHz	16.7	Kathrein	700/800 MHz	— Polar— Polar	6	65deg 17-18dBi	65	698	894	0
65deg 17dBi 8Tilt 700/800MHz	16.5	Kathrein	700/800 MHz	— Polar— Polar	8	65deg 17-18dBi	65	698	894	0
65deg 17dBi 0Tilt 1800MHz	17.15	Kathrein	1800 MHz	— Polar— Polar	0	65deg 17-18dBi	65	1,710	1,900	0
65deg 17dBi 0Tilt 2600MHz	17.62	Comba	Smart antenna element pattern	— Polar— Polar	0	Comba Dual Polar Beamforming	65	2,555	2,635	0
65deg 17dBi 0Tilt 900MHz	17	Kathrein	900 MHz	— Polar— Polar	0	65deg 17-18dBi	65	870	960	0
65deg 17dBi 2Tilt 1800MHz	17	Kathrein	1800 MHz	— Polar— Polar	2	65deg 17-18dBi	65	1,710	1,900	0
65deg 17dBi 2Tilt 900MHz	17	Kathrein	900 MHz	— Polar— Polar	2	65deg 17-18dBi	65	870	960	0
65deg 17dBi 4Tilt 900MHz	17	Kathrein	900 MHz	— Polar— Polar	4	65deg 17-18dBi	65	870	960	0
65deg 17dBi 6Tilt 1800MHz	17.5	Kathrein	1800 MHz	— Polar— Polar	6	65deg 17-18dBi	65	1,710	1,900	0
65deg 18dBi 0Tilt 2100MHz	18	Kathrein	2100 MHz	— Polar— Polar	0	65deg 17-18dBi	65	1,920	2,170	0
65deg 18dBi 2Tilt 2100MHz	18	Kathrein	2100 MHz	— Polar— Polar	2	65deg 17-18dBi	65	1,920	2,170	0
65deg 18dBi 4Tilt 2100MHz	18	Kathrein	2100 MHz	— Polar— Polar	4	65deg 17-18dBi	65	1,920	2,170	0
70deg 17dBi 3Tilt (SA Broadcast)	17	None	Smart antenna broadcast pattern	— Polar— Polar	3	Smart Antenna	70			0
90deg 14.5dBi 3Tilt (SA Element)	14.5	None	Smart antenna element pattern	— Polar— Polar	3	Smart Antenna	90			0
Omni 11dBi 0Tilt 1800MHz	11	Kathrein	1800 MHz	— Polar— Polar	0	Omni 11dBi	360	1,710	1,900	0
Omni 11dBi 0Tilt 2100MHz	11	Kathrein	2100 MHz	— Polar— Polar	0	Omni 11dBi	360	1,920	2,170	0
Omni 11dBi 0Tilt 900MHz	11.15	Kathrein	900 MHz	— Polar— Polar	0	Omni 11dBi	360	870	960	0

图11-10　基础天线文件导入

在加载天线文件后，可以通过手动更新的方法对波瓣图中的半功率开角、电子倾角、电子方向角等数据进行属性的自动更新。自动更新相关天线参数如图 11-11 所示。

2. 波束赋形建模（Massive MIMO 天线设备）

目前，Atoll 采用波束切换（Beamswiching）的 3D 波束赋形（Beamforming）建模方式。在运算时，Atoll 会从现有的 Beamforming 天线波瓣图中选择能够为指定位置提供最佳服务的波束。因此在 3D Beamforming 建模时，必须先导入当前 Massive MIMO 所能提供的波束波瓣图，用于 Massive MIMO 天线设备建模。

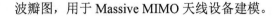

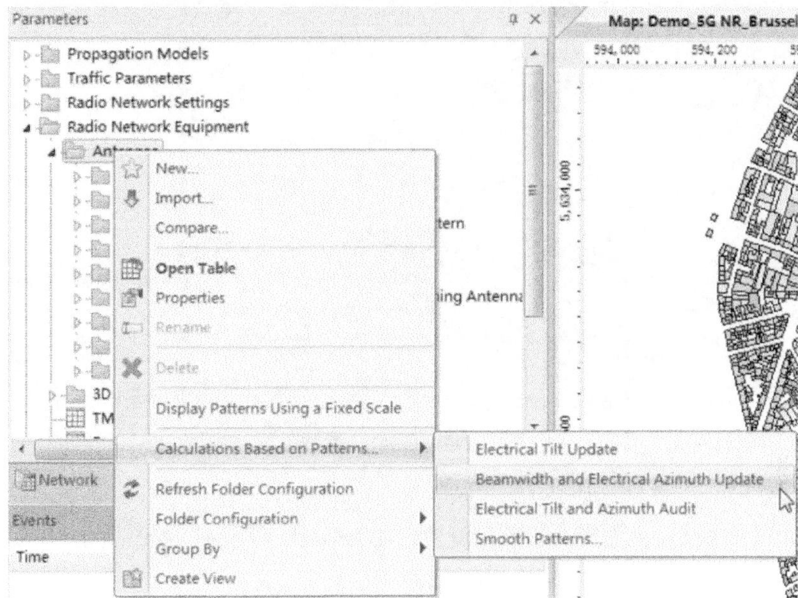

图11-11　自动更新相关天线参数

在 Atoll 中，可以使用两种方式建立 3D Beamforming 模型。

（1）如果已经有当前 Massive MIMO 编码模式下的全部 Beamforming Pattern 文件，则可以按照 Atoll 格式将其整理后导入。

（2）如果在 3D Beamforming 建模的时候并没有得到全部可用的 Beamforming Pattern 文件，而 Atoll 也提供了通过导入单个 Massive MIMO 天线阵元的波瓣图，则由 Atoll 的波束生成器（Beam Generator）来计算几乎全部的 Beamforming Pattern 的功能。

在新建模型的操作界面中，双击 3D Beamforming，选择 Models，打开 Beamforming 模型表格新建一个模型。新建模型的操作界面如图 11-12 所示。

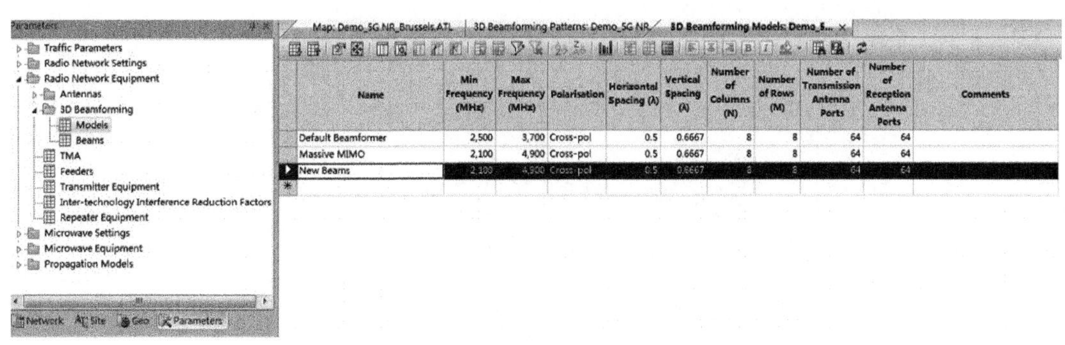

图11-12　新建模型的操作界面

对弹出的New Beams（新波束）进行设置。设置New Beams参数的操作界面如图11-13所示。

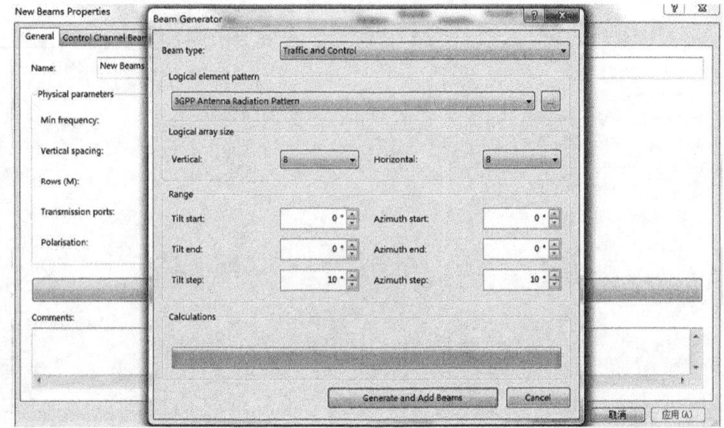

图11-13　设置New Beams参数的操作界面

其中，具体的参数设置说明如下。

（1）Beam Type（波束类型）设置所计算的Beams用于控制信道还是业务信道，或者二者都可用。

（2）Logical Element Pattern（逻辑元素模式）设置用于波束赋形的基础天线逻辑单元波瓣图，需要先用导入该天线文件到Antenna（天线）文件夹中。

（3）Logical Array Size（逻辑阵列大小）设置垂直与水平基础天线逻辑单元数量，根据不同的组合可以生成不同的波束赋形结果。

（4）这里可定义的最大数值为当前3D Beamforming模型设定的行/列单元数量。

需要注意的是，生成的3D Beamforming建模仅仅是逻辑上天线的建模，不能代表实际天线物理模型。

64T64R（192AE）设备窄波束和常规波束示意如图11-14所示，Common Beam（一般波束）场景相关参数设置见表11-12。

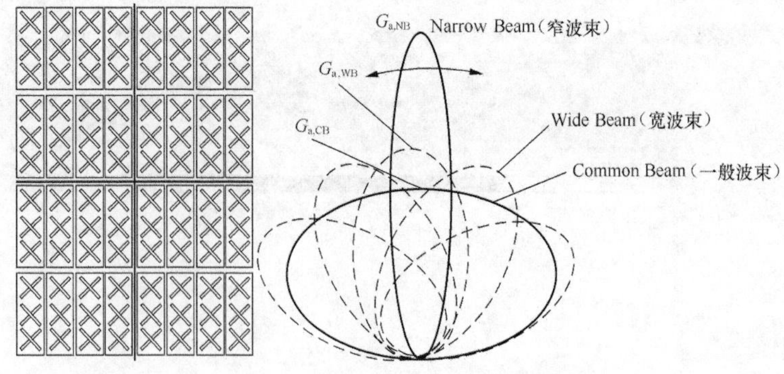

图11-14　64T64R（192AE）设备窄波束和常规波束示意

表11-12　Common Beam（一般波束）场景相关参数设置

Common Beam 波束场景	宏站	热点	高楼
垂直波瓣宽度	10°	30°	30°
水平波瓣宽度	65°	65°	20°
电子倾角	-8°，8°	固定 3°	固定 3°

11.3.3　5G 覆盖预测仿真方法

接下来，我们将具体介绍在软件 Atoll 中进行 5G 覆盖预测的方法。

1. 新建工程

打开 Atoll，找到 File（文件）→ New（新建），在弹出的 Project Templates（项目模板）对话框中选择 5G NR 与 LTE。Atoll 会根据当前的可用模块提供下面的对话框，供用户选择所建工程包含的技术制式。如果网络建模只是针对 5G NR 技术，则可以在弹出的技术选择对话框中将 LTE 和 NB-IoT 项去选择。新建工程操作界面如图 11-15 所示。

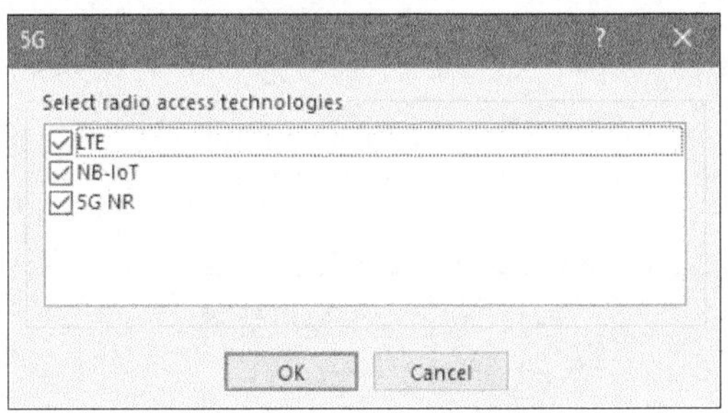

图11-15　新建工程操作界面

新建空白工程操作界面如图 11-16 所示。

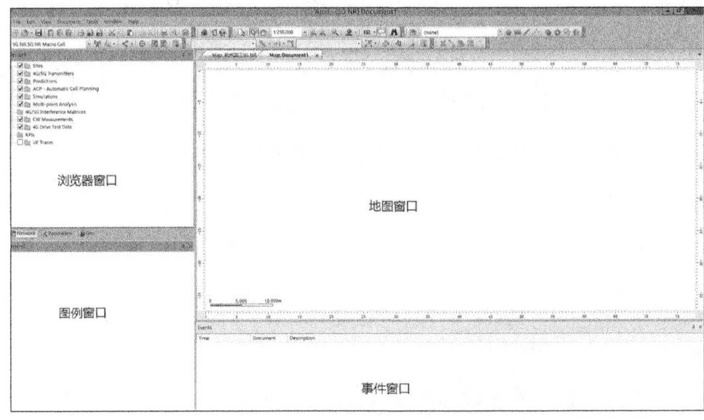

图11-16　新建空白工程操作界面

2. 选择坐标系

选择 Atoll（可支持 2G、3G、4G、5G 无线网络规划的一个仿真软件）菜单 Document（文档）→ Properties（特性），可打开坐标系菜单，本次仿真的是 HZ-BJ。坐标系设置窗口如图 11-17 所示。

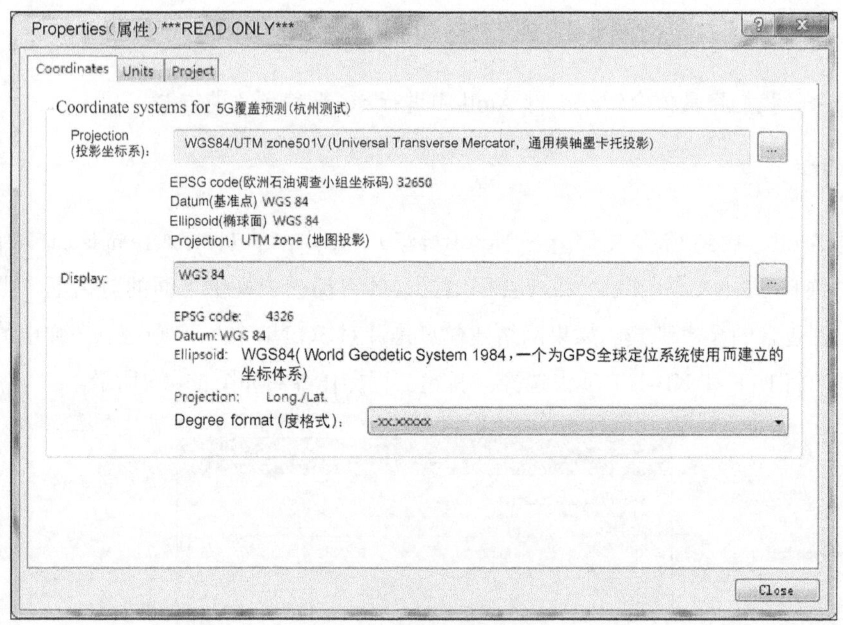

图11-17　坐标系设置窗口

3. 导入三维地图

Aster（射线跟踪）模型对地图有更高精度的要求，除了基础的 height（高度）、clutter（地图分类）、vector（矢量）之外，还需要加入楼宇的模型 Building vector（建筑物矢量）、Building height（建筑物高度）。

选择菜单 File（文件）→ Import（输入），具体的对应关系如下。

（1）Height → Digital Terrain Model（数字地形模型）。

（2）Clutter → Clutter Classes。

（3）Vector → Vector。

（4）Building vector → Vector。

（5）Building height → Clutter Heights。

其中，Clutter Classes 需要对地图属性进行进一步调整，双击 Clutter Classes 文件夹，打开 Clutter Classes Properties 对话框，在该对话框中设置 Clutter 地图的属性。导入三维地图操作界面及导入结果如图 11-18 所示。

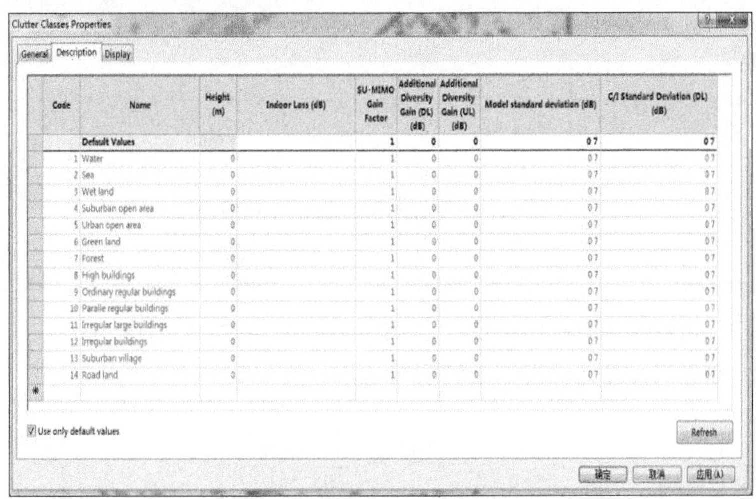

Code	Name	Height (m)	Indoor Loss (dB)	SU-MIMO Gain Factor	Additional Diversity Gain (DL) (dB)	Additional Diversity Gain (UL) (dB)	Model standard deviation (dB)	C/I Standard Deviation (DL) (dB)
	Default Values			1	0	0	0.7	0.7
1	Water	0		1	0	0	0.7	0.7
2	Sea	0		1	0	0	0.7	0.7
3	Wet land	0		1	0	0	0.7	0.7
4	Suburban open area	0		1	0	0	0.7	0.7
5	Urban open area	0		1	0	0	0.7	0.7
6	Green land	0		1	0	0	0.7	0.7
7	Forest	0		1	0	0	0.7	0.7
8	High buildings	0		1	0	0	0.7	0.7
9	Ordinary regular buildings	0		1	0	0	0.7	0.7
10	Paralle regular buildings	0		1	0	0	0.7	0.7
11	Irregular large buildings	0		1	0	0	0.7	0.7
12	Irregular buildings	0		1	0	0	0.7	0.7
13	Suburban village	0		1	0	0	0.7	0.7
14	Road land	0		1	0	0	0.7	0.7

图11-18　导入三维地图操作界面及导入结果

4. 导入网络数据

网络数据是对仿真站点的描述。3 张网络数据列表依次为站点（Sites）、发射机（Transmitter）和小区（Cells）。考虑到各层数据间的逻辑关系，各网络数据表需要按一定的顺序来导入。正确的顺序是 Sites → Transmitter → Cells。

（1）导入 Sites 表

双击打开 Sites 表，右键点击 Input（输入），选中准备好的 Sites 表导入。导入 Sites 表操作界面如图 11-19 所示。

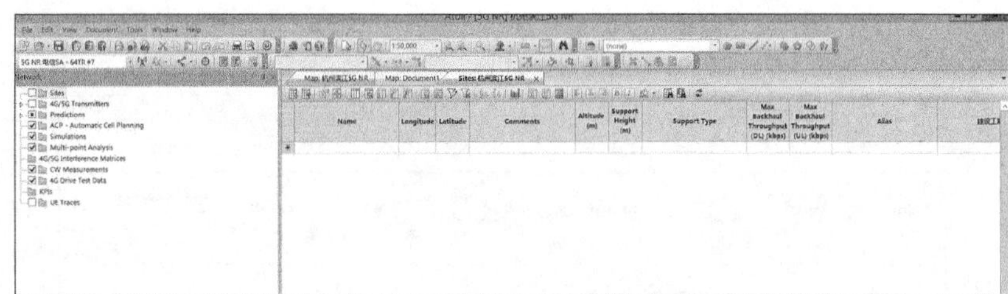

图11-19　导入Sites表操作界面

Sites 表里需要填写的内容为 Name（站名）、Longitude（经度）、Latitude（纬度）。Altitude（高度），这些数值是软件从导入的地图中读取的，无须设置。

导入 Sites 表之后，导入结果显示如图 11-20 所示。

图11-20　导入Sites表之后，导入结果显示

（2）导入 Transmitter 表

① 导入 Transmitter 表

双击打开 Transmitter 表，右键点击 Input（输入），选中准备好的 Transmitter 表导入。导入 Transmitter 表操作界面如图 11-21 所示。

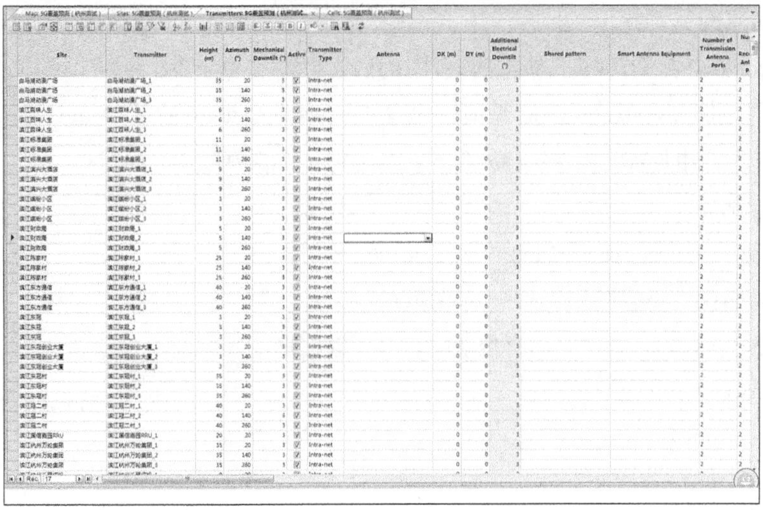

图11-21　导入Transmitter表操作界面

其中，Site 要与 Sites 表中的 Name（名称）一致，Transmitter 建议使用 Site Name 加上后缀“_1/_2/_3”。Height 是天线挂高，如果有楼宇，需要写的是天线的总挂高，挂高需要准确。如果挂高低于楼宇高度，则被视为室内覆盖室外，覆盖效果会非常差。Azimuth 是方位角，Downtilt 是天线下倾角。这些参数都是需要工参预先设置的。其他参数（例如，发射天线、接收设备、发射接收衰耗、仿真模型等）可以在导入 Transmitter 表之后统一设置。

导入 Transmitter 表之后，导入结果显示如图 11-22 所示。

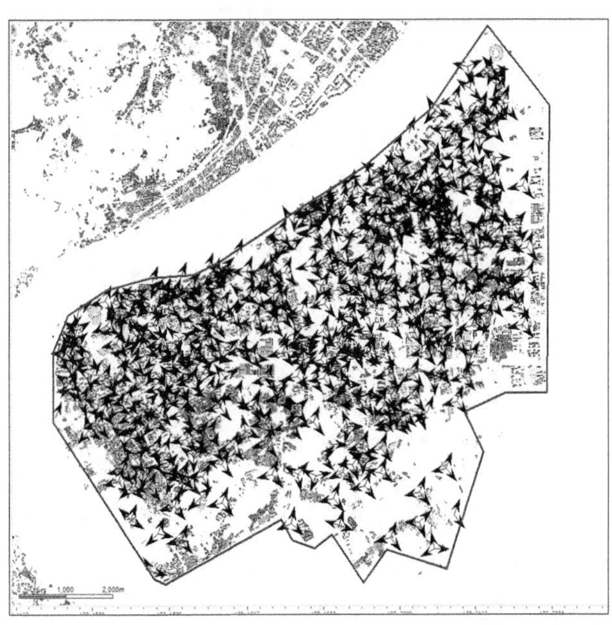

图11-22　导入Transmitter表之后，导入结果显示

② 5G 仿真数据差异

在 Transmitter 表里，除了基本的高度、角度之外，部分参数与 4G 不同。例如，原有 4G 的天线都是填在天线（Antenna）一栏，5G 则不采用原始的天线，新增一个天线定义：波束赋型模式（Beamforming Model）。

再如，频段（Frequency Band）也采用 5G 常用的 n78，中心频点为 3300MHz。频段设置如图 11-23 所示。

针对收发天线数量，4G 一般采用 2T4R，5G 则根据不同的天线采用 16TR\64TR\128TR。

名称	参考频率
n1 / E-UTRA 1	2110
n2 / E-UTRA 2	1930
n20 / E-UTRA 20	791
n257	26500
n258	24250
n260	37000
n28 / E-UTRA 28	758
n3 / E-UTRA 3	1805
n41 / E-UTRA 41	2496
n5 / E-UTRA 5	869
n66 / E-UTRA 66	2110
n7 / E-UTRA 7	2620
n78	3300
n8 / E-UTRA 8	925
*	

图11-23 频段设置

（3）导入 Cell 表

① 导入 Cell 表

右键选中 Transmitter 文件夹，选择 Cell，打开 Cell 表，右键导入准备好的 Cell 表。Cell 表导入后的操作界面如图 11-24 所示。

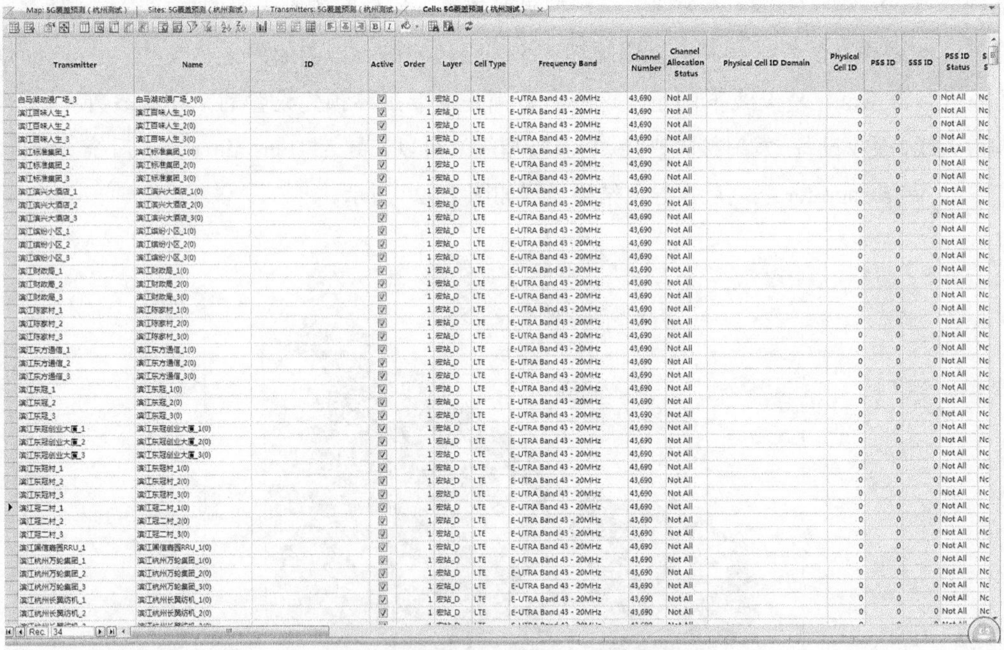

Map: 5G覆盖预测（杭州测试） | Sites: 5G覆盖预测（杭州测试） | Transmitters: 5G覆盖预测（杭州测试） | Cells: 5G覆盖预测（杭州测试）

Transmitter	Name	ID	Active	Order	Layer	Cell Type	Frequency Band	Channel Number	Channel Allocation Status	Physical Cell ID Domain	Physical Cell ID	PSS ID	SSS ID	PSS ID Status	S S
白马湖动漫广场_3	白马湖动漫广场_3(0)		☑	1	宏站_D	LTE	E-UTRA Band 43 - 20MHz	43,690	Not All		0	0	0	Not All	Nc
滨江百味人生_1	滨江百味人生_1(0)		☑	1	宏站_D	LTE	E-UTRA Band 43 - 20MHz	43,690	Not All		0	0	0	Not All	Nc
滨江百味人生_2	滨江百味人生_2(0)		☑	1	宏站_D	LTE	E-UTRA Band 43 - 20MHz	43,690	Not All		0	0	0	Not All	Nc
滨江百味人生_3	滨江百味人生_3(0)		☑	1	宏站_D	LTE	E-UTRA Band 43 - 20MHz	43,690	Not All		0	0	0	Not All	Nc
滨江标准集团_1	滨江标准集团_1(0)		☑	1	宏站_D	LTE	E-UTRA Band 43 - 20MHz	43,690	Not All		0	0	0	Not All	Nc
滨江标准集团_2	滨江标准集团_2(0)		☑	1	宏站_D	LTE	E-UTRA Band 43 - 20MHz	43,690	Not All		0	0	0	Not All	Nc
滨江标准集团_3	滨江标准集团_3(0)		☑	1	宏站_D	LTE	E-UTRA Band 43 - 20MHz	43,690	Not All		0	0	0	Not All	Nc
滨江滨兴大酒店_1	滨江滨兴大酒店_1(0)		☑	1	宏站_D	LTE	E-UTRA Band 43 - 20MHz	43,690	Not All		0	0	0	Not All	Nc
滨江滨兴大酒店_2	滨江滨兴大酒店_2(0)		☑	1	宏站_D	LTE	E-UTRA Band 43 - 20MHz	43,690	Not All		0	0	0	Not All	Nc
滨江滨兴大酒店_3	滨江滨兴大酒店_3(0)		☑	1	宏站_D	LTE	E-UTRA Band 43 - 20MHz	43,690	Not All		0	0	0	Not All	Nc
滨江缤纷小区_1	滨江缤纷小区_1(0)		☑	1	宏站_D	LTE	E-UTRA Band 43 - 20MHz	43,690	Not All		0	0	0	Not All	Nc
滨江缤纷小区_2	滨江缤纷小区_2(0)		☑	1	宏站_D	LTE	E-UTRA Band 43 - 20MHz	43,690	Not All		0	0	0	Not All	Nc
滨江缤纷小区_3	滨江缤纷小区_3(0)		☑	1	宏站_D	LTE	E-UTRA Band 43 - 20MHz	43,690	Not All		0	0	0	Not All	Nc
滨江财政局_1	滨江财政局_1(0)		☑	1	宏站_D	LTE	E-UTRA Band 43 - 20MHz	43,690	Not All		0	0	0	Not All	Nc
滨江财政局_2	滨江财政局_2(0)		☑	1	宏站_D	LTE	E-UTRA Band 43 - 20MHz	43,690	Not All		0	0	0	Not All	Nc
滨江财政局_3	滨江财政局_3(0)		☑	1	宏站_D	LTE	E-UTRA Band 43 - 20MHz	43,690	Not All		0	0	0	Not All	Nc
滨江陈家村_1	滨江陈家村_1(0)		☑	1	宏站_D	LTE	E-UTRA Band 43 - 20MHz	43,690	Not All		0	0	0	Not All	Nc
滨江陈家村_2	滨江陈家村_2(0)		☑	1	宏站_D	LTE	E-UTRA Band 43 - 20MHz	43,690	Not All		0	0	0	Not All	Nc
滨江陈家村_3	滨江陈家村_3(0)		☑	1	宏站_D	LTE	E-UTRA Band 43 - 20MHz	43,690	Not All		0	0	0	Not All	Nc
滨江东方通信_1	滨江东方通信_1(0)		☑	1	宏站_D	LTE	E-UTRA Band 43 - 20MHz	43,690	Not All		0	0	0	Not All	Nc
滨江东方通信_2	滨江东方通信_2(0)		☑	1	宏站_D	LTE	E-UTRA Band 43 - 20MHz	43,690	Not All		0	0	0	Not All	Nc
滨江东方通信_3	滨江东方通信_3(0)		☑	1	宏站_D	LTE	E-UTRA Band 43 - 20MHz	43,690	Not All		0	0	0	Not All	Nc
滨江东冠_1	滨江东冠_1(0)		☑	1	宏站_D	LTE	E-UTRA Band 43 - 20MHz	43,690	Not All		0	0	0	Not All	Nc
滨江东冠_2	滨江东冠_2(0)		☑	1	宏站_D	LTE	E-UTRA Band 43 - 20MHz	43,690	Not All		0	0	0	Not All	Nc
滨江东冠_3	滨江东冠_3(0)		☑	1	宏站_D	LTE	E-UTRA Band 43 - 20MHz	43,690	Not All		0	0	0	Not All	Nc
滨江东冠创业大厦_1	滨江东冠创业大厦_1(0)		☑	1	宏站_D	LTE	E-UTRA Band 43 - 20MHz	43,690	Not All		0	0	0	Not All	Nc
滨江东冠创业大厦_2	滨江东冠创业大厦_2(0)		☑	1	宏站_D	LTE	E-UTRA Band 43 - 20MHz	43,690	Not All		0	0	0	Not All	Nc
滨江东冠创业大厦_3	滨江东冠创业大厦_3(0)		☑	1	宏站_D	LTE	E-UTRA Band 43 - 20MHz	43,690	Not All		0	0	0	Not All	Nc
滨江东冠村_1	滨江东冠村_1(0)		☑	1	宏站_D	LTE	E-UTRA Band 43 - 20MHz	43,690	Not All		0	0	0	Not All	Nc
滨江东冠村_2	滨江东冠村_2(0)		☑	1	宏站_D	LTE	E-UTRA Band 43 - 20MHz	43,690	Not All		0	0	0	Not All	Nc
滨江东冠村_3	滨江东冠村_3(0)		☑	1	宏站_D	LTE	E-UTRA Band 43 - 20MHz	43,690	Not All		0	0	0	Not All	Nc
滨江冠二村_1	滨江冠二村_1(0)		☑	1	宏站_D	LTE	E-UTRA Band 43 - 20MHz	43,690	Not All		0	0	0	Not All	Nc
滨江冠二村_2	滨江冠二村_2(0)		☑	1	宏站_D	LTE	E-UTRA Band 43 - 20MHz	43,690	Not All		0	0	0	Not All	Nc
滨江冠二村_3	滨江冠二村_3(0)		☑	1	宏站_D	LTE	E-UTRA Band 43 - 20MHz	43,690	Not All		0	0	0	Not All	Nc
滨江国信嘉园RRU_1	滨江国信嘉园RRU_1(0)		☑	1	宏站_D	LTE	E-UTRA Band 43 - 20MHz	43,690	Not All		0	0	0	Not All	Nc
滨江杭州万轮集团_1	滨江杭州万轮集团_1(0)		☑	1	宏站_D	LTE	E-UTRA Band 43 - 20MHz	43,690	Not All		0	0	0	Not All	Nc
滨江杭州万轮集团_2	滨江杭州万轮集团_2(0)		☑	1	宏站_D	LTE	E-UTRA Band 43 - 20MHz	43,690	Not All		0	0	0	Not All	Nc
滨江杭州万轮集团_3	滨江杭州万轮集团_3(0)		☑	1	宏站_D	LTE	E-UTRA Band 43 - 20MHz	43,690	Not All		0	0	0	Not All	Nc
滨江杭州长翼纺机_1	滨江杭州长翼纺机_1(0)		☑	1	宏站_D	LTE	E-UTRA Band 43 - 20MHz	43,690	Not All		0	0	0	Not All	Nc
滨江杭州长翼纺机_2	滨江杭州长翼纺机_2(0)		☑	1	宏站_D	LTE	E-UTRA Band 43 - 20MHz	43,690	Not All		0	0	0	Not All	Nc

Rec. 34

图11-24 Cell表导入后的操作界面

其中，Transmitter 栏中的内容和 Transmitter 表中的一致，Name 栏中的内容建议使用 Transmitter 加上后缀(0)，Frequency Band 为频段。这 3 个参数需要预先设定。其他参数[例如，Reception Equipment（接收设备）、Max Power（最大功率）、Max Number of Users（最大用户数）等] 可以在导入后统一设置。

② 5G 仿真数据差异

对于载波 Carrier，5G 采用的是 100 MHz-NR-ARFCN 623333。载波设置如图 11-25 所示。

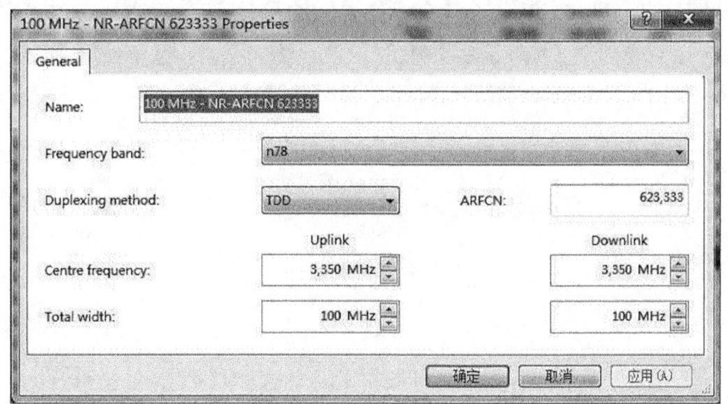

图11-25　载波设置

对于最大功率 Max Power（dBm），4G 可将其设置为 43dBm，5G 可将其设置为 53dBm。

5. 传播计算

（1）设置计算区域

在没有设置任何计算区域时，覆盖图的面积由扇区的计算半径和最低接入电平限制共同决定，同时工程中的所有扇区都会参与计算。

这次我们将以杭州市滨江区作为计算区域。设置计算区域导入结果显示如图 11-26 所示。

图11-26　设置计算区域导入结果显示

在图 11-26 中，区域内现网站点的数量为 443 个，扇区的数量为 1130 个。

（2）设置计算精度

由于 Aster 模型对地图的精度要求很高，因此本次采用的是 5m 精度地图，综合考虑计算的准确性和计算速度，本次将计算精度设置为 1m。设置计算精度操作界面如图 11-27 所示。

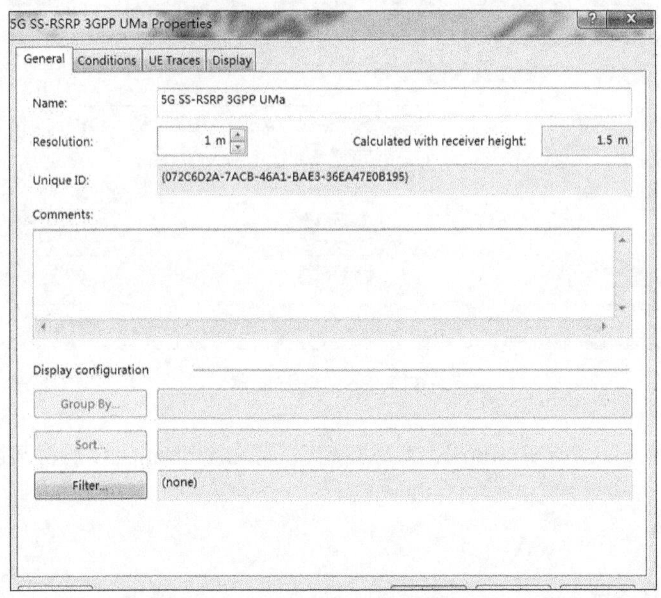

图11-27　设置计算精度操作界面

（3）设置接收机高度

右键 Radio Network Setting Properties（无线网络设置属性），可以设置接收机高度，设置不同的接收机高度可以达到立体仿真的要求。这里将一般行人接收高度设置为 1.5m。设置接收机高度操作界面如图 11-28 所示。

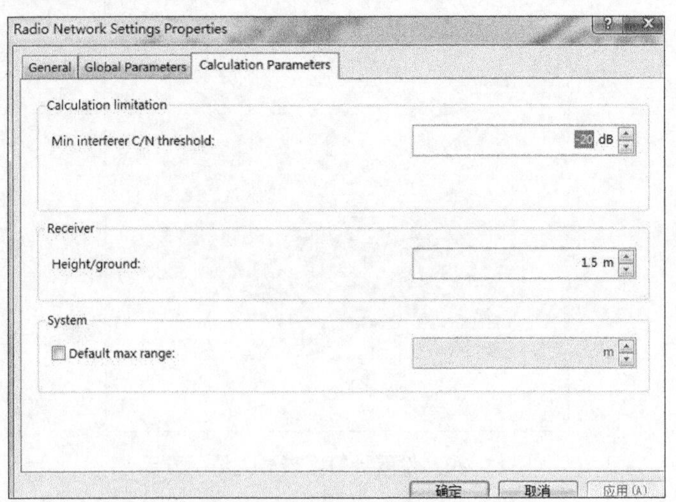

图11-28　设置接收机高度操作界面

11.3.4 仿真结果

1. 室外 4G、5G 仿真效果对比

（1）总体仿真结果

对 4G、5G 室外 RSRP 进行计算。RSRP 显示参数设置如图 11-29 所示。

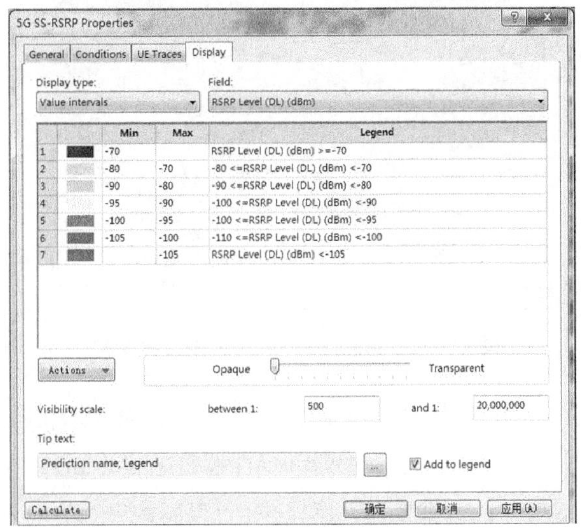

图11-29 RSRP显示参数设置

5G RSRP 室外覆盖仿真结果如图 11-30 所示，4G RSRP 室外覆盖仿真结果如图 11-31 所示。

图11-30 5G RSRP室外覆盖仿真结果

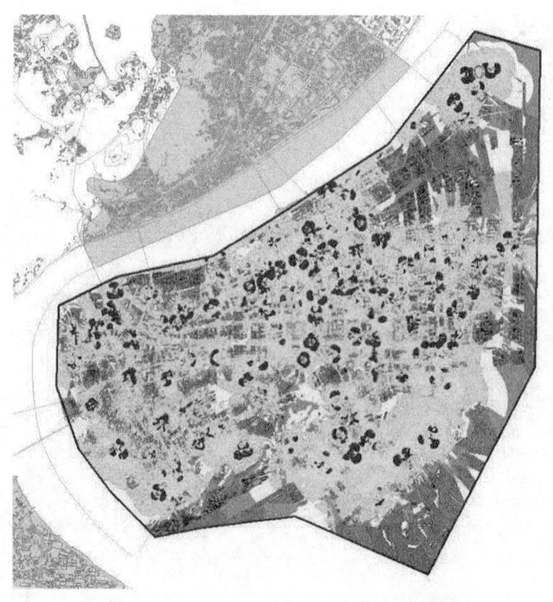

图11-31　4G RSRP室外覆盖仿真结果

从图 11-30、图 11-31 中可以发现，4G 与 5G 的仿真效果基本相同。在楼宇比较密集的区域，由于 5G 的信号穿透损耗比 4G 信号大，4G 覆盖略优于 5G。在开阔地带，由于 4G 与 5G 均是自由空间衰落，5G 的功率大，所以 5G 可以到达更远的地方。

（2）不同场景仿真结果对比

① 空旷地带

本次选取 HT 附近空旷场地进行仿真对比。空旷地带仿真示意如图 11-32 所示。

图11-32　空旷地带仿真示意

空旷地带的 4G RSRP 室外覆盖（左）与 5G RSRP 室外覆盖（右）仿真结果如图 11-33 所示。

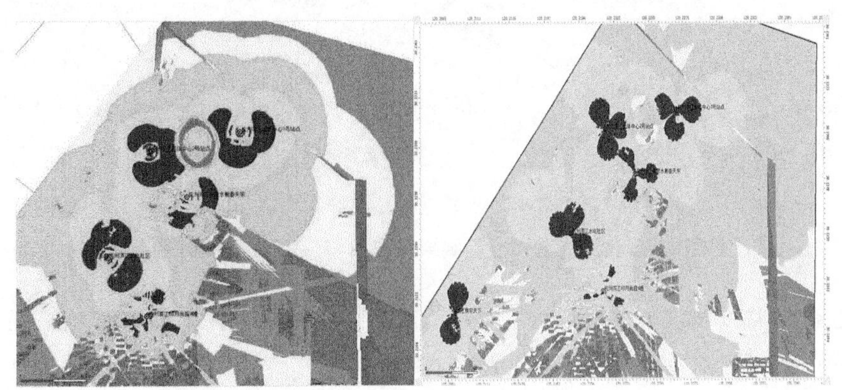

图11-33　空旷地带的4G RSRP室外覆盖（左）与5G RSRP室外覆盖（右）仿真结果

通过图 11-33 中的左右图对比可以发现，对于空旷地带，同是自由空间衰落，5G 信号由于功率大了 10 个 dB，覆盖范围远远超过 4G。并且 4G 很容易出现“塔下黑”的情况，而 5G Massive MIMO（大规模天线）由于波束赋形的缘故，覆盖效果由近及远，呈规则分布。

② 密集小区

本次选取一处密集型住宅小区进行仿真对比。密集小区仿真示意如图 11-34 所示。

图11-34　密集小区仿真示意

密集小区的 4G RSRP 室外覆盖结果（左）与 5G RSRP 室外覆盖（右）仿真结果如图 11-35 所示。

图11-35 密集小区的4G RSRP室外覆盖结果（左）与5G RSRP室外覆盖（右）仿真结果

通过图 11-35 中的左右图对比可以发现，对于密集小区，5G 由于频段较高、穿透损耗较大且绕射能力较弱，所以 5G 覆盖能力比 4G 差。

③ 商务楼宇及道路

本次选取一处商务楼宇及道路进行仿真对比，商务楼宇及道路示意如图 11-36 所示。

图11-36 商务楼宇及道路示意

商务楼宇及道路的 4G RSRP 室外覆盖结果（左）与 5G RSRP 室外覆盖结果（右）仿真结果如图 11-37 所示。

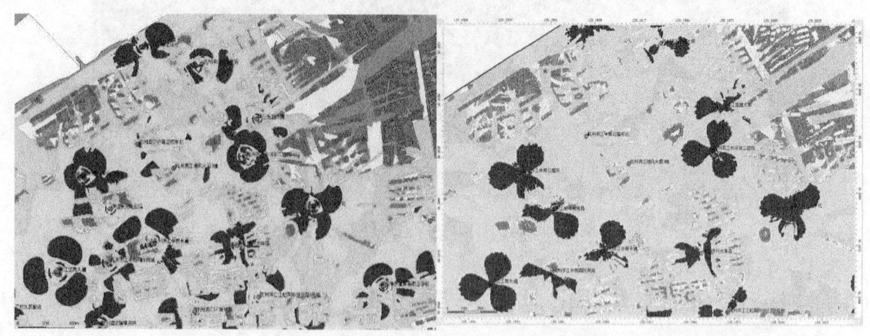

图11-37 商务楼宇及道路的4G RSRP室外覆盖结果（左）与5G RSRP室外覆盖结果（右）仿真结果

通过图 11-37 中的左右图对比可以发现，对于商务楼宇及道路，在楼宇分布不密集的情况下，4G、5G 的覆盖效果基本相同。站点工参见表 11-13。

表11-13　站点工参

Transmitter	高度（m）	方位角（°）
HZ 市 A_1	100	20
HZ 市 A _2	100	100
HZ 市 A _3	100	300
HZ 市 B _1	80	20
HZ 市 B_2	80	140
HZ 市 B_3	80	260

从表 11-13 中可以发现，在楼宇比较密集的市区，布置太高的点位对地面接收机来说收益很小。

2. 室内 4G、5G 仿真效果对比

在室内仿真时，需要对 Aster 模型进行设置。室内仿真设置界面如图 11-38 所示。

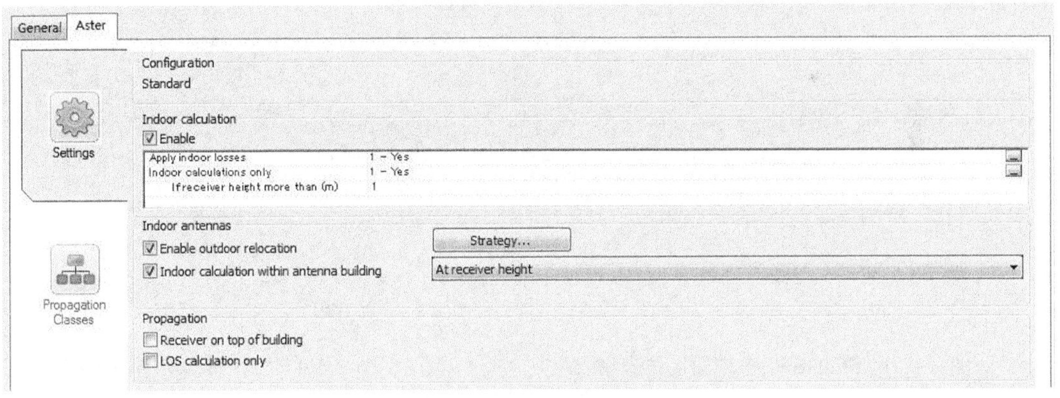

图11-38　室内仿真设置界面

将 Indoor calculation（室内计算）设置为“允许”，并且将 Indoor calculations only（只有室内计算）设置为“是”，这里的判断条件 If receiver height more than（m）（如果接收机高度多于）是指接收机高度为多少时只进行室内覆盖计算。由于本次采用的是 1.5m 的接收高度，所以只需要将判断条件设置为“小于 1.5m”就可以了，这里将其设置为 1m。

考虑到 5G 穿透性较差的特点，本次的设置更加精细，以期获得更加直观的效果对比。RSRP 设置界面如图 11-39 所示。

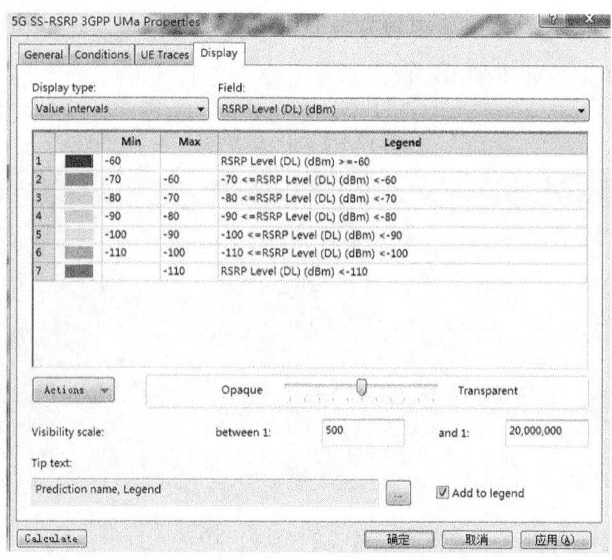

图11-39　RSRP设置界面

5G RSRP 室内覆盖仿真结果如图 11-40 所示，4G RSRP 室内覆盖仿真结果如图 11-41 所示。

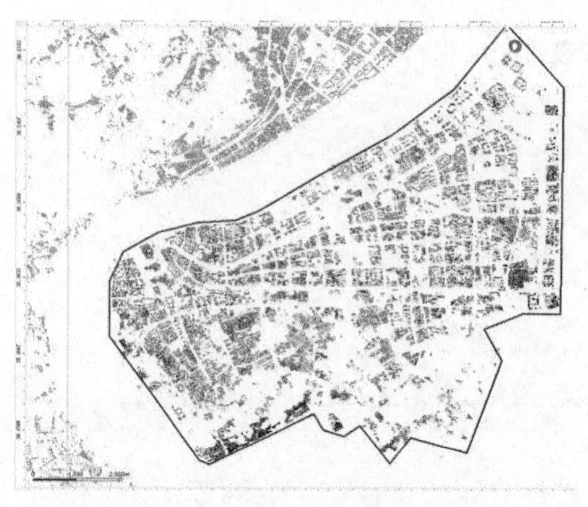

图11-40　5G RSRP室内覆盖仿真结果

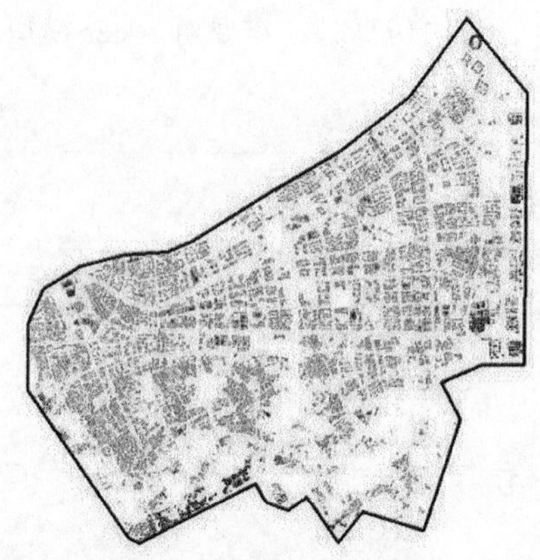

图11-41　4G RSRP室内覆盖仿真结果

由图 11-40、图 11-41 可以发现，5G 的信号穿透力远低于 4G，想要通过室外宏站覆盖室内不可行。

3. 16TR/64TR/128TR 天线仿真对比

16T16R Massive MIMO 的 RSRP 均值为 -92.2dBm。

64T64R Massive MIMO 的 RSRP 均值为 -86.99dBm。

128T128R Massive MIMO 的 RSRP 均值为 -84.16dBm。

由此可知，随着天线阵列的增多，信号越来越好。

不同的天线仿真结果如图 11-42 所示。

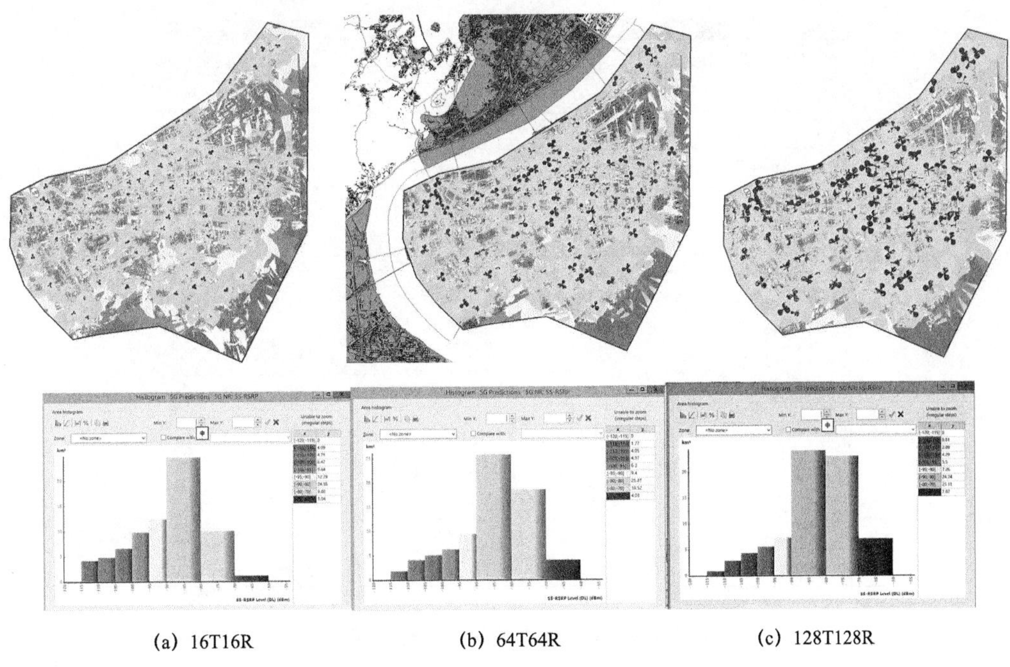

(a) 16T16R　　(b) 64T64R　　(c) 128T128R

图11-42　不同的天线仿真结果

4. ACP 站点调优

右键 ACP 新建一个计算工程，设置计算区域、频段、期望调优的目标，并且将 RSRP 大于 -110 设置为 90%。ACP 参数设置界面如图 11-43 所示。

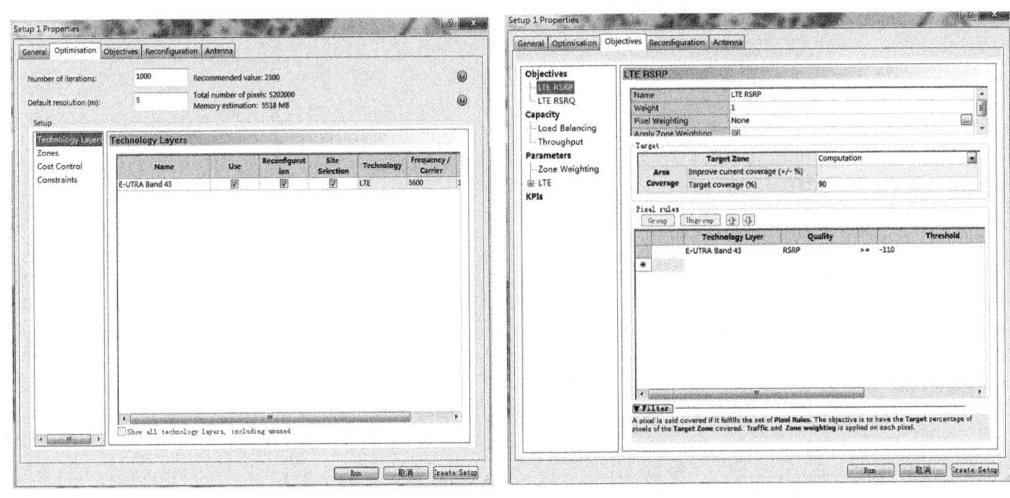

图11-43　ACP参数设置界面

ACP 站点调优的运行计算结果如图 11-44 所示。

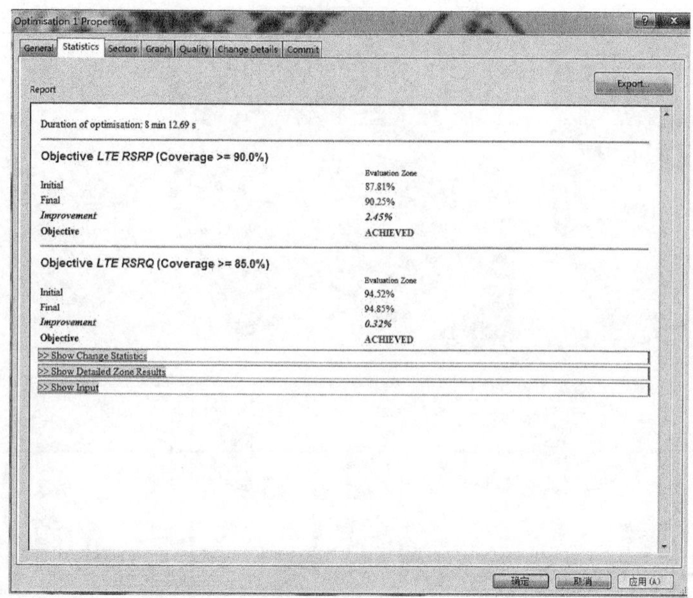

图11-44　ACP站点调优的运行计算结果

Statistics（统计）显示完成调优，RSRP 达到预设值。调优任务完成界面如图 11-45 所示。

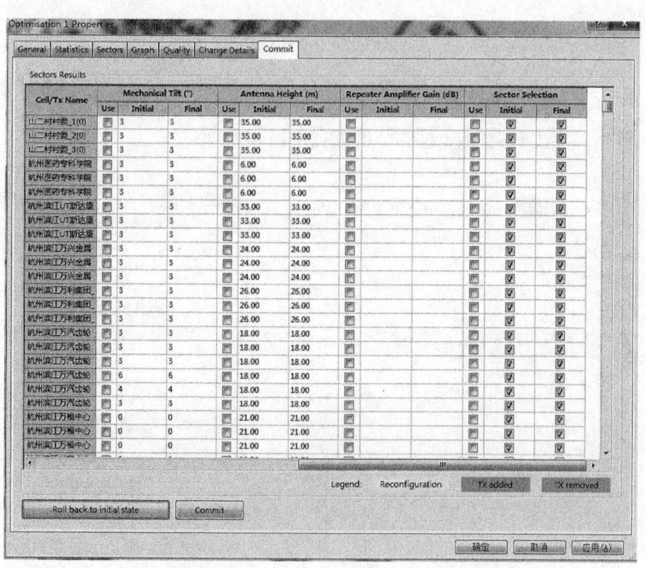

Cell/Tx Name	Mechanical Tilt (°)			Antenna Height (m)			Repeater Amplifier Gain (dB)			Sector Selection		
	Use	Initial	Final	Use	Initial	Final	Use	Initial	Final	Use	Initial	Final
山二村村委_1(0)	☐	3	3	☐	35.00	35.00	☐			☐	☑	☑
山二村村委_2(0)	☐	3	3	☐	35.00	35.00	☐			☐	☑	☑
山二村村委_3(0)	☐	3	3	☐	35.00	35.00	☐			☐	☑	☑
杭州医药专科学院	☐	3	3	☐	6.00	6.00	☐			☐	☑	☑
杭州医药专科学院	☐	3	3	☐	6.00	6.00	☐			☐	☑	☑
杭州医药专科学院	☐	3	3	☐	6.00	6.00	☐			☐	☑	☑
杭州滨江UT斯达康	☐	3	3	☐	33.00	33.00	☐			☐	☑	☑
杭州滨江UT斯达康	☐	3	3	☐	33.00	33.00	☐			☐	☑	☑
杭州滨江UT斯达康	☐	3	3	☐	33.00	33.00	☐			☐	☑	☑
杭州滨江万兴金属	☐	3	3	☐	24.00	24.00	☐			☐	☑	☑
杭州滨江万兴金属	☐	3	3	☐	24.00	24.00	☐			☐	☑	☑
杭州滨江万兴金属	☐	3	3	☐	24.00	24.00	☐			☐	☑	☑
杭州滨江万利集团_	☐	3	3	☐	26.00	26.00	☐			☐	☑	☑
杭州滨江万利集团_	☐	3	3	☐	26.00	26.00	☐			☐	☑	☑
杭州滨江万利集团_	☐	3	3	☐	26.00	26.00	☐			☐	☑	☑
杭州滨江万汽齿轮	☐	3	3	☐	18.00	18.00	☐			☐	☑	☑
杭州滨江万汽齿轮	☐	3	3	☐	18.00	18.00	☐			☐	☑	☑
杭州滨江万汽齿轮	☐	3	3	☐	18.00	18.00	☐			☐	☑	☑
杭州滨江万汽齿轮	☐	6	6	☐	18.00	18.00	☐			☐	☑	☑
杭州滨江万汽齿轮	☐	4	4	☐	18.00	18.00	☐			☐	☑	☑
杭州滨江万汽齿轮	☐	3	3	☐	18.00	18.00	☐			☐	☑	☑
杭州滨江万福中心	☐	0	0	☐	21.00	21.00	☐			☐	☑	☑
杭州滨江万福中心	☐	0	0	☐	21.00	21.00	☐			☐	☑	☑
杭州滨江万福中心	☐	0	0	☐	21.00	21.00	☐			☐	☑	☑

图11-45　调优任务完成界面

通过 Commit 可以查看各个站点的调整状态，调整前后的参数变化，并且可以使信号直接覆盖到当前的站点参数中。各个站点调整状态界面如图 11-46 所示。

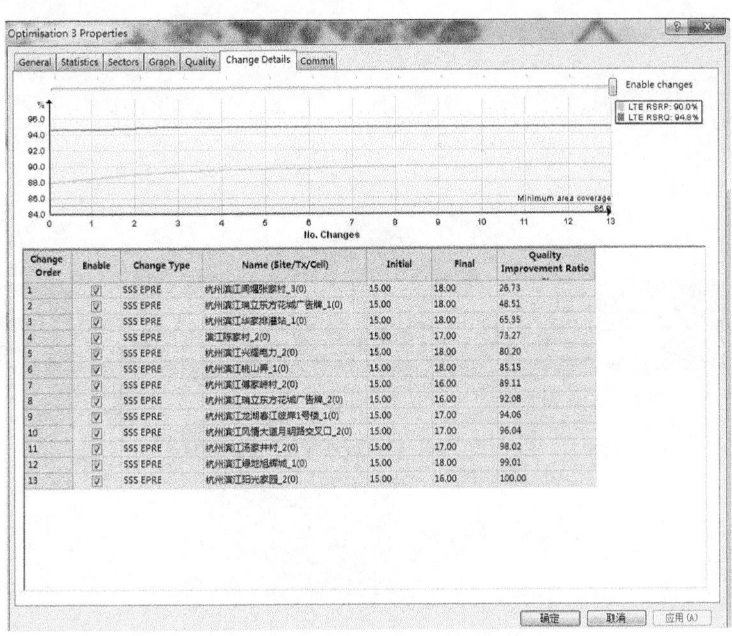

图11-46 各个站点调整状态界面

通过调整细节（Change Details）可以直接列出修改的站点参数，并且可以通过调整最上方的小方块改变调整状态。

第12章 某运营商5G组网实战

Chapter 12

●•12.1 4G组网策略回顾

12.1.1 概述

以国内某运营商为例，LTE网络已经基本实现室内以2.1GHz为主覆盖；城区、县城和乡镇室外以1.8GHz和800MHz为双层覆盖；农村以800MHz为广覆盖；热点区叠加TDD 2.6GHz点覆盖的基础布局。

基于上述的各频率覆盖特性及带宽情况，多频协同总体以高频吸容量（高频主承载）、低频广覆盖为原则，通过频率优先级和重选切换参数的合理设置，实现2.1GHz/1.8GHz优先驻留、800MHz覆盖托底、2.6GHz负荷分担的多频协同，为适合语音数据融合的4G精品网络打好基础。

初期LTE 800MHz网络部署后的频段情况如图12-1所示。

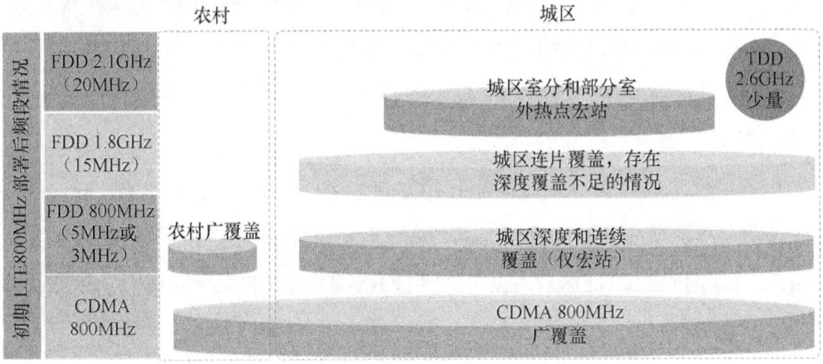

图12-1　初期LTE 800MHz网络部署后的频段情况

（1）LTE 1.8GHz在城市区域室外虽然实现连续覆盖，但还存在深度覆盖不足的情况；农村和乡镇区域室外虽然实现零星覆盖，但是广覆盖尚欠缺。

（2）LTE 2.1GHz主要用于城市室内分布系统主覆盖频点以及室外热点区域的CA辅载波。

（3）LTE 2.6GHz以补忙（吸收话务）的形式少量部署在城市的热点区域，也有部分用于农村定点覆盖。

（4）LTE 800MHz在现阶段基本上与CDMA共站址建设，主要解决农村广覆盖以及当前城区LTE 1.8GHz深度覆盖不足的问题，为后续VoLTE业务的良好感知打好基础。

上述频段中2.1GHz和2.6GHz带宽为20MHz，1.8GHz正逐步从15MHz向20MHz过渡，800MHz初期带宽为3MHz，并将逐步过渡到5MHz。未来，根据C网的退频以及次800MHz［指的是821MHz～825MHz（上行）/866MHz～870MHz（下行）］的申请情况还将扩展至10MHz，甚至更多。

各频段定位如图 12-2 所示。

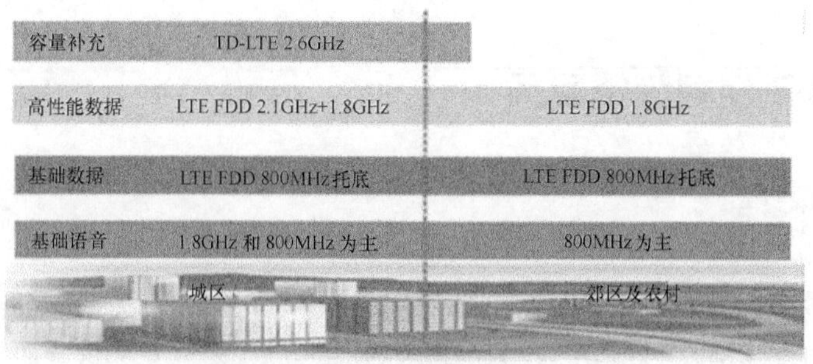

图12-2 各频段定位

随着 CDMA 网络负荷的逐步减少，800MHz 频率重耕部署 LTE，LTE 800MHz 和现网 C 网的站址按 1:1 建设，实现连续覆盖的基础 LTE 网络，承载基本的数据和语音，带宽从初期的 2×3M 逐步扩展至 2×10M 或更高。

当前，在 1.8GHz 已初具规模、LTE 800MHz 也已建成并实现连续覆盖的基础上，一张高低频搭配的 LTE 全覆盖网络已形成，城区实现 1.8GHz 主承载、800MHz 托底覆盖、室分 2.1GHz 主覆盖、热点 2.6GHz 补充的分层网络。郊区及农村实现 1.8GHz 局部承载、800MHz 广覆盖、2.6GHz 和 2.1GHz 定点覆盖的分层网络。另外，在具备条件的前提下，高铁等特殊场景实现以 2.1GHz 为主的高性能专网覆盖。

从业务角度来看，根据 VoLTE 的商用和发展情况，后期将推广 LTE Only 终端，逐步实现 CDMA 的退网，从而降低网络建设和运营成本。对于有特殊业务需求的局部区域，可部署 1.8GHz+2.1GHz、1.8GHz+2.1GHz+800MHz 以及 FDD+TDD 的载波聚合，进而为用户提供更高的速率和更好的业务体验。

12.1.2 4G 多频协同策略

多频协同策略的基本目标是通过合理的参数配置实现多频率的有效协同与均衡，最终达到提升网络质量和容量、改善用户感知的目的。多频协同改善用户感知如图 12-3 所示。

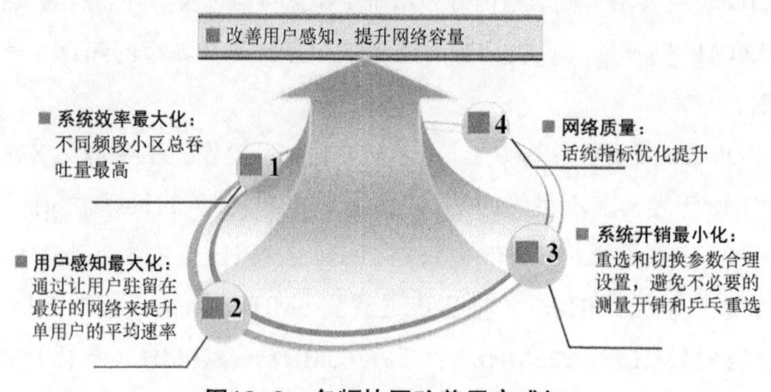

图12-3 多频协同改善用户感知

为实现图12-3中所述的目标，多频协同策略和参数制订依据以下指导原则进行。

（1）在不影响用户感知的前提下，尽可能让用户驻留和使用4G，即使4G驻留率尽可能高，但需满足速率、KQI感知和VoLTE通话的基本要求。

（2）在不影响用户感知的前提下，尽可能让用户驻留和使用高带宽频率，为保证覆盖，只有在2.1GHz/1.8GHz覆盖质量无法提供良好服务时才发起向LTE 800MHz的重选和切换。当用户在LTE 800MHz上时，为保证业务质量，在2.1GHz/1.8GHz满足覆盖质量时尽快返回至2.1GHz/1.8GHz。

（3）对于建有2.1GHz室内覆盖的场景，优先考虑使用2.1GHz室内覆盖频率，同时重点确保室内外切换及时和切换顺利，尤其是将低层出入口作为用户室内外的边界，应遵循“慢进快出”的原则。

现阶段，LTE 1.8GHz在城区已形成较好的室外连续覆盖和网络质量，而LTE 800MHz带宽有限，但基于其低频的良好覆盖能力，可以在农村广覆盖和城区深度覆盖方面将其作为LTE 1.8GHz的有效补充。LTE 2.1GHz将继续作为室内分布的主覆盖频率，实现室内的良好覆盖和充足容量。在业务热点突出的区域，继续叠加TDD 2.6GHz并将其作为负荷分担。

因此多频协同策略是以高频吸容量、低频广覆盖为原则，通过频率优先级和重选切换参数的合理设置，实现2.1GHz/1.8GHz优先驻留、800MHz覆盖托底、2.6GHz负荷分担的多频协同，打造适合语音数据融合的4G精品网络。

在频率优先级策略上，室内2.1GHz > 室外1.8GHz > 室外800MHz > TDD 2.6GHz > eHRPD（演进的高速分组网络）。LTE 800MHz频率优先级低于LTE 1.8GHz/2.1GHz，这种设置方便用户驻留和使用LTE 1.8GHz和2.1GHz。LTE 2.1GHz的频率优先级高于LTE 1.8GHz，这种设置方便用户处于室分系统覆盖下优先使用2.1GHz，从而使用户获得更好的覆盖和更优的质量。TDD 2.6GHz主要作为热点负荷分担使用，因此其频率优先级低于其他LTE频率。因为eHRPD作为无LTE覆盖时的数据业务承载，所以其频率优先级最低。

在重选、切换以及重定向策略上，通过上述频率优先级的设置，终端在室分系统下将主要驻留和使用LTE 2.1GHz，在无室分系统情况下主要驻留和使用1.8GHz。当用户离开LTE 1.8GHz/2.1GHz的较好覆盖区域通过重选和切换过渡至LTE 800MHz时，实现覆盖托底。而当终端在LTE 800MHz时，如果检测到LTE 1.8GHz/2.1GHz信号覆盖恢复至一定程度后，优先返回LTE 1.8GHz/2.1GHz，从而实现用户的良好感知体验。在LTE弱覆盖和无覆盖区域，通过CL（CDMA和LTE）互操作，从LTE向eHRPD重选或重定向，向用户继续提供数据业务服务。对处于eHRPD的终端，如果检测到LTE 1.8GHz/2.1GHz/800MHz覆盖恢复至一定程度后，则迅速返回LTE。为了确保室内外协同的效果和防止乒乓切换，原则上避免从2.1GHz向eHRPD重选。

在负载均衡策略中，主要考虑在 2.1GHz 和 1.8GHz 叠加覆盖区域内继续叠加 TDD 2.6GHz 并将其作为热点负荷分担，此时在 LTE 2.1GHz 和 1.8GHz 相关小区部署移动性负载均衡，实现基于负荷［建议使用基于用户数的 MLB（移动性负载均衡）］的切换。从 TDD 2.6GHz 到 LTE 2.1GHz/1.8GHz 反方向部署基于覆盖的切换，以便终端在 TDD 2.6GHz 信号较弱时返回 LTE 2.1GHz 或 1.8GHz。为配合上述策略，在重选方面，LTE 2.1GHz、1.8GHz 和 800MHz 不部署向 TDD 2.6GHz 的重选，反方向当 LTE 2.1GHz、1.8GHz 或 800MHz 信号符合要求时，则及时从 TDD 2.6GHz 返回。

12.2 5G 组网策略实现

12.2.1 背景

在 5G 网络建网初期，城区话务热点区域和行业客户应用区域是建设重点，前者面向 2C 用户（个人用户），后者面向 2B 用户（企业用户）。在 5G 模式的选择上，运营商以 SA 为目标架构，在过渡期控制性部署 NSA，推动 SA 的发展和成熟，构建相对竞争优势。5G 组网演进规划如图 12-4 所示。

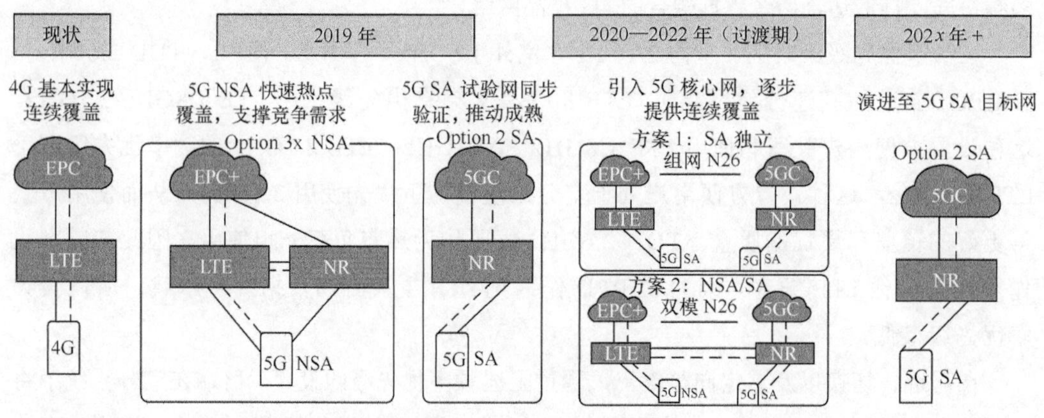

图12-4 5G组网演进规划

12.2.2 5G 的业务策略

某运营商 5G 业务推荐：SA 网络语音回落到 LTE 通过 VoLTE 实现，最终演进到 VoNR，数据业务承载在 NR 上。NSA 网络语音直接在锚点 LTE 上通过 VoLTE 实现，数据业务推荐承载在 NR 上，也可以使数据承载以 NR 为主要部分，同时动态分流部分业务至锚点 LTE 上，从而达到提高锚点站资源利用率的效果。在产品上已经实现的 5G 业务特性见表 12-1。

表12-1　在产品上已经实现的5G业务特性

5G模式	业务特性	特性简介	特性描述
SA	数据业务态特性	5G→4G基于覆盖的重定向	•数据业务连接态场景，用户移动到5G网络覆盖边缘，基于覆盖切换或重定向到4G，保证业务的连续性
		5G→4G基于覆盖的切换	
		4G→5G基于覆盖的重定向	•数据业务连接态场景，用户移动到4G网络覆盖边缘，测量5G，基于覆盖切换或重定向到5G提升用户体验
		4G→5G基于业务的重定向	•UE驻留在4G发起业务，如果该业务可以承载在5G上，在测量5G信号之后，则切换或重定向到5G小区
	语音回落特性	5G→4G基于切换/重定向的语音回落	•UE驻留在5G网络，检测到语音业务建立，EPS FB切换（测量超时则执行盲重定向）到4G上建立VoLTE业务，提供语音功能
		4G→5G语音业务后的快速返回	•语音回落，用户在语音释放后，测量5G小区后重定向返回5G小区，数据业务继续体验5G网络
NSA	数据业务态特性	SCG载波管理	•若4G锚点覆盖连续而5G覆盖丢失后，SCG被释放，NSA用户完全退变为LTE-ONLY用户
			•若5G连续覆盖而4G锚点覆盖丢失后，SCG被释放，NSA用户可能切换到非锚点LTE，进而退变为LTE-ONLY用户，也可能基于LTE网络的异系统互操作策略转移到2G/3G网络
	语音回落特性	SCG载波管理	•NSA用户在发起VoLTE呼叫时允许主动释放SCG，完全退变为LTE-ONLY用户
			•NSA用户也可以选择在发起VoLTE呼叫后仍保留SCG

12.2.3　5G互操作策略

SA网络推荐5G SA互操作策略。

1. 空闲态

（1）通过驻留优先级，控制UE优先驻留在NR，即驻留优先级NR大于LTE。

（2）NR弱覆盖区域触发NR→LTE小区重选；基于驻留优先级，LTE→NR小区重选。

2. 语音业务

（1）通过PSHO切换（数据域切换）的方式使EPS回落至LTE之后建立VoLTE业务。

（2）在电话挂断后，EPS回落的语音用户通过FR（快速返回特性）返回到NR网络。

3. 数据业务

（1）基于覆盖的NR→LTE的切换。

（2）基于覆盖与业务的LTE→NR重定向。

LTE 与 NR 的互操作如图 12-5 所示。

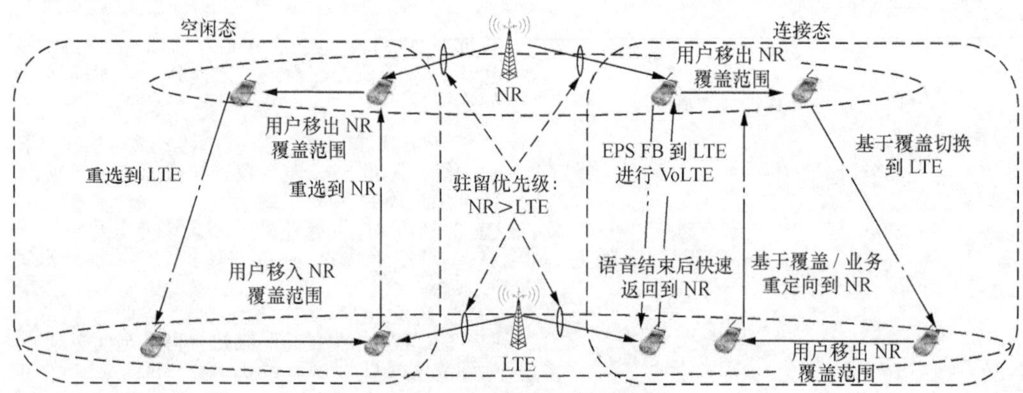

图12-5　LTE与NR的互操作

NSA 网络推荐 5G NSA 移动性及 SCG 载波管理策略。5G NSA 移动性及 SCG 载波管理策略见表 12-2，5G NSA 移动性策略如图 12-6 所示。

表12-2　5G NSA移动性及SCG载波管理策略

移动性	触发场景
LTE 初始接入（Initial Access）	NSA 用户的初始接入和 LTE 相同
辅节点添加（SgNB Addition）	SCG 添加后，数据承载迁移到 5G 侧。数据传输以 5G 侧为主，也可以配置动态分流
辅节点释放（SgNB Release）	出了 SgNB 覆盖区，基于 A2 或者 RLC 重传次数超过门限，触发 SCG 删除。NSA 用户完全退变为 LTE-ONLY 用户
主站释放（MeNB Release）	出了 MeNB 覆盖区，SCG 被释放。 NSA 用户可能切换到非锚点 LTE，从而退变为 LTE-ONLY 用户， 也可能基于 LTE 网络的异系统互操作策略转移到 2G/3G 网络

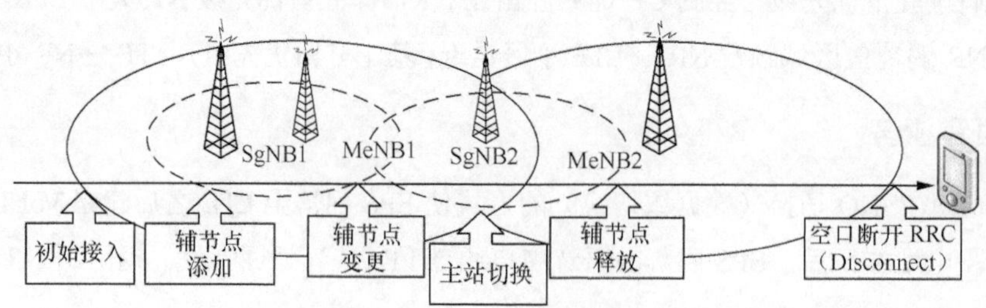

图12-6　5G NSA移动性策略

●• 12.3 电联共建共享组网策略

2019年9月9日，中国联合网络通信集团有限公司发布公告称，中国联合网络通信集团有限公司与中国电信集团有限公司签署“5G网络共建共享框架合作协议书”。根据合作协议，中国联合网络通信集团有限公司将与中国电信集团有限公司在全国范围内合作共建一张5G接入网络，双方划定区域、分区建设，各自负责在划定区域内建设5G网络相关工作，例如，谁建设、谁投资、谁维护、谁承担网络运营成本。5G网络共建共享采用接入网共享方式，核心网各自建设，5G频率资源共享。双方联合确保5G网络共建共享区域的网络规划、建设、维护及服务标准统一，保证提供同等服务水平。双方各自与第三方的网络共建共享合作不能损害另一方的利益。双方用户归属不变，品牌和业务运营保持独立。

当前，电联共享NSA主流共享方案有3种：双锚点方案（4G共享载波+5G共享载波）、单锚点方案1（1.8GHz共享载波，4G共享载波+5G共享载波）、单锚点方案2（2.1GHz独立载波，4G独立载波+5G独立载波）。

12.3.1 双锚点方案（4G共享载波+5G共享载波）

双锚点方案组网如图12-7所示。

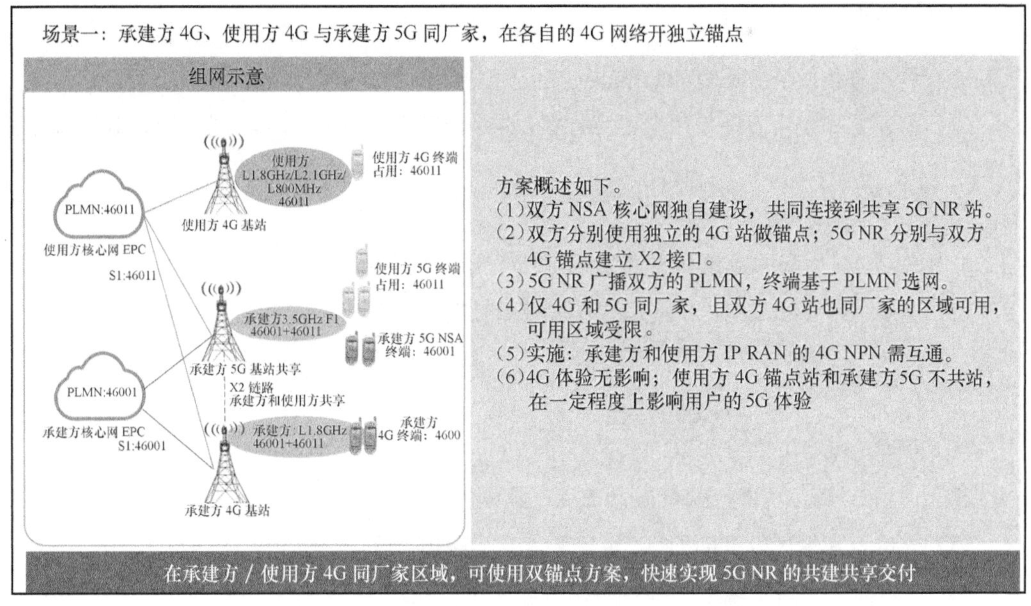

图12-7 双锚点方案组网

双锚点方案互操作策略如图 12-8 所示。

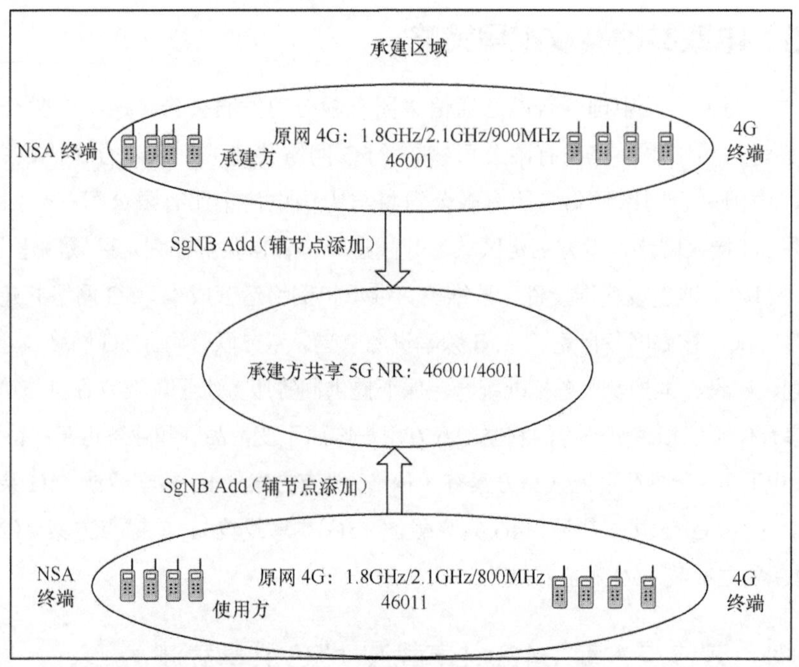

图12-8　双锚点方案互操作策略

1. 空闲态

（1）承建方和使用方原有 4G 的公共重选优先级不变。

（2）承建方和使用方都使用全锚点方案，占用开启锚点小区后，即可发起 5G 载波添加。

2. 连接态

（1）普通 4G 用户的数据和语音业务均遵从原网驻留策略。

（2）NSA 用户 VoLTE 语音业务遵从原网 4G 驻留策略。

3. 约束

（1）承建方 4G 与使用方 4G 必须同厂家。

（2）使用方 4G 和承建方 5G 之间的 X2 因为不共网管，需关注 X2 建立。

（3）承建方和使用方之间的 X2 链路必须互通路由。

12.3.2　单锚点方案 1（1.8GHz 共享载波，4G 共享载波 +5G 共享载波）

单锚点方案 1 组网如图 12-9 所示。

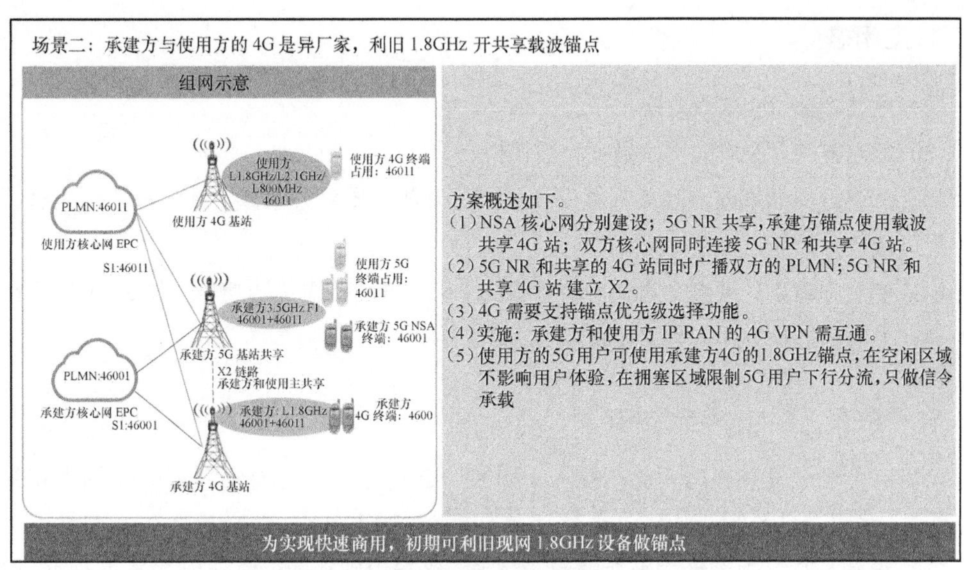

图12-9　单锚点方案1组网

单锚点方案1互操作策略如图12-10所示。

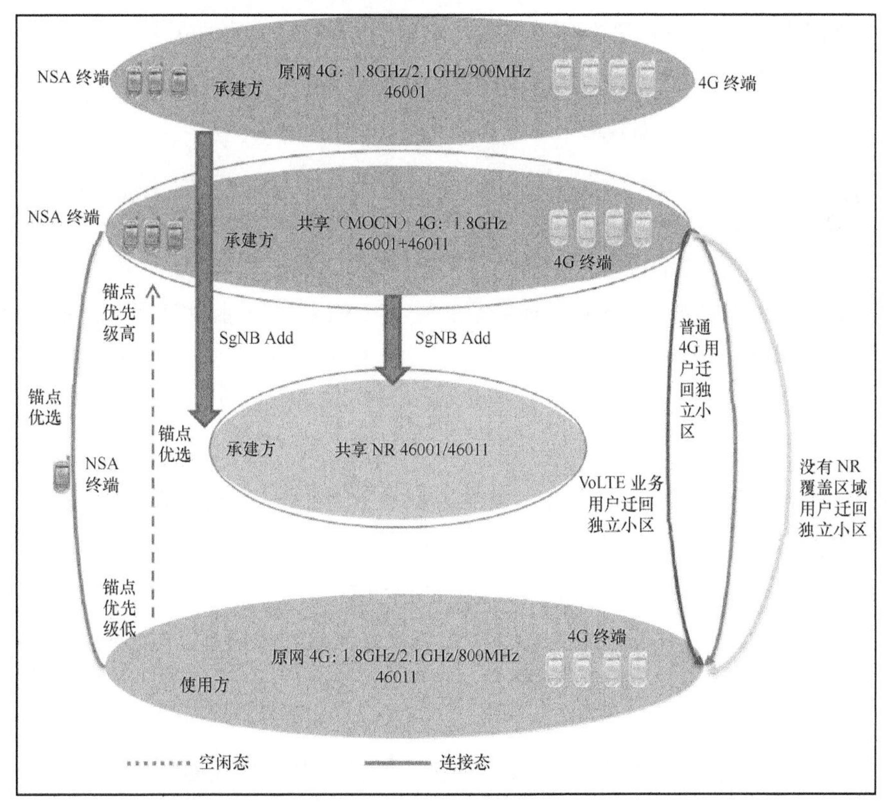

图12-10　单锚点方案1互操作策略

1. 空闲态

（1）承建方使用全锚点方案。

（2）承建方的公共重选优先级和大网保持一致。

（3）承建方的共享锚点和共享方的独立小区互相配置对方频点，并将重选优先级，各自将优先级设为最低。

（4）使用方锚点（承建方共享）和非锚点小区都开启锚点优选功能，使 NSA 用户在释放时通过专有优先级重选至共享锚点。

2. 连接态

（1）终端通过锚点优选功能在接入、切换（必要切换）、重建时进行共享锚点和共享 NR 测量。如果满足条件，则将 NSA 终端切换到共享锚点。

（2）承建方开启频率优先级功能和 4G、5G 终端识别功能，将使用方的普通 4G 切换到使用方的独立小区。

（3）5G NSA 用户在没有 5G 覆盖时切换到各自的独立小区。

（4）使用方 NSA 用户在语音时，将普通 4G 切换到使用方的独立小区，VoLTE 结束后再通过锚点优选的功能结合触发场景返回。

（5）普通 4G 用户的数据和语音业务均遵从原网驻留策略。

3. 约束

（1）承建方和使用方的设备供应商必须支持基于 5G 覆盖的锚点优选功能。

（2）承建方和使用方的设备供应商必须支持 4G、5G 终端识别，将使用方普通 4G 用户从共享锚点迁回使用方的独立小区。

（3）承建方和使用方的设备供应商必须支持区分 PLMN 的 QCI 配置，从而实现区分运营商的语数分层。

（4）承建方和使用方的设备供应商的共享锚点覆盖必须大于 5G 覆盖，否则可能出现使用方用户在边界区域因为同频干扰导致 4G 掉线。

（5）承建方和使用方的设备供应商必须支持在没有 5G 覆盖的场景下迁回其独立小区。

（6）使用方 5G 用户在 VoLTE 和没有 NR 覆盖且切换到独立小区时，要避免连接态重回共享锚点造成乒乓切换。

12.3.3 单锚点方案 2（2.1GHz 独立载波，4G 独立载波 +5G 独立载波）

单锚点方案 2 组网如图 12-11 所示。

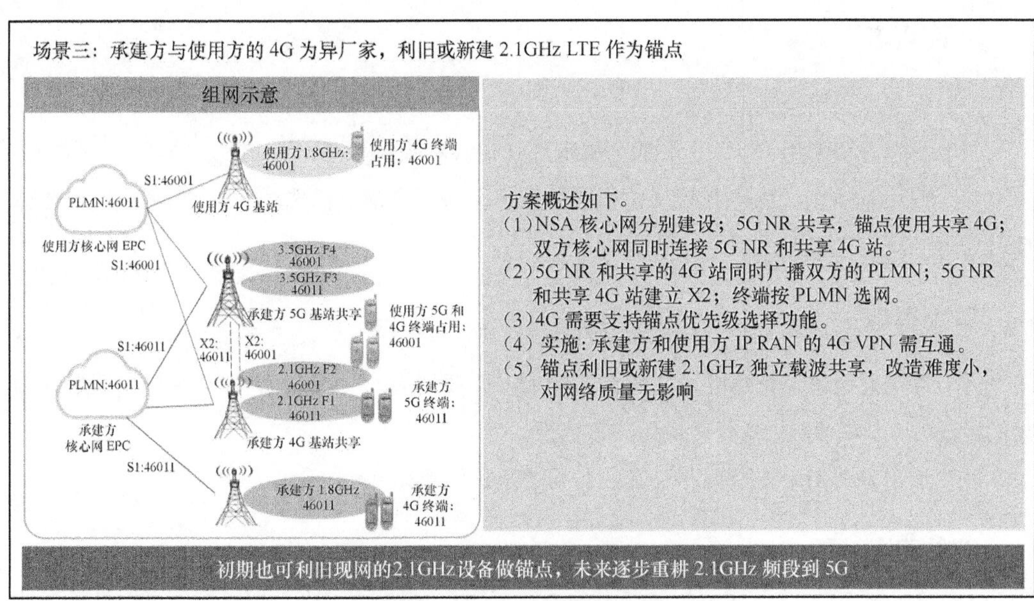

图12-11　单锚点方案2组网

单锚点方案 2 互操作策略如图 12-12 所示。

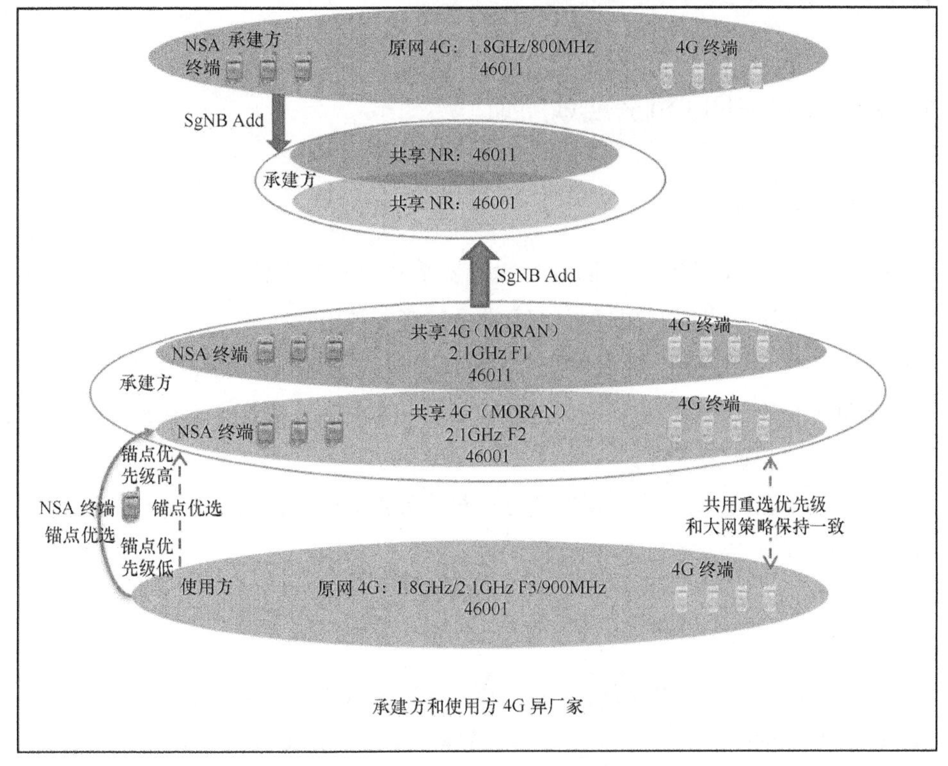

图12-12　单锚点方案2互操作策略

1. 空闲态

（1）承建方采用全锚点方案。

（2）承建方和使用方 4G 小区的公共重选优先级和大网保持一致。

（3）使用方锚点（承建方共享）和非锚点小区都开启锚点优选功能，使 NSA 用户在释放时通过专有优先级重选至共享锚点。

2. 连接态

（1）终端通过锚点优选功能在接入、切换（必要切换）、重建时进行共享锚点测量。如果满足条件，则将 NSA 终端切换到共享锚点。

（2）承建方和使用方数据和语音业务均遵从原网策略。

3. 约束

当承建方和使用方的 4G 为异厂家时，需要厂家支持锚点定向切换功能（锚点优选）。

12.4 BBU 集中设置规划

12.4.1 5G BBU 机房规划原则

1. 覆盖区域规划

5G BBU 机房是 5G 网络下承担 BBU 设备安装空间的节点机房，可重点实现 5G 无线基站接入汇聚的功能，同时也满足部分综合业务的接入需求。

根据行政规划、分区性质和自然形式，对 5G BBU 机房进行汇聚区域的整体规划，机房覆盖区域划分应能适应各地市的市政建设计划，并考虑中长期的业务发展需求，避免 5G BBU 区域的频繁优化调整。

原则上，5G BBU 机房的覆盖区域要在综合业务接入区的范围内划分，BBU 设备与其下挂的 AAU 不允许有跨综合业务接入区。

2. 规划选址

整体规划 5G BBU 机房的分布密度应考虑业务需求及网络安全两个方面。BBU 机房应重点满足区域内的 5G BBU 以及 4G BBU 设备等的接入、汇聚需求，并兼顾区域内的集团客户、WLAN、信息点覆盖等业务。

BBU 机房的选点应结合光缆网及管道网的现状，在其覆盖范围的中心区域内选取，不宜处于边界位置，从而便于业务节点的接入。

大型分布系统可根据配套条件选择就近设置专用的 BBU 机房。

3. 规模分类

根据区域内 BBU 部署的数量及机房的容量，可以将 BBU 机房分为以下 4 种。

（1）基站机房

BBU 直接部署在基站机房或大型室内分布系统的专用机房内，BBU 集中部署数量通常为 2 ～ 5 台。

（2）小云天线接入网（Cloud Radio Access Network，C-RAN）机房

结合 4G 集中机房、原模块局、接入点的设置，BBU 集中部署在接入机房内，一般位于接入光缆主干层与配线层交界处。BBU 集中部署数量通常为 5 ～ 10 台。

（3）中 C-RAN 机房

结合综合业务接入区的设置，BBU 集中部署在一般的机房内，一般位于中继光缆汇聚层与接入主干的交界处（通常对应县区级业务局站或条件较好的分支局）。BBU 集中部署数量通常为 10 ～ 30 台。

（4）大 C-RAN 机房

结合综合业务接入区的设置，BBU 集中部署在一般机房或核心机房内（通常对应地市级综合业务局站）。BBU 集中部署数量通常为 30 ～ 80 台。

4. 基础设施

5G BBU 集中机房的设置需要综合考虑市电能力、建筑结构、空间布局、空调制冷能力和气流组织、后备供电保障、传输条件、网络安全、维护抢修等多方面的因素。

5G BBU 机房基础设施建设要充分考虑机房建设投资、电源空调设备投资、管线资源配套投资、能源费用、维护维修成本等因素，结合项目的收益进行综合评估，提高投资的经济效益。

12.4.2　5G BBU 机房主要设备功耗特征

5G BBU 机房的主要功耗来自 BBU 设备、传输设备及对应 AAU 设备（通常为 3 个），而 5G BBU 集中机房的主要功耗仅来自 BBU 设备。

1. BBU 设备功耗

根据设备扩容性能，BBU 设备可以分为插板式和单板式。目前，华为、中兴、诺基亚等厂家的 5G BBU 为插板式，爱立信的 5G BBU 为单板式。考虑到设备的稳定性及工作温

度的控制，一般情况下，插板式 BBU 不建议满配。

2. 传输设备功耗

5G 传输新型设备的功耗约为 0.6kW/ 台。

12.4.3 5G BBU 机房基础设施的特点和基本要求

传统 4G BBU 的单机功耗通常为 100W ～ 200W，甚至更低，发热量不大，BBU 集中度相对较低，对集中安装时的机柜工艺、空调配置等要求均不高，故 4G BBU 机房的相关基础设施也比较容易获取。

而 5G BBU 相较于 4G，其设备部署的集中度和设备功率密度均有大幅提高，单机柜功率也随之实现阶跃性上升。这给机柜内设备的通风散热和机房的电源保障均带来了明显的压力，对设备安装工艺、机柜规格及布线工艺、机房空调配置与气流组织、电源设备配置等提出了更高的要求。

考虑到设备的散热问题，建议 5G BBU 机房的单机柜功率不超过 4.5kW。对于条件较差的小 C-RAN 机房及基站机房，宜将单机柜功率控制在 3kW 以内；对于条件较好的中 C-RAN 机房、大 C-RAN 机房，可根据该机房直流电（Direct Current，DC）的设置或空调制冷能力的要求使单机柜功率进一步提升。

第 3 篇
优化与应用篇

导读

如何将各类 5G 典型业务特性与实际应用场景相结合，并制订针对性的优化策略是本篇讨论的内容。5G 网络的优化不应该仅遵照“XX 优化建议手册”就进行优化处理，而应该深入洞悉最终用户和业务的需求，并以此作为优化的前提条件和优化结果的验证条件。

本篇首先介绍了 5G 组网下 NSA 锚点规划流程、4G&5G 协同优化需要注意的事项与 5G 网络优化常见方法，夯实读者优化的基本思路；然后通过 5G 优化实际案例，介绍现阶段针对精品线路与智慧叉车场景下的定制化优化手段；最后介绍了现阶段 5G 与各产业线相结合孵化出的“5G+ 应用”，激发读者思考如何真正将用户需求与 5G 应用相结合。5G 应用的未来充满无限可能，还需要我们共同探寻。

第13章 5G 网络优化方法

Chapter 13

5G 的网络优化基于 5G 基本原理，在协议层面、终端、无线和核心网的技术层面通过 RF 优化、设备性能参数优化以及端到端优化，实现最优 5G 网络性能，构建了一张几近完美的网络，支撑各类 5G 用户的使用。

当前，NSA 网络架构仍是各大电信运营商的主流组网方式，并且将在相当长的一段时间内存在，因此本章将主要基于 NSA 网络介绍网络优化经验，偏重于 4G 和 5G 协同优化。

在进行 4G 和 5G 协同优化前，首先要对整张网络进行端到端的系统性评估，然后根据评估的结果明确锚点规划优化的原则，并且获取 NR 网络优化的前提条件。端到端的评估维度与原理见表 13-1。

表13-1　端到端的评估维度与原理

评估维度（一级）	评估维度（二级）	评估原理
终端能力	终端对 LTE Band 的支持情况	NSA 终端不一定支持现网的全部 LTE 频段。在规划锚点时，需要选择主流 NSA 终端所支持的频段
覆盖水平	覆盖连续性	锚点必须做到连续覆盖，否则在无锚点覆盖的区域无法添加 NR
	锚点基础性能	LTE 侧基础性能（例如，接入失败、乒乓切换等）会影响用户的 5G 业务体验，因此建议将 LTE 基础性能较好的载波作为锚点
容量（仅针对需打开 DC 分流的场景）	上行容量	NR 上行远点会受限，可能需要 LTE 承载上行业务，建议锚点上行容量要大
	下行容量	（1）如果锚点开通 DL CA，则需要考虑终端 NSA DC 和 LTE CA 的组合能力和网络侧支持频段。选择终端支持度最高的 NSA DC 和 LTE CA 能力组合。 （2）如果锚点未开通 DL CA，则需要考虑将下行容量较高的 LTE 频点作为锚点
协同优化	干扰避让	从干扰角度看，如果部署 NSA DC，则需要规避谐波/交调干扰，因此建议避免特定的组合，例如，（LTE1.8GHz+NR3.5GHz）或（LTE2.6GHz+NR4.9GHz），以实际的公式计算为准
	移动性策略的耦合性	（1）空闲态驻留策略。NSA 用户尽可能遵从现网的空闲态驻留策略。除非现网空闲态优先驻留的载波不适合作为 NSA，例如，优先驻留不连续覆盖频段等。 （2）NR 版本 LTE 非必要性切换策略（例如，CA 锚点策略、MLB、频率优先级切换等）与 NSA 未解耦。如果现网非必要性切换策略是优先将用户迁移到某些载波，则尽可能将这些倾向性载波作为锚点
	LTE 与 NR 共覆盖	从共站/异站的角度看，希望 LTE 锚点和 NR 能共站且共扇区，便于后续版本 NR 盲添加、LTE 和 NR 协同切换等优化策略的实施

13.1 NSA 锚点规划流程

13.1.1 网络基础信息收集

在执行 NSA 锚点规划流程前，需要提前收集 NSA 组网的相关信息，以便后续评估时参考。这些信息包括以下 3 种。

1. LTE 侧信息

（1）LTE 网络当前所有的制式（FDD/TDD）以及每种制式下的所有载波的频点和带宽等信息。

（2）LTE 各载波的空闲态驻留优先级。

（3）LTE 各载波的连接态移动性策略。

基于以上信息，输出现网 LTE 的多频点承载策略包括空闲态驻留策略、基于覆盖的连接态移动性策略、MLB 策略、CA PCC（载波聚合特性主小区）锚点策略、基于业务的切换策略。

基于现网 LTE 的多频点承载策略，得出现网 LTE 用户倾向性驻留的载波。

2. 5G 侧信息

（1）5G 载波的频点和带宽。

如果有多个 5G 载波，则需要一并收集。

（2）有没有分流需求。

如果有分流需求，则需要关注 LTE 容量和 CA 组合支持情况。

3. 终端信息

调研计划入网的所有 NSA 终端类型，例如，客户终端设备（Customer Premise Equipment，CPE）、Mate20X、Mate30 等。终端类型调研见表 13-2。

表13-2 终端类型调研

信息类型	CPE	终端 1	终端 2
所支持的锚点 LTE 频段			
所支持的锚点 LTE 带宽			
DC 分流场景下 LTE 侧支持的 CA 频段组合			

通过终端官网获取各大终端支持的 LTE 频段以及 NR 频段的支持信息、CA 支持信息，以明确频段规划。

13.1.2 候选锚点初选

基于较高优先级的评估维度，先初步过滤出可用锚点载波，同时满足以下条件的载波作为初步的 NSA 可用锚点载波。

（1）终端支持的频段、带宽范围最广。

（2）过滤出连续覆盖的载波（建议路测 DL RSRP 全部样本大于 -105dBm。室内场景可以通过 MR 评估，要求 DL RSRP 全部样本高于 -115dBm）。

（3）过滤出下行带宽不低于 10M、上行等效带宽不低于 5M 的载波。（上行使用等效带宽进行评估是考虑到 LTE TDD 通常使用 1:3 的上下行配比。LTE FDD 的上行等效带宽等于实际物理带宽。）

（4）如果需要将多个载波作为锚点，则需要考虑多个锚点之间的平滑切换。

13.1.3 锚点优先级确定

如果以上初步过滤出的可用锚点较多，则需进一步精细化评估。

1. 考虑与现网驻留、移动性策略的一致性

（1）空闲态驻留策略

尽可能与 4G 现网的空闲态驻留策略保持一致，即将较高优先级的 LTE 载波作为锚点。如果较高优先级的载波覆盖不连续，则考虑次优先级覆盖连续的频段。

（2）必要性切换

对于锚点载波的选择，要优先选择必要性切换容易发生的载波。例如，基于覆盖的切换等。

（3）非必要性切换

锚点载波选择要避免非必要性切换容易发生的载波。例如，基于业务（VoLTE）的切换、基于负载均衡的切换等。

2. 考虑各个载波的基础性能

对于精细化的 NSA 性能优化，需要考虑锚点 LTE 载波的基础性能，尽可能降低 LTE 接入失败、乒乓切换对 5G 性能的影响。

对于重要场景，建议通过路测方式精确对比各个候选锚点的基础性能。对比的主要维度包括覆盖（DL RSRP）和切换次数。覆盖较广并且切换次数较少的载波可被作为较高优先级的 NSA 锚点。其他 LTE 异常事件数量（包括接入失败、掉话、重建）不能作为基础性能评估的依据。

3. 考虑终端侧干扰避让

基于 LTE 各个频段和 5G 频段的起始频率信息，可认为那些 LTE 载波与 5G 载波在理论上不存在谐波和交调干扰。这些 LTE 载波的干扰避让评估结果被标记为 pass（通过），其他载

波被标记为Not pass（不通过）。优先选择与5G载波不存在谐波和交调干扰的LTE载波做锚点。

●•13.2　4G&5G 协同优化注意事项

13.2.1　LTE 主控板 CPU 负载

NSA用户信令负荷高于LTE-Only用户，在LTE→NSA用户转网时，LTE信令负载增加，加重主控板负荷，具体评估方法如下所述。

1. 获取现网触发设备流控的 CPU 均值利用率门限

（1）CPU 过载风险的评估最终应该基于 CPU 峰值利用率，因为 CPU 峰值利用率超过流控门限会导致业务短时受损。

（2）话统 CPU 峰值利用率与运维操作、业务突发性等不确定性因素有关，存在毛刺现象。因此话统 CPU 峰值利用率的增长规律与信令负载增长不完全一致，不建议直接使用话统 CPU 峰值利用率预测、评估 CPU 过载风险。

（3）建议基于“CPU 平均利用率 × 峰均比”估算 CPU 峰值利用率，进而得到 CPU 峰值利用率过载时对应的 CPU 均值利用率，并将其作为评估 CPU 过载风险的最终依据。

（4）基于现网话统 CPU 峰值利用率和平均利用率的大样本散点图得到线性拟合线。拟合线斜率就是峰均比。线性拟合线如图 13-1 所示。

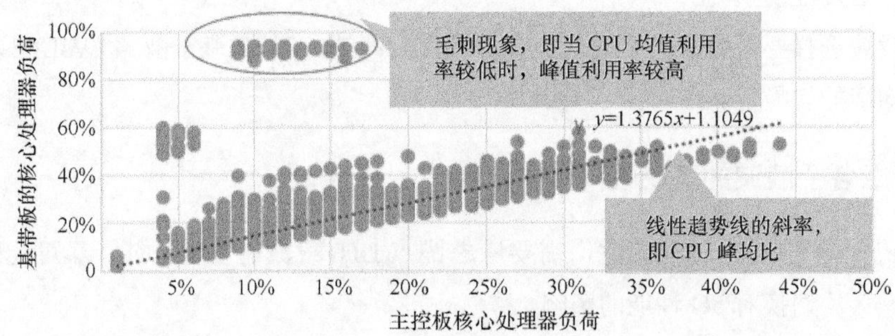

图13-1　线性拟合线

（5）基于 LTE 设备流控机制，当 CPU 峰值利用率超过 80% 时，将触发业务流控，再结合峰均比即可得到触发流控所对应的 CPU 均值利用率门限。

2. 预测 5G 用户放号后 CPU 的增长情况

（1）预测4G→5G用户转网比例（记为R，例如，有10%的LTE用户将转变为NSA用户，则 R=10%）。该预测可参考客户放号计划。

（2）确定 NSA 用户相较于 4G-ONLY 用户的单用户信令负荷增长倍数。

（3）相比单载波的 LTE-ONLY 用户，NSA 用户空口增加了 SCG 测量、添加、重配置信令流程。X2 口增加了 MeNB 和 SgNB 交互信令流程。S1 口增加了承载变更信令流程。基于内部测试评估，NSA 单用户信令开销是单载波 LTE-ONLY 用户的 1.5 倍左右。

（4）相比建立 CA 的 LTE-ONLY 用户，NSA 用户的空口信令流程与其相似。X2 口增加了 MeNB 和 SgNB 交互信令流程。S1 口增加了承载变更信令流程。理论上，NSA 单用户信令开销比 LTE CA 用户信令开销少三分之一。

（5）5G 用户放号后的 CPU 均值利用率 = 当前 CPU 均值利用率 ×（100%+0.5R）。

注：该预测基于相对激进的原则，假设现网 4G-ONLY 用户均为非 CA 用户。如果现网当前有一部分 CA 用户，则实际 5G 用户放号后的 CPU 均值利用率理论上应低于该预测值。

对于当前（5G 用户放号前）已经过载或者预计 5G 用户放号后将会过载的重载站点，建议提前考虑扩容方案。

13.2.2　X2 传输拥塞

DC 分流流量可能导致 X2 传输拥塞，进而导致 X2 时延增加。

DC 分流流量取决于 LTE 空口能力，因此在参考 LTE 单站的空口能力和 X2 链路时，建议用传输带宽进行评估，具体方法如下所述。

1. 获取 X2 链路可用传输带宽

如果传输带宽无法通过话统之类的方式获取，则需要向客户获取每个站点规划的传输带宽。

2. 计算 LTE 单站空口能力

（1）通过小时级话统计算每个小区下行 PRB 全部用满时的小区速率（基于该小区当前的频谱效率）。

小区速率（Gbit/s）=下行吞吐率（Gbit）×平均下行可用PRB数×平均下行可用PRB数/3600。

（2）累加 eNodeB 下面所有小区的满 RB 小区速率，即可知道该站点的空口能力。

（3）需要注意的是，基于小时级话统首先计算该站点每个小时的空口能力，然后取其中的最大值，此值即为 LTE 单站空口能力。

3. LTE 单站空口能力大于 X2 链路可用传输带宽的即认为存在 X2 拥塞风险，建议考虑扩容

在此，我们建议将 X2 链路传输带宽设置为大于上述方法估算的 LTE 单站空口能力。

13.2.3　X2 规格受限

L-L 与 L-NR 共享 eNodeB 主控板总的 X2 规格。当 L-L 或 L-NR X2 配置较多时，可能存在规格受限的情况，导致部分 X2 添加不全。

X2 规格与 eNodeB 主控板的类型相关。X2 规格信息见表 13-3。

表13-3　X2规格信息

X2 规格（分离主控：主控板在单独 LTE 和 NSA 下的规格）
X2 总规格为 384，LTE 至 NR、LTE 至 LTE 间完全共享所有 X2 总规格

1. 评估方法

在 NSA 组网开通前，需要参考 L-L 的 X2 数量来预估 L-NR 的 X2 数量。考虑到 5G 通常是与 4G 共站部署，因此 L-L 的 X2 数量与 L-NR 的 X2 数量在理论上应该基本相等。因此如果当前 L-L X2 的数量已经达到 X2 总规格的 50%，则认为该 eNodeB 存在 X2 受限风险，L-NR X2 无法全部添加。

2. 优化建议

如果 L-L X2 数量过多，则建议首先分析是否存在冗余 X2 关系，审视 X2 自删除参数及效果的合理性。

由于 L-NR 的 X2 也支持自建立，所以在 5G 用户放号后，建议持续关注 L-NR 的 X2 自建立情况；如果遇到 L-NR X2 数量接近 X2 总规格的 50% 的情况，则建议审视 X2 的合理性。

13.2.4　邻区规格受限

1. 原理

如果 L-NR 邻区规格受限，导致 L-NR 邻区添加不全，则部分场景 SCG 不能及时添加或变更。

L-NR 邻区规格分为小区级和主控板级两个维度。L-NR 邻区规格信息见表 13-4（以某厂家 2019 年设备版本为例）。

表13-4　L-NR邻区规格信息

邻区规格（Per Cell）	邻区规格（Per Board）
L-NR：128	L-NR：4608

2. 评估方法

在 NSA 组网开通前，需要参考 L-L 的邻区数量来预估 L-NR 的邻区数量。基于 5G 的建网规划如下所述。

（1）如果 5G 小区规划原则上是跟某个 NSA 锚点载波共覆盖，则统计该锚点载波的同频邻区数量来预估所需的 L-NR 邻区数量。

（2）如果 5G 小区规划没有遵循 4G/5G 载波覆盖原则，则需要挑选 4G 全网连续覆盖的载波作为锚点载波，统计该锚点载波的同频邻区数量来预估所需的 L-NR 邻区数量。

（3）如果现网各个 NSA 锚点载波都无法构成连续覆盖，则需要基于较为激进的原则统计各个锚点载波的同频 + 异频邻区数量之和来预估所需的 L-NR 邻区数量。

（4）在得到小区级 L-NR 邻区数量后，累加得到每个 eNodeB 下的 L-NR 邻区数量。

将预估的 L-NR 邻区数量与规格对比，识别受限的锚点小区或 eNodeB。

（1）将小区级 L-NR 邻区数量与小区级邻区规格对比，注意版本信息。

（2）将站点级 L-NR 邻区数量跟单板级邻区规格对比，注意版本和主控板类型信息。

3. 优化建议

对于受限的锚点小区或 eNodeB，建议从以下两个方面进行优化。

（1）审视当前的 L-L 邻区关系是否存在冗余（即实际切换次数非常少）。在规划 L-NR 邻区关系时需要基于有效的 L-L 邻区关系。

（2）可以按照 L-L 切换次数来排序并将其作为 L-NR 邻区规划的优先级（需要剔除乒乓切换的影响）。

13.2.5 LTE 基础性能优化

NSA 用户信令与 LTE 用户有差异。LTE 需要添加 / 删除 / 变更 NR 载波，导致重配置信令数量增加。NR 载波对 LTE 重配置信令影响如图 13-2 所示。

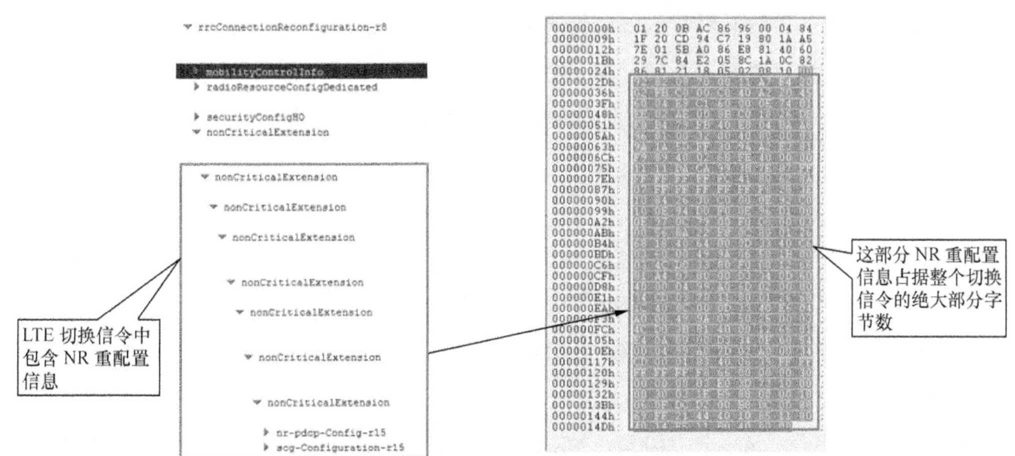

图13-2　NR载波对LTE重配置信令影响

NSA用户入网可能使现网数据业务模型发生变化，可能使LTE侧空口负载增加，干扰增加。

1. 评估方法

5G用户放号后，需要持续监控LTE侧的基础性能相关KPI来评估5G用户入网对LTE基础性能的影响。这些基础KPI包括RRC建立成功率、E-RAB建立成功率、同频/异频切换成功率、掉话率、上行干扰、下行CQI。

单独统计NSA用户的切换成功率和E-RAB异常释放次数，可用于辅助隔离NSA用户入网对这两个指标的影响。可统计以下KPI指标：NSA用户PCell变更执行次数、变更执行成功次数、NSA用户PCell E-RAB异常释放总次数。

2. 优化建议

（1）如果在5G用户入网后LTE基础性能出现恶化，则首先通过对NSA用户单独统计的方式进行隔离，以此来确定NSA用户信令流程的差异性是否为产生问题的主要原因。

（2）统计LTE侧的上下行PRB利用率、上行干扰和CQI，看其是否在5G用户入网后有恶化。如果有恶化，则将上下行PRB利用率和上下行分流流量进行趋势对比，然后确认上下行PRB利用率增加的主要原因是否为分流。对于因分流导致LTE侧负载抬升和空口质量恶化较明显的区域，可考虑将其关闭。

13.2.6 5G基础性能优化

锚点性能对5G性能有重大影响，具体体现在以下两个方面。

（1）LTE侧接入失败必然导致5G无法接入。

（2）LTE侧切换、重建、掉话必然导致5G数传中断。

要优化5G业务体验，必须同时优化锚点基础性能。

1. 评估方法

（1）锚点接入性能

作为NSA锚点的LTE小区，RRC和E-RAB建立成功率至少应该不低于该类网络LTE基础性能达标值。如果是路测比拼或演示场景，则要求线路上LTE RRC和E-RAB的建立成功率达到100%。

在LTE RRC和E-RAB建立阶段，NSA用户跟普通LTE-ONLY用户没有差别，优化方案一致。

（2）锚点切换失败与掉话性能

LTE 切换失败会导致掉话，而 LTE 侧掉话必然导致 NR 被释放，然后等 LTE 重新接入后再重新添加 NR。因此 LTE 切换成功率和掉话率对 NSA 用户体验有重大影响。作为 NSA 锚点的 LTE 小区，切换成功率和掉话率至少不能低于该网络 LTE 基础性能达标值。如果是路测比拼或演示场景，则要求 LTE 切换成功率达到 100%，掉话率降低为 0。LTE 切换失败或掉话，主要与 LTE 网络本身的覆盖等因素相关，需要进行 LTE 优化。

（3）锚点乒乓切换性能

在 LTE 切换时，即使是成功的切换，NR 侧也需要进行一次 MOD（修改）流程，从而引起 NR 侧数传中断几十毫秒。因此对于路测比拼或演示场景，则需要彻底解决乒乓切换问题。解决的标准是 LTE 切换次数不超过“线路上覆盖小区数 +1”。

同时，对于那些只覆盖很少一段线路的冗余小区，建议通过参考信号（Reference Signal，RS）功率调整、天线倾角调整、切换门限调整等常用的 RF 优化手段，避免这些小区短时成为服务小区，从而最大限度地减少 LTE 的切换次数。对于锚点 LTE 不需要接入 LTE-ONLY 背景用户的场景，则建议直接激活这些冗余小区。

（4）锚点重建性能

在 LTE 重建时，NR 需要执行 MOD 流程或者释放重新添加流程，导致 NR 侧数传中断。具体场景如下所述。

① 非移动场景重建使用的是 MOD 流程，数传中断几十毫秒。稳态场景可以简单理解为不移动场景，首先要满足的是 LTE 站内重建，并且要满足系统内部维护的若干用户状态条件。

② 移动场景重建使用的是释放重新添加流程，数传中断几百毫秒。非稳态场景意味着终端位置已发生变化，因此维持之前 NR 关系存在风险。

2. 优化建议

锚点性能优化与 LTE 各基础性能优化方案一致。

13.2.7　传输冲击保护

大流量用户数据报协议（User Datagram Protocol，UDP）通过灌包测试场景。UDP 业务没有拥塞控制机制，会对传输网络产生持续性冲击。传输控制协议（Transmission Control Protocol，TCP）或快速 UPP 互联网连接（Quick UDP Internet Connection，QUIC）协议业务有拥塞控制机制，不会有持续性冲击。

NR 未添加或释放场景。此时承载实体建立在 LTE 侧，核心网下行流量全部下发到 LTE。LTE 传输网络遭受大流量冲击后，存在以下两个方面的风险。

（1）如果信令报文未做高优先级保障，则会导致 LTE S1 或 X2 信令丢失或时延较高，

LTE 信令面 KPI 下降。

（2）存量 LTE 用户的业务报文会被丢弃，影响 LTE 用户的业务体验。

1. 评估方法

该风险在 NSA Option 3x 组网场景下必然存在，尤其是端到端（End-to-End，E2E）传输网络等未针对信令报文做高优先级保障的网络。

2. 优化建议

（1）建议 E2E 传输网络尽可能支持差异化的 QoS 设置（通过 DSCP 或 VLAN），保证信令面 KPI 不受影响。

（2）通过测试规范和传输端口限速进行风险规避。

① 传输设备 4G 资源预留

在核心网与测试区域 eNodeB 相连的传输节点上做 4G 资源预留，建议不超过 400Mbit/s（或者参考 LTE 单用户峰值速率能力和 LTE 传输带宽规划）。

② 5G 测试规范

尽可能选择基于 TCP 协议的业务执行测试，严格控制 UDP 测试场景。对于端到端数传定位，必须使用 UDP 灌包的场景，需要控制范围，避免网络拥塞影响 4G 用户的感知。

13.3 5G 网络优化

13.3.1 基础核查

基础核查主要包括站点告警、通道排查、传输 / 时钟排查、参数核查 4 项内容，实施优化前，对应 NR 站点各项基础配置核查内容需要达到 95% 以上合格率才能给予优化。

1. 告警 /license 排查

保证在优化前消除已知告警信息，例如，小区不可用告警、license 不足告警、Xn 接口故障告警、NG 接口故障告警、SCTP 链路告警、传输资源不可用告警等。

2. 通道排查

查询小区通道校正的结果信息，保证在测试优化之前通道校正正常通过。如果通道校正没有通过，则需要排查流程。通道校正未通过排查流程见表 13-5。

表13-5　通道校正未通过排查流程

序号	排查内容	排查建议
1	故障现象确认	通过小区的通道校正详细结果信息，确定通道校正失败的具体原因，用于后续的排查指导
2	硬件状态排查	完成射频类告警、时钟类告警、CPRI 类告警的排查；完成射频模块内部日志的分析
3	配置排查	对小区的功率配置、小区的场景化波束配置、小区的上下行子帧配比进行排查
4	干扰排查	对小区的干扰进行分析，包括外部干扰、邻区干扰、环回干扰等
5	发射功率排查	检查通道的发射功率是否过低
6	接收功率排查	检查通道 *RTWP* 值是否过高

13.3.2　单站点性能核查

1. 目标和理由

单站点性能核查主要通过网管查询站点功能是否正常，能否正常放开激活，以及与周边站点邻区配置关系等能否支撑正常测试、验证的操作。

（1）目标

① 定点选点能达到 4 流（Rank4），峰值速率大于 1.2Gbit/s。

② 移动拉网测试无切换失败。

（2）理由

① 检验基础核查的效果。

② 及时发现非 RAN 侧的问题，否则定位会消耗较多时间。

2. 核查措施

核查措施可以分为以下两步。

（1）在各站的每个小区内进行定点测试。

（2）移动拉网测试。单站点性能核查验证见表 13-6。

表13-6　单站点性能核查验证

序号	分类	验收内容	验证内容
1	定点选点测试	能达到 4 流	UE 和 RAN 侧设置无问题 UE 天线平衡和通道校正成功
		峰值速率 大于 1.2Gbit/s	CN 和传输不限速
2	移动拉网测试	无切换失败	邻区和 Xn 配置无问题

13.3.3 锚点规划

4G 锚点站规划方法如下所述。

1. 步骤一：5G 按照 1:1 原则规划 4G 锚点站

确定 5G 站点清单后，如果有共站的，则将共站的 4G 基站规划为锚点站；如果没有共站的，则将附近的 4G 基站规划为锚点站，该步骤规划的 4G 锚点站涉及的小区被称为 NSA 小区。由于现网 4G 和 5G 规划存在差异，5G 按照 1:1 规划的 4G 锚点站很难满足业务要求，存在切换到非锚点站的情况，所以下一步将通过话统关系更全面地规划锚点站。

2. 步骤二：根据话统关系规划 4G 锚点站

（1）以天级为颗粒度提取话统指标 :“特定两小区间切换尝试次数”。

（2）将 NSA 小区作为服务小区，统计 NSA 小区切换出的特定两两小区间切换尝试次数，并将其按照从大到小的顺序排序；所有切换尝试次数大于或等于 10 次的目标小区被作为候选小区集 A。

（3）将 NSA 小区作为目标小区，统计 NSA 小区切换入的特定两两小区间切换尝试次数，并按从大到小的顺序排序；所有切换尝试次数大于或等于 10 次的目标小区被作为候选小区集 B。

（4）取候选小区 A 与 B 的并集并剔除其中的 NSA 小区，得到候选小区集 C，则候选小区集 C 为扩大小区。

以上规划的 4G 锚点站更为全面，和 NSA 小区有双向切换关系的 4G 基站都被规划为锚点站，减少路测时终端占用到非 4G 锚点站的问题。

3. 步骤三：路测确定锚点站

针对固定线路的演示区域，在 1:1 规划和话统规划锚点站的基础上，可以通过大量路测获取占用的 4G 信息，将占用的 4G 基站全部规划为锚点。

通过以上 3 步，可避免测试时占用非 4G 锚点的情况。

13.3.4 4G 和 5G 的 X2 优化

目前，现网主流 4G 主控板 UMPTa/b X2 规格的有 256 个（4G 和 4G、4G 和 5G 之和），如果在现网 4G 基站之间，X2 已经接近或者达到 256 个，那么将会导致 4G 和 5G 之间无法建立 X2 链路，导致 SCG 不添加或者 5G 不切换。建议对现网 4G 和 4G 之间的 X2 进行优化，给 4G 和 5G 之间的 X2 链路留出规格。根据杭州电信的验证，对 X2 的优化建议采用周期性自动删除和添加 X2 方案。

13.3.5 覆盖优化

1. 目标和理由

商用终端精品线路覆盖优化主要是针对 SSB RSRP 优化来改变 UE 分布，降低邻区干扰，以达到提升速率的目的（为了避免影响 LTE 现网，建议优先调整 5G 下倾角和方位角）。

（1）目标

① 建议拉网线路均配置宽波束（宽波束相对 8 波束可减少 SSB 的开销，提高业务信道的资源），MOD NRDUCELLTRPBEAM：NrDuCellTrpId=*，overageScenario= EXPAND_SCENARIO_1。

② SSB RSRP 宽波速场景下 95% 的样本点大于 -80dBm。

③ 推荐站高设置在 20m～25m，建议在起点使用杆站，宏站的站间距不超过 500m。

（2）理由

① 覆盖优化可以减少乒乓切换，保障 SSB 覆盖合理性；减少邻区干扰，优化 SSB SINR，保障用户正常接入。

② 在优化速率方面，良好的 5G 覆盖优化（此处指覆盖电平 RSRP）不一定能获得高速率，速率还与周边网络环境强相关，例如，特定环境下的 *Rank* 指数。

2. 优化方法

主要是通过方位角和下倾角的优化来使用户获取更加合理的覆盖，减少邻区干扰。

（1）方位角调整

NR 小区的方位角方向必须与 LTE 小区的保持一致。

拉网路测场景的目标是使街道覆盖最优，因此方位角调整的总体原则是瞄准街道覆盖、提升拉网信号质量。此外，还要遵循以下原则。

① 为了防止越区覆盖，在密集城区应该避免天线主瓣正对较直的街道。

② 因为方位角调整需要上站，所以应尽量尝试其他优化手段，如果一定要调整方位角，则应该做到一次调好，最好能够边调边测。

5G RAN2.1AAU 可调方位角功能支持广播波束方位角的调整，不支持业务信道动态波束方位角的调整。它通过 MML 参数配置远程调整控制信道波束方位角的角度，支持将 1 度作为粒度，整体调整控制信道波束方位角。

（2）下倾角调整

5G MM 波束下倾角的类型和 LTE 宽波束有很大的不同，其包含 4 种下倾角：机械下倾角、预置电下倾角、可调电下倾角和波束数字下倾角。5G MM 波束最终的下倾角是 4 种下倾角组合在一起的结果。

下倾角调整的一些具体原则如下所述。

① 遵循物理下行共享信道（Physical Downlink Shared Channel，PDSCH）波束覆盖最优原则，其中又以 PDSCH 波束倾角覆盖为最优原则。

② 遵循控制信道与业务信道同覆盖原则，尽量保证控制信道倾角与业务信道倾角一致。

③ 以波束最大增益方向覆盖小区边缘，当垂直面有多层波束时，原则上用最大增益覆盖小区边缘。

④ 根据当前的业务性能分解出优化下倾角的方法，若业务性能好，则优化数字下倾角，若业务性能不好，则优化机械下倾角。

（3）小区功率调整

以一般的 64TR 设备为例，其最大发射功率为 200W。在配置文件中查询 MaxTransmitPower（最大传输功率）当前小区的功率配置，需要注意的是，该功率为每通道功率。

一般存在严重越区覆盖的小区需要调整最大发射功率，但是必须保证近端覆盖。一般功率调整在建网初期不作为主要的调整手段，主要是调整 AAU 下倾角和方位角。

（4）波束寻优提升覆盖

ACP 能够基于 DT 数据和设定的优化目标对 SSB 弱覆盖、*SINR* 值差和重叠覆盖路段进行识别，通过 *Pattern* 和 *RF* 参数迭代寻优提升路测指标。ACP 工具优化流程如图 13-3 所示。目前，GC 平台已经具备该能力，输出的方案可以通过相关命令修改数字方位和下倾角。

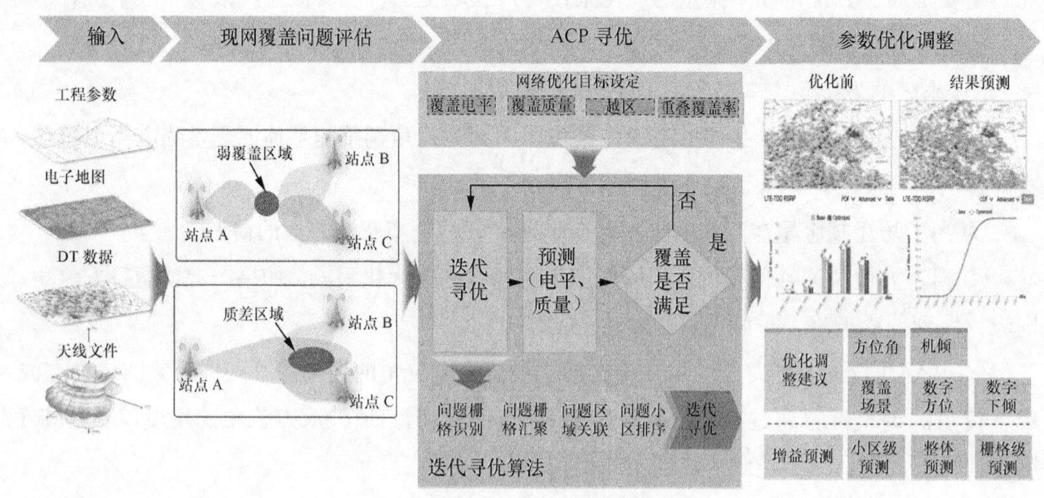

图13-3 ACP工具优化流程

13.3.6 控制面优化

1. 优化目标

NSA 性能优化包含 LTE 锚点性能优化和 SCG NR 性能优化。NSA 性能优化目标见表 13-7。

表13-7 NSA性能优化目标

指标	目标值
LTE 接入和切换成功率	100%
LTE 掉话率	0
LTE 切换次数	4G 小区切换次数与小区数的比例约为 1.1:1
LTE 重建率 / 重建失败次数	0
NR 接入和切换成功率	100%
NR 切换次数	5G 小区切换次数与小区数的比例约为 1.1:1
NR 掉话率	0

（1）LTE 锚点性能优化

LTE 锚点性能优化的主要目标是 LTE 接入优化、LTE 掉话优化、LTE 切换次数优化和 LTE 重建优化。

每个场景的具体优化目标如下所述。

① LTE 接入优化目标：确保每次的 LTE 切换和接入都成功。

② LTE 掉话优化目标：确保精品线路 LTE 无掉话。

③ LTE 切换次数优化目标：减少 LTE 乒乓切换或者不合理切换，避免因 LTE 切换带来的速率“掉坑”。

④ LTE 重建优化目标：精品线路应尽量减少 LTE 重建次数和重建失败次数，避免 LTE 重建速率“掉坑”或者重建失败带来的速率“掉坑”。

（2）NR 性能优化

NR 性能优化包含 NR 切换优化、NR 接入优化和 NR 掉话优化。

① NR 接入优化目标：确保无 NR 接入失败。

② NR 切换优化目标：确保无 NR 切换失败，无 NR 乒乓切换。

③ NR 掉话率优化目标：确保无 NR 掉话。

2. LTE 接入成功率优化

在 NSA 架构下，NSA UE 已经成功在 LTE 侧接入之后才会触发 B1 测量下发以及 SCG

添加流程。如果 LTE 侧接入不了，则无法启动 5G 业务。NSA 初始接入整体流程如图 13-4 所示。

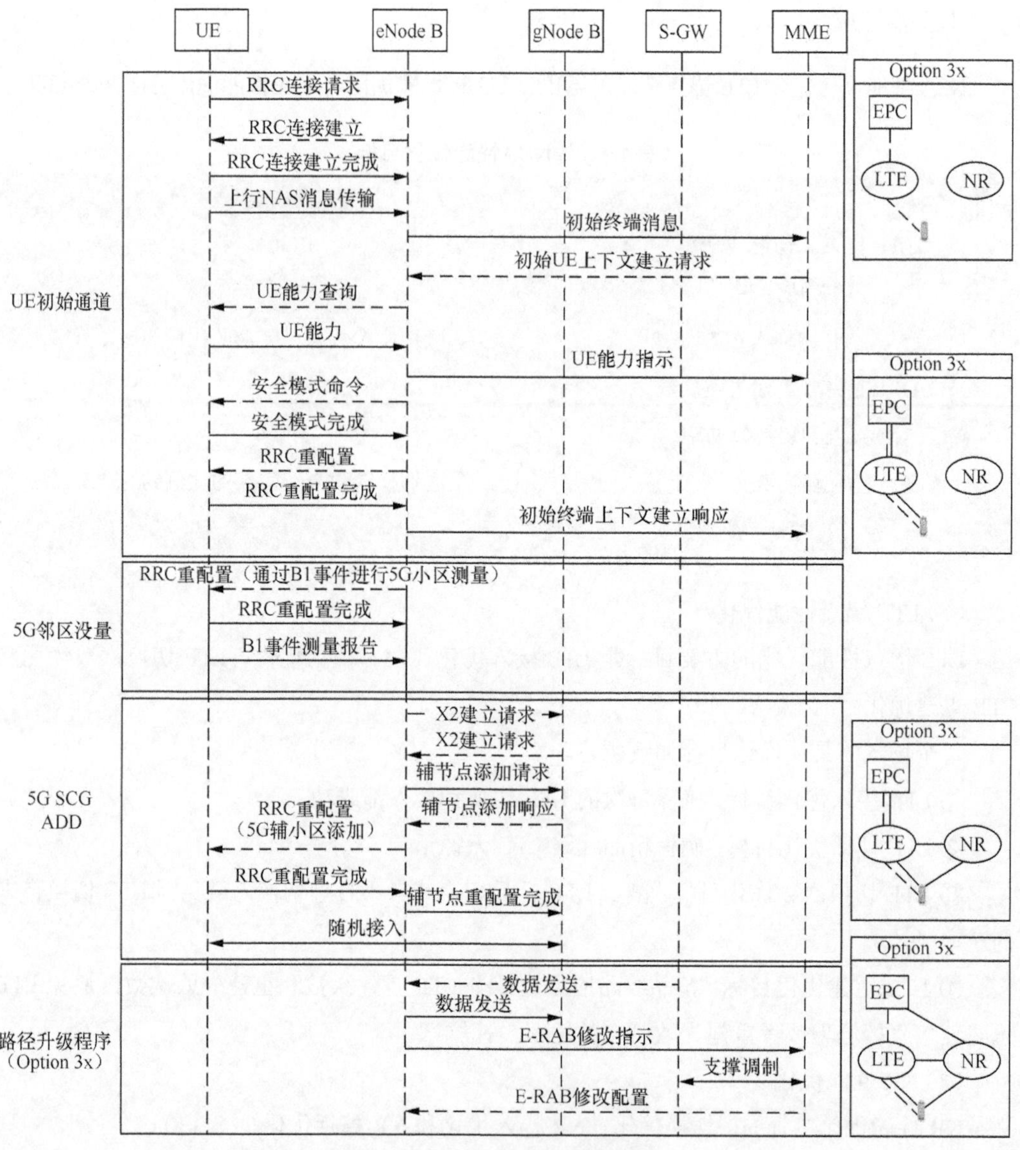

图13-4　NSA初始接入整体流程

IDLE TO ACTIVE 接入时延（包含随机接入、RRC 连接建立、默认承载建立）通常为 100ms ～ 150ms。IDLE TO ACTIVE 接入时延案例如图 13-5 所示，本案例中的接入时延为 103ms。

597889174	2018-05-08 10:55:32	UE	eNodeB	RRC_CONN_REQ	RRC 建立
597919240	2018-05-08 10:55:32	eNodeB	UE	RRC_CONN_SETUP	
597923763	2018-05-08 10:55:32	UE	eNodeB	RRC_CONN_SETUP_CMP	
597982199	2018-05-08 10:55:32	eNodeB	UE	RRC_SECUR_MODE_CMD	
597982826	2018-05-08 10:55:32	eNodeB	UE	RRC_CONN_RECFG	
597988138	2018-05-08 10:55:32	UE	eNodeB	RRC_SECUR_MODE_CMP	
597991944	2018-05-08 10:55:32	UE	eNodeB	RRC_CONN_RECFG_CMP	默认承载建立成功
598012351	2018-05-08 10:55:32	eNodeB	UE	RRC_CONN_RECFG	
598013711	2018-05-08 10:55:32	UE	eNodeB	RRC_CONN_RECFG_CMP	

图中 OMT 信令打点，RRC_CONN_REQ 的打点时刻是在随机接入之前，因此上述统计包括 LTE 随机接入时延。

图13-5　IDLE TO ACTIVE接入时延案例

当 E-RAB 建立失败后，UE 需要等待上行业务或下行业务（Paging）再次触发接入，因此会额外引入接入触发时延。对于下行业务，UE 需要通过 Paging 来触发接入请求，其接入时延取决于核心网 Paging 相关设置。如果存在寻呼丢失，该时延将显著增加。每丢失一次寻呼消息，时延增加 3s 或 6s。该场景与掉话的原理相同。

具体优化建议如下所述。

RRC 和 E-RAB 建立成功率至少应该不低于该网络 LTE 基础性能达标值。如果是路测比拼或演示场景，则要求 LTE RRC 和 E-RAB 建立成功率达到 100%。

在 LTE RRC 和 E-RAB 建立阶段，NSA 用户跟普通 LTE-ONLY 用户没有差别。请参考 LTE 进行问题处理和性能优化。

3. LTE 切换优化

（1）目标

LTE 乒乓切换将导致 SCG 频繁发起添加和删除过程，进而导致上传 / 下载出现速率“掉坑”的问题。因此，精品线路上应无 LTE 乒乓切换，切换带合理，减少 LTE 小区切换次数，4G 小区切换次数与小区数的比例约为 1.1:1。

（2）理由

在 2s 内，存在两次及两次以上的切换可以被定义为频繁切换，如果小区间存在频繁切换，且切换场景为 A → B → A → B → A…，我们称这种场景为乒乓切换。LTE 频繁切换会引入更多切换信令导致时延增加，同时频繁触发 SCG 添加和删除过程会导致速率“掉坑”（相关速率影响，亦可以参考本书的 NR 切换优化内容）。LTE 小区间频繁切换会造成时延增加 1s 左右，同时对于寻呼丢失的情况，还要增加 3s ～ 6s 的数传中断，导致短时间内速率低于切换前。该因素对于 UDP 类业务的影响被控制在 1s 之内（在寻呼不丢失的情况下），在这 1 秒以内的平均速率影响幅度参考值为 20% ～ 40%。在乒乓切换或频繁切换的场景下，该因素对5G的数传性能影响较为明显。因此精品线路的演示效果可以通过优化邻区及切换关系尽可能地减少切换次数，保证速率平稳来达成。

切换对速率的影响主要源于断流和Rank&MCS爬坡慢。关于断流情况，上面已作说明，Rank&MCS对速率的影响占整体的10%～40%，比例的大小主要取决于Rank&MCS爬坡的快慢程度。切换后UE初始选择 Rank1&MCS4阶，预计需要100ms～500ms爬坡到Rank4&MCS20阶，信道质量越好，爬坡时间越短，可以通过参数优化加速爬坡。

（3）优化建议

① 切换门限调整

LTE支持同频/异频切换（精品线路暂不考虑异频切换），由A3事件触发切换，当前版本仅支持RSRP上报。可以通过调整A3切换幅度、时间迟滞、RSRP偏置来控制切换的难易程度。切换门限参数配置建议见表13-8，具体来说，切换门限调整可以分为以下几个步骤。

第一，通过路测日志查看测量报告，计算服务小区电平和邻区电平的差异。

第二，得到需要修改的A3偏置或迟滞，评估能否解决乒乓切换的问题。

切换门限调整会影响所有邻区的切换。

表13-8　切换门限参数配置建议

参数名称	参数ID	配置建议
测量公共参数组标识	INTRAFREQHOGROUP. IntraFreqHoGroupId	根据网络规划配置
幅度迟滞	INTRAFREQHOGROUP. IntraFreqHoA3Hyst	2
时间迟滞	INTRAFREQHOGROUP. IntraFreqHoA3TimeToTrig	320ms
RSRP偏置	INTRAFREQHOGROUP. IntraFreqHoA3Offset	4

② 小区对切换参数调整

如果精品线路按照某个方向行驶时，某两个小区间只有1次切换关系，那么也可以通过调整小区特定偏置（CellIndividual Offset）来精准改变切换位置，使其只影响指定的邻区。

③ MCG载波优选功能（可以指配切换较少的4G小区作为锚点小区）

如果精品线路L2100载波连续覆盖且切换相比L1800较少，则建议将NSA用户指配至L2100，从而减少切换，该方案只对NSA生效。MCG载波优选流程示意如图13-6所示，MCG载波优先参数配置建议见表13-9。

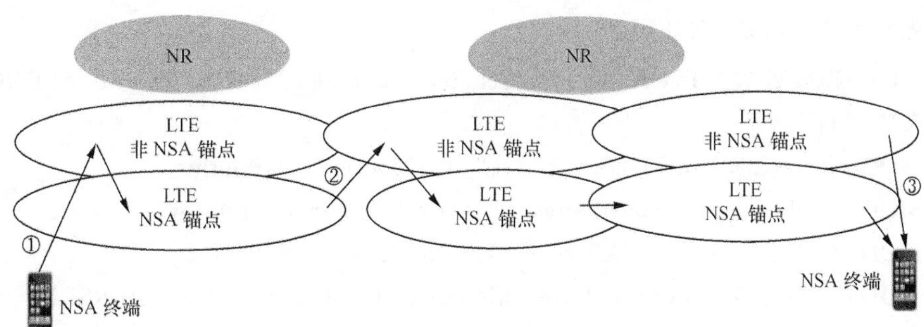

① LTE 初始接入

在 LTE 初始接入场景，有以下原因会导致 UE 首先接入到非锚点 LTE 小区，或者低优先级的锚点 LTE 小区。

- 场景一：锚点 LTE 的公共重选优先级不是最高的，并且 UE 没有有效的专用重选优先级（开机接入场景或 T320 已失效场景）。
- 场景二：锚点 LTE 的这个位置恰好没有覆盖。

此时如果这个非锚点小区或低优先级锚点小区打开 MCG 载波优选功能，则会通过 A1+A4 的方式尝试主动将 UE 切换到高优先级锚点小区。设置 A1 测量是为了防止边缘场景的乒乓切换。

② LTE 切换

- 如果 LTE 切换目标频点已经是该终端能力所支持的最高优先级锚点，则保持当前锚点小区继续业务。
- 如果 LTE 切换目标频点的 NSA 锚点优先级不是最高的，或者 LTE 切换目标频点不做锚点（锚点优先级为 0），则通过 A1+A4 的方式尝试主动切换到高优先级锚点。

③ LTE 释放

当 NSA 用户从 LTE 侧（需打开 MCG 载波优选功能）释放时，RRC Release 消息携带专用的空闲态重选优先级，指示 NSA 用户在空闲态优先驻留高优先级锚点。

图13-6　MCG载波优选流程示意

表13-9　MCG载波优选参数配置建议

类别	所涉及操作命令	取值建议
MCG 载波优选功能：打开 MCG 载波优选功能	MOD NSADCMGMTCONFIG: LocalCellId=xx, NsaDcAlgoSwitch=NSA_PCC_ANCHORING_SWITCH-1;	所有现网 LTE 频点（包括非 NSA 锚点和 NSA 锚点）都需要升级到 19B C10 SPC100 及以上版本，并打开此功能的开关
MCG 载波优选功能：各频点锚点优先级配置	MOD PCCFREQCFG: PccDlEarfcn=xxx, NsaPccAnchoringPriority=xx;	按照现场策略，优先驻留的载波优先级最高
配置用于 MCG 载波优选功能的 A1 门限	EnhancedPccAnchorA1ThdRsrp	该门限与 LTE CA 锚点移动性策略共用同一个参数。如果现网 LTE 也启用了 CA PCC 锚点优先级切换策略（PccAnchorSwitch 或 EnhancedPCCAnchorSwitch 打开），则需要评估继承现网 CA PCC 锚点优先级的 A1 门限是否满足 NSA 锚点方案要求。如果现网未启用 LTE CA PCC 锚点优先级切换策略，则建议将该门限初始配置为 -100dBm。若局部出现 MCG 载波优选功能生效不及时的情况，或者该功能生效时触发了乒乓切换，则基于实际情况进行微调
配置用于 MCG 载波优选功能的 A4 门限	InterFreqHoA4ThdRsrp	该门限与 LTE 基于覆盖的异频 A4 切换门限共用同一个参数。建议继承现网门限设备，不做特殊修改

某厂家的具体脚本如下所述。

MOD NSADCMGMTCONFIG: LocalCellId=*x*, NsaDcAlgoSwitch=NSA_PCC_ANCHORING_SWITCH － 1。

MOD PCCFREQCFG: PccDlEarfcn=100, NsaPccAnchoringPriority=*x*。

MOD PCCFREQCFG: PccDlEarfcn=1825, NsaPccAnchoringPriority=*x*。

MOD PCCFREQCFG: PccDlEarfcn=2452, NsaPccAnchoringPriority=*x*。

MOD CAMGTCFG: Local CellId=1, ENHANCEDPCCANCHORA1THDRSRP=−100。

MOD INTERFREQHOGROUP: LocalCellId=*x*，InterFreqHoGroupId=*x*。

InterFreqHoA4Thd = −108。

以上门限根据现网情况灵活设置。

MCG 载波优选 License 要求见表 13-10。

表13-10　MCG载波优选License要求

LTE FDD	LNOFD-151333	EN-DC 载波优选	LT1S0ED0CS00	Per Cell
LTE FDD	RDLNOFD-151504	EN-DC 载波优选	LT4SENDCSTDD	Per Cell

④ 根覆盖情况添加 / 删除邻区关系

增加 LTE 邻区，添加 NR 邻区关系。

- **4G 添加 / 删除 5G**

ADD NRNRELATIONSHIP: LocalCellId=1, Mcc="*xx*", Mnc="*xx*", GnodebId=*xx*, CellId=*xx*。

RMV NRNRELATIONSHIP: LocalCellId=*xx*, Mcc="*xx*", Mnc="*xx*", GnodebId=*xx*, CellId=*xx*。

- **4G 添加 / 删除 4G**

ADD EUTRANINTRAFREQNCELL: LocalCellId=*xx*, Mcc="*xx*", Mnc="*xx*", eNodeBId=*xx*, CellId=*xx*。

RMV EUTRANINTRAFREQNCELL: LocalCellId=*xx*, Mcc="*xx*", Mnc="*xx*", eNodeBId=*xx*, CellId=*xx*。

4. LTE 掉话率

（1）优化目标

精品线路实现零掉线的目标。

（2）原理

LTE 掉话对 5G 速率性能影响包括以下两个方面。

第一，LTE 掉话时必然会释放 SgNB，等 LTE 再次接入后才能再次添加 SgNB，从而导致 5G 业务中断 700ms ～ 1000ms。如果下行业务场景存在寻呼丢失的情况，则该时延将显著增加。每丢失一次寻呼消息，时延增加 3s 或 6s，这取决于核心网的寻呼周期设置。

第二，SgNB 再次添加后，NR 侧需要重新接入，还需要一段时间进行 Rank 和 MCS 调整，在这段时间内也存在速率损失，对 1s 内下行平均速率（UDP 业务）的影响幅度为 20% ～ 40%。

LTE 掉话导致数传中断流程示意如图 13-7 所示。

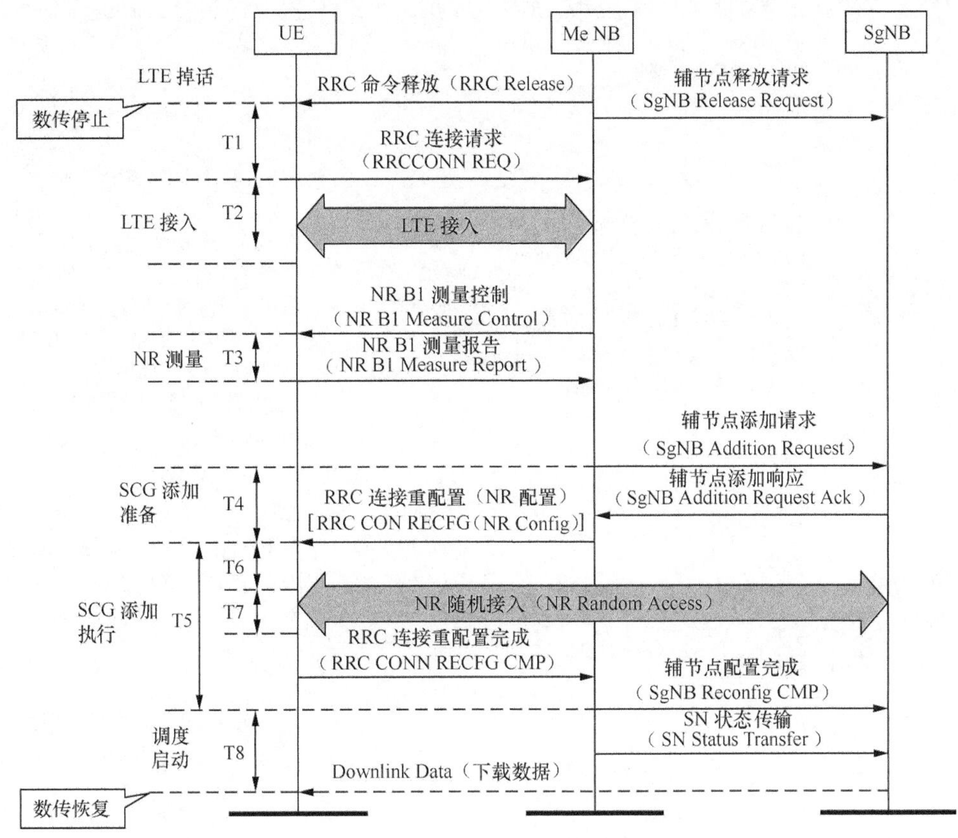

图13-7　LTE掉话导致数传中断流程示意

以上影响过程的详细理论分析具体如下所述。

① 数传中断时长分析

LTE 掉话场景下 UE 侧 5G 数传停止和恢复的位置如下所述。

- 数传停止：UE 收到 LTE RRC 释放命令。
- 数传恢复：NR 侧随机接入完成，并且 SgNB 收到“SgNB Reconfig CMP”后，数传恢复。

数传中断总时长具体取决于以下各个环节。LTE 掉话导致数传中断构成时间段见表 13-11。

表13-11 LTE掉话导致数传中断构成时间段

时间段	定义	具体事件（UE侧）	参考值	说明
T1	LTE 接入等待时延	起始事件：UE 收到 LTE RRC 释放命令（RRC Release） 结束事件：UE 再次发起 LTE 侧 RRC 建立（触发 RRC CONN REQ 上报）	400ms 以上	如果存在寻呼丢失的情况，则该时延将显著增加。每丢失一次寻呼消息，时延增加 3s 或 6s，这取决于核心网寻呼周期设置
T2	LTE 侧接入时延	起始事件：UE 发起 LTE 侧 RRC 建立（触发 RRC CONN REQ 上报） 结束事件：UE 在 LTE 侧完成默认承载建立（空口收到 RRC CONN RECFG CMP）	100ms ~ 150ms	（1）基于 LTE 侧接入情况 （2）该参考值是基于 Preamble/RAR/Msg3 及其他所有空口信令都没有重传的情况。如果存在重传，则该时延将显著增加 （3）该参考值特指 IDLE TO ACTIVE 类型 LTE 接入。ATTACH 类型接入时延还需要再增加约 200ms 时延
T3	NR 测量时延	起始事件：eNodeB 下发 B1 测量控制 结束事件：eNodeB 收到 B1 测量报告	110ms ~ 140ms	跟 UE 能力和 NR 低频 / 高频等因素相关。该参考值是 TUE 对于 NR 低频测量的结果
T4	SCG 添加准备时延	起始事件：eNodeB X2 口发起 SgNB Addition Request 结束事件：eNodeB 空口下发 SCG 添加命令（RRC CONN RECFG）	20ms ~ 40ms	（1）跟 gNodeB 处理时延相关（响应 SgNB Addition Request） （2）跟 UE 处理时延相关（eNodeB 需要先取消用于 B1 事件的 GAP 测量，UE 回复完成后，eNodeB 才会在 X2 口发起 SgNB Addition Request） （3）跟 X2 口时延（3ms ~ 5ms）相关
T5	SCG 添加执行时延	起始事件：eNodeB 空口下发 SCG 添加命令（RRC CONN RECFG） 结束事件：gNodeB X2 口收到 SgNB RECFG CMP	15ms ~ 40ms	（1）跟 UE 处理时延相关（执行 SCG 添加） （2）跟 X2 口时延（3ms ~ 5ms）相关

（续表）

时间段	定义	具体事件（UE 侧）	参考值	说明
T6	SCG 添加信令处理时延	起始事件：UE 收到 SCG 添加命令（RRC CONN RECFG） 结束事件：UE 在 NR 侧发起随机接入	120ms ～ 150ms	跟 UE 能力相关，UE 需要先在 NR 侧搜网，才能发起随机接入
T7	NR 侧随机接入时延	起始事件：UE 触发 NR 侧发起随机接入 结束事件：UE 在 NR 侧上报 Msg3	10ms ～ 21.5ms	（1）基于 NR 侧随机接入情况 （2）该参考值是基于 Preamble/RAR/Msg3 都没有重传，的情况。如果存在重传则该时延将显著增加
T8	用户面启动调度时延	UE 侧无相关事件打点	2.5ms ～ 4 ms	基于基站侧处理时延（1.5ms ～ 3ms）、调度时延（0.5ms），以及 UE 侧处理时延（0.5ms）
总计	T1+T2+T3+T4+max（T5，T6+T7）+T8		762.5ms ～ 905.5ms	如果存在寻呼丢失的情况，则该时延将显著增加。每丢失一次寻呼消息，时延增加 3s 或 6s，这取决于核心网的寻呼周期设置
注：表 13-11 中 T1/T2/T3/T4 的定义如图 13-8、图 13-9、图 13-10、图 13-11，图 13-12 所示				

② T1/T2/T3/T4 时延案例的具体分析如下。

- T1（UE 收到 LTE RRC 释放命令→ UE 再次发起 LTE 侧 RRC 建立）：对于下行业务场景，通常是通过核心网寻呼方式触发 UE 发起接入。如果核心网立即发起寻呼并且 UE 成功接收，则在 450ms 左右再次发起 LTE 侧 RRC 建立。成功接收寻呼时 T1 时延案例如图 13-8 所示。

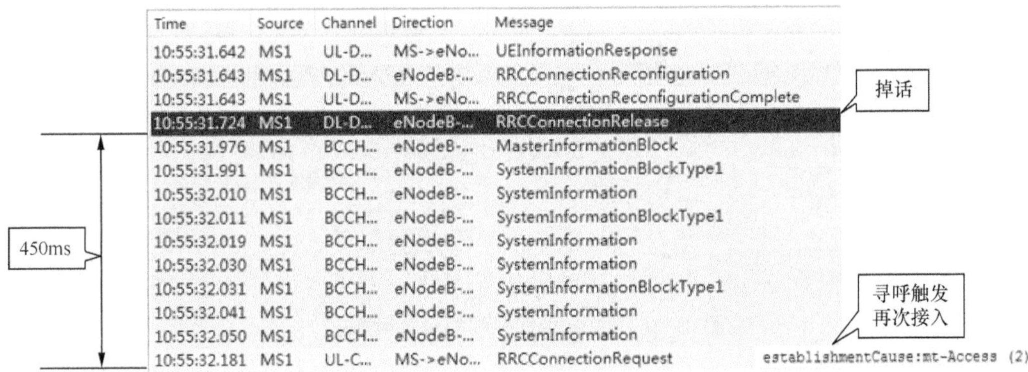

图13-8　成功接收寻呼时T1时延案例

如果存在寻呼丢失的情况，此时数据传输中断时延将显著增加，寻呼丢失场景下的时延取决于核心网的寻呼周期设置。寻呼丢失时 T1 时延案例如图 13-9 所示，从掉话到寻呼接入时延达到 6500ms。

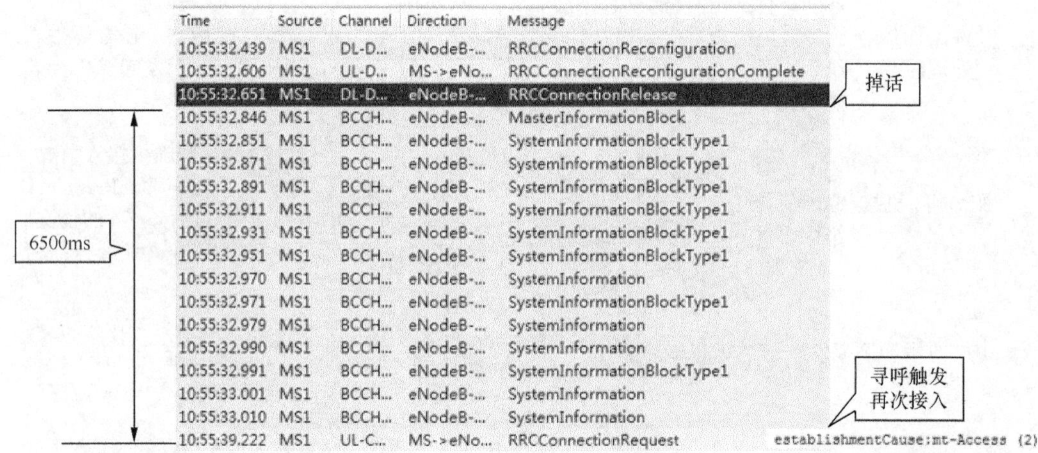

Time	Source	Channel	Direction	Message
10:55:32.439	MS1	DL-D...	eNodeB-...	RRCConnectionReconfiguration
10:55:32.606	MS1	UL-D...	MS->eNo...	RRCConnectionReconfigurationComplete
10:55:32.651	MS1	DL-D...	eNodeB-...	RRCConnectionRelease
10:55:32.846	MS1	BCCH...	eNodeB-...	MasterInformationBlock
10:55:32.851	MS1	BCCH...	eNodeB-...	SystemInformationBlockType1
10:55:32.871	MS1	BCCH...	eNodeB-...	SystemInformationBlockType1
10:55:32.891	MS1	BCCH...	eNodeB-...	SystemInformationBlockType1
10:55:32.911	MS1	BCCH...	eNodeB-...	SystemInformationBlockType1
10:55:32.931	MS1	BCCH...	eNodeB-...	SystemInformationBlockType1
10:55:32.951	MS1	BCCH...	eNodeB-...	SystemInformationBlockType1
10:55:32.970	MS1	BCCH...	eNodeB-...	SystemInformation
10:55:32.971	MS1	BCCH...	eNodeB-...	SystemInformationBlockType1
10:55:32.979	MS1	BCCH...	eNodeB-...	SystemInformation
10:55:32.990	MS1	BCCH...	eNodeB-...	SystemInformation
10:55:32.991	MS1	BCCH...	eNodeB-...	SystemInformationBlockType1
10:55:33.001	MS1	BCCH...	eNodeB-...	SystemInformation
10:55:33.010	MS1	BCCH...	eNodeB-...	SystemInformation
10:55:39.222	MS1	UL-C...	MS->eNo...	RRCConnectionRequest

图13-9　寻呼丢失时T1时延案例

- T2(UE 再次发起 LTE 侧 RRC 建立→UE 在 LTE 侧完成默认承载建立)：基于 OMT 跟踪的 T2时延案例如图 13-10 所示。基于 UE LTE 侧 OMT 跟踪，该时延为 103ms。
- T3(eNodeB 下发 B1 测量控制→eNodeB 收到 B1 测量报告)：基于信令跟踪的 T3 时延案例如图 13-11 所示。eNodeB 侧信令跟踪，该时延为 132ms。

时间戳	当前时间	源模块名称	目的模块名称	消息名称
597351727	2018-05-08 10:55:31	UE	eNodeB	RRC_CONN_RECFG_CMP
597432255	2018-05-08 10:55:31	eNodeB	UE	RRC_CONN_REL
597684533	2018-05-08 10:55:31	eNodeB	UE	RRC_MASTER_INFO_BLOCK
597699094	2018-05-08 10:55:31	eNodeB	UE	RRC_SIB_TYPE1
597718137	2018-05-08 10:55:31	eNodeB	UE	RRC_SYS_INFO
597719072	2018-05-08 10:55:31	eNodeB	UE	RRC_SIB_TYPE1
597727111	2018-05-08 10:55:31	eNodeB	UE	RRC_SYS_INFO
597738109	2018-05-08 10:55:31	eNodeB	UE	RRC_SYS_INFO
597739069	2018-05-08 10:55:31	eNodeB	UE	RRC_SIB_TYPE1
597749107	2018-05-08 10:55:31	eNodeB	UE	RRC_SYS_INFO
597758089	2018-05-08 10:55:31	eNodeB	UE	RRC_SYS_INFO
597884696	2018-05-08 10:55:32	UE	MME	MM_SER_REQ
597889174	2018-05-08 10:55:32	UE	eNodeB	RRC_CONN_REQ
597919240	2018-05-08 10:55:32	eNodeB	UE	RRC_CONN_SETUP
597923763	2018-05-08 10:55:32	UE	eNodeB	RRC_CONN_SETUP_CMP
597982199	2018-05-08 10:55:32	eNodeB	UE	RRC_SECUR_MODE_CMD
597982826	2018-05-08 10:55:32	eNodeB	UE	RRC_CONN_RECFG
597988138	2018-05-08 10:55:32	UE	eNodeB	RRC_SECUR_MODE_CMP
597991944	2018-05-08 10:55:32	UE	eNodeB	RRC_CONN_RECFG_CMP
598012351	2018-05-08 10:55:32	eNodeB	UE	RRC_CONN_RECFG
598013711	2018-05-08 10:55:32	UE	eNodeB	RRC_CONN_RECFG_CMP

掉话

再次发起 RRC 建立

默认承载建立成功

图13-10　基于OMT跟踪的T2时延案例

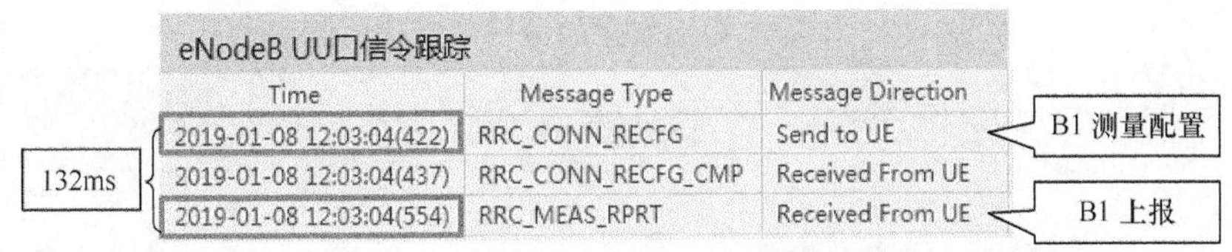

eNodeB UU口信令跟踪

Time	Message Type	Message Direction
2019-01-08 12:03:04(422)	RRC_CONN_RECFG	Send to UE
2019-01-08 12:03:04(437)	RRC_CONN_RECFG_CMP	Received From UE
2019-01-08 12:03:04(554)	RRC_MEAS_RPRT	Received From UE

图13-11　基于信令跟踪的T3时延案例

• T4（eNodeB X2 口发起 SgNB Addition Request → gNodeB X2 口收到 SgNB RECFG CMP）：基于信令跟踪的 T4 时延案例如图 13-12 所示。eNodeB 侧信令跟踪，该时延为 54ms。

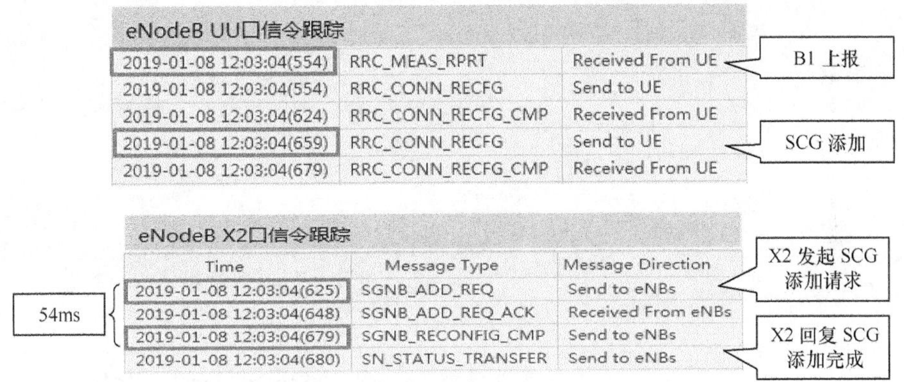

eNodeB UU口信令跟踪

2019-01-08 12:03:04(554)	RRC_MEAS_RPRT	Received From UE
2019-01-08 12:03:04(554)	RRC_CONN_RECFG	Send to UE
2019-01-08 12:03:04(624)	RRC_CONN_RECFG_CMP	Received From UE
2019-01-08 12:03:04(659)	RRC_CONN_RECFG	Send to UE
2019-01-08 12:03:04(679)	RRC_CONN_RECFG_CMP	Received From UE

eNodeB X2口信令跟踪

Time	Message Type	Message Direction
2019-01-08 12:03:04(625)	SGNB_ADD_REQ	Send to eNBs
2019-01-08 12:03:04(648)	SGNB_ADD_REQ_ACK	Received From eNBs
2019-01-08 12:03:04(679)	SGNB_RECONFIG_CMP	Send to eNBs
2019-01-08 12:03:04(680)	SN_STATUS_TRANSFER	Send to eNBs

图13-12　基于信令跟踪的T4时延案例

（3）优化建议

LTE 掉话主要与 LTE 网络本身的覆盖等因素相关。

5. LTE 重建比优化

（1）原理

LTE 重建对 5G 速率性能影响主要包括以下两个方面。

① LTE 重建时需要释放并重新添加 SgNB（非稳态重建），或者重新配置 SgNB（稳态重建），这两种情况都会导致 5G 业务中断。

② SgNB 再次添加或重配后，NR 侧需要重新接入，还需要一段时间进行 Rank 和 MCS 调整，这段时间也存在速率损失，对 1 秒内下行平均速率（UDP 业务）的影响幅度为 20% ～ 40%。

以上影响过程的详细理论分析具体如下所述。

① 数传中断时长分析。

② 非稳态重建场景的数传中断时长分析。

非稳态场景需要先释放 SCG，并在 LTE 重建完成后重新添加 SCG。5G 数传中断时间较长。非稳态重建的数传中断时长具体包括以下阶段，非稳态重建场景的数传中断构成时间段见表 13-12，非稳态重建场景的数传中断流程示意如图 13-13 所示。

表13-12 非稳态重建场景的数传中断构成时间段

时间段	定义	具体事件（UE 侧）	参考值	Remark
T1	LTE 重建时延	起始事件：UE 发送重建请求 结束事件：UE 上报重建完成	30ms ～ 50ms	（1）该参考值是基于 Preamble/RAR/Msg3 及其他所有空口信令都没有重传的情况。如果存在重传，则该时延将显著增加 （2）该参考值是基于站间重建场景，考虑到非稳态重建常见于切换场景
T2	SCG 释放时延	起始事件：T-eNodeB 收到重建完成 结束事件：T-eNodeB 向 S-eNodeB 发送 UE 上下文释放请求	50ms ～ 70ms	（1）与 eNodeB、gNodeB 处理时延相关 （2）与 X2 口时延（3ms ～ 5ms）相关
T3	NR 测量时延	起始事件：eNodeB 下发 B1 测量控制 结束事件：eNodeB 收到 B1 测量报告	110ms ～ 140ms	与 UE 能力、NR 低频 / 高频等因素相关。该参考值是 TUE 对于 NR 低频的测量结果
T4	SCG 添加准备时延	起始事件：eNodeB X2 口发起 SgNB Addition Request 结束事件：eNodeB 空口下发 SCG 添加命令（RRC CONN RECFG）	20ms ～ 40ms	（1）与 gNodeB 处理时延相关（响应 SgNB Addition Request） （2）与 UE 处理时延相关（eNodeB 需要先取消用于 B1 事件的 GAP 测量，UE 回复完成后，eNodeB 才会在 X2 口发起 SgNB Addition Request） （3）与 X2 口时延（3ms ～ 5ms）相关
T5	SCG 添加执行时延	起始事件：eNodeB 空口下发 SCG 添加命令（RRC CONN RECFG） 结束事件：gNodeB X2 口收到 SgNB RECFG CMP	15ms ～ 40ms	（1）与 UE 处理时延相关（执行 SCG 添加） （2）与 X2 口时延（3ms ～ 5ms）相关
T6	SCG 添加信令处理时延	起始事件：UE 收到 SCG 添加命令（RRC CONN RECFG） 结束事件：UE 在 NR 侧发起随机接入	120ms ～ 150ms	与 UE 能力相关，UE 需要先在 NR 侧搜网，才能发起随机接入
T7	NR 侧随机接入时延	起始事件：UE 触发 NR 侧发起随机接入 结束事件：UE 在 NR 侧上报 Msg3	10ms ～ 21.5ms	（1）基于 NR 侧随机接入情况 （2）该参考值是基于 Preamble/RAR/Msg3 都没有重传的情况。如果存在重传，则该时延将显著增加
T8	用户面启动调度时延	UE 侧无相关事件打点	2.5ms ～ 4ms	基于基站侧处理时延（1.5ms ～ 3ms）、调度时延（0.5ms）以及 UE 侧处理时延（0.5ms）

（续表）

时间段	定义	具体事件（UE 侧）	参考值	Remark
总计	T1+T2+T3+T4+max（T5，T6+T7）+T8	—	342.5ms ～ 477.5ms	—

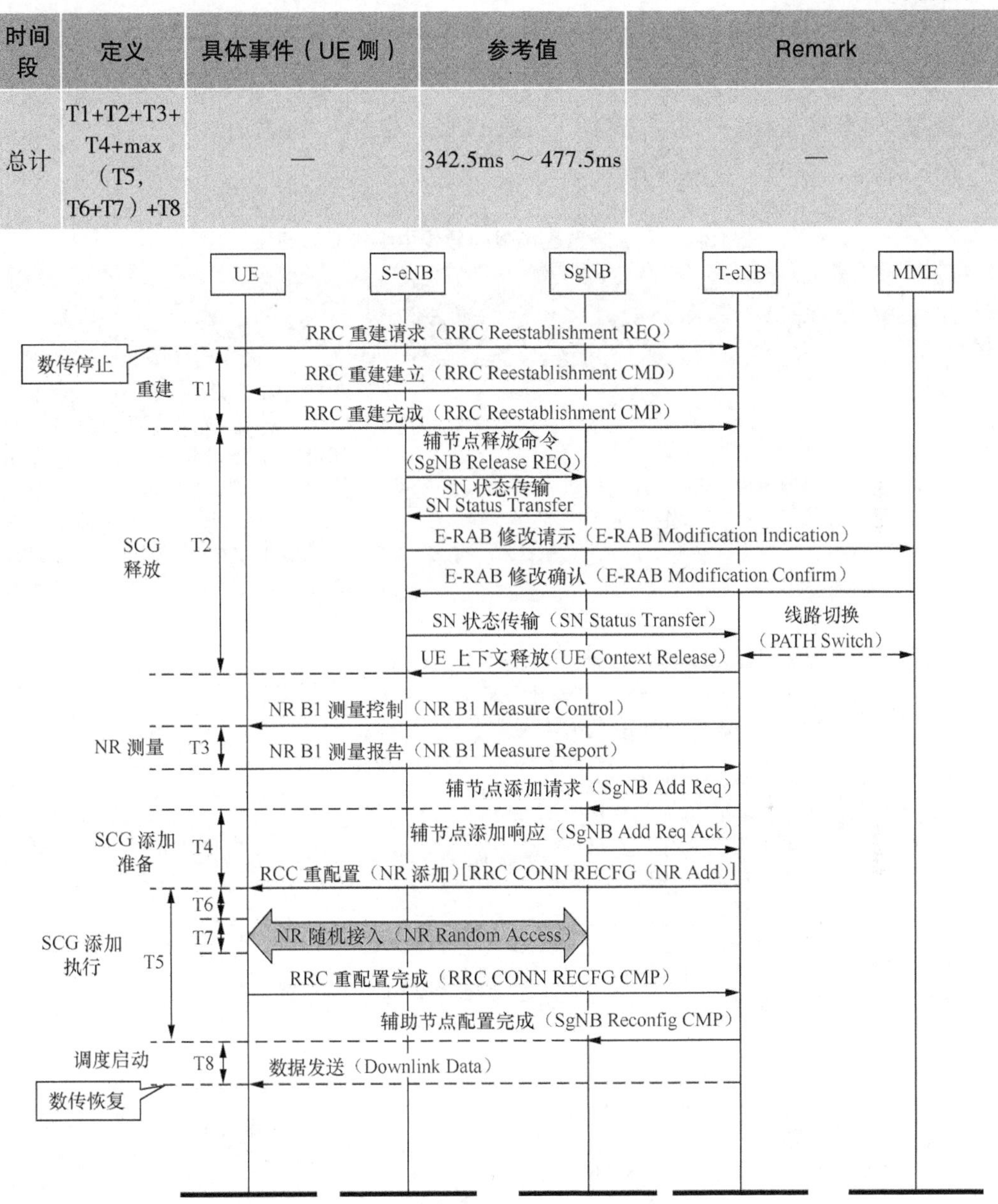

图13–13　非稳态重建场景的数传中断流程示意

稳态重建场景的数传中断时长分析如下所述。

稳态是与非稳态相对的概念，是 LTE 系统内部对于用户状态的定义。其中，非稳态是指用户正在进行某个流程还未完成的阶段，常见的非稳态场景包括切换未完成场景以及 LTE 与 MME 之间的信令交互（例如，LTE 发起 e-RAB Modification Indication 后等待 MME 回复 e-RAB Modification Complete 的期间）。用户在 LTE 侧保持 RRC Connected 状态期间，除去非稳态场景，其他均算作稳态场景。

稳态重建不需要释放和重新添加 SCG，只需要在 LTE 重建完成后进行一次 SCG MOD 流程，数传中断时长相比非稳态重建明显变短。稳态重建的数传中断时长具体包括以下阶段。稳态重建场景的数传中断构成时间段见表 13-13，稳态重建场景的数传中断流程示意如图 13-14 所示。

表13–13　稳态重建场景的数传中断构成时间段

时间段	定义	具体事件（UE 侧）	参考值	Remark
T1	LTE 重建时延	起始事件：UE 发送重建请求 结束事件：UE 上报重建完成	20ms ～ 40ms	（1）该参考值是基于 Preamble、RAR、Msg3 及其他所有空口信令都没有重传的情况。如果存在重传的情况，则该时延将显著增加 （2）该参考值是基于站内重建场景，如果是跨站重建，还需要先通过 X2 获取 UE 上下文，重建时延将显著增加
T2	SCG 添加准备时延	起始事件：UE 发送重建完成 结束事件：UE 收到 SCG 重配命令（RRC CONN RECFG）	20ms ～ 50ms	与 eNodeB、gNodeB 处理时延相关 与 X2 口时延（3ms ～ 5ms）相关
T3	LTE 侧 RRC 重配置处理时延	起始事件：UE 收到 SCG 重配命令（RRC CONN RECFG） 结束事件：gNodeB X2 口收到 SgNB RECFG CMP	30ms ～ 60ms	基于 TUE 处理能力
T4	SCG 重配置命令处理时延	起始事件：UE 收到 SCG 重配命令（RRC CONN RECFG） 结束事件：UE 触发 NR 侧发起随机接入	120ms ～ 150ms	基于 TUE 处理能力
T5	NR 侧随机接入时延	起始事件：UE 触发 NR 侧发起随机接入 结束事件：UE 在 NR 侧上报 Msg3	10ms ～ 21.5ms	（1）基于 NR 侧随机接入情况 （2）该参考值是基于 Preamble/RAR/Msg3 都没有重传的情况。如果存在重传的情况，则该时延将显著增加
T6	用户面启动调度时延	UE 侧无相关事件打点	2.5ms ～ 4 ms	基于基站侧处理时延（1.5ms ～ 3ms）、调度时延（0.5ms）以及 UE 侧处理时延（0.5ms）
总计	T1+T2+max（T3，T4+T5）+T6	—	172.5ms ～ 244ms	—

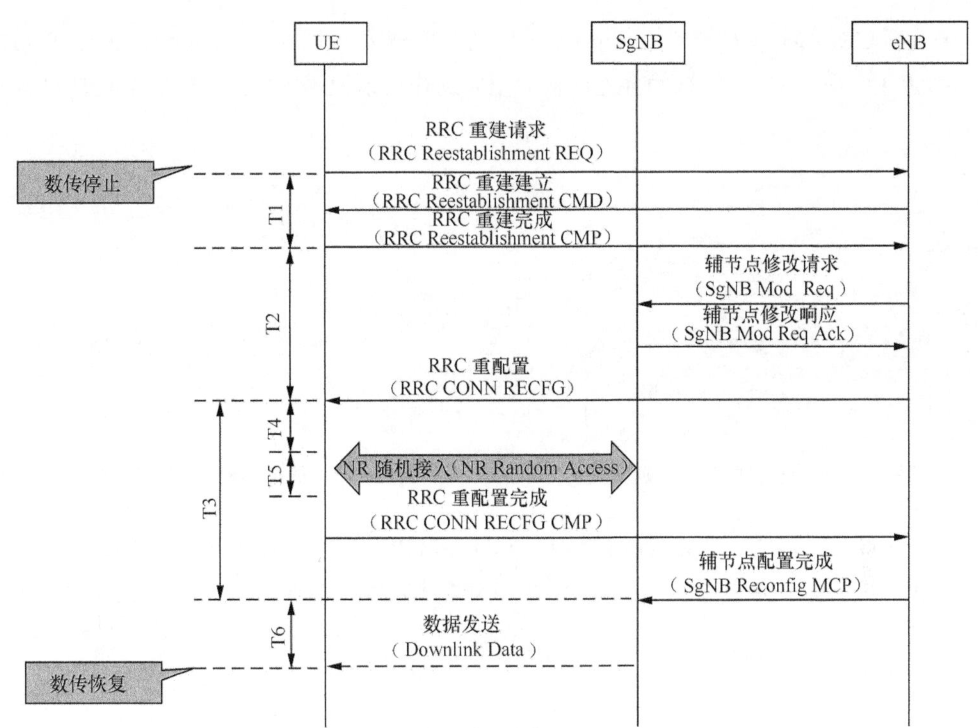

图13-14　稳态重建场景的数传中断流程示意

稳态重建 T1 时延实测案例如图 13-15 所示。

- T1（起始事件：UE 发送重建请求→UE 上报重建完成）：基于 UE LTE 侧 OMT 统计，本次重建时延为 24ms。

563257426	2019-01-13 18:37:57	UE	eNodeB	UU Message	RRC_CONN_REESTAB_REQ
563277599	2019-01-13 18:37:57	eNodeB	UE	UU Message	RRC_CONN_REESTAB
563280935	2019-01-13 18:37:57	UE	eNodeB	UU Message	RRC_CONN_REESTAB_CMP

图13-15　稳态重建T1时延实测案例

- T2（UE 发送重建完成→UE 收到 SCG 重配命令）：基于 UE LTE 侧 OMT 统计，本次 SCG 添加准备时延为 31ms，稳态重建 T2 时延案例如图 13-16 所示。

563280935	2019-01-13 18:37:57	UE	eNodeB	UU Message	RRC_CONN_REESTAB_CMP
563311731	2019-01-13 18:37:57	eNodeB	UE	UU Message	RRC_CONN_RECFG

图13-16　稳态重建T2时延案例

- T3（UE 收到 SCG 重配命令→gNodeB X2 口收到 SgNB RECFG CMP）：稳态重建 T3时延案例如图 13-17 所示。基于 eNodeB 标口信令跟踪统计，本次 LTE 侧 RRC 重配置处理时延为 38ms。

• T4（UE 收到 SCG 重配命令→UE 触发 NR 侧发起随机接入）：稳态重建 T4时延案例如图 13-18 所示。基于 TUE 5G 侧 OMT 统计，本次 SCG 重配置命令处理时延为 129ms。

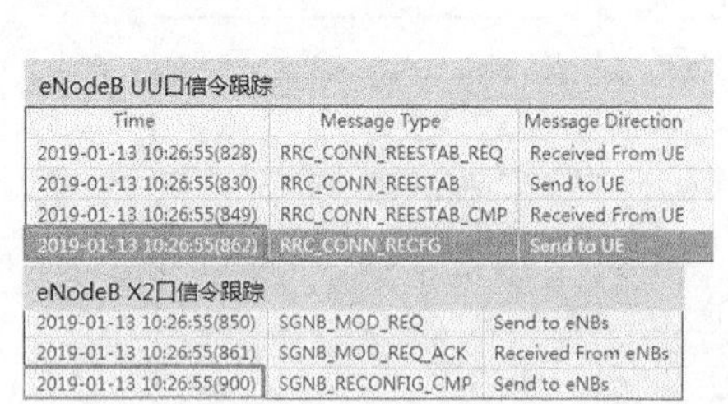

eNodeB UU口信令跟踪

Time	Message Type	Message Direction
2019-01-13 10:26:55(828)	RRC_CONN_REESTAB_REQ	Received From UE
2019-01-13 10:26:55(830)	RRC_CONN_REESTAB	Send to UE
2019-01-13 10:26:55(849)	RRC_CONN_REESTAB_CMP	Received From UE
2019-01-13 10:26:55(862)	RRC_CONN_RECFG	Send to UE

eNodeB X2口信令跟踪

2019-01-13 10:26:55(850)	SGNB_MOD_REQ	Send to eNBs
2019-01-13 10:26:55(861)	SGNB_MOD_REQ_ACK	Received From eNBs
2019-01-13 10:26:55(900)	SGNB_RECONFIG_CMP	Send to eNBs

图13-17　稳态重建T3时延案例

时间戳	当前时间	关键事件名称
442940085	2019-01-13 18:37:57	scg add begin
442940137	2019-01-13 18:37:57	pdcp om ul ent dt stop
443032703	2019-01-13 18:37:57	mib receive end
443068907	2019-01-13 18:37:57	pdcp om ent secu cfg cmp
443068926	2019-01-13 18:37:57	pdcp om ent cfg cmp
443068944	2019-01-13 18:37:57	rlc om dl ent cfg cmp
443068963	2019-01-13 18:37:57	rlc om dl ent cfg cnf cmp
443068981	2019-01-13 18:37:57	rlc om ul ent cfg cmp
443068999	2019-01-13 18:37:57	TDD mode mac bwp switch by firstactive, curr frame and slot...
443069017	2019-01-13 18:37:57	mac bwp activating succ, cellindex and bwpid: 0 1
443069035	2019-01-13 18:37:57	mac rand-access cause 33554432 0
443069053	2019-01-13 18:37:57	mac set pscell succ, current pcc index is: 0
443069071	2019-01-13 18:37:57	Prach config index and SCS: 17 5
443069121	2019-01-13 18:37:57	mac SA/NSA mode is(0:SA, 1:NSA): 1
443069157	2019-01-13 18:37:57	mac FDD/TDD mode is(0:TDD, 1:FDD, 2:ULDL_DECOUPLING): 0
443069191	2019-01-13 18:37:57	mac rrc trig random access 325 14

图13-18　稳态重建T4时延案例

• T5（UE 触发 NR 侧发起随机接入→UE 在 NR 侧上报 Msg3）：稳态重建 T5时延案例如图 13-19 所示。基于 TUE 5G 侧 OMT 统计，本次 NR 随机接入时延为 12.5ms。

时间戳	当前时间	关键事件名称
443069191	2019-01-13 18:37:57	mac rrc trig random access 325 14
443069210	2019-01-13 18:37:57	pdcp om dl ent dt continue
443069228	2019-01-13 18:37:57	pdcp om ent sent status rp
443069247	2019-01-13 18:37:57	pdcp om ul ent dt continue
443069265	2019-01-13 18:37:57	Prach RO index and SSB index. 0 0
443069283	2019-01-13 18:37:57	mac ra preamble info 21303823 8323072
443069301	2019-01-13 18:37:57	mac preamble ID and fra: 15 0
443069319	2019-01-13 18:37:57	mac send preamble succ, curr frame and subframe: 325 15
443069340	2019-01-13 18:37:57	mac send preamble succ, uu frame and subframe: 325 18
443069358	2019-01-13 18:37:57	mac Ra-Rnti: 127
443069415	2019-01-13 18:37:57	mac prach power symbol(+/-) and calc value: 1 21
443069434	2019-01-13 18:37:57	mac send prach pwr , datagain and analoggain: 4096 44
443069452	2019-01-13 18:37:57	mac send prach pwr succ, curr frame and subframe: 325 15
443069470	2019-01-13 18:37:57	mac send prach pwr succ, uu frame and subframe: 325 18
443069488	2019-01-13 18:37:57	measure configuration end
443069835	2019-01-13 18:37:57	mac dl recv rar, current frame and subframe: 326 12
443069874	2019-01-13 18:37:57	mac recv rar, tbsize: 15
443069893	2019-01-13 18:37:57	mac ra rar ulgrant info 393252 262144
443069911	2019-01-13 18:37:57	mac ra msg3 info 21369601 33554432
443069929	2019-01-13 18:37:57	mac Tmp-Rnti: C-Rnti: 13770 13696
443069947	2019-01-13 18:37:57	mac recv rar succ, curr frame and subframe: 326 12
443069965	2019-01-13 18:37:57	mac recv rar succ, uu frame and subframe: 326 11
443069983	2019-01-13 18:37:57	mac ra rar common info 21367566 13770
443070955	2019-01-13 18:37:57	mac rrc trig msg3 succ, curr frame and subframe: 326 15
443071007	2019-01-13 18:37:57	mac sched msg3 succ, curr frame and subframe: 326 15
443071478	2019-01-13 18:37:57	mac send msg3 succ, curr frame and subframe: 326 16
443071572	2019-01-13 18:37:57	mac send msg3 succ, uu frame and subframe: 326 19
443071633	2019-01-13 18:37:57	mac send msg3 pwr succ, curr frame and subframe: 326 16
443071683	2019-01-13 18:37:57	mac send msg3 pwr succ, uu frame and subframe: 326 19

图13-19　稳态重建T5时延案例

（2）优化建议

作为 NSA 锚点的 LTE 小区要求严格控制 LTE 重建比。如果是路测比拼或演示场景，则要求 LTE 零重建。

LTE 重建主要与 LTE 网络覆盖等因素相关，请参考 LTE 进行问题处理和性能优化。

6. NR 接入成功率

如果 NR 接入失败，则终端只能保持为 LTE-ONLY 状态，用户无法享受 5G 业务体验。对于路测比拼或演示场景，则必须保证 NR 接入成功率为 100%。

NR 接入流程主要包括 SgNB（辅节点）添加和 NR 侧随机接入两个环节。SgNB 添加流程示意如图 13-20 所示。

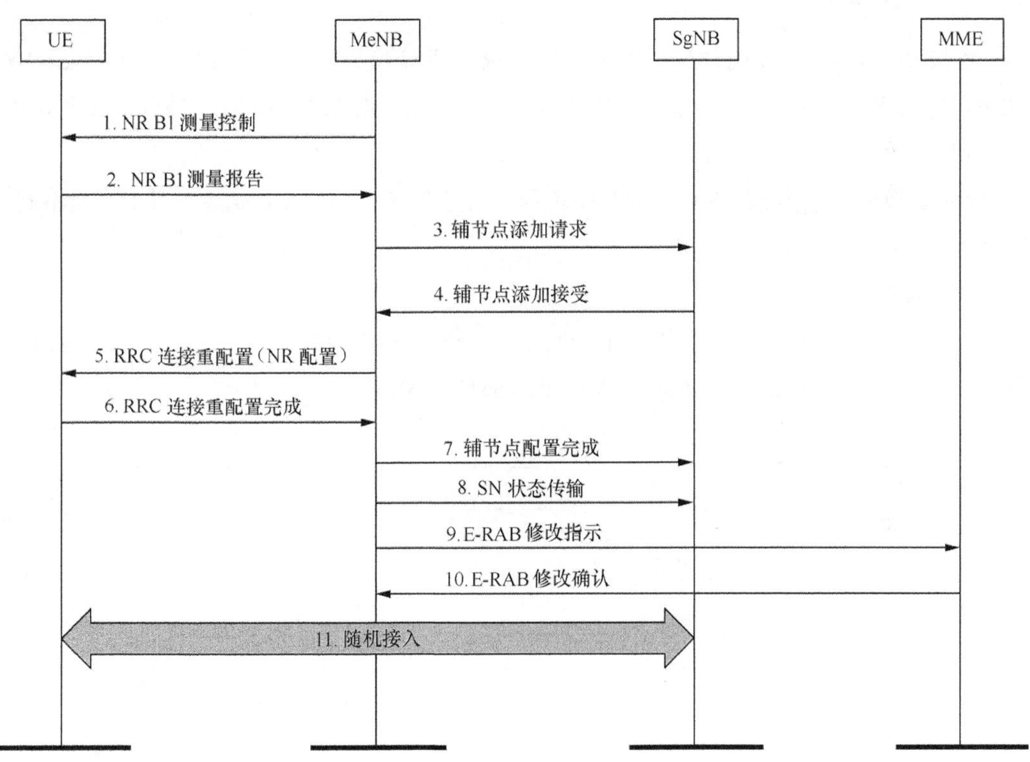

图13-20　SgNB添加流程示意

（1）SgNB 添加流程在 LTE 侧，包括 B1 测量配置下发，B1 测量报告上报，X2 口交互 SgNB 添加请求，LTE 空口下发 NR 添加的 RRC 重配置信令。

（2）NR 侧随机接入流程与 LTE 随机接入流程类似，也包括 Preamble 上报、RAR 响应、Msg3 上报，NR 随机接入流程示意如图 13-21 所示，在终端上报 Msg3 之后，SgNB 会指示终端激活全带宽（BWP Activating），为 NR 侧数传做好准备。

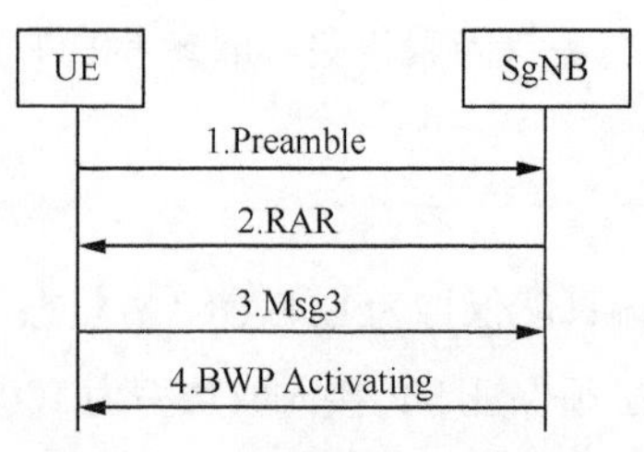

图13-21　NR随机接入流程示意

7. NR 切换成功率

在移动场景下，NR 侧也存在切换行为。NR 小区切换失败，终端将退回到 LTE-ONLY 状态，等待重新添加 NR，将导致数传的中断时间较长。如果是路测比拼或演示场景，则必须保证 NR 切换成功率为 100%。

NR 切换分为 SgNB 站内和站间切换场景，二者在 X2 口和 S1 口信令交互上有所不同。具体不同之处如下所述。

（1）SgNB 站内切换

SgNB 站内切换流程示意如图 13-22 所示。在站内切换场景下，SgNB 需要向锚点 eNodeB 发起辅节点修改请求（SgNB Mod Request）流程。

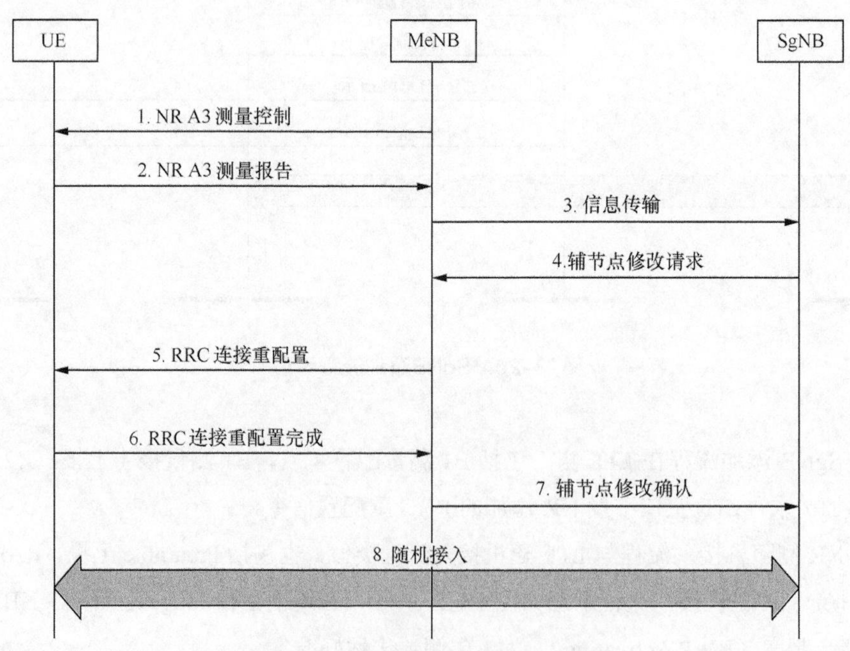

图13-22　SgNB站内切换流程示意

（2）SgNB 站间切换

在站间切换场景下，源 SgNB 需要向锚点 eNodeB 发起辅节点更改请求（SgNB Change Request）流程。另外，SgNB 站间切换后，锚点 eNodeB 还需要向核心网发起 E-RAB 修改确认（E-RAB Modification）流程，用于通知核心网变更数据传输的目标 IP 地址，SgNB 站间切换流程示意如图 13-23 所示。

NR 切换失败总体分析思路是对照标准切换信令流程，定位失败所发生的信令环节。

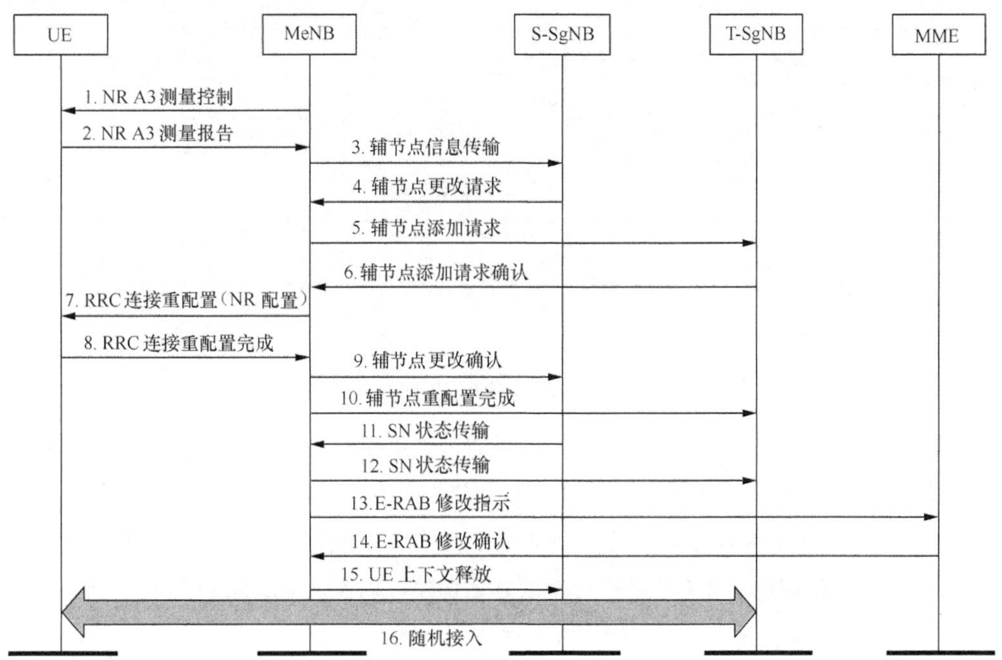

图13–23　SgNB站间切换流程示意

（3）目标

精品线路上无乒乓切换，切换带合理。减少 5G 小区切换次数，5G 小区切换次数与小区数的比例约为 1.1:1。

（4）理由和措施

① 在 2s 内存在两次及两次以上切换可以被定义为频繁切换，如果频繁切换的小区切换关系存在小区 A → B → A 的场景，则被称为乒乓切换。除了引入 20ms ～ 30ms 信令切换时延外，NR 切换完成后 3I 信息不能立即上报，在 20ms ～ 30ms 内，一直处于开环权。待 3I 信息上报后，直接使用 UE 上报的 RI 需要一段时间（小于 1s）进行 Rank 和 MCS 调整，导致短时间内速率低于切换前。该因素对于 UDP 类业务的影响被控制在 1s 之内，对这 1s 内的平均速率影响幅度参考值为 20% ～ 40%。在乒乓切换或频繁切换的场景中，该因素对 5G 数传性能的影响比较明显。

我们可以参考某地运营商的测试结果。某地运营商 SA 切换对吞吐量影响如图 13-24

所示，SA 切换时吞吐率恶化 30%。

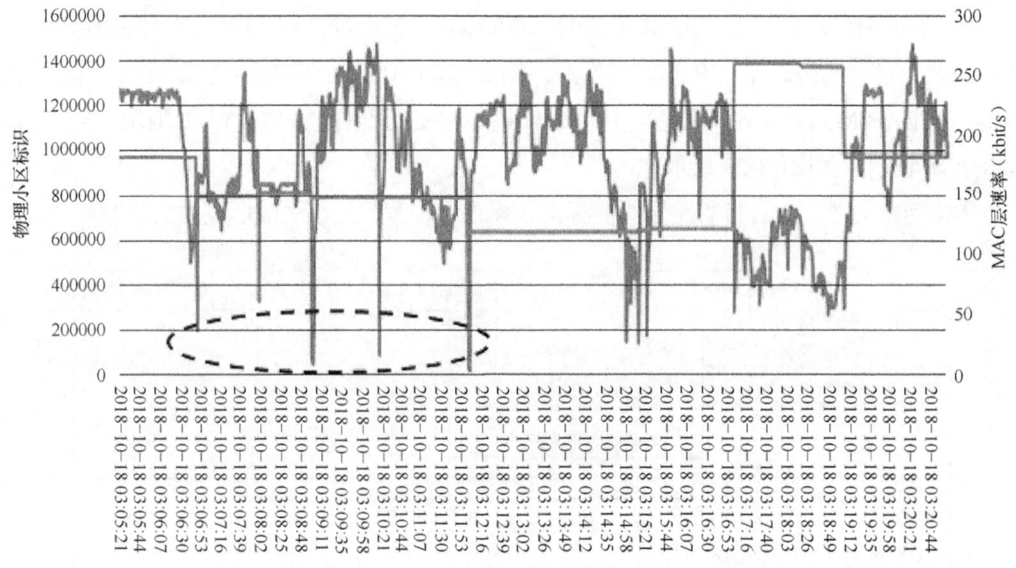

图13-24　某地运营商SA切换对吞吐量影响

因此，为了达成精品线路演示效果，可以通过优化邻区及切换关系尽可能地减少切换次数，保证速率平稳。切换过程问题现象与优化措施见表 13-14。

② 由于切换前后 AAU 到 UE 之间的多径条件发生了变化，吞吐率可能有较大差异，所以可以通过调整切换带让 UE 提早切换或延迟切换，以保证 UE 始终驻留在吞吐率更高的最优小区上，从而使精品线路的平均吞吐率达到目标。

表13-14　切换过程问题现象与优化措施

序号	问题现象	措施	优化思路
1	NR 小区乒乓切换	切换门限（A3）调整	提高切换的难度，减少切换的次数
2	NR 特定小区切换点不符合预期	小区对切换参数调整（CIO）	改变特定小区的迟滞，不影响整体线路切换
3	NR 小区切换关系混乱，切换到不该切换的小区	邻区关系调整（禁止切换、删除邻区关系等）	针对邻区关系混乱的情况，切换不符合预期，通过邻区关系调整，尽量简化
4	NR 小区覆盖不合理或越区覆盖	RF/ 功率调整	对于覆盖明显不合理的情况，一般手段的调整效果不好，需要进一步调整功率

- 切换门限调整

因为当前版本仅支持同频切换，由 A3 事件触发切换，当前版本仅支持 RSRP 上报，所以可以通过调整 A3 切换幅度 / 时间迟滞、RSRP 偏置来控制切换的难易程度，切换门限参数与建议值见表 13-15。具体来说，可以分为如下几个步骤。

- 通过路测日志查看测量报告，计算服务小区电平和邻区电平的差异。
- 得到需要修改的 A3 偏置或迟滞，评估能否解决乒乓切换问题。

切换门限调整，会影响所有邻区的切换。

表13-15　切换门限参数与建议值

参数名称	参数 ID	配置建议
测量公共参数组标识	gNBMeasCommParamGrp.MeasCommonParamGroupId	根据网络规划配置
测量事件类型	gNBMeasCommParamGrp.MeasurementEventType	INTRA_FREQ_EVENT_A3
幅度迟滞	gNBMeasCommParamGrp.Hysteresis	2
时间迟滞	gNBMeasCommParamGrp.TimeToTrigger	160ms
RSRP 偏置	gNBMeasCommParamGrp.RsrpOffset	2

③ 小区对切换参数调整

如果精品线路朝某个方向行驶时，某 2 个小区间只有 1 次切换关系，那么也可以通过调整 CellIndividualOffset 精准改变切换位置，只影响指定的邻区。小区对切换参数调整见表 13-16。

表13-16　小区对切换参数调整

修改对象	偏移量参数说明
参数 ID	CellIndividualOffset
参数名称	小区偏移量
含义	该参数表示 DU 小区与邻区之间的小区偏移量，用于控制测量事件发生的难易程度
界面取值范围	DB-24(-24dB), DB-22(-22dB), DB-20(-20dB), DB-18(-18dB), DB-16(-16dB), DB-14(-14dB), DB-12(-12dB), DB-10(-10dB), DB-8(-8dB), DB-6(-6dB), DB-5(-5dB), DB-4(-4dB), DB-3(-3dB), DB-2(-2dB), DB-1(-1dB), DB0(0dB), DB1(1dB), DB2(2dB), DB3(3dB), DB4(4dB), DB5(5dB), DB6(6dB), DB8(8dB), DB10(10dB), DB12(12dB), DB14(14dB), DB16(16dB), DB18(18dB), DB20(20dB), DB22(22dB), DB24(24dB)
单位	分贝
对无线网络性能的影响	该参数设置得越大，越容易触发测量报告上报和切换，提高切换次数；该参数设置得越小，越不容易触发测量报告上报和切换，降低切换次数

④ 邻区关系调整

对于站内邻区，只需要增加邻区关系；对于站间邻区，需要增加外部邻区数量，并增加邻区关系；对于冗余邻区，要检查并删除 NR 邻区。

8. NR 掉话率

NR 掉话主要包含两种场景：一种是在 LTE 侧首先检测到异常，通过 X2 口主动释放 NR；另一种是在 NR 侧首先检测到异常，通过 X2 口请求释放。

（1）LTE 侧主动释放

LTE 侧主动释放，多见于 LTE 侧掉话，或者终端在空口上报 SCG Failure（辅小区组失败）指示。而终端上报 SCG Failure，多见于终端侧检测到上行失步，或者终端检测到上行 RLC 达到最大重传次数。

（2）NR 侧请求释放

NR 侧主动发起释放，多见于 SgNB 检测到下行 RLC 达到最大重传次数。

对于 NR 掉话类问题，需要首先从 X2 口跟踪判断是哪一侧首先发起释放。

13.3.7 NR 用户面优化

NR 用户面优化主要为调度和 RB（资源块）不足优化。NR 用户面优化思路如图 13-25 所示。

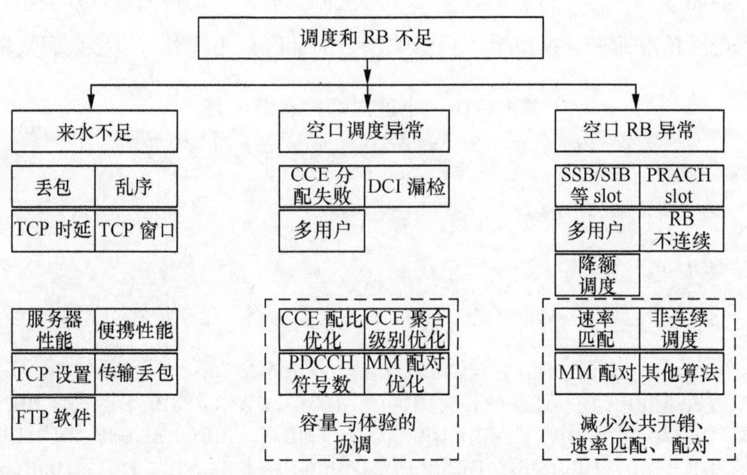

图13-25 NR用户面优化思路

1. 目标

线路上的所有小区调度达到 1350 次以上，RB 个数为 260/slot 左右（100Mbit/s 带宽）。

2. 理由

调度和 RB 不足会直接影响来水量，导致整体吞吐率恶化。

3. 措施

NR 用户面优化措施见表 13-17。

表13-17 NR用户面优化措施

问题现象	怎么优化	原理	详细参数
DL Grant（下行调度）调度次数小于1550	CCE 优化	1. CCE 分配比例不合理； 2. 远点 CCE 聚合级别低，导致 DCI 漏检； 3. 关闭 SIB 调度（仅针对 NSA）； 4. 调整 PDCCH 符号数； 5. 抬高 SIB 周期（设置 80ms 以上）规避	1. NRDUCellPdcch. UlMaxCcePct（下行 CCE 不够时，同时上行 CCE 充足，可以降低上行的 CCE 比例）； 2. NRDuCellRsvdParam. RsvdU8Param7（如果信号较差，漏检较多，则提高该值）； 3. NRDUCellRsvd. RsvdParam140=1（NSA 组网，可以关闭 SIB 调度）； 4. NRDUCellPdcch. OccupiedSymbolNum（对于小带宽或 CCE 资源明显不足的情况，提高占用符号数）； 5. NRDUCELL.Sib1Period(临时规避使用，一般不推荐)
	乒乓切换	LTE 切换或者 NR 切换期间会导致调度速率掉底，来水不足	参考 LTE/NR 切换优化章节
	GAP 优化	1. NSA 场景 LTE 下发 MR 测量或者起异频测量会产生 GAP，GAP 期间不调度； 2. NR 侧下发 MR 或者起异频测量会产生 GAP，GAP 期间不调度（19B 版本暂不支持）	1. 关闭 LTE MR 上报总开关，或者采用黑名单方式关闭：SET ENODEBCHROUTPUTCTRL: SIGREPOR- TSWITH=OFF; 2. LTE A2 门限不能配置太高，推荐使用默认值 InterFreq HoA2ThdRsrp=-109
	上行预调度	上行预调度打开，减小上行调度时延，改善 TCP 业务慢启动过程	1. 预调度开关：NRDUCellRsvd. RsvdParam 26=1； 2. 预调度数据量：NRDUCellRsvd. RsvdParam 19=1600
	服务器性能 & 便携性能 &FTP 软件	1. TCP 的窗口大小及线程大小直接决定 TCP 理论速率； 2. 服务器及便携性能影响 TCP 的报文处理能力，性能差会导致丢包乱序	参考测试方法和要求章节，再次进行核查
	传输 QoS	传输丢包、乱序会触发重复 ACK，导致 TCP 发送窗口调整	传输丢包率小于 0.0001%

（续表）

问题现象	怎么优化	原理	详细参数
使用 RB 小于 260	多用户 & US 方案	多用户抢占	建议通过 US 方案或者 QoS 差异化方案保证演示用户调度优先级（待补充）
	乒乓切换	刚切换到目标小区采用的保守的 RB 分配策略，不会满 RB 调度	参考 LTE/NR 切换优化章节
	高温降额	AAU 温度过高会触发降额调度	DSP BRDTEMP，单板温度小于 80℃
	速率匹配（Ratematch）	打开 Ratematch 后，降低公共信道开销	PDCCH_RATEMATCH_SW@RateMatch-Switch=OFF; SSB_RATEMATCH_SW@RateMatch-Switch=OFF; CSIRS_RATEMATCH_SW@RateMatch-Switch=ON; TRS_RATEMATCH_SW@RateMatch-Switch=ON
	SSB 周期	SSB 周期越长，SSB 占用的资源越少，可用的 RB 越多，最大可设置为 160ms	NRDUCELL. SsbPeriod

13.3.8 Rank 优化

1. 目标

线路平均 Rank 至少要达到 3 以上。

2. 理由

根据理论计算，在满调度、不考虑误码的情况下，Rank3&MCS24 的理论速率是 1.07 Gbit/s。Rank 优化速率计算见表 13-18。考虑实际调度次数和误码，Rank 至少要达到 3 以上。

表13-18 Rank优化速率计算

吞吐量计算												
Slot 类型	每 PRB 子载波数	每 PRB 符号数	每 PRB-DMRS RE 数	每 PRB 其他开销 RE	可用 RB 数	层数	MCS	编码效率	下行调度	误码率（%）	TB 类型	吞吐率（Mbit/s）
D Slot+SSB	12	13	16	0	225	3	24	0.8238	200	0	627760	124.552
S Slot+SBB	12	9	16	0	225	3	24	0.8245	0	0	409616	0.0
D Slot+TRS	12	13	16	24	273	3	23	0.9486	100	0	721000	72.1
D Slot+CSI	12	13	16	8	273	3	24	0.8716	25	0	753816	18.8454
D Slot	12	13	16	0	273	3	24	0.8218	1075	0	753816	810.3522
S Slot	12	5	16	0	273	3	24	0.8248	200	0	237776	47.5552
下行总峰值吞吐率（Mbit/s）												1073.4048

3. 措施

Rank 主要受物理环境的影响。影响 Rank 的因素见表 13-19，Rank 优化措施见表 13-20。

表13-19　影响Rank的因素

UE 能力	是否为天线终端
基站	通道校正是否通过
UE 摆放	UE 天线间的 RSRP 均衡
	UE 摆放的位置和方法
基站 RF	方向角（朝向楼宇增加反射）
	下倾角（空旷区域增加地面反射）
算法	非天线选择终端开环权
	权值自适应

表13-20　Rank优化措施

问题现象	原理	优化方法	详细参数
Rank 限制在 1 阶、2 阶	测量通道模拟发送或者接收信号并进行解调处理，获得每个发射通道与基准通道的相位、功率、时延等指标，系统按照差值在基带中补偿，确保所有发射通道或者接收指标的一致性	检查通道校正，如果通道校正失败，则手动触发通道校正，查询确认成功	DSP NRDUCELLCHNCALIB STR NRDUCELLCHNCALIB DSP NRDUCELLCHNCALIB
UE 下行各天线 SSB RSRP 差异大	各个天线测量到 RSRP 信号尽量均衡，各天线间 RSRP 差异不超过 10dB	1. UE 位置调整； 2. 检查 UE SSB RSRP，判断是否有天线间差异（通过终端日志查看， 例 如，Probe log 中 NR → Detail → SSB Measurement 查 看 各 天 线 的 SSB RSRP 情况）	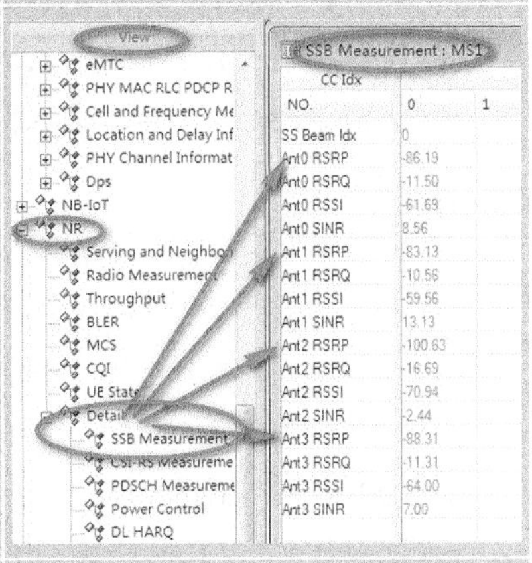 View eMTC PHY MAC RLC PDCP R Cell and Frequency Me Location and Delay Inf PHY Channel Informat Dps NB-IoT NR Serving and Neighbo Radio Measurement Throughput BLER MCS CQI UE State Detail SSB Measurement CSI-RS Measureme PDSCH Measureme Power Control DL HARQ SSB Measurement : MS1 CC Idx NO. 0 1 SS Beam Idx 0 Ant0 RSRP -86.19 Ant0 RSRQ -11.50 Ant0 RSSI -61.69 Ant0 SINR 8.56 Ant1 RSRP -83.13 Ant1 RSRQ -10.56 Ant1 RSSI -59.56 Ant1 SINR 13.13 Ant2 RSRP -100.63 Ant2 RSRQ -16.69 Ant2 RSSI -70.94 Ant2 SINR -2.44 Ant3 RSRP -88.31 Ant3 RSRQ -11.31 Ant3 RSSI -64.00 Ant3 SINR 7.00
Rank2& MCS 满阶	1. 调整方向角，朝向楼宇，增加反射	基站 RF 工参调整	
	2. 调整下倾角，空旷场景，增加房屋反射	固定 Rank3/4 验证	NRDuCellRsvdParam. RsvdU8Param- 67=3/4

（续表）

问题现象	原理	优化方法	详细参数
Rank2&MCS 满阶	固定 Rank，不按 Rank 自适应算法调整（当固定 Rank 速率更优，则建议固定 Rank；反之，则推荐 Rank 自适应）	非天线选择 Rank 探测	TR5+1 SPC130 版本合入 NRDUCellRsvd.RsvdParam172=9/10
切换前后 Rank 变化大	非天线选择终端根据 UE 上报的 RI 值确定 Rank 无法获得最优性能。基站侧新增非天线选择 Rank 自适应方案	改变切换门限，提早或延迟切换	参考 NR 切换优化
切换后 Rank 低 / 抬升慢	尽量让 UE 驻留在 Rank 高小区	提升切换后 Rank 门限	MOD NRDUCELLPDSCH：NrDuCellId=*xx*，DlInitRank=2

4. UE 天线摆放调整

无论哪种 UE 摆放方式，都需要依照以下原则。

（1）各个天线测量的 RSRP 应尽量均衡，SSB RSRP 的差异不超过 10dB。

（2）天线摆放要求在起始点尽量达到高 Rank 并接近峰值。

5. 算法参数优化

（1）打开 VAM 权——非天线选择

VAM 权相较于 PMI 权（目前，商用终端 SRS 权支持度较低），波束更密，指向更准。VAM 权 8 Port 参数的具体参数如下。

① VAM 权值

MOD NRDUCELLALGOSWITCH: NrDuCellId=*xx*。

② 关闭 PMI/SRS 权自适应开关

AdaptiveEdgeExpEnhSwitch=DL_PMI_SRS_ADAPT_SW-0。

③ 关闭权值打桩

MOD NRDUCELLRSVD: NrDuCellId=*xx*，RsvdParam161=0。

MOD NRDUCELLPDSCH: NrDuCellId=*xx*，FixedWeightType=PMI_WEIGHT。

④ 使用 VAM 权

MOD NRDUCELLRSVD: NrDuCellId=*xx*，RsvdParam139=255。

MOD NRDUCELLRSVD: NrDuCellId=xx，RsvdSwParam0=RSVDSWPARAM0_BIT3-0。

MOD NRDUCELLRSVDPARAM: NrDuCellId=xx，RsvdU8Param47=3。

（2）自适应权——天线选择

① 打开权值自适应

MOD NRDUCellAlgoSwitch: NRDUCellId=xx，AdaptiveEdgeExpEnhSwitch=DL_PMI_SRS_ADAPT_SW-1。

② CSI-RS 周期

MOD NRDUCellCsirs: NRDUCellId=xx，CsiPeriod=SLOT40。

③ SRS 周期 10 slot

MOD NRDUCELLRSVD: NrDuCellId=xx，RsvdParam37=1。

④ TRS 功率提升

MOD NRDUCELLCHNPWR: NrDuCellId=xx, TrsPwrOffset=3。

⑤ 关闭 SRS 带宽自适应

NRDUCellRsvd: NRDUCellId=xx，RsvdParam51=101。

NRDUCellPdsch: NrDuCellId=xxx，FixedWeightType=SRS_WEIGHT。

MOD NRDUCellRsvdParam: NrDuCellId=xxx，RsvdU8Param47=2。

13.3.9 MCS&BLER 调优

1. 目标

满足 Gbit/s 精品线路要求，平均 MCS 至少在 24 阶以上。

2. 理由

影响 MCS 的主要因素如下所述。

（1）CQI 测量上报：影响初始的 MCS 选阶。

（2）空口误率：IBLER 在高误码场景下，其值过高不收敛，会导致 MCS 下降（一般默认设置收敛 10% 的初传误码门限）。

（3）移动速率：在移动速率比较高的场景中，UE 信道变化比较快，会影响权值精度，推荐 Gbit/s 拉网车速在 30km/h 以内；同时打开辅助导频开关。

3. 措施

MCS&BLER 调优措施见表 13-21。

表13-21　MCS&BLER调优措施

问题现象	优化方法	原理	详细参数
CQI 上报偏低（RSRP 差）	优化覆盖	覆盖差	参考覆盖优化
CQI 上报偏低（SINR差，SSB 邻区电平与服务小区电平小于 6dB）	排查干扰	NR 不同小区间的干扰	NR 小区间的干扰包含 SSB、TRS、CSI、PDSCH 的干扰，由于当前 NR 小区无商用用户，主要是 SSB/TRS 的干扰，故要求： 1. 所有小区的 SSB 资源完全对齐，避免 SSB 对数据的干扰（当前都建议改为宽波束，默认对齐）； 2. 邻区无用户不发送 TRS，该开关开启，避免邻区始终发送 TRS 造成干扰（NRDUCellRsvd. RsvdParam1- 24=1）； 3. 调整邻区功率（有 2 个以上邻区与服务小区电平相差在 9dB 以内）
CQI 上报偏低（SINR差，FFT 扫频干扰大）	排查干扰，建议移频，制造保护带	同频 LTE 小区对 NR 的干扰	
CQI 不上报	1. SRS 资源未配置（probe 中 SRS information 观察，若未配置则为空）； 2. CSI-RS 未调度（跟踪 713、714 确认），或不支持非周期 CSI-RS（跟踪 683 确认）	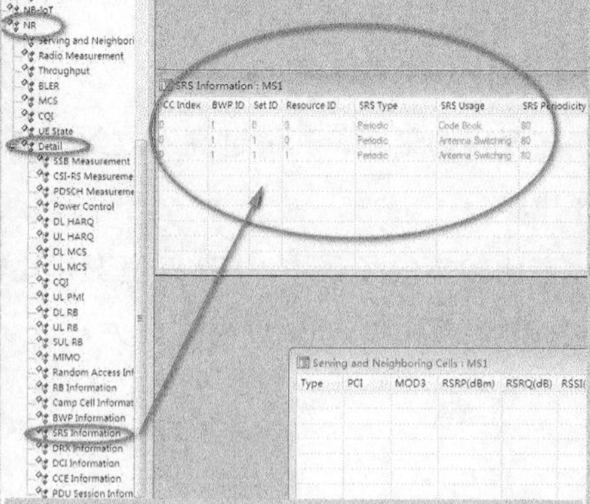	NRDUCellCsirs CsiPeriod =slot40 NRDUCellCsirs. PERIODIC_ CSI_ SWITCH@CsiAlgoSwitch =ON

（续表）

问题现象	优化方法	原理	详细参数
切换后 MCS 爬升慢	调整初始 MCS，切换后 CQI 外环初值可配	NR PCI 切换前后 2s，观察下行 MCS 是否有较大变化。若有较大变化，则可以进行切换后 MCS 优化（切换后，CQI 外环初值可配）	其中，切换完成后，在 CQI 上报前，MCS 由如下参数进行控制： MOD NRDUCELLPDSCH：NrDuCellId=xx，DlInitMcs =10; CQI 上报后，由如下参数控制： MOD NRDUCellRsvdParam：NrDuCellId=xx，RsvdU8Param69 =28; （外环 = 参数 -28，配置为 0，表示 -4） 参数配置原则： 统计切换前后 MCS 差异，差异值按照规则输入给 RsvdU8P- aram69
MCS 调整慢	信道较好时，将 CQI 调整步长加大	用户在高速运动场景中，近点出现较多 MCS 未到最高阶，但 IBLER 低于 10%。若比例较高，则可以通过开启变步长缓解该现象，其原理为：信道质量较好时，将 CQI 调整步长加大，加快 MCS 提升速度；信道质量变差时，还原到默认调整速度，进而提升 MCS，使整体吞吐量提升	NRDUCellPdsch.FixedAmcStepValue=20
IBLER 高阶不收敛	IBLER 自适应参数排查	推荐打开，配置为 1，在打开的情况下，将下行 IBLER 配置成 1%	NRDUCellRsvd. RsvdParam6=1
存在 slot 级误码差异（probe 和跟踪 537、714 中确认）	多套子帧 MCS 优化	当前不同子帧采用同一套外环调整量，受制于终端性能、外在干扰等情况，实际不同子帧性能不同（IBLER 不同），针对差异较大的子帧，可以区别化设置外环，避免因个别较差的子帧拉低整体性能	基站侧打开子帧 MCS 优化，MML 如 下，RsvdParam9/RsvdParam16/RsvdParam17/RsvdParam18 参数可以设置为 65537 和 3221350401，测试方法如下。 ON： MOD GNBRSVDCFG：RsvdSwParam0=RSV-DSWP- ARAM0_BIT1-1； MOD NRCELLRSVDCFG：NrCellId=0，RsvdParam0=1； MOD NRDUCELLRSVDCFG：NrDuCellId=0，Rsvd-Param9 =3221350401，RsvdParam16= 3221350401，RsvdParam17=3221350401，RsvdParam18=3221350401； OFF： MOD GNBRSVDCFG：RsvdSw-Param0=RS- VDSWPA- RAM0_BIT1-0； MOD NRCELLRSVDCFG：NrCellId=0，RsvdParam0=0

（续表）

问题现象	优化方法	原理	详细参数
CQI 波动大 & 误码率高	极致短周期： 1. 配置 1 个 add DMRS； 2. CSI、SRS 周期配置为 5ms； 3. 256QAM 开启	高速上时速为 80km/h 时，速度较快，导致信道质量波动较大。为了快速适配信道变化，可以配置极致短周期信道，进而提升高速性能，具体包含以下几点。 1. 配置 1 个 add DMRS； 2. CSI、SRS 周期配置为 5ms； 3. 256QAM 开启	NRDUCELLPDSCH. DlAdditional-DmrsPos=POS1; NRDUCellCsirs. CsiPeriod=slot10; NRDUCellRsvd. RsvdParam37=1; NRDUCELLALGOSWITCH. Dl256QamSwitch=ON
SRS RSRP、SINR 差（跟踪 776、777 确认）	调整 SRS 功率	SRS 功控	支持 SRS 功率控制功能，启用保留参数用于控制 SRS 功率调整中标称 P0 值。 NRDUCellRsvd. RsvdParam55=0

5G 优化实战案例

Chapter 14

第 14 章

●•14.1 某 5G 精品线路优化实战

14.1.1 线路介绍和优化目标

线路介绍：在某市湖滨区域，毗邻知名景区西湖，线路长度为 4.48km，规划了 22 个 5G 站点，5G 站间距为 270m。

目标：在 NSA 网络下，Mate20X 手机 7:3 时隙配比，下载速率达到 850Mbit/s。

14.1.2 优化措施和成果

通过基线参数、Mate20X 参数、ACP+ 故障处理、4G RF 和切换参数、CCE 聚合等级、天线选择终端 + 参数优化和 DC 等多种优化方式，5G 网络在时隙配比为 7:3 的情况下，下载速率超过 850Mbit/s。某市湖滨区域 5G 精品线路优化措施与测试结果见表 14-1。

表14-1　某市湖滨区域5G精品线路优化措施与测试结果

修改内容	SSB 波束 *RSRP*	SSB 波束 *SINR*	下行平均 *MCS*	下行平均调度	下行使用的平均 *RB* 数	平均 *Rank* 值	下行 PDCP 层平均速率（Mbit/s）	下行初始误码率（%）
基线	−82.97	15.67	20.35	1326.29	262.39	2.57	491.14	9.49
Mate20X 参数	−82.45	7.32	20.95	1337.44	267.39	2.79	519.7	9.15
ACP+ 故障处理	−81.82	16.80	21.36	1310.59	262.39	2.57	583.79	9.08
4G RF 和切换参数优化	−81.04	17.24	20.09	1352.39	264.64	2.88	623.03	9.26
CCE 聚合等级优化	−80.60	16.83	21.81	1369.06	270.75	2.78	636.28	9.21
5G RF 优化	−75.07	18.34	21.17	1388.44	270.34	2.91	677.16	9.58
天线终端+参数优化	−81.54	12.89	21.13	1368.58	270.15	3.73	891.51	8.83
打开 DC	−81.63	13.29	20.81	1367.54	270.36	3.71	956.38	9.09

当前精品线路以下行平均速率超过 850Mbit/s 为目标（7:3），主要有以下几个标准动作。某市湖滨区域 5G 精品线路标准动作见表 14-2。

表14-2　某市湖滨区域5G精品线路标准动作

分类	动作	1Gbit/s 目标
终端选择	确认是否支持天线选择	通过关键字段识别
测试方法和要求检查	测试要求	1. 终端摆放合理 2. 选择合理的测试方法
	基站及终端版本要求	版本配套符合要求
	FTP 服务器要求	RH2288 服务器，光网卡，固态硬盘
	SIM 卡开户要求	开户速率大于 1Gbit/s
	传输要求	10GE（万兆）光纤，即 10Gbit/s
基础排查	告警 /license 排查	无异常告警，license 不受限
	通道排查	通道校正成功
	参数核查	与推荐参数相同
站点验收	定点测试	定点 Rank 平均值为 3.5，峰值速率大于 1.2Gbit/s
	移动测试	无切换异常
覆盖仿真	采用规划 WINS Cloud U-Net 5G	核查规划是否满足目标值，若不满足，则需要加站
锚点站规划	按照规划步骤进行规划	测试时全部占用锚点站
4G 和 5G X2 优化	按照优化方案执行	4G 和 5G X2 建立成功
覆盖优化	按照优化方案执行	在宽波速场景下，95% 的样本点大于 -80dBm
NSA 控制面优化	LTE 切换优化	切换成功率为 100%，4G 小区切换次数：小区数约为 1.1:1
	NR 切换优化	切换成功率为 100%，5G 小区切换次数：小区数约为 1.1:1
NR 用户面优化	DL Grant 优化	调度次数大于 1350
	RB 优化	RB 大于 260
	MCS 优化	平均 MCS 大于 24 阶
	Rank 优化	平均 Rank 至少为 3

14.1.3　精品线路的测试方法和要求

14.1.3.1　测试终端设置

建议选用 SRS 权终端进行精品线路测试。天线选择终端原理如图 14-1 所示，这种方式可以大幅提升 Rank4 的比例。

Beamforming 的一个关键环节就是 SRS 反馈。在引入天线选择之前，UE 固定在一个天线上发送 SRS。由于各种外在原因（例如，各天线所处的位置不同，信号折射、散射等），各天线的信号质量不平衡。如果上行发送天线是固定某个天线，eNodeB 得不到完整的信道信息，可能影响 BF 的性能。天线选择是指在各天线上轮流发 SRS（只轮发 SRS，其他上行数据还是在固定天线上发送的），可以更精确地估计上行信道信息。R15 协议也支持 4 天线选择。

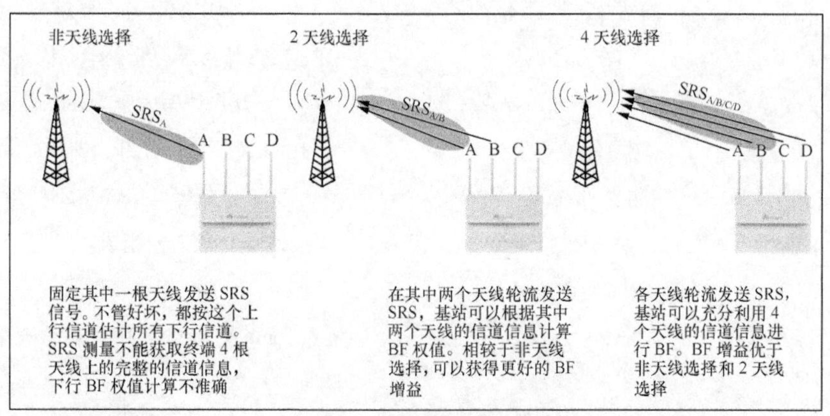

图14-1 天线选择终端原理

SRS 权终端识别如图 14-2 所示，查询第二条 UE 能力信息（需要在跟踪的信令中核查，Probe 中的信令无法查看）中 supportedSRS-TxPortSwitch 字段是否为 1T4R，1T4R 为 SRS 权终端。

96976	2019-07-19 01:37:40(045)	RRC_UE_CAP_INFO	Received From UE	UERelease=0; UEReleaseEx=rel15; Rat-Type=nr(5)
97021	2019-07-19 01:38:25(284)	RRC_UE_CAP_INFO	Received From UE	UERelease=5; UEReleaseEx=rel13; UECat=4; FGI=I
97023	2019-07-19 01:38:25(317)	RRC_UE_CAP_INFO	Received From UE	Rat-Type=eutra-nr(6);
97025	2019-07-19 01:38:25(347)	RRC_UE_CAP_INFO		
97035	2019-07-19 01:38:25(420)	RRC_UE_CAP_INFO		
97146	2019-07-19 01:38:50(237)	RRC_UE_CAP_INFO		
97148	2019-07-19 01:38:50(269)	RRC_UE_CAP_INFO		
97150	2019-07-19 01:38:50(308)	RRC_UE_CAP_INFO		
97160	2019-07-19 01:38:50(385)	RRC_UE_CAP_INFO		
97199	2019-07-19 01:39:01(134)	RRC_UE_CAP_INFO		
97201	2019-07-19 01:39:01(167)	RRC_UE_CAP_INFO		
97203	2019-07-19 01:39:01(198)	RRC_UE_CAP_INFO		
97213	2019-07-19 01:39:01(281)	RRC_UE_CAP_INFO		
97377	2019-07-19 01:40:01(533)	RRC_UE_CAP_INFO		
97379	2019-07-19 01:40:01(564)	RRC_UE_CAP_INFO		
97381	2019-07-19 01:40:01(595)	RRC_UE_CAP_INFO		
97391	2019-07-19 01:40:01(681)	RRC_UE_CAP_INFO		
97586	2019-07-19 01:41:14(197)	RRC_UE_CAP_INFO		
97588	2019-07-19 01:41:14(230)	RRC_UE_CAP_INFO		
97590	2019-07-19 01:41:14(260)	RRC_UE_CAP_INFO		
97600	2019-07-19 01:41:14(335)	RRC_UE_CAP_INFO		
108888	2019-07-19 02:54:43(066)	RRC_UE_CAP_INFO		
108890	2019-07-19 02:54:43(100)	RRC_UE_CAP_INFO		

Message Browser - MsgExplain

```
NRBandParameters-v1540
  srs-TxSwitch-v1540
    supportedSRS-TxPortSwitch: ---- notSupported(7)
NRBandParameters-v1540
  srs-TxSwitch-v1540
    supportedSRS-TxPortSwitch: ---- notSupported(7)
NRBandParameters-v1540
  srs-TxSwitch-v1540
    supportedSRS-TxPortSwitch: ---- 1T4R
ca-ParametersNR-v1540
  csi-RS-IM-ReceptionForFeedbackPerBandComb
    maxNumberSimultaneousNZP-CSI-RS-ActBWP-AllCC: ---- (6)
```

	1	2	3	4	5	6	7	8	9	10	11	12
1	02	3c	01	68	0d	a2	11	c1	ac	26	00	00
2	00	00	08	82	24	0d	84	80	01	81	00	71
3	10	54	81	b0	98	00	02	02	2e	26	80	00

图14-2 SRS权终端识别

增益来源：以 4T4R vs 2T4R 和 4T4R vs 1T4R 为例，对于 4T4R 终端，基站可获取终

端 4 根发射天线的协方差矩阵，基于上下行链路的互易性，带来终端 4 根接收天线的赋型增益；对于 2T4R 或 1T4R 终端，基站仅获取终端 2 根或 1 根发射天线的协方差矩阵，带来终端 2 根或 1 根接收天线的赋型增益，因为其他接收天线和这 2 根或 1 根天线的相关性较低，所以没有赋型效果。由此可知，4T4R 的波束赋形性能比 2T4R 和 1T4R 要好。

14.1.3.2 FTP 测试方法

当前 5G 业务在进行速率测试时，特别是当峰值测试速率特别大时，常规的 USB 共享模式会由于计算机端口限速，计算机性能影响测试时速率受限，所以建议直接在手机上进行 FTP 上传和下载。

以 Mate20X 测试终端为例，测试时采用 ODM+FTP（By MS）多线程模式。该模式在测试时，下载的数据不会回写到计算机，对计算机的要求不高，按照以下 USB 调试模式、Balong 模式、USB 连接模式依次设置。

1. USB 调试模式设置

手机在升级完成之后，初次与 Probe 连接时，需要将开发者模式打开，设置为 USB 调试模式，具体操作过程如下。

手机主界面单击“设置”→“系统”→“关于手机”→“版本号”，连续单击“版本号”5 次即可进入开发者模式，此时返回“系统”菜单，可以查看“开发人员选项”。以华为终端为例，USB 调试模式设置步骤一如图 14-3 所示。

图14-3 USB调试模式设置步骤一

进入“设置”→“系统”→“开发人员选项”，上下滑动屏幕，打开“USB 调试”，会弹出“是否允许 USB 调试？”，单击“确认”即可。USB 调试模式设置步骤二如图 14-4 所示。

图14-4 USB调试模式设置步骤二

2. Balong 模式设置

拨号界面输入"*#*#2846579159#*#*"，弹出 ProjectMenuAct 界面。

依次单击"5. 后台设置"→"2.USB 端口配置"→"USB 端口设置"→"Balong 调试模式"，弹出"USB 端口设置成功"的对话框，单击"确定"。Balong 模式设置如图 14-5 所示。

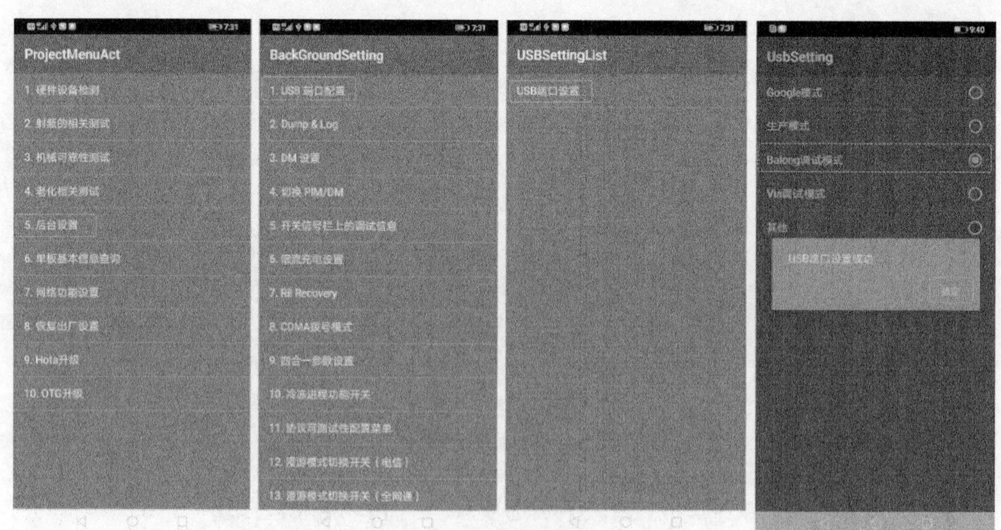

图14-5 Balong模式设置

3. USB 连接模式设置

终端与 PC 连接之后会弹出“USB 连接方式”的对话框，选择“仅充电”，USB 连接模式设置如图 14-6 所示。

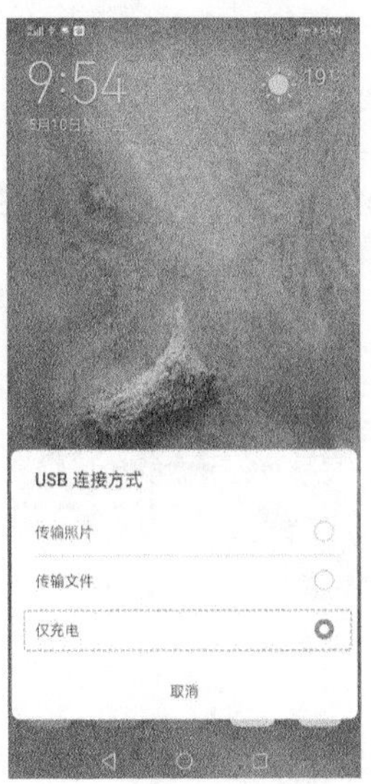

图14-6 USB连接模式设置

4. 终端连接

启动 Probe 软件。单击工具栏上的“ ”按钮（快捷键 F8），或者选择“Configration → Device Management → Device Configure”菜单，打开 Device Configure 窗口。

将 Device Configure 窗口中的“Model”选择为“HUAWEI Mate20X（5G）”，将“COM port”选择为“Android Adapter PCUI”对应的端口，单击“OK”。终端连接步骤一如图 14-7 所示。

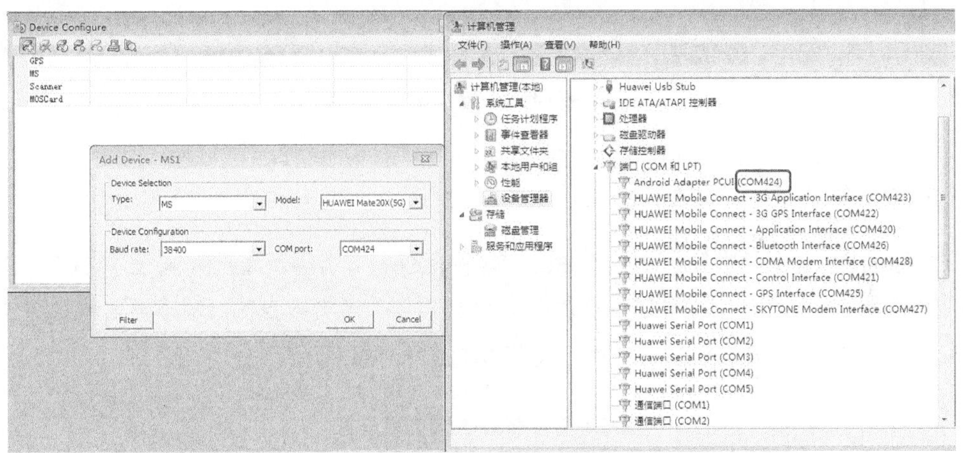

图14-7 终端连接步骤一

单击 Device Configure 窗口上的“ ”按钮（快捷键 F2），或者通过选择“Configration → Device Management → Connect”菜单，启动设备连接。如果设备状态显示为“Connected”，则表示连接成功。终端连接步骤二如图 14-8 所示。

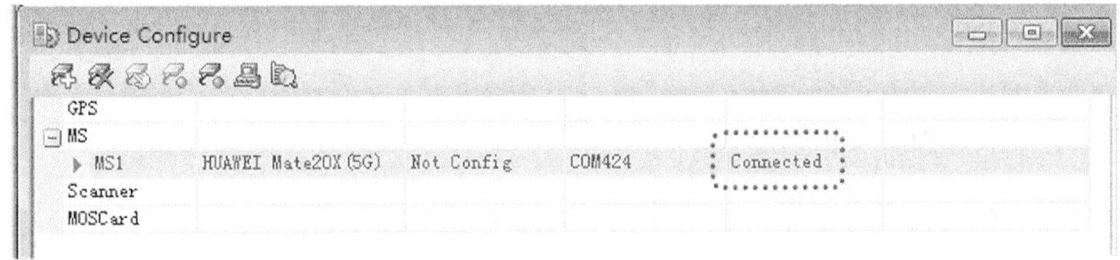

图14-8 终端连接步骤二

5. 终端测试

单击“▦”，在“Test Plan Control”界面添加测试项并配置测试项参数，请将参数“Dial Up Type”设置为“By MS”。终端测试如图 14-9 所示。

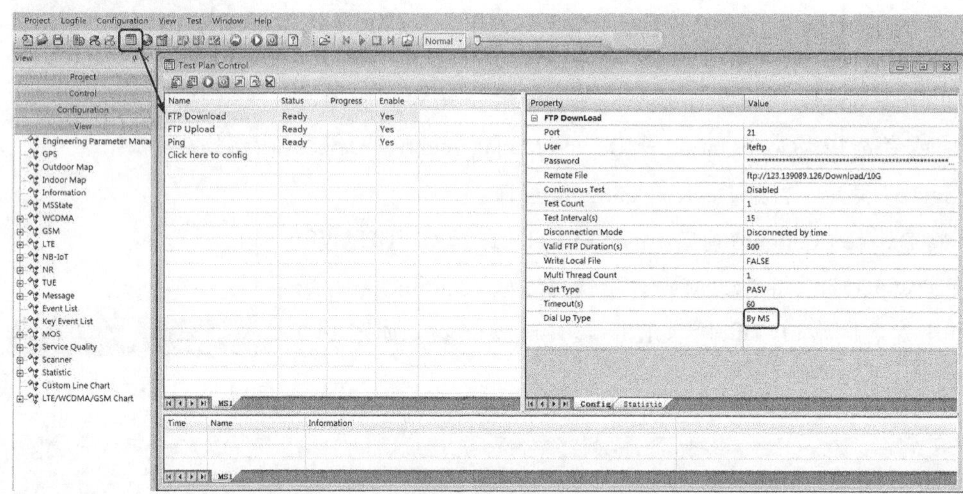

图14-9 终端测试

14.1.3.3 服务器配置和优化

服务器要求：推荐服务器使用高性能的硬件配置，服务器配置建议值见表 14-3。建议测试前联合专业人员优化服务器，以防止 TCP 发送窗口或者接受窗口较小导致单线程 TCP 速率降低，在服务器或者测试计算机上调整 MTU，尽量使报文不分片。

表14-3 服务器配置建议值

型号	XXX
CPU	E5–2680v4 × 2
内存	8 × 32GB
硬盘	三星 MZ–7LM4800（480GB，SSD，SATA6.0Gbit/s）× 3（RAID0 模式）
网卡	10G 网卡 ×1（备份一个）
操作系统	Win Server 2012 R2

14.1.3.4 SIM 卡开户要求

核心网开户信息中包含 AMBR 和 QCI 两个重要信息。

工作人员需要确认核心网开户速率是否足够，可以通过 5G 基站 X2 接口跟踪查看消息确认 UE-AMBR，核查 uEAggregateMaximumBitRate 信元的值是否符合要求。

用户的 QCI 信息会与基站侧的 QCI 级的 PDCP、RLC 相关定时器参数（包含 SN bit 数、RLC 模式等）关联，从而影响用户的吞吐率。在基站默认配置下，QCI6、8、9 对应的 RLC 和 PDCP 参数是吞吐率的最优性能。

在 NSA 组网下，5G 用户的开户信息在 X2 口“SGNB_ADD_REQ”消息中。用户 QCI 信息查看如图 14-10 所示。

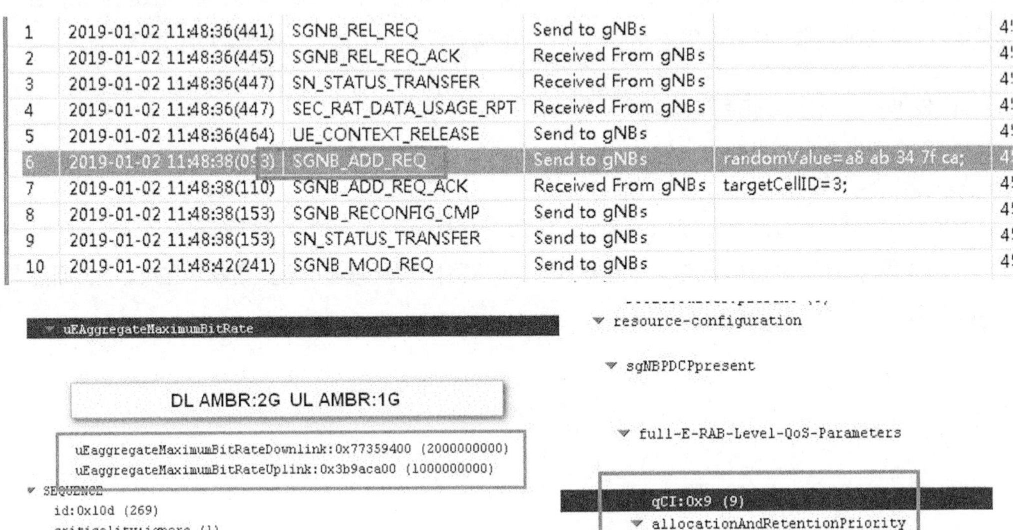

图14-10 用户QCI信息查看

在网络侧，根据信令中携带的消息可以查询 APN-AMBR 的速率。用户 APN-AMBR 速率查看如图 14-11 所示。

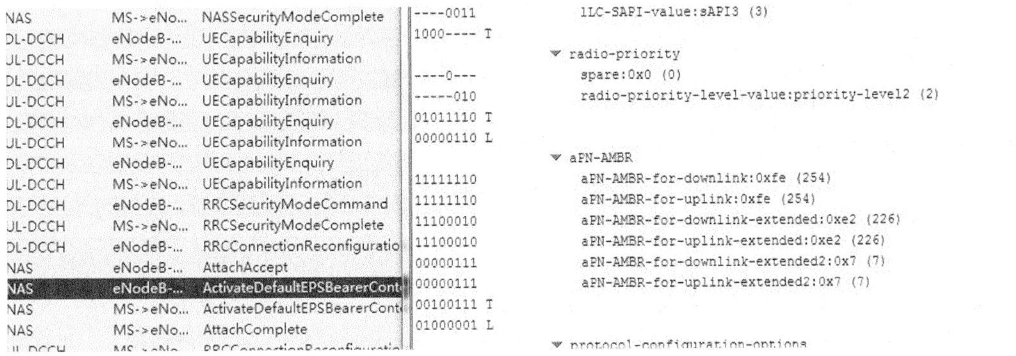

图14-11 用户APN-AMBR速率查看

实际生效的 AMBR 为 UE-AMBR 和 APN-AMBR 中的最小值。

14.1.3.5 传输要求

5G 传输带宽要求万兆以太网接口，如果 5G 站点为千兆以太网接口，会对空口速率产生限制。

14.1.4 4G 和 5G X2 优化案例

如果现网4G基站之间X2已经接近或者达到256个，就会使4G和5G之间无法建立X2链路，导致 SCG 不添加或者 5G 不切换。杭州电信采用的办法是周期性自动删除和添加 X2 方案。

1. 案例 1：X2 问题导致 5G 无覆盖

（1）问题描述

UE 沿平海路由西向东行驶至平海路和浣纱路交叉口，当 UE 转向浣纱路南部行驶时，出现无 5G 网络信号覆盖的区域，UE 继续沿浣纱路向南行驶 70m 重新接入 5G。X2 问题导致 5G 无覆盖问题描述如图 14-12 所示。

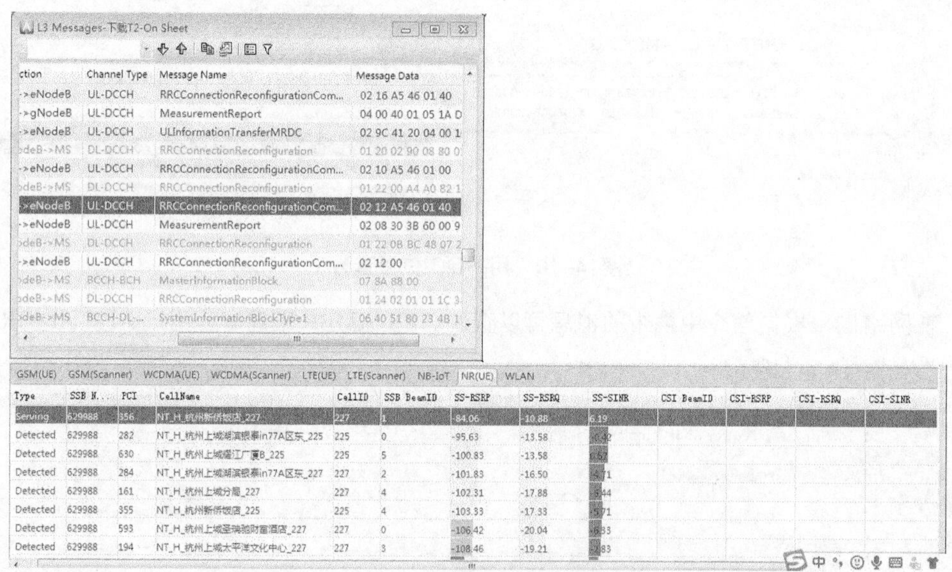

图14-12 X2问题导致5G无覆盖问题描述

（2）问题分析

① 从信令来看，切换至 LF_H_ 杭州华辰国际饭店 _49（PCI：36）后，虽然网络侧下发 B1 测量控制，UE 触发 B1 事件，但是之后网络侧一直未添加 5G。X2 问题导致 5G 无覆盖信令分析如图 14-13 所示。

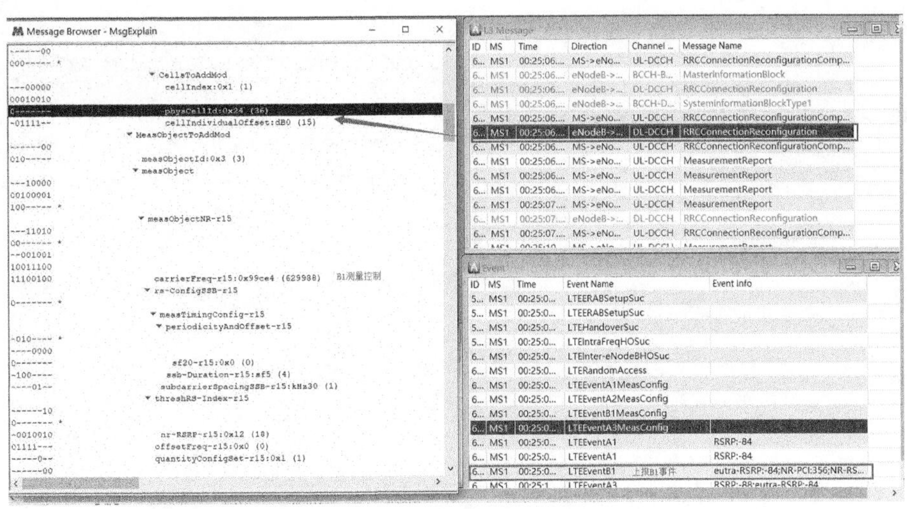

图14–13　X2问题导致5G无覆盖信令分析

② 核查邻区关系和频点等相关信息均无问题，核查 X2 时发现 LF_H_ 杭州华辰国际饭店 4G 站点并未添加 NT_H_ 杭州新侨饭店（638963）5G 站点 X2 链路，同时该站点 X2 数量已经达到最大设置。

（3）解决方案

删除 LF_H_ 杭州华辰国际饭店基站的冗余 X2 链路，同时进行 5G 测试。

（4）实施效果

优化后，X2 链路已经建立，同路段 UE 占用 LF_H_ 杭州华辰国际饭店 _49（*PCI*：36）后，网络侧下发 B1 测量控制，UE 触发 B1 事件，后添加［*PCI*：356（NT_H_ 杭州新侨饭店 _227）］5G 成功。X2 问题导致 5G 无覆盖实施效果如图 14-14 所示。

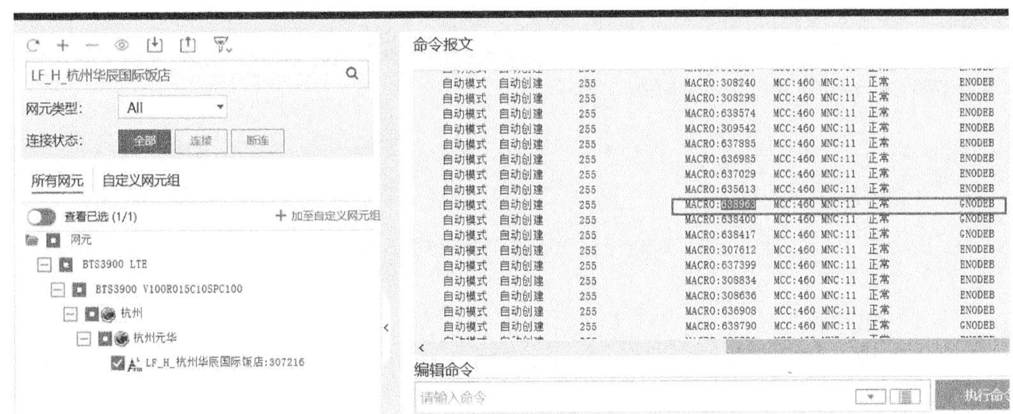

图14–14　X2问题导致5G无覆盖实施效果

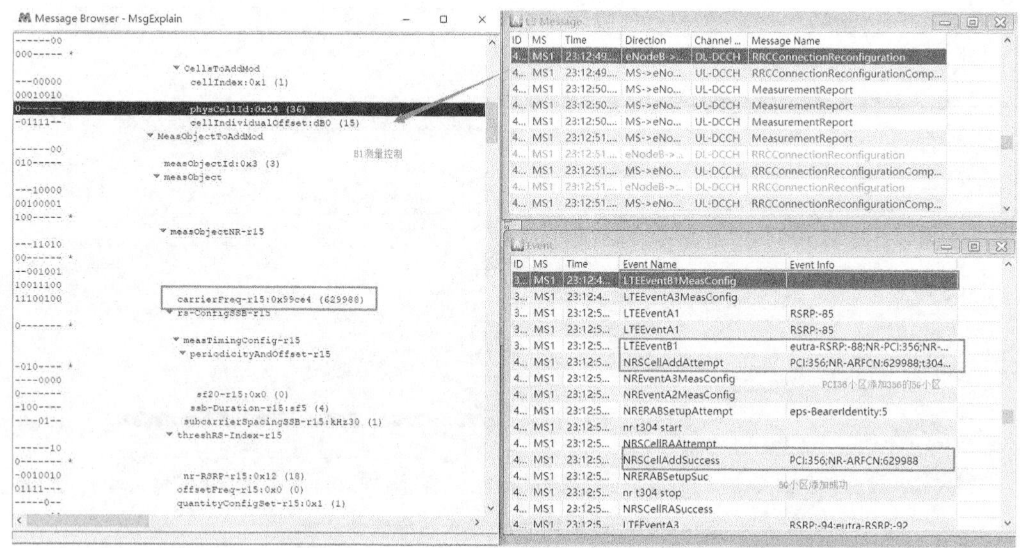

图14-14 X2问题导致5G无覆盖实施效果（续）

2. 案例2：X2传输资源不可用导致5G不切换

（1）问题描述

UE占用NT_H_杭州上城解百新元华_226（PCI：583）一直上报NR A3，但无法切换至5G_H_杭州上城环湖饭店_50（PCI：10），邻区和X2口均正常。X2传输资源不可用导致5G不切换问题描述如图14-15所示。

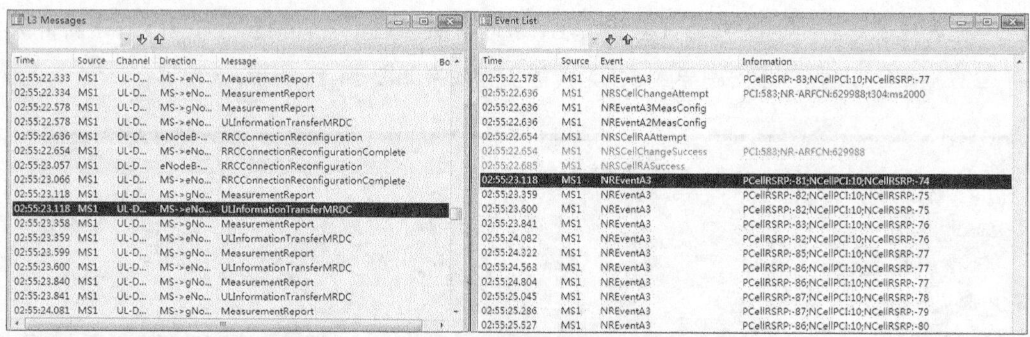

图14-15 X2传输资源不可用导致5G不切换问题描述

（2）问题分析

从基站侧跟踪来看，SCG添加一直因为传输资源不可用。X2传输资源不可用导致5G不切换问题分析如图14-16所示。

从Debug看到，传输资源不可用的原因是S1-U存在问题，错误码为ErrorCode = 0x810d0683，通过核查配置可以发现没有配置GNBCUS1，而GNBCUS1为开站必配。S1

配置检查如图 14-17 所示。

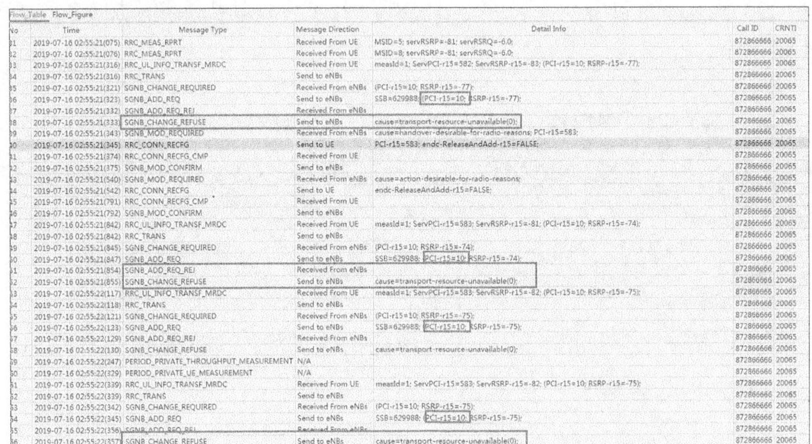

Flow_Table　Flow_Figure

No	Time	Message Type	Message Direction	Detail Info	Call ID	CRNTI
31	2019-07-16 02:55:21(075)	RRC_MEAS_RPRT	Received From UE	MSID=5; servRSRP=-81; servRSRQ=-6.0;	872866666	20065
32	2019-07-16 02:55:21(076)	RRC_MEAS_RPRT	Received From UE	MSID=8; servRSRP=-81; servRSRQ=-6.0;	872866666	20065
33	2019-07-16 02:55:21(316)	RRC_UL_INFO_TRANSF_MRDC	Received From UE	measId=1; ServPCI-r15=582; ServRSRP-r15=-83; (PCI-r15=10; RSRP-r15=-77);	872866666	20065
34	2019-07-16 02:55:21(316)	RRC_TRANS	Send to eNBs		872866666	20065
35	2019-07-16 02:55:21(321)	SGNB_CHANGE_REQUIRED	Received From eNBs	(PCI-r15=10; RSRP-r15=-77);	872866666	20065
36	2019-07-16 02:55:21(323)	SGNB_ADD_REQ	Send to eNBs	SSB=629988; (PCI-r15=10; RSRP-r15=-77);	872866666	20065
37	2019-07-16 02:55:21(332)	SGNB_ADD_REQ_REJ	Received From eNBs		872866666	20065
38	2019-07-16 02:55:21(333)	SGNB_CHANGE_REFUSE	Send to eNBs	cause=transport-resource-unavailable(0);	872866666	20065
39	2019-07-16 02:55:21(343)	SGNB_MOD_REQUIRED	Received From eNBs	cause=handover-desirable-for-radio-reasons; PCI-r15=583;	872866666	20065
40	2019-07-16 02:55:21(345)	RRC_CONN_RECFG	Send to UE	PCI-r15=583; endc-ReleaseAndAdd-r15=FALSE;	872866666	20065
41	2019-07-16 02:55:21(374)	RRC_CONN_RECFG_CMP	Received From UE		872866666	20065
42	2019-07-16 02:55:21(375)	SGNB_MOD_CONFIRM	Send to eNBs		872866666	20065
43	2019-07-16 02:55:21(540)	SGNB_MOD_REQUIRED	Received From eNBs	cause=action-desirable-for-radio-reasons;	872866666	20065
44	2019-07-16 02:55:21(542)	RRC_CONN_RECFG	Send to UE	endc-ReleaseAndAdd-r15=FALSE;	872866666	20065
45	2019-07-16 02:55:21(791)	RRC_CONN_RECFG_CMP	Received From UE		872866666	20065
46	2019-07-16 02:55:21(792)	SGNB_MOD_CONFIRM	Send to eNBs		872866666	20065
47	2019-07-16 02:55:21(842)	RRC_UL_INFO_TRANSF_MRDC	Received From UE	measId=1; ServPCI-r15=583; ServRSRP-r15=-81; (PCI-r15=10; RSRP-r15=-74);	872866666	20065
48	2019-07-16 02:55:21(842)	RRC_TRANS	Send to eNBs		872866666	20065
49	2019-07-16 02:55:21(845)	SGNB_CHANGE_REQUIRED	Received From eNBs	(PCI-r15=10; RSRP-r15=-74);	872866666	20065
50	2019-07-16 02:55:21(847)	SGNB_ADD_REQ	Send to eNBs	SSB=629988; PCI-r15=10; RSRP-r15=-74);	872866666	20065
51	2019-07-16 02:55:21(854)	SGNB_ADD_REQ_REJ	Received From eNBs		872866666	20065
52	2019-07-16 02:55:21(855)	SGNB_CHANGE_REFUSE	Send to eNBs	cause=transport-resource-unavailable(0);	872866666	20065
53	2019-07-16 02:55:22(117)	RRC_UL_INFO_TRANSF_MRDC	Received From UE	measId=1; ServPCI-r15=583; ServRSRP-r15=-82; (PCI-r15=10; RSRP-r15=-75);	872866666	20065
54	2019-07-16 02:55:22(118)	RRC_TRANS	Send to eNBs		872866666	20065
55	2019-07-16 02:55:22(121)	SGNB_CHANGE_REQUIRED	Received From eNBs	(PCI-r15=10; RSRP-r15=-75);	872866666	20065
56	2019-07-16 02:55:22(123)	SGNB_ADD_REQ	Send to eNBs	SSB=629988; PCI-r15=10; RSRP-r15=-75);	872866666	20065
57	2019-07-16 02:55:22(129)	SGNB_ADD_REQ_REJ	Received From eNBs		872866666	20065
58	2019-07-16 02:55:22(130)	SGNB_CHANGE_REFUSE	Send to eNBs	cause=transport-resource-unavailable(0);	872866666	20065
59	2019-07-16 02:55:22(247)	PERIOD_PRIVATE_THROUGHPUT_MEASUREMENT	N/A		872866666	20065
60	2019-07-16 02:55:22(329)	PERIOD_PRIVATE_UE_MEASUREMENT	N/A		872866666	20065
61	2019-07-16 02:55:22(339)	RRC_UL_INFO_TRANSF_MRDC	Received From UE	measId=1; ServPCI-r15=583; ServRSRP-r15=-82; (PCI-r15=10; RSRP-r15=-75);	872866666	20065
62	2019-07-16 02:55:22(339)	RRC_TRANS	Send to eNBs		872866666	20065
63	2019-07-16 02:55:22(342)	SGNB_CHANGE_REQUIRED	Received From eNBs	(PCI-r15=10; RSRP-r15=-75);	872866666	20065
64	2019-07-16 02:55:22(345)	SGNB_ADD_REQ	Send to eNBs	SSB=629988; PCI-r15=10; RSRP-r15=-75);	872866666	20065
65	2019-07-16 02:55:22(356)	SGNB_ADD_REQ_REJ	Received From eNBs		872866666	20065
66	2019-07-16 02:55:22(357)	SGNB_CHANGE_REFUSE	Send to eNBs	cause=transport-resource-unavailable(0);	872866666	20065

图14-16　X2传输资源不可用导致5G不切换问题分析

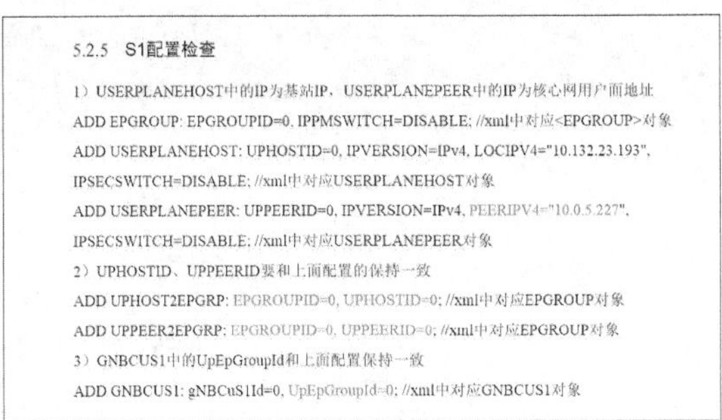

5.2.5　S1配置检查

1）USERPLANEHOST中的IP为基站IP，USERPLANEPEER中的IP为核心网用户面地址

ADD EPGROUP: EPGROUPID=0, IPPMSWITCH=DISABLE; //xml中对应<EPGROUP>对象

ADD USERPLANEHOST: UPHOSTID=0, IPVERSION=IPv4, LOCIPV4="10.132.23.193", IPSECSWITCH=DISABLE; //xml中对应USERPLANEHOST对象

ADD USERPLANEPEER: UPPEERID=0, IPVERSION=IPv4, PEERIPV4="10.0.5.227", IPSECSWITCH=DISABLE; //xml中对应USERPLANEPEER对象

2）UPHOSTID、UPPEERID要和上面配置的保持一致

ADD UPHOST2EPGRP: EPGROUPID=0, UPHOSTID=0; //xml中对应EPGROUP对象

ADD UPPEER2EPGRP: EPGROUPID=0, UPPEERID=0; //xml中对应EPGROUP对象

3）GNBCUS1中的UpEpGroupId和上面配置保持一致

ADD GNBCUS1: gNBCuS1Id=0, UpEpGroupId=0; //xml中对应GNBCUS1对象

图14-17　S1配置检查

（3）解决方案

添加“ADD GNBCUS1: gNBCuS1Id=xx，UpEpGroupId=xx”命令。

（4）实施效果

添加命令后，5G 切换正常。X2 传输资源不可用导致 5G 不切换实施效果如图 14-18 所示。

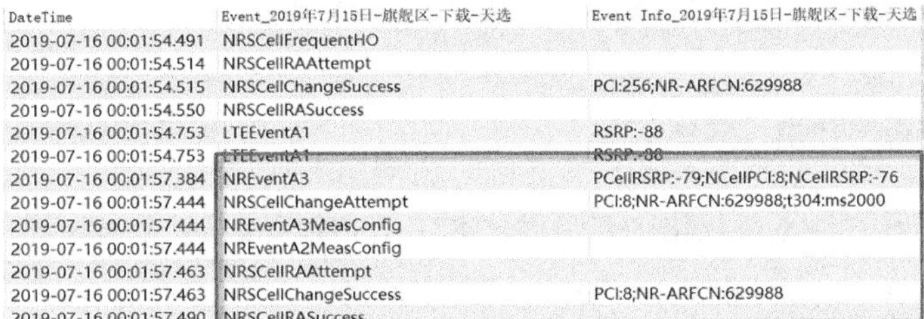

DateTime	Event_2019年7月15日-旗舰区-下载-天选	Event Info_2019年7月15日-旗舰区-下载-天选
2019-07-16 00:01:54.491	NRSCellFrequentHO	
2019-07-16 00:01:54.514	NRSCellRAAttempt	
2019-07-16 00:01:54.515	NRSCellChangeSuccess	PCI:256;NR-ARFCN:629988
2019-07-16 00:01:54.550	NRSCellRASuccess	
2019-07-16 00:01:54.753	LTEEventA1	RSRP:-88
2019-07-16 00:01:54.753	LTEEventA1	RSRP:-88
2019-07-16 00:01:57.384	NREventA3	PCellRSRP:-79;NCellPCI:8;NCellRSRP:-76
2019-07-16 00:01:57.444	NRSCellChangeAttempt	PCI:8;NR-ARFCN:629988;t304:ms2000
2019-07-16 00:01:57.444	NREventA3MeasConfig	
2019-07-16 00:01:57.444	NREventA2MeasConfig	
2019-07-16 00:01:57.463	NRSCellRAAttempt	
2019-07-16 00:01:57.463	NRSCellChangeSuccess	PCI:8;NR-ARFCN:629988
2019-07-16 00:01:57.490	NRSCellRASuccess	

图14-18　X2传输资源不可用导致5G不切换实施效果

3. 案例 3：周期性自动删除和添加 X2，减少 4G 间 X2 的数量

采用周期性自动删除和添加 X2 方案后，ENODEB X2 链路数由 70366 条下降到 47738 条，

下降率达 32.16%；GNODEB X2 链路数由 1747 条上升到 1910 条，上升率达 9.33%；平均每基站 X2 链路数由 133 条下降到 91 条，下降率达 31.58%。周期性自动删除和添加 X2 方案对 X2 链路数的影响见表 14-4。

表14-4　周期性自动删除和添加X2方案对X2链路数的影响

对比	ENODEB 链路数	GNODEB 链路数	平均每基站 X2 链路数
修改前 X2 链路数	70366	1747	133
修改后 X2 链路数	47738	1910	91

修改全网锚点站参数后，LTE 各项基础性能指标平稳。周期性自动删除和添加 X2 方案对 LTE 指标的影响见表 14-5。

表14-5　周期性自动删除和添加X2方案对LTE指标的影响

日期	RRC 连接建立成功率（%）	E-RAB 建立成功率（%）	E-RAB 掉线率（%）	LTE 系统内切换成功率（%）	空口上行用户面流量（Gbit）	eNodeB 间 X2 切换比例（%）
2019-05-27	99.92	99.95	0.18	99.61	52010.41	95.01
2019-05-28	99.92	99.94	0.18	99.58	54760.69	95.40
2019-05-29	99.91	99.94	0.18	99.58	54697.82	95.27
2019-05-30	99.92	99.94	0.18	99.54	54487.29	94.89
2019-05-31	99.91	99.94	0.18	99.57	55898.80	95.21
2019-06-01	99.91	99.94	0.15	99.54	61161.58	95.11
2019-06-02	99.92	99.94	0.15	99.56	56695.56	95.02
2019-06-03	99.91	99.94	0.17	99.57	53369.98	95.22

14.1.5　覆盖优化案例

商用终端精品线路覆盖优化主要是优化 SSB RSRP 改变 UE 分布，降低邻区干扰，实现提升速率的目标（为了避免影响 LTE 现网，建议优先调整 5G 下倾角和方位角）。下面是通过 ACP 优化数字方位角、数字下倾角进行覆盖优化的案例。

ACP 优化方案基于多轮路测数据以及现场核准后的工参生成，涉及波束和数字下倾角优化，执行 ACP 优化方案后，各指标的变化如下所述：采样点的 *SSB RSRP* 均值提升了 2.44dB，*SSB SINR* 提升了 0.53dB，*SSB RSRP*>–105dBm 且 *SSB SINR* ≥ 0dB 的采样点占比提升了 1.26%，NR 下行 PDCP 平均速率提升了 24.58Mbit/s，下载速率大于 100Mbit/s 的采样点比例提升了 2.19%，重叠覆盖率下降了 0.13%。

ACP 优化方案见表 14-6。覆盖场景中的具体参数见表 14-7。ACP 优化前后指标对比见表 14-8。

表14-6 ACP优化方案

PCI	调整参数	综合增益排序（%）	初始波束场景	调整后波束场景	波束场景是否调整	初始数字电子下倾角（°）	调整后数字电子下倾角（°）	调整后与之前数字电子下倾角差异（°）
216	数字下倾角	1.25	0			6	2	−4
217	波束场景	1.25	0	9	是	6		
273	数字下倾角	0.73	0			6	3	−3
275	波束场景；数字下倾角	0.73	0			6	4	−2
19	波束场景	0.69	0	1	是	6	3	−3
110	波束场景	0.69	0	6	是	6		
108	数字下倾角	0.69	0	13	是	6		
542	数字下倾角	0.56	0			6	4	−2
143	数字下倾角	0.4	0			6	0	−6
64	数字下倾角	0.4	0			6	0	−6
592	数字下倾角	0.33	0			6	0	−6
409	数字下倾角	0.33	0			6	1	−5

续表

PCI	调整参数	综合增益排序（%）	初始波束场景	调整后波束场景	波束场景是否调整	初始数字电子下倾角（°）	调整后数字电子下倾角（°）	调整后与之前数字电子下倾角差异（°）
508	数字下倾角	0.36	0			6	3	–3
90	波束场景；数字下倾角	0.1	0	2	是	6	8	2
注：初始场景中的 0 代表 0 位默认波束；调整后波束场景 1 ~ 16 代表可调整波束，而且每种波束场景下的下倾角，方位角均可调整								

表14–7　覆盖场景中的具体参数

覆盖场景 ID	覆盖场景	水平波宽（3dB）	垂直波宽（3dB）	倾角可调范围	方位角可调范围
0	默认	105°	6°	–2° ~9°	0°
1	广场	110°	6°	–2° ~9°	0°
2	干扰	90°	6°	–2° ~9°	–10° ~10°
3	干扰	65°	6°	–2° ~9°	–22° ~22°
4	楼宇	45°	6°	–2° ~9°	–32° ~32°
5	楼宇	25°	6°	–2° ~9°	–42° ~42°
6	中层覆盖广场	110°	12°	0° ~6°	0°
7	中层覆盖干扰	90°	12°	0° ~6°	–10° ~10°
8	中层覆盖干扰	65°	12°	0° ~6°	–22° ~22°
9	中层楼宇	45°	12°	0° ~6°	–32° ~32°
10	中层楼宇	25°	12°	0° ~6°	–42° ~42°
11	中层楼宇	15°	12°	0° ~6°	–47° ~47°
12	广场 + 高层楼宇	110°	25°	6°	0°
13	高层覆盖干扰	65°	25°	6°	–22° ~22°
14	高层楼宇	45°	25°	6°	–32° ~32°

（续表）

覆盖场景 ID	覆盖场景	水平波宽（3dB）	垂直波宽（3dB）	倾角可调范围	方位角可调范围
15	高层楼宇	25°	25°	6°	-42° ~ 42°
16	高层楼宇	15°	25°	6°	-47° ~ 47°

表14-8 ACP优化前后指标对比

优化前后	*SSB RSRP* 平均值（dBm）	*SSB SINR* 平均值（dB）	*SSB RSRP*>-105dBm& *SSB SINR* ≥ 0dB 采样点占比（%）	*SSB RSRP* ≥ -100dm 采样点比例（%）	*SSB SINR* ≥ 5 dB 采样点比例（%）	NR 下行 *PDCP* 平均速率（Mbit/s）	*NR DL PDCP THR*（Mbit/s）≥100 采样点占比（%）	*NR DL PDCPTHR*（Mbit/s）≥ 300 采样点占比（%）	重叠覆盖率（%）
优化前	-86.2	9.1	97.31	93.7	83.78	579.54	96.55	95.77	1.56
优化后	-83.76	9.63	98.57	95.62	89.42	604.12	98.74	97.89	1.43
对比	2.44	0.53	1.26	1.92	5.64	24.58	2.19	2.12	0.13

14.1.6 控制面优化案例

NSA 性能优化包含 LTE 锚点性能优化和 SCG NR 性能优化。

1. 案例 1——4G 频繁切换导致 5G 传输速率较低

（1）问题描述

在南山路精品线路，4G 锚点小区间频繁切换，导致 5G 传输速率受到影响，全程 4G 切换为 111 次。

（2）问题分析

① 小区 LF_H_ 杭州上城 ×××_178（PCI：282）越区覆盖，导致频繁切换，传输速率掉零。

② LF_H_ 杭州上城 ××× 监控杆 _54（*PCI*：203）距离道路 100m 左右，但是无法主覆盖道路，经核查该站为路灯杆站点，并且该站主覆盖雷峰塔景区，不能调整下倾角或者功率控制覆盖，建议调整小区特定偏置（Cell Individual Offset，CIO），减少切换。

③ 小区 LF_H_ 杭州上城 ××× 宿舍楼 _179（*PCI*：9）越区覆盖，导致频繁切换，传输速率大幅降低。

④ 小区 LF_H_ 杭州上城 ××× 小灵通 _49（*PCI*：62）、LF_H_ 杭州上城 ×××××_50

（PCI：269）之间频繁切换，导致速率明显下降。

（3）解决方案

RF 优化，调整 CIO；功率优化，调整 A3 门限。

问题点①：RF 优化方案。问题点 1 解决方案见表 14-9。

问题点②：调整 CIO 方案。问题点 2 解决方案见表 14-10。

问题点③：功率优化方案。问题点 3 解决方案见表 14-11。

表14-9　问题点1解决方案

eNodeBName	CellName	方位角（°）	机械下倾角（°）	电子下倾角（°）	*PCI*	调整后机械下倾角（°）	调整后电子下倾角（°）	备注
LF_H_ 杭州五洋假日酒店 BBU6	LF_H_ 杭州上城 ××× 小灵通 _49	20	1	0	96	5	3	
LF_H_ 杭州五洋假日酒店 BBU17	LF_H_ 杭州上城 ×××_178	120	1	10	52	5	10	
LF_H_ 江城 BBU47	LF_H_ 杭州上城 ×××_178	350	3	4	282	7	4	
LF_H_ 惠兴 BBU29	LF_H_ 杭州上城 ××× 宿舍楼 _179	30	3	0	9	3	0	无法进入，需要协调
LF_H_ 三台云舍 BBU14	LF_H_ 杭州上城 ××× 监控杆 _54	240	4	0	203	4	0	天线已固定，无法调整

表14-10　问题点2解决方案

eNodeBName	CellName	调整手段
LF_H_ 惠兴 BBU9	LF_H_ 杭州上城 ××× 小灵通 _51	调整 CIO
LF_H_ 惠兴 BBU27	LF_H_ 杭州上城 ××× 市场 _179	调整 CIO
LF_H_ 三台云舍 BBU10	LF_H_ 杭州西湖 ××× 局 _180	调整 CIO

表14-11　问题点3解决方案

eNodeBName	CellName	调整手段
LF_H_ 惠兴 BBU29	LF_H_ 杭州上城 ××× 宿舍楼 _179	降低功率至 289
注：本次共修改 1 个锚点小区：MOD PDSCHCFG: LOCALCELLID=*x*, REFERENCESIGNALPWR=*xxx*		

问题点④：调整 A3 门限方案。

对 36 个锚点小区进行以下修改。

MOD INTRAFREQHOGROUP: LOCALCELLID=x，INTRAFREQHOGROUPID=0，INTRAFREQHOA3HYST=4，INTRAFREQHOA3OFFSET=4，INTRAFREQHOA3TIMETOTRIG=640ms。

（4）实施效果

实施方案后，LTE 切换次数由 111 次下降为 62 次，下载速率提升了 19Mbit/s。4G 频繁切换导致 5G 速率较低的实施效果见表 14-12。

表14-12　4G频繁切换导致5G速率较低的实施效果

场景	SSB-RSRP（dBm）	SSB-SINR（dB）	下行吞吐率（Mbit/s）	覆盖率（RSRP）≥ 105dBm 比例	NR 切换次数	LTE 切换次数	LTE 切换成功率
修改切换参数前	-81.61	16.43	673.1	98.56%	101	111	100.00%
修改切换参数后	-80.39	17.93	692.37	98.79%	85	62	100.00%

2. 案例 2——针对切换带优化

针对切换带优化案例如图 14-19 所示，从图 14-19 可以看出，在某局点精品线路优化的过程中，针对邻区切换带的优化措施及效果对比。

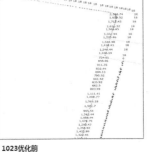

案例：提前切换提升吞吐率

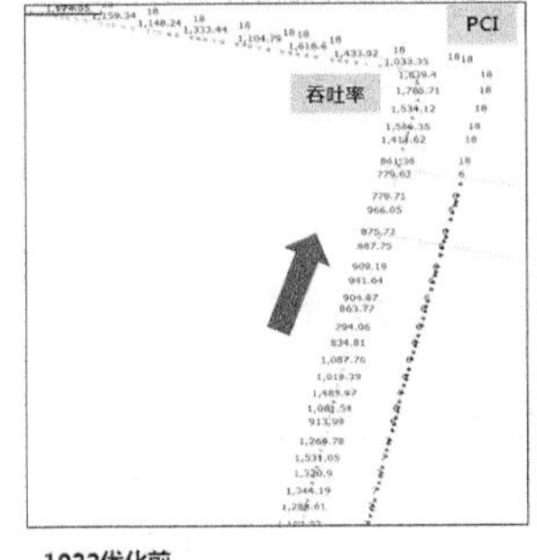

1022优化前

1023优化前

问题描述：

在路测过程中发现，工贸路环河路路口从PCI 6小区切换到PCI 18小区后，吞吐率提升明显，主要是Rank提升到6流，原因是信道条件发生变化，PCI 18小区天线到UE之间的多径更加丰富

优化方案：

PCI 6小区到PCI 18小区的CIO改为8dB，PCI 18小区到PCI 6小区的CIO改为-6dB，目的是UE更早切换到PCI 18小区，并且切换到PCI 18小区后更难切回到 PCI 6小区，避免乒乓现象。

NR Serving PCI	NR PCC Rank Indicato	NR PCC Avg CQI	NR PCC DL Avg MCS Total	NR PCC DL PDCP Throughput(Mbit/s)
6	Rank 5	14.04	17	836.79
6	Rank 5	13.96	16.08	832.44
6	Rank 5	14.2	14.17	844
	Rank 5	14.36	16.17	911.35
6	Rank 5	14	13.54	737.46
6	Rank 5	14	14.71	859.06
6	Rank 5	14	13.54	789.82
18	Rank 1	11	14.4	724.01
18	Rank 4	9.13	23.1	1279.46
18	Rank 6	10.52	19.73	1330.14
	Rank 6	10.88	17.26	1245.62
18	Rank 6	8.69	17.21	1244.44
18		10.93		
18	Rank 6	10.29	17.66	1310.76
18	Rank 6	12.83	19.05	1418.43
18	Rank 6	13.05	19.84	1498.98
18	Rank 6	11.85	18.85	1324.98
18		11.68		
18	Rank 6	9.47	17.62	1288.52
18	Rank 6	12.28	17.03	1235.86
18	Rank 6	12.04	17.69	1288.13

优化结果：

1. 比较切换前后的6个样本点，吞吐率从857Mbit/s 提高到953Mbit/s，提升率达 11%。
2. 提前切换，原切换位置的速率从952Mbit/s 提高到1163Mbit/s，提升率达 22%。

图14-19　针对切换带优化案例

14.1.7 NR 用户面优化案例

NR 用户面优化包括调度 &RB 不足优化、Rank 优化、MCS&BLER 调优，分别要求线路上的所有小区调度达到 1350 次以上，RB 个数为 260/slot 左右（100Mbit/s 带宽），平均 MCS 至少在 24 阶以上，线路平均 Rank 至少要达到 3 以上。

1. 案例 1——灌包命令设置不合理

灌包命令设置不合理问题现象如图 14-20 所示。

（1）问题现象：UE 的速率在 ×× 小区 1.1Gbit/s ～ 1.8Gbit/s 波动，速率不稳定。

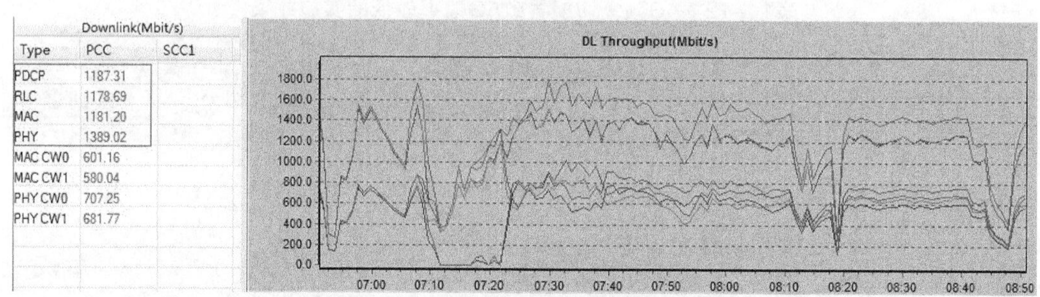

图14-20 灌包命令设置不合理问题现象

（2）问题分析：下行速率相关因素包括下行调度（*DL Grant*）、可用 *RB/RE* 数、*MCS*、*Rank*、*BLER* 等。灌包命令设置不合理问题分析见表 14-13。

表14-13 灌包命令设置不合理问题分析

因素	值	状态
DL Grant	平均 1169	低
可用 *RB/RE* 数	平均 203	低
MCS	平均 26	正常
BLER	平均 1%	正常

该问题产生的主要原因在于下行调度低和可用 RB 数低，速率也与灌包命令、限制相关，需要进一步核查。

问题根因：一线灌包业务量超过了基站 PDCP 3G 限制。

- 当前灌包命令设置为：iperf −c xx.xx.xx.xx −u −b 800M −i 1 −l 1436 −p 5001 −t 99999 - P 4。
- 确认目前单承载灌包限制为 3Gbit/s，命令设置为 3.2Gbit/s，超出了此限制。
- 修改为：iperf −c xx.xx.xx.xx −u −b 500M −i 1 −l 1436 −p 5001 −t 99999 - P 6 后，速率仍然在 1.1Gbit/s 左右，但波动减少，较之前平稳。修改灌包命令后测试速率如图 14-21 所示。

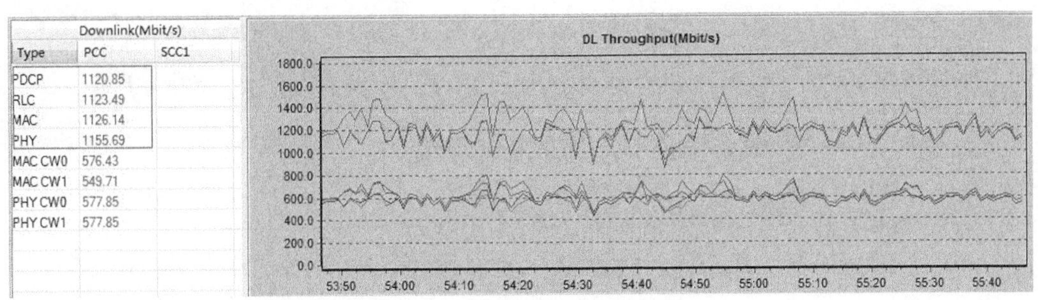

图14-21 修改灌包命令后测试速率

修改灌包大小之后，调度还是只有 1200 次左右。修改灌包命令后测试指标如图 14-22 所示。

Radio Measurement : MS1

Type	PCC	SCC1
PCI	24	
SSB Index	0	
SS AVG RSRP	-57	
SS MAX RSRP	-52	
SS AVG SINR	22	
CSI-RS ChanMaxRSRP	-47	
CSI-RS ChanAvgRSRP	-50	
CSI-RS AvgSINR	39	
PUSCH Tx Power(dBm)	-23.97	
PUCCH Tx Power(dBm)	-28.76	
PRACH Tx Power(dBm)	0.00	
SRS Power	-5.64	
Power Headroom1	40	
Power Headroom2	-23	
Rank Indicator	Rank 6	
Avg CQI	13.72	
DL Avg MCS Total	26.35	
UL Avg MCS Total	26.69	
PDCCH DL Grant Count	1236	
PDCCH UL Grant Count	261	
PDCCH SRS Grant Count	0	
DL Slot Aggregation Count	0	
UL Slot Aggregation Count		

Throughput : MS1

Downlink(Mbit/s)

Type	PCC	SCC1
PDCP	1273.10	
RLC	1275.72	
MAC	1278.42	
PHY	1310.01	
MAC CW0	653.41	
MAC CW1	625.01	
PHY CW0	655.00	
PHY CW1	655.00	

Uplink(Mbit/s)

Type	PCC	SCC1
PDCP		
RLC	0.00	
MAC	0.00	
PHY	1.61	

图14-22 修改灌包命令后测试指标

再次分析：核心网入口流量排查，入口流量为重组。核心网入口流量为 3Gbit/s 左右，排除了上层来水不足导致调度不足的问题。

（3）问题根源：一线灌包命令为 1436 字节，超过了传输设置的 1400 字节，导致基站收到的包报文信息存在分片，当前基站平台在分片场景组网能力受限，导致平台给业务 PDCP 包只有 1.2Gbit/s。

（4）解决方案：修改灌包指令包长，将灌包命令改为 1350 字节，减少分片对组包性能的影响，从而使调度和 RB 数正常，即使速率最高，也能符合灌包的预期值。

- 优化前：iperf –c xx.xx.xx.xx –u –b 500M –i 1 –l 1436 –p 5001 –t 99999 – P 6。
- 优化后：iperf –c xx.xx.xx.xx –u –b 500M –i 1 –l 1350 –p 5001 –t 99999 – P 6。

2. 案例 2——在 NSA 场景下，SIB1 影响调度

在 NSA 场景下，SIB1 影响调度问题现象如图 14-23 所示。

（1）问题现象：在 19B NSA 组网测试中，下行调度在 1300 次左右，影响速率提升。

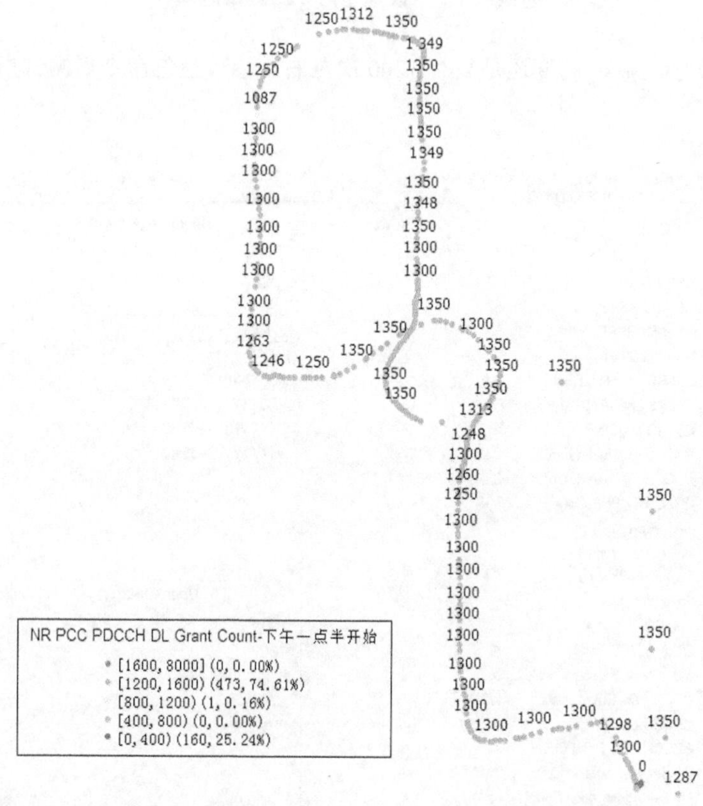

图14-23　在NSA场景下，SIB1影响调度问题现象

（2）定位过程：查看 537 跟踪。对应偶数帧的固定 slot11、13、14、16、17 的下行调度均不成功。在 NSA 场景下，SIB1 影响调度问题定位见表 14-14。

在 NSA 场景下，SIB1 影响调度错误码查询如图 14-24 所示。其失败原因是 PDCCH 调度异常，错误码为 0xc0321。

查看 602 跟踪，其中的偶数帧对应 PDCCH 调度异常的 slot，调度的内容是 D1_0，对应表中深底色的行。在 NSA 场景下，SIB1 影响调度问题定位见表 14-15。

表14-14　在NSA场景下，SIB1影响调度问题定位

小时：分钟：秒(HH:MM:SS)	Ticks	L2AgentSn	ucChip	ullTti	usFrm	usSlot Num	ulSch Succ User Num	ulPair Num	ulSch ErrCode
17:13:44	314	1116908	2	666494300	842	0	1	0	0x0
17:13:44	314	1116908	2	666494301	842	1	1	0	0x0
17:13:44	314	1116908	2	666494302	842	2	1	0	0x0
17:13:44	314	1116908	2	666494303	842	3	1	0	0x0
17:13:44	314	1116908	2	666494304	842	4	1	0	0x0
17:13:44	316	1116909	2	666494305	842	5	1	0	0x0
17:13:44	316	1116909	2	666494306	842	6	1	0	0x0
17:13:44	316	1116909	2	666494307	842	7	1	0	0x0
17:13:44	316	1116909	2	666494310	842	10	1	0	0x0
17:13:44	316	1116909	2	666494311	842	11	0	0	0xc0321
17:13:44	320	1116910	2	666494312	842	12	1	0	0x0
17:13:44	320	1116910	2	666494313	842	13	0	0	0xc0321
17:13:44	320	1116910	2	666494314	842	14	0	0	0xc0321
17:13:44	320	1116910	2	666494315	842	15	1	0	0x0
17:13:44	320	1116910	2	666494316	842	16	0	0	0xc0321
17:13:44	324	1116911	2	666494317	842	17	0	0	0xc0321

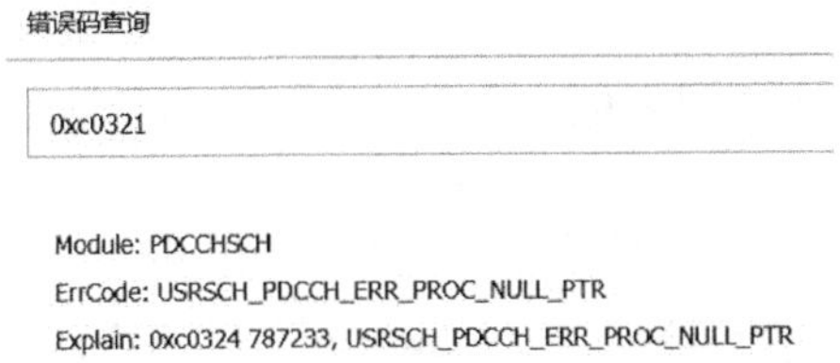

错误码查询

0xc0321

Module: PDCCHSCH
ErrCode: USRSCH_PDCCH_ERR_PROC_NULL_PTR
Explain: 0xc0324 787233, USRSCH_PDCCH_ERR_PROC_NULL_PTR

图14-24　在NSA场景下，SIB1影响调度错误码查询

某厂商19B版本在NSA模式下引入了SIB1消息。NSA场景下SIB1影响调度原理如图14-25所示，SIB1消息占用的slot为：4波束（10/11/12/13），8波束（10/11/12/13/14/15/16/17）。

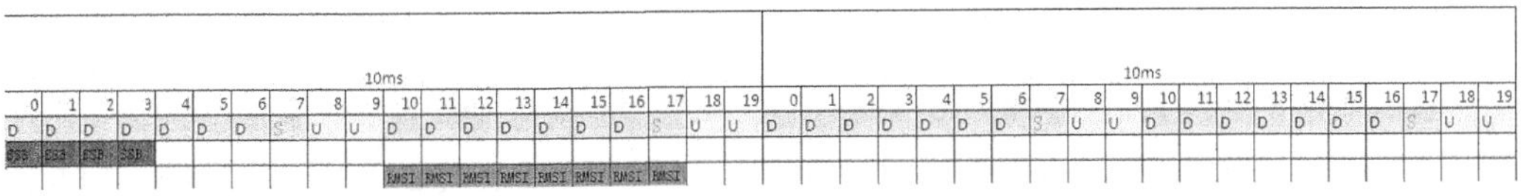

10ms　10ms

0	1	2	3	4	5	6	7	8	9	10	11	12	13	14	15	16	17	18	19	0	1	2	3	4	5	6	7	8	9	10	11	12	13	14	15	16	17	18	19
D	D	D	D	D	D	D	S	U	U	D	D	D	D	D	D	D	S	U	U	D	D	D	D	D	D	D	S	U	U	D	D	D	D	D	D	D	S	U	U
SSB	SSB	SSB	SSB							RMSI	RMSI	RMSI	RMSI	RMSI	RMSI	RMSI																							

图14-25　在NSA场景下，SIB1影响调度原理

表14-15　在NSA场景下，SIB1影响调度问题定位

HH:MM:SS	Ticks	L2AgentSn	ucChipNo.	ucCellId	ucL2SlotNo.	usL2FrmNo.	Bit16PdcchDciLoopLen	Bit16DciNo.	Bit04DciFormat
17:13:44	314	1116908	2	0	4	842	108	2	PDCCH_DCI_FORMAT_D1_1（9）
17:13:44	314	1116908	2	0	4	842	108	2	PDCCH_DCI_FORMAT_U0_1（1）
17:13:44	314	1116908	2	0	5	842	56	1	PDCCH_DCI_FORMAT_ D1_1（9）
17:13:44	316	1116909	2	0	6	842	56	1	PDCCH_DCI_FORMAT_ D1_1（9）
17:13:44	316	1116909	2	0	7	842	56	1	PDCCH_DCI_FORMAT_ D1_1（9）
17:13:44	316	1116909	2	0	10	842	108	2	PDCCH_DCI_FORMAT_ D1_0（8）
17:13:44	316	1116909	2	0	10	842	108	2	PDCCH_DCI_FORMAT_ D1_1（9）
17:13:44	316	1116909	2	0	11	842	56	1	PDCCH_DCI_FORMAT_ D1_0（8）
17:13:44	316	1116909	2	0	12	842	108	2	PDCCH_DCI_FORMAT_ D1_0（8）
17:13:44	316	1116909	2	0	12	842	108	2	PDCCH_DCI_FORMAT_ D1_1（9）
17:13:44	320	1116910	2	0	13	842	56	1	PDCCH_DCI_FORMAT_ D1_0（8）
17:13:44	320	1116910	2	0	14	842	56	1	PDCCH_DCI_FORMAT_ D1_0（8）
17:13:44	320	1116910	2	0	15	842	108	2	PDCCH_DCI_FORMAT_ D1_0（8）
17:13:44	320	1116910	2	0	15	842	108	2	PDCCH_DCI_FORMAT_ D1_1（9）
17:13:44	320	1116910	2	0	16	842	56	1	PDCCH_DCI_FORMAT_ D1_0（8）
17:13:44	320	1116910	2	0	17	842	56	1	PDCCH_DCI_FORMAT_ D1_0（8）

当一个 slot 有可能发送上行 DCI 时，当前产品会提前预留部分 CCE 给上行 DCI，预留比例由 NRDUCellPdcch：UlMaxCcePct 设置，默认值为 50%。小区 UlMaxCcePct 参数设置如图 14-26 所示。查看配置文件，各小区 UlMaxCcePct 均设置为 50。

```
NRDUCELLPDCCH: NrDuCellId=201, UlMaxCcePct=50, OccupiedSymbolNum=1 Symbol, MaxPairLayerNum=2 Layers,
NRDUCELLPDCCH: NrDuCellId=202, UlMaxCcePct=50, OccupiedSymbolNum=1 Symbol, MaxPairLayerNum=2 Layers,
NRDUCELLPDCCH: NrDuCellId=203, UlMaxCcePct=50, OccupiedSymbolNum=1 Symbol, MaxPairLayerNum=2 Layers
```

图14-26　小区UlMaxCcePct参数设置

某厂商 19B F30 协议，8:2 配比，留给 CPE/TUE 的上行调度 slot 为 3/4/13/14，留给商用终端的上行调度 slot 为 1/6/11/16，即在发送上行 DCI 的 slot 会预留 50% 的 CCE 给上行。60Mbit/s 带宽下留给下行的 CCE 只剩 14 个，SIB1 的 Common DCI 固定占据 8 个下行 CCE。

查看对应的 AM 列，使用的 RegNum 都是 48 个，即 8 个 CCE，对应聚合等级 3，查看相关 *MML* 参数（RsvdU8Param7），发现被打桩成 3。小区 RsvdU8Param7 参数设置如图 14-27 所示。

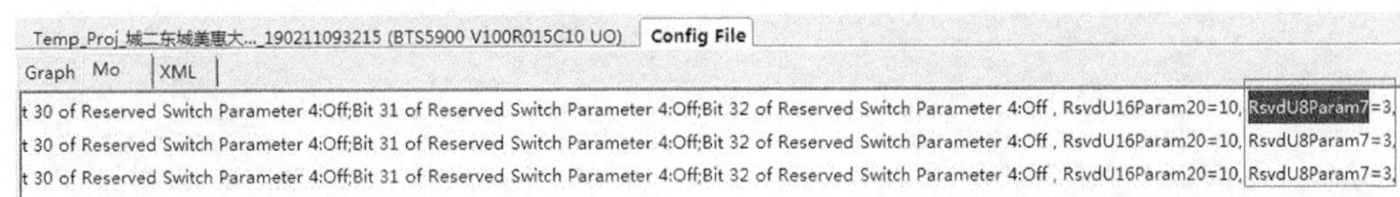

注：RsvdU8Param7 参数表示小区用户配置的聚集级别方式：当取值为 0 时，按照聚集级别自适应处理；当取值为 1 时，固定聚集级别为 2；当取值为 2 时，固定聚集级别为 4；当取值为 3 时，固定聚集级别为 8；当取值为 4 时，固定聚集级别为 16；其他取值按照自适应处理

图14–27　小区RsvdU8Param7参数设置

在 SIB1 的 common DCI 固定占据 8 个下行 CCE 的情况下，不能再分出 8 个 CCE 用来调度 DCI1_1，导致下行调度失败。

问题根源：在 UlMaxCcePct=50 的情况下，CCE 聚合等级被打桩为 3，导致无法分配第二份 8 个 CCE 的 DCI，使调度异常。

解决方案：CCE 聚合等级调整到自适应后，调度恢复正常。对于 19B 组网可以通过关闭 SIB 调度（仅针对 NSA）、增加下行 CCE 资源（UlMaxCcePct = 33）、调整 PDCCH 符号数（目前支持 1 ～ 2 个符号）、抬高 SIB 周期（设置 80ms 以上）规避。

3. 案例 3——高温降额调度

高温降额调度问题现象如图 14-28 所示。

（1）问题现象：在测试中发现 PDSCH RB Number/slot 过低。

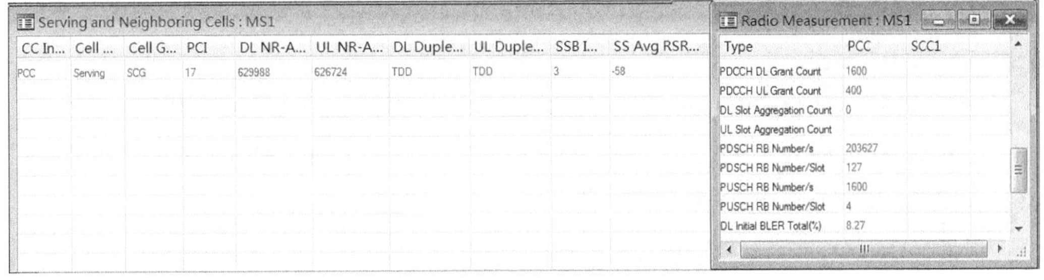

图14–28　高温降额调度问题现象

（2）定位过程：查看温度和告警，发现有射频单元温度异常告警。单板温度过高时会出现功率限额，降低调度 RB 数，高温降额调度问题定位如图 14-29 所示。

（3）问题根源：单板温度过高导致功率限额。

（4）解决方案：改善 AAU 散热，降低温度。

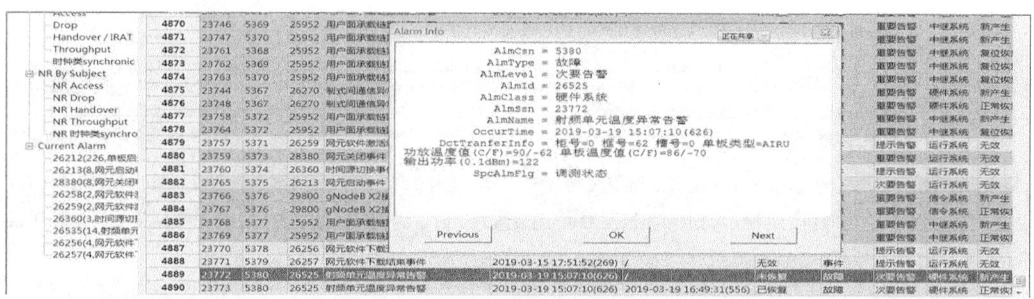

图14-29 高温降额调度问题定位

4. 案例 4——优化 VAM 权提升 Rank 比例

在 5G 常规优化参数的基础上，使用如下 VAM 组合参数进行 Rank 优化。

MOD NRDUCELLTRPBEAM：NRDUCELLTRPID=1，COVERAGESCENARIO=EXPAND_SCENARIO_1。

MOD NRDUCELLPDSCH：NRDUCELLID=1，MAXMIMOLAYERNUM=LAYER_16，DLDMRSCONFIGTYPE=TYPE1，DLDMRSMAXLENGTH=2SYMBOL，FIXEDWEIGHTTYPE=PMI_WEIGHT。

MOD NRDUCELLALGOSWITCH: NRDUCELLID=1, ADAPTIVEEDGEEXPENHSWITCH=DL_PMI_SRS_ADAPT_SW-0。

MOD NRDUCELLPUSCH：NRDUCELLID=1，MAXMIMOLAYERCNT=LAYER_4。

MOD NRDUCELLRSVDPARAM：NRDUCELLID=1，RSVDU8PARAM47=3。

MOD NRDUCELLRSVD：NRDUCELLID=1，RSVDPARAM19=1600，RSVDPARAM28=1，RSVDPARAM139=255。

MOD NRDUCELLQCIBEARER：NRDUCELLID=1，QCI=9，UEINACTIVITYTIMER=0。

MOD GNBPDCPPARAMGROUP：PDCPPARAMGROUPID=5，GNBPDCPREORDERINGTIMER=MS300，UEPDCPREORDERINGTIMER=MS300。

优化 VAM 权对测试结果影响见表 14-16，Rank 提升了 0.1，下载速率提升了 5.82%。

表14-16 优化VAM权对测试结果影响

修改内容	NR PCC Indicator	下行吞吐率（Mbit/s）	下行吞吐率≥ 100Mbit/s 比例（%）
优化前	2.69	491.14	88.58
优化后	2.79	519.7	93.36
对比	↑ 0.1	↑ 5.82%	↑ 4.78

5. 案例 5——天线选择终端提升 Rank 比例

天线选择终端对测试结果影响见表 14-17。

表14-17　天线选择终端对测试结果影响

终端	NR PCC SS-RSRP（dBm）	NR PCC SS-SINR（dB）	NR PCC DL Avg MCS	NR PCC Indicator	NR PCC DL PDCP Throughput（Mbit/s）
非天线选择终端	-82.64	14.12	20.4	2.86	636.28
天线选择终端	-82.91	14.01	20.3	3.51	834.88

6. 案例 6——切换后 MCS 优化

PCI 变化前后，MCS 有突降现象。在进一步筛选切换前后 2 秒的数据时，我们会发现小区切换后 1 秒内的 IBLER 远低于 10%，MCS 未达到最高阶，第 2 秒才逐步收敛。切换后 MCS 突降问题定位见表 14-18。

表14-18　切换后MCS突降问题定位

CRNTI=51612						
行标签	样本点	cwSuMcs	rateMtcMc	reduceMcs	tbSchMcs	IBLER（%）
13:42:48	200	21.42	20.92	20.92	20.88	0.00
13:42:49	1595	26.38	25.79	25.78	25.78	1.00
13:42:50	1466	26.54	25.98	25.98	25.98	7.50
13:42:51	1496	23.66	23.22	23.22	23.19	7.34

将 CQI 外环由默认值修改为 0 后，下行吞吐量提升 3% 左右。切换后 MCS 突降解决验证见表 14-19。

表14-19　切换后MCS突降解决验证

状态	移动速率（km/h）	DL MAC THP（Mbit/s）	Avg CQI	CSI-SINR（dB）	SSB-SINR（dB）	SSB-RSRP（dBm）	PDCCH DL Grant	DL AvgMcs	DL RB	预计 Rank (Scheduled Rank)	平均 (Avg IBLER)（%）
外环初始值为0	76.4	407.7	12.9	29.8	1.8	-78.6	1577.3	23.2	159.4	2.0	5.3
外环默认值	83.7	392.2	12.3	27.4	2.0	-78.4	1567.5	22.9	158.8	2.0	6.6

7. 案例 7——极致短周期

配置 1 个 Add DMRS 时，性能提升 11%，极致短周期对测试性能的影响见表 14-20。

表14-20 极致短周期对测试性能的影响

Additional	CSI-RS RSRP	PDCP 吞吐率	基站调度 Rank	UE 上报 Rank	MCS	IBLER	DL Grant	每 slot 调度 RB 数
0	−74.0	717898.0	3.2	2.2	18.6	12.5	1581.2	265.3
1	−74.0	799892.9	3.5	2.2	20.3	10.8	1586.4	264.9

8. 案例 8——CQI 变步长

CQI 变步长问题现象如图 14-30 所示。

MCS 未到最高阶时，IBLER 低于 6%，至少还有 4% 的增益空间。

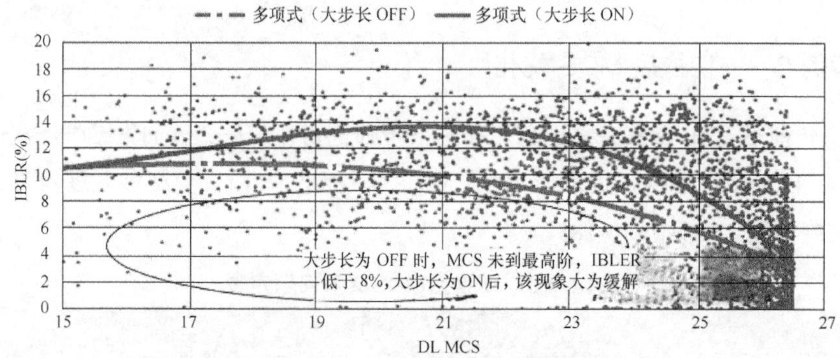

图14-30 CQI变步长问题现象

开启后，CQI 变步长解决验证见表 14-21 和图 14-31，远点 MCS 提升明显，近点 MCS 无明显变化，整体增益在 2% 左右。

表14-21 CQI变步长解决验证

TUE 验证	SSB RSRP	SSB SINR	CSI RSRP	CSI SINR	RB	调度次数	IBLER	Rank	CQI	MCS	吞吐量
基线	−79.1	2.5	−77.4	27.5	159	1564	6.3	1.95	12.2	23.5	388
大步长	−79.9	1.7	−77.8	27.4	159	1573	8.5	1.95	12.3	23.7	397

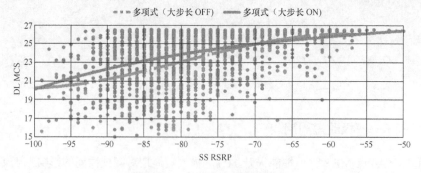

图14-31 CQI变步长解决验证

9. 案例 9——多套子帧 MCS 优化

根据不同子帧的误码情况，可以发现 0/10 号子帧、7/17 号子帧的误码与其他子帧的差异较大，故单独针对这两类子帧设置外环，进行差异化配置。开启后，0/10 号子帧的 MCS 有所降低（0.3 阶），但 7/17 号子帧的 MCS 提升了 2.8 阶，整体性能提升了 2.8%。多套子帧 MCS 优化对测试性能的影响见表 14-22，多套子帧 MCS 优化对误码率的影响见表 14-23。

表14-22　多套子帧MCS优化对测试性能的影响

	SSB RSRP	SSB SINR	CSI RSRP	CSI SINR	RB	调度次数	IBLER	Rank	CQI	MCS	吞吐量	Gain
基线	−79.1	2.5	−77.4	27.5	159	1564	6.3	1.95	12.2	23.5	388	
多套子帧 MCS 优化	−79.7	1.5	−77.2	27.2	160	1579	5.23	1.95	11.9	23.2	399	2.8%

表14-23　多套子帧MCS优化对误码率的影响

单套子帧 MCS 优化			多套子帧 MCS 优化		
Slot	误码率	MCS	Slot	误码率	MCS
0	15.56%	20.6	0	12.21%	19.7
1	14.60%	20.6	1	14.14%	20
2	11.81%	20.6	2	10.72%	20
3	9.32%	20.6	3	8.16%	20
4	5.87%	20.7	4	5.31%	20
5	11.14%	20.6	5	12.40%	20.4
6	11.22%	20.6	6	10.17%	20.4
7	1.23%	20.6	7	10.14%	22.8
10	14.34%	20.6	10	12.09%	19.5
11	13.46%	20.6	11	14.17%	20
12	10.68%	20.6	12	10.59%	20
13	7.83%	20.5	13	7.05%	20
14	5.65%	20.6	14	6.38%	20
15	11.05%	20.6	15	10.86%	20
16	10.56%	20.6	16	8.43%	20
17	1.80%	20.6	17	10.49%	22.8

14.1.8　5G 参数优化提升下载速率

1. 问题描述

在 5G RF 优化已无提升空间的情况下，怎么通过参数优化提升下载速率？

2. 问题分析

根据其他局点经验，可通过扩展波束（节省资源）、CCE 聚合优化（提升弱覆盖区域调度次数）和 DC 优化（叠加 4G 速率）提升下载速率。

3. 解决方案

MOD NRDUCELLTRPBEAM: NRDUCELLTRPID=x, COVERAGESCENARIO=EXPAND_SCENARIO_1（扩展波束）。

MOD NRDUCELLRSVDPARAM: NrDuCellId=x, RsvdU8Param7=3（提高 CCE 聚合级别）。

MOD GNBPDCPPARAMGROUP: PdcpParamGroupId=5, DlDataPdcpSplitMode=SCG_AND_MCG（打开 DC）。

4. 实施效果

在依次实施优化方案后，下载速率均有不同幅度的提升。5G 参数优化对测试性能的影响见表 14-24。

表14-24 5G参数优化对测试性能的影响

优化内容	SSB RSRP 均值（dBm）	SS SINR 均值（dB）	NR_DL Avg MCS	NR_PDCCH DL Grant Count	NR_DL Initial BLER（%）	NR_DL PDCP Throughput（Mbit/s）
未优化	-79.82	16.80	21.36	1310.59	9.08	583.79
扩展波束优化	-83.04	17.24	20.09	1352.39	9.26	623.03
CCE 优化	-80.60	16.83	21.81	1369.06	9.21	636.28
DC 优化	-81.61	16.43	21.24	1343.83	9.00	673.10

14.2 某智慧叉车在 5G 网络与 Wi-Fi 网络下的应用对比

14.2.1 5G 网络建设

当前，自动导引运输车辆（Automated Guided Vehicle，AGV）通信系统构建主要有连续式和分散式两种方式。

1. 连续式通信布局

允许 AGV 在任何时候和相对地面控制器的任何位置使用射频方法，或使用在导引路径内埋设的导线进行感应通信，例如，采用无线电、红外激光的通信方法。无线点主要采用 Wi-Fi 模式来导引 AGV，主要受制于通信干扰以及传输距离问题，设备控制能力下降；红外激光在线实时双向数据通信距离可达 120m，但是激光功率一般每隔 15m ～ 20m 接力一次，易造成光损、通信中断且设备成本高昂。

2. 分散式通信布局

在预定的地点（例如，AGV机器人停泊站）为特定的AGV与地面控制器之间提供通信，这种通信一般通过感应或光学的方法来实现。分散式通信的缺点是AGV在两通信点之间发生故障时，将无法与地面控制站取得联系。目前，大多数AGV采用分散式通信方式，主要原因在于价格较便宜且发生两通信点间的故障问题较少。

随着产业需求升级，以往无人AGV固定线路越发难以满足实际生产需求，更加复杂的生产环境对智能化AGV的需求越发明显。在此背景下，AGV需要自动完成运行线路的选择、运行速率的选择、自动卸载货物、运行方向上小车的避让、安全报警等，当前主要采用的方案有纳米波、红外线激光雷达以及全景相机云化视觉方案，均对网络时延、上下行带宽提出了较高需求。

某智慧叉车园区为适应工业化、智能化制造发展，在其园区基本建立无线Wi-Fi覆盖为主的内联网，同时建设3个5G宏站完成园区全网络覆盖，同时部署MEC打造5G+智能叉车AGV测试和试验环境。某智慧叉车网络测试指标对比见表14-25。

表14-25　某智慧叉车网络测试指标对比

测试项	5G（CPE1.0）	Wi-Fi网络
下行速率（定点）	355Mbit/s	17.6Mbit/s
上行速率（定点）	118Mbit/s	10.11Mbit/s
时延（定点）	11ms	12ms
下行速率（DT）	289Mbit/s	16.4Mbit/s
上行速率（DT）	118Mbit/s	10.6Mbit/s
时延（DT）	15ms	26ms

14.2.2　测试环节搭建

采用两种组网方式进行对比试验：一种基于5G的网络；另一种基于Wi-Fi网络。某智慧叉车园区新建5G通信网络分布如图14-32所示，两种不同AGV通信系统架构示意如图14-33所示。

图14-32　某智慧叉车园区新建5G通信网络分布

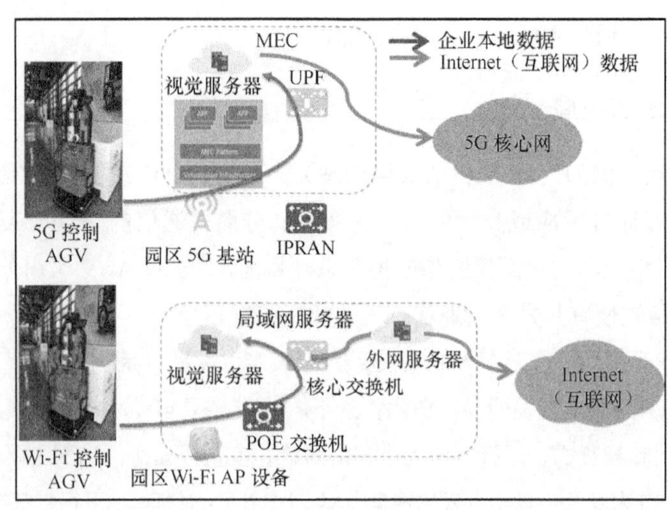

图14-33　两种不同AGV通信系统架构示意

通过同一测试环境，AGV 连接两种不同通信方式进行远程设备控制，在同一对比环境下，单用户、多用户可测试其定点上下行实时峰值带宽、定点时延、移动性上下行均值速率、移动性控制时延。

14.2.3　实际场景测试对比

通信基础网络技术理论对比分析见表 14-26。

表14-26　通信基础网络技术理论对比分析

对比事项	5G 网络	Wi-Fi 网络
频谱	授权专有频谱	非授权频谱，干扰复杂
移动性	完整的移动性管理措施：切换、重选、漫游	无切换机制；只有 AP 间重选，时延大。非标准的同频 Mesh 无缝软切换技术，对 AP 资源消耗大
多用户容量 / 干扰	基于集中多用户调度的 QoS 保障机制，支持大容量用户的同时接入，降低相互间的干扰	无调度机制：CSMA-CA 信道接入技术（抢占机制，先到先得），信道利用率较低，接入用户较多时发生碰撞的概率更大，性能下降更严重
安全性	支持双向认证，空口算法的安全性更高，控制、数传双向加密	仅单向认证接入终端，没有对 AP 身份进行认证，非法用户容易装扮成 AP 进入网络
QoS	支持 QoS 分级	—

在不同的通信环境下，设备接入网络各项指标对比情况见表 14-27。在不同的通信环境

下，时延对比如图 14-34 所示。在不同的通信环境下，速率对比如图 14-35 所示。

表14-27 在不同的通信环境下，设备接入网络各项指标对比情况

不同场景	不同通信环境	单设备连接			3 台设备同时连接		
		时延（ms）	上行速率（Mbit/s）	下行速率（Mbit/s）	平均时延（ms）	平均上行速率（Mbit/s）	平均下行速率（Mbit/s）
静止场景	5G	11	118	335	14	116	312
	Wi-Fi	12	10.11	17.6	25.3	16.3	11.1
移动场景	5G	15	118	289	17.3	118	249
	Wi-Fi	26	10.6	16.4	27.3	11.1	12.1

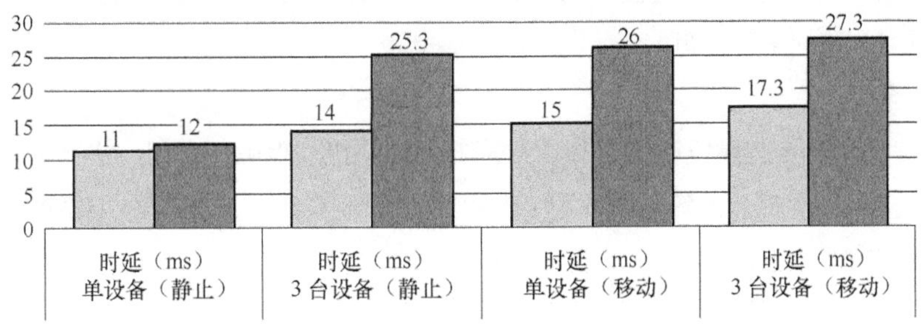

图14-34 在不同的通信环境下，时延对比

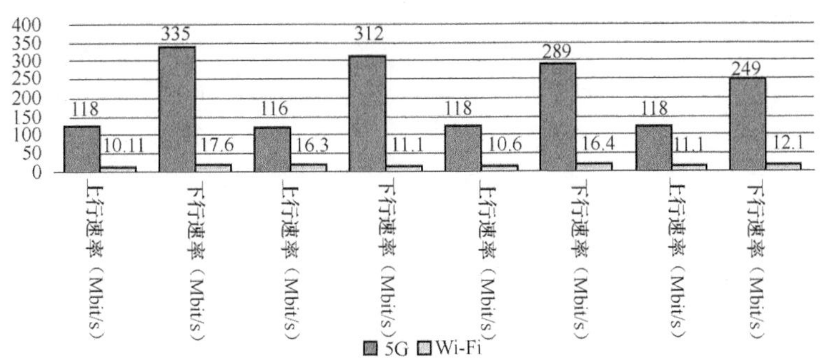

图14-35 在不同的通信环境下，速率对比

各项测试结果分析如下所述。

（1）时延

AGV 的运行需要和控制平台保持通信，如果网络信号不佳，时延大于 50 ms，AGV 就会停止行驶，待网络恢复后才会继续行驶。

现场测试的结果表明：如果是单设备静止连接的情况，连接 Wi-Fi 和 5G 的时延差别不大，均在 20ms 以内；但在多设备同时连接的移动场景，Wi-Fi 的时延比 5G 要长 70% 左右，

而 5G 的时延能稳定在 20ms 内。

（2）带宽

目前，AGV 的运行只是传递小的文件数据，对网络带宽的要求不高，但后续如使用视觉导航技术，则对上行带宽的要求较高，至少要保证每路 30Mbit/s 的上行带宽。实测发现，目前 Wi-Fi 的上行带宽均没有超过 20Mbit/s，而 5G 的上行带宽移动在 100Mbit/s 以上，足以保证视觉导航的网络要求。

（3）容量

当前测试环境局限于小范围连接测试，对网络容量的需求不高，后期所有 AGV 终端接入通信网络对整个设备容量体验提出新要求，而目前 AP 设备可接入的用户数量有限且无法避免多用户之间通信的干扰，而 5G 网络利用其独有波束赋型能够变干扰为有效信号，可以解决反射、绕射多径问题。

（4）安全

5G 通信凭借其专有频段以及更高的数据安全通信协议保障，在用户生产信息保障、阻止外部非法接入、数据分流等方面比 Wi-Fi 更加稳定可靠，而 5G+MEC 方案能保障各类生产数据处理在园区本地闭环。

第15章 5G 应用介绍

Chapter 15

●• 15.1 概述

4G 改变生活，5G 改变社会。随着 5G 站点建设和行业应用的推进，5G 对社会的推动作用越发明显。

从 5G 的整体应用来看，可分为四大基础业务、五大通用业务、*N* 个垂直行业应用。5G 业务及应用发展趋势如图 15-1 所示。

（1）四大基础业务包括移动宽带、固定无线接入（Fixed Wireless Access，FWA）、融合通信 / 富通信（Rich Communication Suite，RCS）和语音（VoNR）。

（2）五大通用业务包括高清视频、VR/AR、网络切片、机器人和无人机的应用。

（3）垂直行业应用：伴随着智能社会、万物互联的时代进步，基于 5G 的大带宽、低时延特性的智能制造、车联网、智慧物流、智慧安防、智慧环保、智慧能源、智慧教育、智慧医疗、智慧旅游、融媒体、新零售等全方位垂直行业将得到进一步发展，全社会将掀起一股 5G 通用型应用的全面探索，推动 5G 应用孵化和商用。

图15-1　5G业务及应用发展趋势

●• 15.2 5G+ 智能制造

围绕实现制造强国的战略目标，智能制造日益成为未来制造业发展的重大趋势和核心内容。在传统制造业中，以前采用有线技术进行连接，近年来开始尝试使用 Wi-Fi、蓝牙等无线技术，但这些无线技术在带宽、时延、安全性、可靠性等方面都存在一定的局限性。未来制造业要向柔性化、智能化和高度集成化方向发展，必须要有新的无线技术来支撑。

无线技术在工业领域的应用主要包括移动性刚需、数据采集、远程控制、巡检、维护、柔性生产等场景，当前工业领域使用的无线通信协议众多，这些协议各有不足且相对封闭，导致设备互联互通比较困难，亟须构建一种新的无线技术体系，满足以下特性。

（1）连续覆盖、安全性和可靠性高。

（2）上下行均支持高速率的数据传输。

（3）毫秒级时延的实时控制。

（4）支持局部区域内海量、高并发、中高数据速率的物联网连接。

5G 具备更高的速率、更低的时延、更大的连接，有感知泛在、连接泛在、智能泛在的特点，有望成为未来工业互联网的网络基石。按工业场景的具体指标要求，5G 能满足 70% 以上工控场景和部分运动控制的场景。5G+ 智能制造应用见表 15-1。

表15-1　5G+智能制造应用

工业领域	典型场景	具体应用	基础能力
控制	AGV 应用	1. 物流 2. 分拣	安全性和可靠性研究；电磁评测能力，促进建网规范
质量	固定式或移动式机器视觉应用	1. 定位 2. 测量 3. 检测 4. 读码	
管理	工厂设备大数据预测维护（终端传感器灵活部署）	1. 数控机床的实时监控：振动、电压、温度等 2. 机器人健康状态检测：温度、电压、电流等 3. 发动机条件状态监控：振动、温度、能耗等 4. 注塑机生产状态监控：振动、压力、温度等	
可视	工业 AR 应用	1. 产品设计 2. 生产制造 3. 设备维护 4. 企业培训	
安全	高清视频监控	1. 4K 视频监控 2. 人脸识别	
	传感器环境参数检测	1. 传感器环境参数检测 2. 生命体征监控	

场景一：5G+ 柔性制造

在离散型制造企业中，借助 5G 大带宽、低时延和高可靠的特性，可实现高密度工业数据采集、AGV 云边协同、AGV 云化、5G 机械臂、5G+AR 等应用，打造基于 5G 的无线化柔性车间，助力实现柔性生产。

场景二：5G+ 机器视觉 & 数据采集

运营商借助 5G 超大带宽、超低时延的特性，结合 MEC 边缘计算能力，利用各类监控装置，实时监控各个生产环节及设备，部署在 MEC 侧的机器视觉分析平台实时分析视频数据，判断生产环节及设备的状态，根据识别情况进行相应的故障告警、处理和控制，大幅提升整个工厂的生产效率。5G+ 机器视觉 & 数据采集如图 15-2 所示。

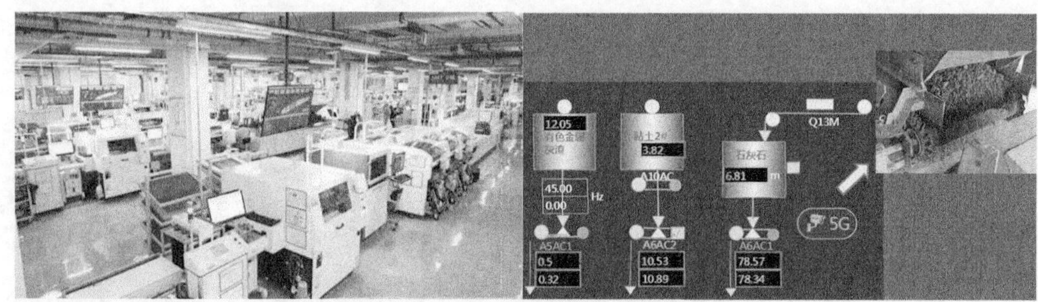

图15-2　5G+机器视觉&数据采集

场景三：5G+ 远程维护

工业园区的现场操作人员佩戴装有高清摄像头的单兵系统，基于 5G 的大带宽和低时延特性，及时将现场高清图像回传至专家室。专家在总部的专家室进行远程技术支持，从而可快速、远程解决室外、移动性场景的突发问题，实现从专家指挥中心向地方运维现场的技术指导，赋能一线业务人员，大幅降低工程运维的人力成本和时间成本。

场景四：5G+ 移动巡检

基于 5G 大带宽、低时延的特性，实现智能巡检机器人和无人机定时、定点、定路径巡检，通过各类传感器、红外传感技术、音视频识别技术等融合应用，实时回传高清巡检画面、设备信息、环境信息等，智能分析收集到的数据，判断厂区设备或环境是否存在异常，确保安全、高效地完成巡检任务；巡检人员佩戴单兵系统、AR 眼镜等设备，通过图片、视频、语音等方式记录现场，实时上传数据和反馈信息，及时发现各类突发情况。5G+ 移动巡检如图 15-3 所示。

图15-3　5G+移动巡检

场景五：5G+AGV

工业企业内 AGV 的应用场景越来越多，工业场景对 AGV 的控制精度和可靠性的要求极高。5G 超低时延和超大带宽的特性实现了 AGV 的摄像头、传感器数据的实时回传，同时满足大量 AGV 的并发连接，通过部署在 MEC 侧的云端控制平台实现 AGV 的精准控制，大幅提升企业生产的智能化和自动化水平。

场景六：5G+ 远程控制

远端生产现场的工程机械，安装高清视频监控、各类传感器及控制器，现场高清图像通过 5G 的大带宽回传至控制中心，操作人员在控制中心的控制舱中进行远程操控，控制指令利用 5G 的低时延特性发送至现场，解决工程机械在偏远、有毒有害等特殊场景作业时人员成本高、危险性高等问题。5G+ 远程控制如图 15-4 所示。

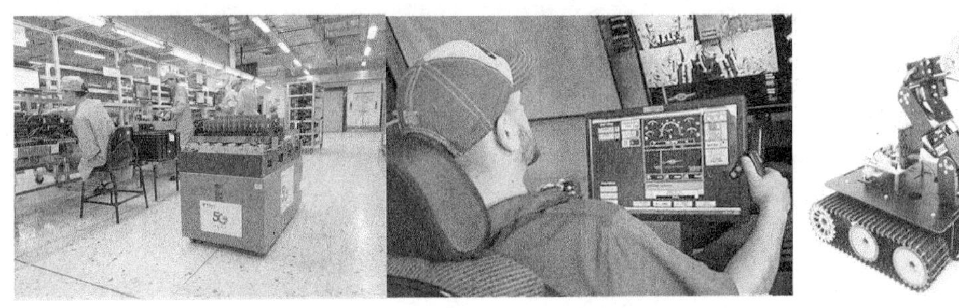

图15-4　5G+远程控制

场景七：5G+ 质检

针对生产制作过程中的焊接点检测、零部件尺寸检测、产品质量检测、包装检测等场景需求，基于 5G 大带宽、低时延的特性，利用设置在质检环节的工业相机、工业三维成像技术，把采集的图像、视频数据通过 5G 网络回传到部署在 MEC 侧的大数据分析平台，然后通过技术指标对比判断产品是否合格，根据识别情况进行相应的告警、处理和控制，降低成本，提高产品的生产效率。

场景八：5G+ 安全管理

基于 5G 大带宽、低时延的特性，利用高清视频监控、图像对比技术等，对厂区、车间人员安全装备佩戴等操作规范的执行情况进行监控管理；通过单兵终端对危险区域内人员的安全状态及生命体征进行监测，同时实现厂区内的安全生产管理调度。5G+ 安全管理如图 15-5 所示。

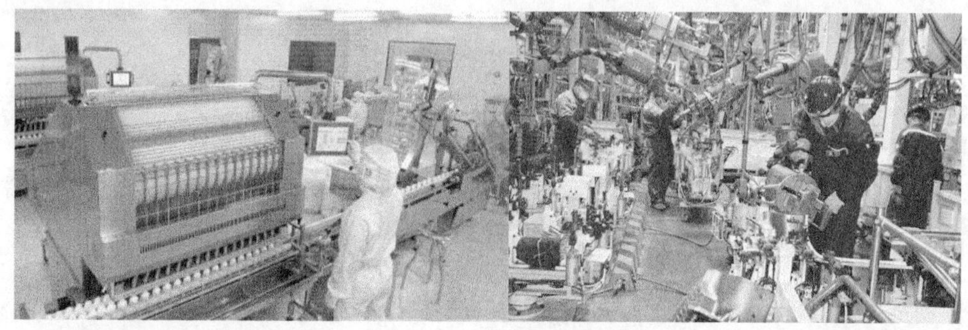

图15-5　5G+安全管理

●• 15.3　5G+ 车联网

传统的汽车市场将迎来变革，5G+ 车联网将超越传统的娱乐和辅助功能，成为道路安全和汽车革新的关键推动力。5G-V2X 包含车载娱乐（Telematics）、车与网（V2 Network）、车与人（V2 Pedestrian）、车与车（V2V）、车与基础设施（V2 Infrastructure）等全场景连接，实现车辆与一切可能影响车辆的实体实现信息交互。车联网相关描述和网络需求见表 15-2。

电信运营商依托 5G 网络技术优势，助力车联网行业发展，以更低时延、更高可靠性、更大带宽、更精准定位和更全面的融合覆盖实现人—车—路无缝协同的最佳连接，从而减少事故发生、减缓交通拥堵、降低环境污染并提供其他信息服务。

表15-2　车联网相关描述和网络需求

典型场景	场景描述	网络需求
远程 / 遥控驾驶	适用于恶劣环境和危险区域，例如，矿区、垃圾运送区域、地基压实区等区域	RTT 时延需小于 10ms，使系统接收和执行指令的速度达到人可以感知的速度，需要 5G 网络

（续表）

典型场景	场景描述	网络需求
自动驾驶	通过车与车、车与网、车与人、车与基础设施等全场景协同实现车辆自动驾驶，缓解城市交通拥堵，降低交通事故的发生率	时延需小于 10ms，可靠性大于 99.999%，要求低时延、高可靠性网络通信，需 5G 网络
编队行驶	车辆在驶入高速公路时自动编队，离开高速公路时自动解散，从而节省燃油，提高货物运输的效率	制动和同步要求低时延的网络通信，需 5G 网络

场景一：远程 / 遥控驾驶

在 5G 网络环境下，车辆上安装的多个高清摄像头将 240° 驾驶视角的多路高清视频信号实时回传至远程驾驶台，现场实测上行传输速率达 50Mbit/s；在远程驾驶台上，驾驶员直接根据传回的多路高清视频进行驾驶操作，其对方向盘、刹车和油门的每一个动作在 10ms 之内传输至指定的车辆；在恶劣环境和危险区域，例如，矿区、垃圾运送区域、地基压实区等人员无法到达的区域可进行远程驾驶操控，提升效率并节省人力。5G 远程 / 遥控驾驶如图 15-6 所示。

图15-6　5G远程/遥控驾驶

场景二：协同自动驾驶

依托 5G 网络的大带宽（10Gbit/s 峰值速率）、低时延（1ms）、高可靠性、高精度定位等能力，通过车与车、车与网、车与人、车与基础设施等全场景协同，瞬间进行大量的数据处理并及时做出决策，实现车辆自动驾驶，可缓解城市交通拥堵，降低城市交通事故的发生率。5G 协同自动驾驶如图 15-7 所示。

图15-7　5G协同自动驾驶

●• 15.4　5G+ 智慧物流

物流是连接生产者、销售者和消费者之间的网络体系，而智慧物流本质上是对物流资源、要素与服务的信息化、在线化、数字化、智能化，并通过数据的连接、流动、应用与优化组合，实现物流资源与要素的高效配置，促进物流服务提质增效、物流与互联网、相关产业的良性互动。智慧物流应用的场景描述和网络需求见表 15-3。

电信运营商依托 5G 网络的高带宽、低时延、海量接入等特点，为智慧物流提供重要的技术支撑，并进一步推动人工智能、大数据、云计算、物联网及区块链的产品快速落地，为智慧物流服务。

表15-3　智慧物流应用的场景描述和网络需求

典型场景	场景描述	网络需求
“两客一危”监控	车辆内部以 4 路摄像头保障行车安全，包括疲劳预警、驾驶员行为分析，外置摄像头和车载显示器辅助驾驶，通过实时视频传输实现全方位监控管理	每辆车需要 8Mbit/s ～ 16Mbit/s 的上行带宽
货运物流	车辆在驶入高速公路时自动编队，离开高速公路时自动解散，从而节省燃油，提高货物运输的效率	制动和同步要求低时延的网络通信，需 5G 网络
智慧仓储	5G 摄像头自动识别商品和匹配车辆，提升满载率，同时仓储大脑通过 5G 实现机器设备互联互通、调度统筹与定位跟踪	5G 技术的抗干扰性更强、连接性更稳定，可联网设备的数量增加 100 倍
智慧港口	岸桥吊车与远程控制中心之间通过 5G 连接，通过承载多路高清摄像监控和多种传感器的控制数据降低故障的发生率	5G 网络能够满足港口作业毫秒级的端到端时延、高稳定性、可靠性等严苛要求

场景一：5G+“两客一危”监控

基于5G大带宽优势，车辆通过外接5G模块，满足旅游包车、长途客车以及危险化学品运输车“两客一危”车辆的安全监控。车辆内部以4路摄像头保障行车安全，包括疲劳预警、驾驶员行为分析，外置摄像头和车载显示器辅助驾驶，通过实时视频传输实现全方位监控管理。5G+“两客一危”监控如图15-8所示。

图15-8 5G+“两客一危”监控

场景二：5G+智慧仓储

数字化仓库通过部署5G网络，园区内5G摄像头将通过自动识别仓库内商品实物的体积，匹配最合理的车辆，提升仓库的满载率；借助仓储大脑通过5G实现所有搬运、拣选、码垛机器人的互联互通和调度统筹，以及仓库内叉车、托盘、周转筐等资产设备的定位跟踪；通过5G AR眼镜帮助操作员自动识别商品，并结合可视化指令辅助作业。5G+智慧仓储如图15-9所示。

图15-9 5G+智慧仓储

场景三：5G+智慧港口

货运港口的岸桥吊车通过5G网络将海量传感数据传输至远程控制中心，使控制中心能够实时监控岸桥吊车的运行状态和维护情况，降低设备故障的发生率；同时利用 5G 的低时延，控制平台可实现远程操作装卸集装箱，提升运营操作的效率；另外，港口内的监控视频利用 5G 网络回传，可助力港口内的安全管理、智能运营和事后分析。

●• 15.5 5G+ 智慧安防

安防行业向高科技、智能化、专业化快速发展，不知不觉中泛智慧安防时代已悄然来临。通过 5G+AI 加持的智慧安防不仅凭借传感器、边缘端摄像头等设备实现了智能判断，有效解决了传统安防领域过度依赖人力、设备成本极高等问题，也通过智能化手段获取安防领域最实时、最鲜活、最真实的数据信息并进行精准计算，实现让各项安防勤务部署、安防人力投放以及治安掌控更加科学、精准、有效。这对于保证安防工作在正确的时间做正确的事情，为安全防范由被动向主动、由粗放向精细的方向转变提供了有力的保障。智慧安防相关场景和网络需求见表 15-4。

电信运营商依托 5G 网络高带宽、低时延、海量连接的三大特性，以超高清视频监控为切入点，全方位使能智慧安防，实现 5G+ 消防救援、5G+ 警务执法、5G+ 智慧交管、5G+ 抗洪救灾、5G+ 海岛应急，提升安防各细分场景的效率。

表15-4　智慧安防相关场景和网络需求

典型场景		具体应用	网络需求
消防救援	无人机执行消防任务	无人机倾斜摄影实时建模，VR 眼镜实时指导	倾斜摄影实时建模需大带宽、低时延的网络通信，需 5G 网络
	消防机器人远程控制	精准控制消防机器人远程灭火	精准控制消防机器人需低时延的网络通信，需 5G 网络
	专家远程指导救灾	异地的专家团队通过 VR 眼镜实时共享单兵设备回传的全景 4K 高清画面	单兵设备实时回传现场画面需大带宽、低时延的网络通信，需 5G 网络
警务执法	肇事追踪	无人机视觉追踪系统锁定逃犯，并进行信息识别	无人机视觉追踪需大带宽、低时延的网络通信，需 5G 网络
	热点监控	无人机实时监控，提供空中情报保障、辅助决策并取证	无人机实时监控需大带宽、低时延的网络通信，需 5G 网络
	治安巡逻	无人机定时定线巡查、低空立体巡逻	无人机巡逻需低时延的网络通信，需 5G 网络

（续表）

典型场景		具体应用	网络需求
智慧交管	高速巡查	高清视频系统监控、无人机实时监控提供决策信息	高清视频监控、无人机实时监控需大带宽的网络通信，需5G网络
	交通疏导	无人机取证、疏导，分析交通、抄查车牌	无人机交通疏导需低时延的网络通信，需5G网络
抗洪救灾	施救	无人机投放救援设备	无人机施救需低时延的网络通信，需5G网络
	现场侦查	无人机深入现场观测和侦查	无人机现场侦查需低时延的网络通信，需5G网络
	应急通信	无人机携带移动通信基站恢复通信链路	无人机应急救援需大带宽、低时延、大连接的网络通信，需5G网络
海岛应急	视频巡查	高清视频监控系统实时监控，提供决策信息	高清视频监控系统实时监控需大带宽、低时延的网络通信，需5G网络

场景一：智慧消防

在消防过程中，使用无人机、消防机器人、VR/AR眼镜等设备极大地提升了消防救援的效率，降低了消防救援的风险。依托5G低时延、大带宽及垂直维度空间覆盖更好的特性，实现无人机高清画面实时回传、消防机器人远程辅助灭火、VR/AR眼镜辅助救援调度，借助火焰识别技术及时监测险情：一旦识别疑似火灾，就可以实时触发告警信息，并将其同步到智慧消防站管理平台，智慧消防站管理平台收到告警后，在3分钟内，派消防员赶往报警地点，实现“小火率先扑灭，大火助力决策”。5G+智慧消防如图15-10所示。

图15-10　5G+智慧消防

场景二：智慧警务

在警务执法过程中，通过各种警务终端，例如，无人机、直升机、警车、警用摩托车、警用 AR、执法记录仪等采集警务现场的实时高清视频数据，通过 5G 网络高速回传技术回传至智能警务系统进行 AI 视频分析，实现对违法分子、车辆、危险物品等的身份识别、行为识别并对其进行动态跟踪，以实现各种警务场景的预警布控、远程指挥处置等。5G+ 智慧警务如图 15-11 所示。

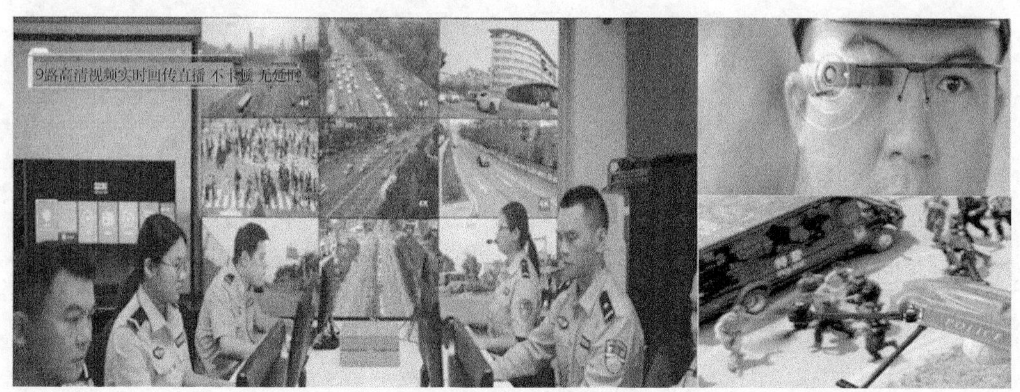

图15-11　5G+智慧警务

场景三：智慧交管

在高速公路上随机部署 5G 监控设备，无人机在空中侦查交通，现场高清视频等信息通过 5G 网络回传到交管局指挥中心，指挥人员根据现场情况及时做出处理决策，提高交通管理指挥调度的扁平化、立体化水平。5G+ 智慧交管如图 15-12 所示。

图15-12　5G+智慧交管

场景四：海岛应急

在地理位置比较分散、有线网络无法到达、监控环境有线铺设成本过高或铺设困难（例如，海岛、山区、园区电梯井等）的地方，通过部署 5G 微波基站，依托 5G 大带宽、低时延、海量连接的特性，可方便部署监控点，解决分散区域的应急通信保障。5G+ 海岛应急如图 15-13 所示。

图15-13　5G+海岛应急

15.6　5G+ 智慧医疗

智慧医疗借助 AI 技术、云平台、便携和可穿戴设备以及部署在资源匮乏地区的远程医疗设备，推进医疗健康领域的移动化、远程化、智能化，打破医疗资源不平衡的地域限制，实现医疗资源下沉，推进医联体建设。智慧医疗典型场景、具体应用和基础能力见表 15-5。

表15-5　智慧医疗典型场景、具体应用和基础能力

医疗领域	典型场景	具体应用	基础能力
诊断指导	视频与图像交互的医疗诊断与指导类	1. 远程诊断 2. 远程会诊 3. 远程示教 4. 远程急救 5. 远程查房 6. MR 手术指导	将 5G 网络的优势发挥到涉及大量数据传输、需要高清视频、对信息传输时延要求高的医疗场景中
远程操控	基于视频与力反馈的远程操控类应用	1. 远程 B 超 2. 远程手术 3. 远程内窥镜	
采集监测	医疗监测与护理数据无线采集类	1. 无线监测 2. 无线输液 3. 移动医护 4. 医患定位 5. 智能设备采集 6. 远程心电图	
医院管理	基础网络覆盖实现物资的自动化管理	1. 物资配送机器人 2. 消毒机器人 3. 引导机器人 4. 医疗废器管理 5. 医院内网建设	

5G 网络的大带宽结合 VR/AR，可实现医疗远程手术示教、远程会诊、远程查房等场景的高清视频和患者数据的高速传输；利用 5G 网络的低时延，可保证医生实时动态掌控现场情况，实现远程 B 超检查，为急救医生或前端机器人提供准确的指导和操控，对未来的远程手术提供助力；基于 5G+ 云存储，建设病患大数据库，可保证电子病历、影像诊断等资料的存储安全，保护个人隐私。

场景一：远程手术示教

利用 5G 网络大带宽的优势，结合云存储，远端医院教室内的医务人员随时可以看到超高清画质的手术直播、录播场景。外出的医务人员可通过 iPad、手机等移动终端，观看实时直播或调取云存储中的录播视频，帮助基层医务人员异地学习手术环节，提升医疗教学质量。5G+ 远程手术示教实景如图 15-14 所示。

图15-14　5G+远程手术示教实景

场景二：远程会诊

借助 5G 网络大带宽、高速率特性，基层医生、上级医院专家之间借助计算机、手机、iPad 等各类终端，通过远程视频系统共享医学资料，实时会诊、诊治患者；同时，通过远程医疗平台实时上传患者的影像报告、血液分析报告、电子病历等数据，专家实时下载和查看相关资料，为基层医生提供诊断指导，提高他们的疾病诊断水平。5G+ 远程会诊如图 15-15 所示。

图15-15　5G+远程会诊

场景三：远程 B 超

利用 5G 网络大带宽、低时延、高可靠性的特性，由上级医院端的专家远程操控下级医院端的机器人开展超声检查。该类超声检查无须指派专业医生到现场，只需要护士提供设备仪器的安置工作，专家根据患者端的视频和反馈信息远程操控即可完成检查。远端机器人可部署到偏远的医疗资源匮乏的地区，实现专家资源共享、优质医疗资源下沉。5G+远程 B 超如图 15-16 所示。

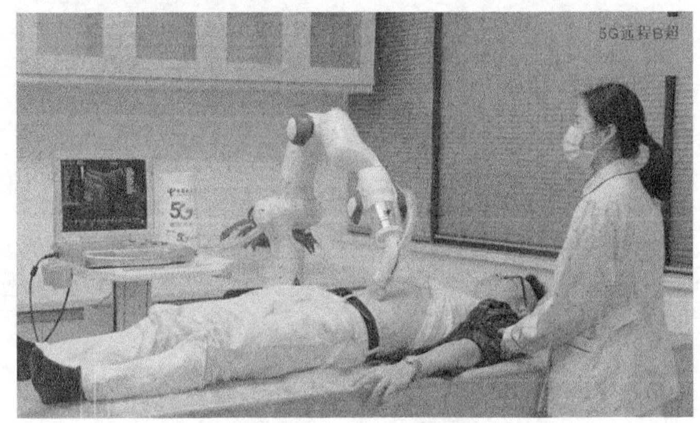

图15–16　5G+远程B超

场景四：远程查房

下属医院部署查房机器人、360° 全景影像设备和体征监测设备，将病患的影像、体征数据通过 5G 网络上传至远端医生侧，医生可以在办公室佩戴 VR 眼镜，通过 5G 网络与患者进行高清影音交互并实时下载患者的体征检测数据，同时在云端快速调取患者的病历资料，及时了解患者的治疗情况；查房机器人还可部署到隔离病区或者放射性病区，为隔离病患提供及时的病情检查，从而实现优质医疗资源下沉。5G+ 远程查房如图 15-17 所示。

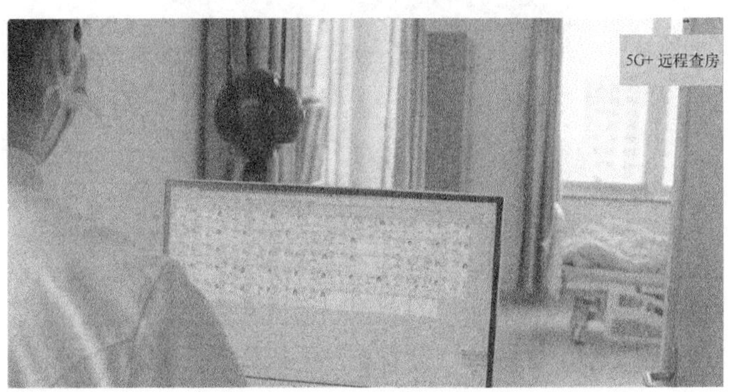

图15–17　5G+远程查房

场景五：远程急救

5G 网络可规划急救车的最优急救线路，现场路况实时回传至医院的指挥中心，与交管指挥中心联动。通过车载监护仪持续监护患者的生命体征数据，利用车载设备（例如，心电监护仪、车载 CT 等）检查患者的情况，并将救护车上的现场 4K/8K 高清视频以及患者的各项检查数据直接传输到医院进行辅助诊断。5G+ 远程急救如图 15-18 所示。

图15-18　5G+远程急救

场景六：远程手术

通过 5G 网络的高带宽、低时延特性，将远程现场 360° 全景视频、多路高清视频、音频、触感等信号反馈到专家侧，专家远程操作手术现场机械臂实施手术，实现优质医疗资源下沉，提高优质医疗资源的可用性和医疗服务的整体效率。5G+ 远程手术如图 15-19 所示。

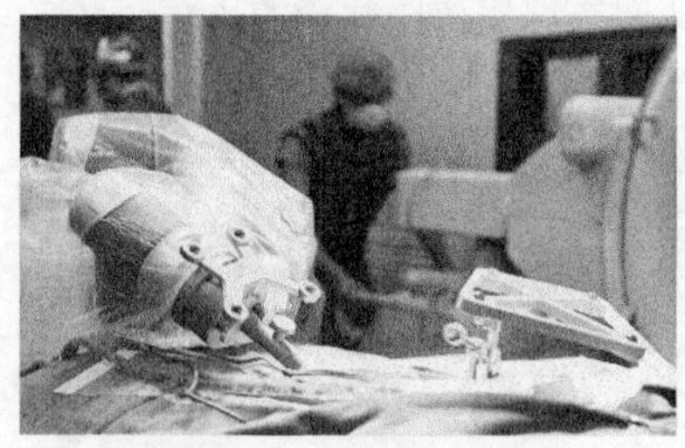

图15-19　5G+远程手术

场景七：无线监测

凭借 5G 的大连接特性，医院内的监护设备、个人可穿戴设备都可以实时独立联网，真正做到可持续监控，为医生的诊疗提供服务，为患者提供不间断的医疗保障。无线监测通过无线输液终端的传感器实时监控输液进度、滴速等情况，可记录输液的全过程。在输液即将结束或遇到异常情况时，无线监测可通过5G网络自动呼叫护士，有效降低人工监测的工作量，提升输液监测的安全管理水平，减少医患纠纷。5G+无线监测如图15-20所示。

图15-20　5G+无线监测

●•15.7　5G+文化旅游

近年来，跨界融合已成为文化旅游产业发展最突出的特点。数字内容、动漫游戏、视频直播等基于互联网、移动互联网的新型文化业态成为文化旅游产业发展的新动能。

5G与文化旅游产业的融合是电信运营商关注的热点和焦点之一。以"5G+VR/AR"为主要方式，实施5G+文化旅游产业"抓住人、吸引人、留住人"的发展思路，推动景点旅游向全国旅游、过境旅游、观光旅游、体验旅游跨越式发展。5G网络以其高速率、大带宽、低时延的特性，能让游客沉浸式地感受旅游景点的秀丽风景，同时有足够的时间与空间感悟特色景点的文化内涵。5G+文化旅游应用见表15-6。

表15-6　5G+文化旅游应用

文化旅游领域	具体应用
智慧营销	1. 集散中心观看景点实时回传（360°摄像头/VR） 2. AR博物馆 3. 5G巴士
智慧管理	1. 监控视频回传（人脸识别、门禁） 2. 消防联动 3. 人员位置管理 4. 无人机安防
智慧服务	1. 景区人员分流 2. 景区自动停车 3. 集体广播 4. 园区巴士 5. VR导游

场景一："醉杭州醉公交"

中国电信联合合作伙伴共同打造"醉杭州醉 5G"51 路环湖特色巴士，让乘客体验"醉景致""醉商圈""醉 5G"，向乘客展示 5G 网络大带宽、高速率，能满足新形势下公交服务个性化的需求，在行驶的公交车上打造文化传播和城市宣传新窗口。

"醉景致"：通过 4K 实时回传杭州著名景点画面，了解景点的具体分布情况，规划行程。

"醉商圈"：通过云边计算，实时回传商圈热点，提升乘客的消费体验。

"醉 5G"：在公交车上安装高性能 5G CPE，为公交乘客提供稳定、高速的 5G 移动网络体验。全国首辆 5G 观光巴士如图 15-21 所示。

图15-21　全国首辆5G观光巴士

场景二：VR 文旅直播

在景区，通过无人机航拍、VR 实时拍摄，将旅游景点的实时高清美景视频通过 5G 网络传送到天翼云，游客足不出户就可沉浸式地欣赏各地的美景，为旅游出行做好行程规划，同时在黄金节假日期间可加强对景点人流量的监控，以及对山林火灾预警的巡检能力。5G+VR 文旅直播如图 15-22 所示。

图15-22　5G+ VR文旅直播

（续表）

场景三：VR 虚拟旅游

VR 虚拟旅游指的是对整个景区进行全景 VR 拍摄，用计算机制作一个虚拟空间并且高质量还原景区风景，使游客可以在空间里随意走动探索、360° 观看。借助计算机的运算渲染能力，旅游题材不只有像故宫这样的知名景点和世界各国的名胜古迹，还有宇宙、古代、动漫世界等人们在现实中去不到的地方，大大满足了游客的好奇心，拓宽了传统旅游的边界。5G+VR 虚拟旅游如图 15-23 所示。

图15-23　5G+ VR虚拟旅游

●• 15.8　5G+ 云 VR/AR

VR 从内容来源可分为两大类：一是利用计算机模拟产生一个三维空间的虚拟世界，提供用户关于视觉等感官的模拟，让用户可即时、没有限制地观察三维空间内的事物；二是通过全景摄像机采集真实场景，通过视频拼接、渲染等处理生成沉浸式视频流，让用户有一个身临其境的感觉。

AR 是指透过摄影机影像的位置及角度精算并加上图像分析技术，让屏幕上的虚拟世界能够与现实世界场景结合与交互的技术。

VR 和 AR 的产业链较长，参与的主体较多，主要分为内容应用、终端器件、网络平台和内容生产。2018 年全球虚拟现实终端的出货量约为 900 万台，其中，VR 和 AR 终端出货量占比分别是 92% 和 8%。中国、美国、韩国、日本等均出台相应政策，支持和鼓励 VR 和 AR 产业发展，VR 和 AR 产业链日趋成熟，预计到 2025 年，VR 和 AR 市场总额将达到 2920 亿美元（VR 为 1410 亿美元，AR 为 1510 亿美元）。5G+ 云 VR/AR 场景见表 15-7。

表15-7　5G+云VR/AR场景

2C 应用场景	2B 应用场景
Cloud（云）VR 巨幕影院	Cloud VR 教育
Cloud VR 直播	Cloud VR 电竞馆
360° 全景视频	Cloud VR 营销
Cloud VR 游戏	Cloud VR 医疗
Cloud VR 音乐	Cloud VR 旅游
Cloud VR 健身	Cloud VR 房地产
Cloud VR K 歌	Cloud VR 工程
Cloud VR 社交	Cloud AR 教育
Cloud VR 购物	Cloud AR 机修

场景一：弱交互 VR 业务

弱交互 VR 业务当前主要是 VR 视频业务，包含巨幕影院、360° 全景视频、VR 直播等，用户可以在一定程度上选择视点和位置，但用户与虚拟环境中的实体不发生实际的交互（例如，触摸）。

1. VR 赛事直播

VR 赛事直播不同于常见的新闻现场直播、春晚直播，其具备 3 个特点：全景、3D（三维）、交互。采用 360° 全景的拍摄设备捕捉超高清、多角度的画面，每一帧画面都是一个 360° 的全景，观看者可选择上下左右任意角度，体验逼真的沉浸感。VR 赛事直播跳出了传统平面视频的视角，给用户呈现前所未有的视觉盛宴。在 VR 全景直播中，是由用户来决定看到的内容，而不是由内容决定用户所看的内容。5G+VR 赛事直播如图 15-24 所示。

图15-24　5G+VR赛事直播

2. 巨幕影院

传统电视机受限于房间的大小和屏幕成本，屏幕尺寸最大为2540cm，与电影院的巨幕电影（Image Maximum，IMax）等相比，观影效果大打折扣。通过 VR 眼镜可虚拟出和电影院一样的 2540cm 以上的巨幕屏，360° 全方位场景设计，让用户感觉置身于真实的 3D 巨幕影院中，并且可以通过调节座位的位置、亮度、视角以及场景布置获得更好的观影效果。5G+ 巨幕影院如图 15-25 所示。

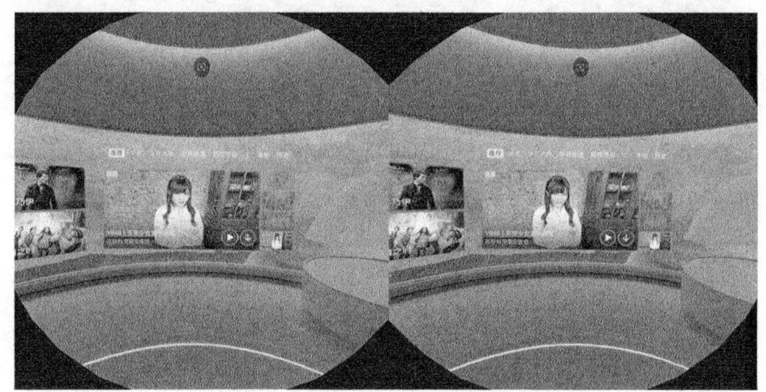

图15-25　5G+巨幕影院

场景二：强交互 VR/AR 业务

强交互 VR/AR 业务包含 VR 游戏、VR 健身、VR 社交、AR 教育、AR 巡防、AR 机修等，用户可以通过交互设备与虚拟环境互动，虚拟空间图像需要对交互行为做出实时响应后生成。

1.VR 社交

在 VR 社交应用中，用户可以像在真实生活中一样与好友互动，包括语言互动和肢体互动，而且借助虚拟技术可以任意选择见面的场景，例如，国家森林公园、游乐场等。5G+VR 社交如图 15-26 所示。

图15-26　5G+VR社交

2. VR 游戏

与传统的屏幕游戏相比，VR 游戏提供给用户一个沉浸式的全方位游戏场景，用户可以直接通过自己的眼睛观察游戏世界；在传统的屏幕游戏中，用户使用按键和手柄操作游戏世界中的角色，而在 VR 游戏中，没有输入设备，用户感觉自己就是在真实的世界中操作所有物品。5G+VR 游戏如图 15-27 所示。

图15-27　5G+VR游戏

3. AR 教育

通过 AR 眼镜、手机、iPad 等终端设备拍摄 AR 图书，将拍摄的图像上传到云端后从云端拉取 AR 数据，可立即呈现平面图书无法呈现的 3D 动画元素、视频、声音等，增加了学生对图书知识的理解和兴趣，尤其是对于那些在空间认知方面将 2D 概念转换成 3D 有困难的学生，例如，学生在学习立体几何时，通过 AR 设备可以很直观地看到一个 3D 立体图形。5G+AR 教育如图 15-28 所示。

4. AR 机修

机修人员佩戴 AR 眼镜，AR 眼镜上的高清摄像头拍摄的图像实时上传到云端，云端图像分析之后通过 AR 眼镜在零件位置实时显示零件信息，包括零件的基本信息和功能，甚至可以分析出零件是否损坏，指导机修人员进行下一步操作。5G+AR 机修如图 15-29 所示。

图15-28　5G+AR教育

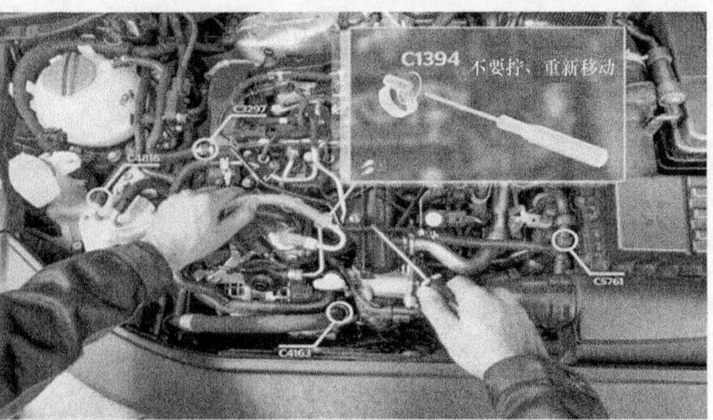

图15-29　5G+AR机修

5. AR巡防

巡防人员佩戴AR眼镜，AR眼镜上的高清摄像头将拍摄视野内的图像，并将其实时上传到云端，在云端结合人工智能，进行人脸识别，通过AR眼镜立即呈现每个人的相关信息，包括是否非法闯入等。5G+AR巡防如图15-30所示。

图15-30　5G+AR巡防

●•15.9　5G+智慧城市

全国环境信息化工作会议强调，各级环保部门需要采用国内先进的环境自动监控仪器，依照国家有关技术规范和环境信息行业技术标准，建设高水平的、覆盖全面的、系统集成统一的在线监测监控系统，实现环境在线监测监控的网络化、统一化、互动化。智慧环保是借助物联网技术把感应器和装备嵌入各种环境监控对象，通过超级计算机和云计算将环保领域的物联网整合，实现人类社会与环境系统的整合，以更加精细和动态的方式实现环境管理和决策。

5G的大带宽、低时延、大连接特性，将成为环境监测的技术利器，为实现海量设备接入和数据传输提供技术支撑。在环境监测方面，5G和物联网、区块链、大数据等技术联合，可实现环境与平台、平台与人之间的实时信息交互；可为多个城市之间提供共享数据，协助联防联控。

场景一：智慧治水

利用5G网络、物联网、云计算等先进技术，打造5G智慧治水应用，通过部署多传感器，出动水质监测无人机，利用5G网络大带宽、低时延的特性，结合物联网应用使能平台，可实现对水质的实时监测、及时预警和远程高清视频监控。5G+智慧治水如图15-31所示。

图15-31　5G+智慧治水

场景二：大气环境监测

空气质量网格化监测以“全面布点、全面联网”为宗旨，采用低成本、高精度的小型化监测设备结合大型专业的监测站，按照一定的布点规则大范围、高密度地进行“网格组合、科学布点”，形成覆盖整个区域的在线监控网格。利用 5G 网络，运用物联网、大数据、卫星遥感等新技术，通过无人机、微型空气质量监测站、移动监测车实时监测大气数据，从而保证了数据的质量，促进大气污染治理由凭经验、凭感觉、粗放式管理向实时化、精准化转变，大幅提高监管和防治工作的效能。5G+ 大气环境监测如图 15-32 所示。

图15-32　5G+大气环境监测

场景三：智慧城市综合管理平台

基于 5G 网络的大连接，汇聚海量的物联市政基础设施，通过云平台统一汇聚，形成大数据分析，持续完善城市生态圈应用，构建三大服务中心，提供民生 / 企业的“一站式”政务服务、城市运行的跨部门协同管理服务，实现城市基础设施的全面感知与有效管理，使城市各领域的服务更加科学、理性与高效。5G+ 智慧城市综合管理平台如图 15-33 所示。

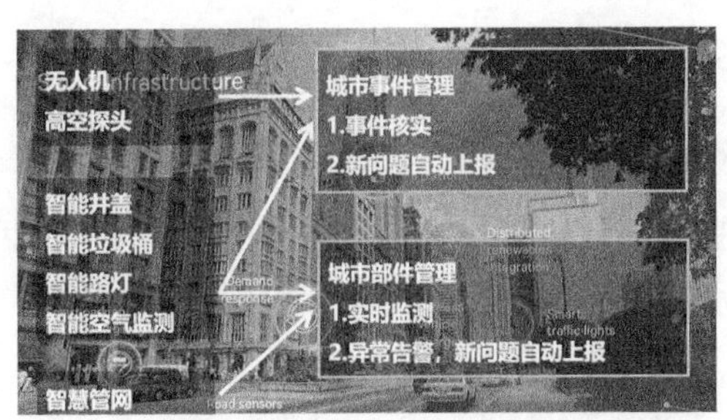

图15-33 5G+智慧城市综合管理平台

●•15.10 5G+智慧能源

电力系统由发电、输电、变电、配电和用电环节组成。随着用电信息采集、配电自动化、分布式能源接入、电动汽车服务、用户双向互动等业务的快速发展，各类电网设备、电力终端、用电客户的通信需求呈爆发式增长，迫切需要适用于电力行业应用特点的实时、稳定、可靠、高效的新兴通信技术及系统支撑，实现智能设备状态监测和信息收集，激发电力运行新型的作业方式和用电服务模式。

5G拥有高带宽、低时延、海量连接的三大特性，结合网络切片和边缘计算的能力，能够更好地使能电力行业。5G可以在电力行业的不同环节发挥优势作用，大幅提高电力设备的使用效率，降低电能损耗，使电网运行更加经济和高效。

按照电力系统发电、输电、变电、配电和用电环节的具体指标要求，5G网络可以在不同的环节探索不同的应用场景，例如，配电网自动化、分布式电源、精准负控、无人机/机器人巡检、VR/AR维修、园区无人车、能耗监测、设备状态参数采集监测等。5G+智慧能源应用如图15-34所示。

可靠性要求		99.999%	99.9%	99%
时延要求		10ms 100ms 500ms	1s 10s 30s 1min	10min 1h 24h
电力信息通信安全分区	生产控制区Ⅰ	分布式DA 稳控 遥控 差动/广域保护 调度 微网 分布式能源 电动汽车V2G	配电网自动化（DA）三遥 DMS、SCADA	
	生产非制区Ⅱ	高精度授时 精准负控 自动需求响应 WAMS/PMU 故障录波 uRLLC	设备状态参数采集监测 辅助设备监测、管理	电表
	生产管理区Ⅲ	无人机/机器人巡检 高清视频监控 VR/AR维修、培训 山林火灾、台风、暴雨洪涝雷电防护	mMTC 资产管理	基础设施沉降、位移、裂缝等监测
	信息管理区Ⅳ	MIS 95598		
外部	互联网+业务电力用户	园区无人车 互动、支付、查询 智能家居控制 能耗监测、节能系统	电气火灾 照明、路灯控制 设备监测、管理	

图15-34 5G+智慧能源应用

场景一：变电站巡检机器人

借助 5G 网络大带宽和低时延的特性，变电站巡检机器人主要搭载多路高清视频摄像头或环境监控传感器，回传相关检测数据，数据需要具备实时回传至远程监控中心的能力。在部分情况下，巡检机器人甚至可以进行简单的带电操作，例如，道闸开关控制等。5G+变电站巡检机器人如图 15-35 所示。

图15-35　5G+变电站巡检机器人

场景二：输电线路无人机巡检

借助 5G 网络的三大特性，结合网络切片和边缘计算能力，检查网架之间的输电线路物理特性。无人机通过 5G 网络将图像实时直接回传至控制台，由控制台做飞行控制（保障通信时延在毫秒级），从而扩大巡线范围到数千米之外，极大地提升了巡线的效率。5G+输电线路无人机巡检如图 15-36 所示。

图15-36　5G+输电线路无人机巡检

场景三：智能分布式配电自动化

借助 5G 网络低时延和高可靠性的特性，结合网络切片和边缘计算能力，将原主站的处理逻辑分布式下沉到智能配电自动化终端。通过各终端间的对等通信实现智能判断和分析、故障定位、故障隔离、非故障区域供电恢复等操作，实现故障处理过程的全自动运行，最大限度地减少故障的停电时间和范围，使配电网故障处理时间从“分钟级”提高到“毫秒级”。5G+ 智能分布式配电自动化如图 15-37 所示。

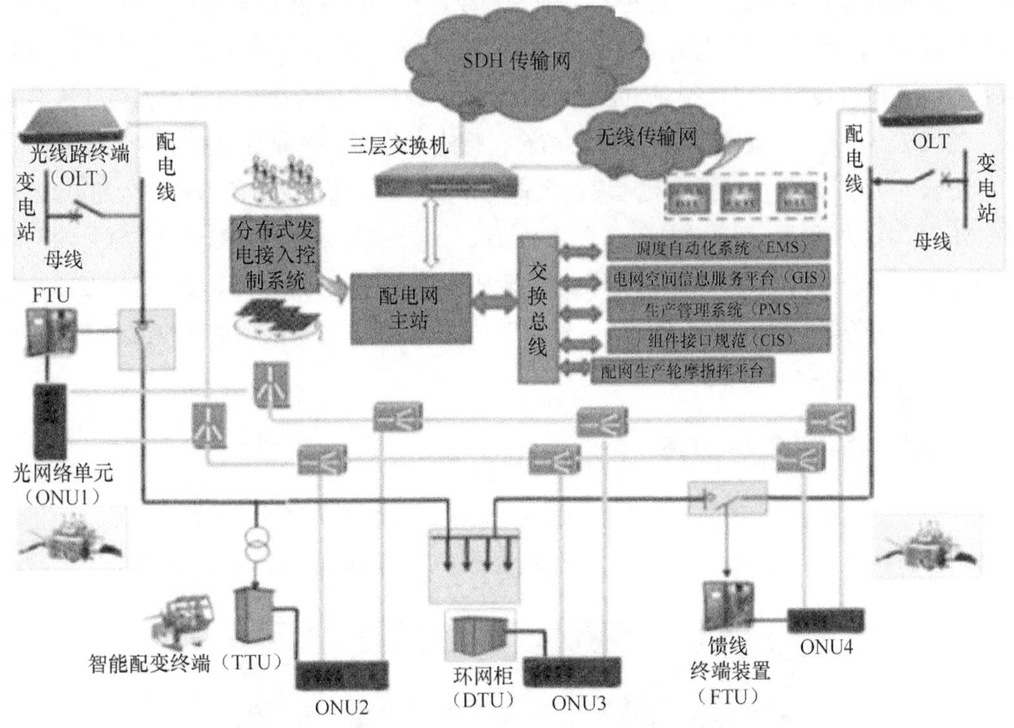

图15-37　5G+智能分布式配电自动化

场景四：远程抄表

以前，电表都是通过人工查抄结算的，成本投入较多，效率较低。采用 5G+ 物联网，通过远程抄表或者其他终端快速读表，可以极大地减少人力成本，提升工作效率。预计在未来将有 5.7 亿个智能电表、2000 万台电力终端可以通过 5G 网络大容量的特性轻松实现远程抄表。5G+ 远程抄表如图 15-38 所示。

图15-38　5G+远程抄表

●•15.11　5G+ 智慧电商

电商的新零售转型意味着促进商品成交已从单纯的图文展示向更直观的“买家秀”与“卖家秀”转变。如今，电商直播已成为淘宝的带货流量风口；后续结合 VR/AR 直播、大数据、互动直播等技术，提供沉浸式购物体验、远程互动购物、虚拟操作体验等多种线上购物方式，以全新的购物体验虚实结合，促进实体店、产业链探索新零售转型。

中国电信 5G 网络可以提供高速度、大带宽、低时延、快速缓存等服务，为超清直播、VR/AR 直播、大数据、互动直播等信息技术与线上线下新零售的深度融合提供强大的网络支持，通过云服务器把超清 4K 画质画面局部细节放大，提供沉浸式体验、远程互动、虚拟操作，把这些服务融入购物 App 中，以数字化技术为新零售赋能，推动线上线下新零售购物环境的共建和共同发展。

场景：5G+ 超清 4K 直播

基于 5G 网络传输实现的 4K 直播、画中画直播、局部细节实时放大等多项功能，使线上线下在商品细节信息获取上的差别大幅缩小。5G+ 超清 4K 直播如图 15-39 所示。

图15-39　5G+超清4K直播

●•15.12　5G+ 融媒体

在 5G 时代，融媒体逐渐呈现以下 4 个发展态势。

一是媒体边界逐渐模糊。5G 网络让媒体内容的制作更简单，传播更快捷，报社、电台、电视台等媒体信息流通的渠道制约将不复存在，媒体界线不断模糊。

二是媒体体验多维拓宽。受众可借助 VR 技术瞬间“抵达”新闻现场，减少报道过程中的信息衰减。

三是万物皆媒，人机共生。物联网让每一个物体都可以成为信息的收集端和输出端，每一个智能机器都可以被媒体化，成为媒体信息传播的途径，这就意味着未来“万物皆媒体，一切皆平台”成为可能。

四是计算通信合二为一。依托强大的云计算技术和日渐成熟的物联网环境，传统的烟囱式网络架构可能被全面取代，出现以云化、虚拟化为核心特征的媒体融合平台。

电信运营商依托5G网络和AI技术，在新闻采编、内容制作、内容审核、发布流程中发挥作用，令融媒体的生产过程更高效、更智能。

场景一：5G+突发事件+背包直播

与传统的电视直播方案相比，使用5G背包更加方便、快捷。小巧的5G背包可以代替庞大的视频直播车灵活操作，同时还可以支持5G+4K、5G+VR传输，将采访画面实时传输至电视台，实现多机位、跨地点、低时延的高清直播与远程回传、交互连线等功能。5G+突发事件+背包直播实景如图15-40所示。

图15-40　5G+突发事件+背包直播实景

场景二：5G+户外赛事直播+视频分发

5G网络下的户外赛事直播不仅操作灵活，还可以满足观众高清画质和流畅体验的要求，同时支持高清画质的多角度观看。后续拓展直播数据通过云平台承载，可以进行花絮编辑和下发。5G+户外赛事直播+视频分发如图15-41所示。

图15-41 5G+户外赛事直播+视频分发

场景三：晚会直播 + 云平台采编

5G+4K 机位直播，通过 5G 网络回传至本地转播车，4K 编码后通过 CPE 同时回传，实现高码率、低时延的视频直播。同时，视频采编平台上云，可随时随地渲染视频，进行视频转码和短视频分发。5G+ 晚会直播如图 15-42 所示。

图15-42 5G+晚会直播

当前，电信运营商作为 5G 网络的领军力量将加大开放合作，营造创新协调的产业生态：一是做大做强产业生态，与各类合作伙伴深度对接，积极推进 5G 网络技术验证和应用探索；二是做新做活体制机制，通过混合所有制改革、开展资本合作、引入战略投资者等方式，与产业伙伴建立紧密的合作关系；三是做优做精合作载体，以 5G 创新园、5G 创新中心、联合实验室为载体，努力打造国内领先的 5G 产业创新平台和运营基地。

缩略语

16QAM	16 Quadrature Amplitude Modulation	16 正交幅相调制
256QAM	256 Quadrature Amplitude Modulation	256 正交幅相调制
2B	To Business	面向行业的
2C	To Consumer	面向消费者的
3GPP	3rd Generation Partnership Project	第三代合作伙伴计划
5GF	5G Function	5G 网络功能
5GI	5G Infrastructure	5G 基础设施
5GMOE	5G Management & Orchestration Entity	5G 管理和编排实体
5GN	5G Network	5G 网络
5GRF	5G Radio Frequency	5G 射频
64QAM	64 Quadrature Amplitude Modulation	64 正交幅相调制
AAU	Active Antenna Unit	有源天线单元
ACP	Automatic Cell Planning	自动小区规划
AGV	Automatic Guided Vehicles	自动导引运输车
AMBR	Aggregate Maximum Bit Rate	聚合最大比特速率
AMF	Access and Mobility Management Function	接入和移动性管理功能
API	Application Programming Interface	应用程序编程接口
AR	Augmented Reality	增强现实
ARFCN	Absolute Radio Frequency Channel Number	绝对无线载频信道号
ASP	Accurate Site Planning	精确站址规划
ATCA	Advanced Telecom Computing Architecture	传统先进的电信计算架构
BBU	Building Baseband Unit	室内基带处理单元
BF	Beam Forming	波束赋形
BLER	Block Error Rate	误块率
CA	Carrier Aggregation	载波聚合
CBD	Central Business District	中央商务区
CC	Component Carrier	载波单元
CCE	Control Channel Element	控制信道元素
CDMA	Code Division Multiple Access	码分多址接入
CHBW	Channel Bandwidth	信道带宽

CIO	Cell Individual Offset	小区特定偏置
CoMP	Coordinated Multipoint Transmission/ Reception	协作多点发送 / 接收
CP-OFDM	Cyclic Prefixed Orthogonal Frequency Division Multiplexing	循环前缀 - 正交频分复用
CPU	Central Processing Unit	中央处理单元
CQI	Channel Quality Indicator	信道质量指示
C-RAN	Cloud Radio Access Network	云天线接入网
CRC	Cyclic Redundancy Check	循环冗余码校验
CRS	Cell-specific Reference Signal	小区参考信号
CRSST	Cognitive Radio Spectrum Sensing Techniques	认知无线电技术
CSI	Channel State Information	信道状态信息
CSI-RS	Channel State Information Reference Signal	信道状态信息参考信号
CU	Centralized Unit	集中式处理单元
CUPS	Control and User Plane Separation of EPC nodes	全分离架构
CW	Continuous Wave	连续波测试
CWR	Collaboration, Workspace, Realization	协同，平台，实现
D2D	Device-to-Device	设备到设备
dBm	decibel-milliwatt	分贝毫瓦
DC	Dual Connectivity	双连接
DCI	Downlink Control Information	下行控制信息
DFT	Discrete Fourier Transform	离散傅里叶变换
DFT-S-OFDM	Discrete Fourier Transform Spread Orthogonal Frequency Division Multiplexing	单载波变换扩展的波分复用波形
DMRS	Demodulation Reference Signal	解调参考信号
DT	Drive Test	路测
DU	Distributed Unit	分布式处理单元
E2E	End to End	端到端
eHRPD	Enhanced High Rate Packet Data	增强型高速分组数据业务
eICIC	Enhanced Inter-Cell Interference Cancellation	增强的小区干扰协调
eMBB	Enhanced Mobile Broadband	增强型移动宽带

EPC	Evolved Packet Core	演进分组核心网
EPS FB	EPS Fallback	4G 语音回落
E-RAB	Evolved Radio Access Bearer	演进的无线承载
ET	Electronic Title	电子下倾
ETSI	European Telecommunications Standards Institute	欧洲电信标准协会
EVM	Error Vector Magnitude	误差向量幅度
FBMC	Filter-Bank Multi-Carrier	滤波组多载波
FDD	Frequency Division Duplex	频分双工
FWA	Fixed Wireless Access	固定无线接入
GE	Gigabit Ethernet	千兆以太网
GPS	Global Positioning System	全球卫星定位系统
GSCN	Global Synchronization Channel Number	全球同步信道号
HARQ	Hybrid Automatic Repeat Request	异步混合自动重传请求
HSS	Home Subscriber Server	归属用户服务器
IBLER	Initial Block Error Rate	初始误块率
IMT-2000	International Mobile Telecommunications 2000	国际移动通信 -2000
IPRAN	IP Radio Access Network	IP 无线接入网
ITU-R	International Telecommunication Union - Radio Communication Sector	国际电信联盟无线电通信组
KPI	Key Performance Indicator	关键性能指标
KQI	Key Quality Indicator	关键质量指标
LDPC	Low Density Parity Check	低密度奇偶校验
LOS	Line of Sight	视距
MAI	Multiple Access Interference	多址干扰
Massive MIMO	Massive Multiple-Input Multiple-Output	大规模多入多出技术
MCC	Mobile Country Code	移动国家代码
MCG	Master Cell Group	主小区组
MCS	Modulation and Coding Scheme	调制和编码方案
MEC	Mobile Edge Computing	移动边缘计算
MeNB	Master eNodeB	主基站
MIMO	Multiple-Input Multiple-Output	多入多出技术

mIoT	Massive Internet of Things	海量物联网
MLB	Mobility Load Balancing	负载均衡
mm Waves	Millimeter Waves	毫米波
MME	Mobility Management Entity	移动性管理实体
mMTC	Massive Machine Type of Communication	大规模机器类通信
MN	Master Node	主节点
MNC	Mobile Network Code	移动网络代码
MR	Measurement Report	测量报告
MT	Mechanical Title	机械下倾
MU-MIMO	Multi-User MIMO	多用户 MIMO
MVNO	Mobile Virtual Network Operator	移动虚拟网络运营商
N/A	Not Applicable	不适用
NFV	Network Functions Virtualization	网络功能虚拟化
NGMN	Next Generation Mobile Network	下一代移动网络
NLOS	Non-Line-of-Sight	非视距
NOMA	Non-Orthogonal Multiple Access	非正交多址接入技术
NR	New Radio	新空口
NSA	Non-Standalone	非独立组网
OFDM	Orthogonal Frequency Division Multiplexing	正交频分多路复用
PBCH	Physical Broadcast Channel	广播信道
PCC	Primary Component Carrier	主基站的主载波
PCF	Policy Control Function	策略控制功能网元
PCFICH	Physical Control Format Indicator Channel	物理控制格式指示信道
PCI	Physical Cell Identifier	物理小区标识
PCRF	Policy and Charging Rules Function	计费规则功能网元
PDCCH	Physical Downlink Control Channel	物理下行控制信道
PDCP	Packet Data Convergence Protocol	分组数据汇聚层协议
PDN	Packet Data Network	公共数据网
PDSCH	Physical Downlink Shared Channel	下行共享数据信道
PGW	Packet Data Network Gateway	分组数据网关
PGW-C	Packet Data Network Gateway for Control Plane	控制面 PDN 网关

PGW-U	Packet Data Network Gateway for User Plane	用户面 PDN 网关
PHICH	Physical HARQ Indicator Channel	物理 HARQ 指示信道
PLMN	Public Land Mobile Network	公用陆地移动网
PMI	Precoding Matrix Indication	预编码矩阵指示
PRACH	Physical Random Access Channel	物理随机接入信道
PRB	Physical Resource Block	物理资源块
PSHO	Packet Switched Domain Handover	分组域切换
PT-RS	Phase Tracking Reference Signal	相噪跟踪参考信号
PUCCH	Physical Uplink Control Channel	上行公共控制信道
PUSCH	Physical Uplink Shared Channel	上行共享数据信道
QAM	Quadrature Amplitude Modulation	正交幅度调制
QoS	Quality of Service	服务质量
QPSK	Quadrature Phase Shift Keying	正交相移键控
QUIC	Quick UDP Internet Connections	基于 UDP 改进的低时延的互联网传输层
RAT	Radio Access Technology	无线接入技术
RB	Resource Block	资源块
RCS	Rich Communication Suite	融合通信
RCU	Remote Control Unit	远程控制单元
RE	Resource Element	资源粒子
RI	Rank Indicator	秩指示
RLC	Radio Link Control	无线链路控制
Rma	Rural macrocell	郊区 / 农村宏蜂窝
RMSE	Root-Mean-Square Error	均方根误差
RNA	RAN-based Notification Area	RAN 通知区
RRC	Radio Resource Control	无线资源控制
RRU	Remote Radio Unit	远端射频单元
RSRP	Reference Signal Received Power	参考信号接收功率
SA	Standalone	独立组网
SC	Successive Cancellation	连续删除
SCG	Secondary Cell Group	辅小区组
SCS	Subcarrier Spacing	子载波间隔

SD	Slice Differentiator	切片区分器
SDAP	Service Data Adaptation Protocol	业务数据适配协议
SDL	Supplemental Downlink	下行链路
SDN	Software-Defined Networking	软件定义网络
SFN	Single Frequency Network	单频网络
SgNB	Secondary gNodeB	辅基站
SGSN	Serving GPRS Support Node	GPRS 业务支撑节点
SGSN-C	Serving GPRS Support Node for Control Plane	控制面 GPRS 业务支撑节点
SGSN-U	Serving GPRS Support Node for User Plane	用户面 GPRS 业务支撑节点
SGW	Serving Gateway	服务网管
SGW-C	Serving Gateway for Control Plane	控制面服务网关
SGW-U	Serving Gateway for User Plane	用户面服务网关
SIC	Successive Interference Cancellation	串行干扰删除
SINR	Signal to Interference Plus Noise Ratio	信号干扰噪声比
SIR	Signal-to-Interference Ratio	信干比
SMF	Session Manager Function	会话管理网元
S-NSSAI	Single Network Slice Selection Assistance Information	单网络切片选择支撑信息
SPM	Self Phase Modulation	自相位调制
SRS	Sounding Reference Signal	信道探测参考信号
SS	Synchronization Signal	同步信号
SSB	Synchronization Signal Block	同步信号块
SSB	Static Shared Beam	静态共享波束
SST	Slice/Service Type	切片 / 业务类型
SUL	Supplementary Uplink	辅助上行
TA	Tracking Area	跟踪区
TAC	Tracking Area Code	跟踪区域码
TAI	Tracking Area Identity	跟踪区标识
TB	Transport Block	传输块
TBS	Transport Block Size	传输块大小
TCO	Total Cost of Operation	总运营成本
TCP	Transmission Control Protocol	传输控制协议

TDD	Time Division Duplex	时分双工
TRX	Transmission Receiver X	通信发射载波
TTI	Transmission Time Interval	时间间隔
TUE	Test User Equipment	测试用户设备
UDG	Unified Distributed Gateway	统一分布式网关
UDM	Unified Data Management	统一数据管理
UDP	User Datagram Protocol	用户数据报协议
UE	User Equipment	用户设备
UHN	Ultra-dense Hetnets Network	超密度异构网络
UMa	Urban Macrocell	城区宏站
UMi	Urban Microcell	城区微站
UPF	User Plane Function	用户面功能网元
uRLLC	Ultra Reliable&Low Latency Communication	超高可靠低时延通信
UTD	Uniform Theory of Diffraction	衍射统一理论
V2X	Vehicle-to-Everything	车辆对外界的信息交换
VAM	Virtual Antenna Mapping	虚拟天线映射
VoLTE	Voice over Long Term Evolution	长期演进语音承载
VoNR	Voice over NR	NR 网络语音业务
VR	Virtual Reality	虚拟现实
WLAN	Wireless Local Area Network	无线局域网
XAAS	X as a Service	一切皆服务
λ	Lambda	波长

参考文献

[1] 李福昌，李一喆，唐雄燕，等 . MEC 关键解决方案与应用思考 [J]. 邮电设计技术，2016(11).

[2] 刘芸 .5G 国际标准：我们离成功只差一点点吗 [J]. 大众标准化，2018，No.287（06）：6-7.

[3] 高秋彬，孙韶辉 . 5G 新空口大规模波束赋形技术研究 [J]. 信息通信技术与政策，2018，293(11): 14-21.

[4] 毛玉欣，陈林，游世林，等 . 5G 网络切片安全隔离机制与应用 [J]. 移动通信，2019(10).

[5] 庞立华，张阳，任光亮，等 . 5G 无线通信系统信道建模的现状和挑战 [J]. 电波科学学报，2017，32(5): 487-497.

[6] Wang H，Li L，Song L，et al. A Linear Precoding Scheme for Downlink Multiuser MIMO Precoding Systems[J]. IEEE Communications Letters，2011，15(6): 0-655.

[7]Wang F，Bialkowski M E . Performance of multiuser MIMO system employing block diagonalization with antenna selection at mobile stations[C]// Signal Processing Systems(ICSPS), 2010 2nd International Conference on. IEEE，2010.

[8] 王键 . 5G 信道编码技术相关分析 [J]. 数字通信世界，2019，000(003): 39，73.

[9] 李斌，王学东，王继伟 . 极化码原理及应用 [J]. 通信技术，2012(10): 21-23.

[10] Katayama H，Kishiyama Y，Higuchi K . Inter-cell interference coordination using frequency block dependent transmission power control and PF scheduling in non-orthogonal access with SIC for cellular uplink[C]// International Conference on Signal Processing & Communication Systems. IEEE，2013.

[11] 徐进，张封，李慧林，等 . 非正交多址技术中功率复用算法研究 [J]. 计算机与数字工程，2016（12）.

[12] 庄陵，葛屦，李季碧，等 . 宽带无线通信中的滤波器组多载波技术 [J]. 重庆邮电大学学报（自然科学版），024(6): 765-769.

[13] 郑先侠，王海泉，李飞，等 . 大规模天线系统中低复杂度的解码方法研究 [J]. 计算机工程，043(10): 31-37.

[14] 毕志明，匡镜明，王华 . 认知无线电技术的研究及发展 [J]. 电信科学（7）: 62-65.

[15] 张海波，许云飞，栾秋季 . 超密集异构网络中的一种混合资源分配方法 [J]. 重庆邮电大学学报（自然科学版），2019（5）.

[16] 王全 . 端到端 5G 网络切片关键技术研究 [J]. 数字通信世界，No.159(3): 60-61.

[17] 尤肖虎，潘志文，高西奇，等 . 5G 移动通信发展趋势与若干关键技术 [J]. 中国科学：信息科学，2014，44(5): 551-563.

[18] 邓守来 . 无线传播模型及其校正原理 [J]. 电子世界，2013, 000(016): 108-109.

[19] Rastorgueva-Foi E，Costa，Mário，Koivisto M，et al. User Positioning in mmW 5G Networks using Beam-RSRP Measurements and Kalman Filtering[J]. 2018.

[20] 张兴民 . 5G 移动通信技术中毫米波降雨衰落特性研究 [D]. 西安电子科技大学 .

[21] 戚文敏，张鑫，杨宗林，等 . 虚拟 4T4R 提升 LTE 网络容量原理分析与应用 [J]. 山东通信技术，038(001): 29-30.

[22] Marsch P，Da Silva I，Bulakci O，et al. 5G Radio Access Network Architecture: Design Guidelines and Key Considerations[J]. IEEE Communications Magazine，2016，54(11): 24-32.

[23] 陈淼清 . 5G 网络技术特点分析及无线网络规划思考 [J]. 数字化用户，023(021): 5.

[24] 王志勤，余泉，潘振岗，等 . 5G 架构、技术与发展方式探析 [J]. 电子产品世界，000(1): 14-17.

[25] 黄海峰 . 电信设备商重视 5G 切片，对电力切片研究进展不一 [J]. 通信世界，No.779(21): 39.

[26] 杨峰义，等. 5G 蜂窝网络架构分析 [J]. 电信科学，2015，31(5): 46-56.

[27] 吴彦鸿，王聪，徐灿 . 无线通信系统中电波传播路径损耗模型研究 [J]. 国外电子测量技术 (8): 41-43+47.

[28] Cavdar I . A Statistical Approach to Bertoni-Walfisch Propagation Model for Mobile Radio Design in Urban Areas[C]// Vehicular Technology Conference. IEEE，2001.

[29] 丁浩洋 . 移动通信系统中射线追踪技术及定位技术的研究 [D]. 北京邮电大学，2014.

[30] 高鹏，周胜，涂国防 . 一种基于路测数据的传播模型校正方法 [J]. 华中科技大学学报（自然科学版）(3): 77-80.

[31] 高峰，和凯，朱文涛，等 . 5G 大规模移动通信阵列天线高效仿真 [J]. 电信科学，2016(S1): 13-18.

[32] 陈其铭，毛剑慧 . TD-LTE 负载均衡技术初探 [J]. 移动通信 (8): 50-52+57.

[33] 董茜 . 乘重庆电信 5G 直通车体验全新 5G 应用 [J]. 今日重庆，2019(5): 32-33.

[34] 阎贵成 . 5G 应用前瞻深度报告——无人机、智能制造 [J]. 杭州金融研修学院学报，2019(6).

[35] 池洁 . 5G 移动通信技术发展与应用趋势 [J]. 魅力中国，000(0z1): 335.